군사학개론

김용현 · 이진호 · 고성진

도서출판 진 영 사

개정판 **군사학개론**

김용현 · 이진호 · 고성진

2011년 01월 24일 초판 인쇄
2011년 01월 28일 초판 발행
2016년 09월 29일 개정판 발행
2020년 03월 11일 개정2판 발행

발행인 박 진 영
발행처 도서출판 진영사
인천광역시 부평구 갈산동 185번지 풍진빌딩 303호
전화 : 032)505-4207
팩스 : 032)505-4206
E-mail : 0183734207@hanmail.net
등록 : 122-91-77317

ISBN 978-89-6541-291-5 93390
값 25,000원

머 리 말

군대의 존재목적은 적의 위협으로부터 국가의 주권을 수호하고 국민의 생명과 재산을 지키는 것이기 때문에 군인은 어떠한 상황 하에서도 적의 도발을 막아낼 수 있는 만반의 대비태세를 갖추어야 한다. 그리고 이를 위해서는 손자가 '知彼知己 百戰不殆'라고 하였듯이 최우선적으로 적의 기도와 능력뿐 아니라, 나의 유·무형 전력의 수준을 알아야 한다. 그래야만이 적에 대응한 나의 능력을 올바로 인식하고 제대로 역량을 강화하여 적으로부터 국가안보를 지켜낼 수 있기 때문이다.

군의 전력은 유형전력과 무형전력으로 구분된다, 유형전력은 눈에 보이는 병력, 물자, 장비, 무기 등을 의미하며, 무형전력은 비록 눈에 보이지 않지만 군사력을 운영하는데 필요한 제반 지식과 기술, 지휘, 정신전력 등을 의미한다.

사실 유형의 군사력을 증감하는 데는 많은 시간과 노력이 필요하며 막대한 비용이 수반된다. 그렇기에 대부분의 국가가 중장기 계획을 통해서 신규무기와 장비를 도입하는 등 점진적으로 군사력을 증강해 나가고 있다. 동시에 군사력의 운영에 필요한 병력을 양성하고 전술전기를 강화하는데도 많은 노력을 기울이고 있다. 이는 군사력이 유형의 무기와 병력만 확충되었다고 해서 강화되는 것이 아니라 군사력을 운영하는 간부와 병사들이 전투역량을 갖추었을 때 비로소 완성되기 때문이다. 따라서 군대는 평소부터 장병 대상으로 정신교육과 교육훈련을 체계적으로 실시하여 전투의지와 역량을 강화해 나가야 한다.

특히, 군 간부가 되고자 하는 젊은 청년과 학생들을 대상으로 군사와 관련된 교육을 실시하는 것이 가장 우선시되어야 한다. 이들은 군의 기간이라고 할 수 있는 장교와 부사관이 되어 최전선에서 직접 무기를 들고 싸우는 병사들의 교육훈련을 담당하고, 각종 무기체계의 발전과 전략전술의 개발을 담당하기 때문이다.

이러한 의미에서 필자들은 군의 간부가 되고자 하는 젊은 청년가 학생들에게 효과적인 방법으로 군인으로서 갖추어야 할 기본소양과 기초지식을 전달할 수 있는 방법에 대해 많은 고민을 해왔으며, 그 결과 최신화된 군사학개론서가 필요하다는 결론에 도달하였다.

현재 사용되고 있는 군사학개론은 대표저자인 김용현 교수가 10년 전에 군사학 분야를 개척하면서 발간한 도서인 관계로 현재의 군을 온전히 담지 못하고 있다. 사실 필자들은 이러한 점이 늘 아쉽고 개선이 필요함을 느꼈지만, 군사학개론의 방대함과 군사혁신이 지속되는 관계로 좀처럼 엄두를 내지 못하였다. 다행히 이번에 세 명의 필자가 군사학개론을 개정코자 뜻을 모았고, 그 결과 개정판 군사학개론서를 발간하게 되었다. 다소 늦은 감이 있지만 20~30여 년간의 군 경험을 가진 박사급 전문가들의 집필로 빛을 보게 된 만큼, 더 알차고 충실하게 작성되었기에. 장차 군사학을 배우고자 하는 모든 학생과 청년간부들에게 큰 도움이 될 것이라 확신한다.

본서의 구성은 총 13장으로 구성되어 있고, 그 내용은 다음과 같다.

제1장은 군사제도의 기본개념과 근원에 대하여 기술하였으며, 제2장은 군사조직의 특성과 민·군관계에 대해 담았으며, 제3장은 병역제도와 동원제도에 대해서 최신 병역법에 근거하여 기술하였다.

제4장은 참모제도의 기원과 변천과정, 참모장교의 역할 및 자질에 대해서 기술하였으며, 제5장은 각급부대의 참모편성과 참모활동 수단, 제6장은 참모의 책임분야 및 판단에 대해서 자세히 기술하였다.

제7장은 전술이론과 전쟁의 원칙을, 제8장은 전술의 변천에 대해서 시대별로 기술하였다. 제8장은 전투의 이론에 대해 본질, 전투의 특성 및 마찰, 전투의 3요소 등을 통해 고찰하였으며, 제9장은 전투의 이론적 고찰과 제10장은 전투력의 의의와 원리, 전투력의 조직과 조성, 한계 등에 대하여 기술하였으며, 제11장은 공격 및 방어이론을 구체적으로 고찰하여 기술하였다.

제12장은 군사교육의 기본개념과 교육훈련, 군 인적자원개발 정책에 대해 기술하였으며, 제13장은 군사과학의 기본개념과 발전추세에 대해 소개하였다.

필자들은 본서를 발간하면서 최선을 다하였지만, 군사학의 방대함과 나아가야 할 길이 멀다는 것을 깨달았으며, 이에 본서가 완벽하지 못하고 여러 가지 부족한 곳이 있다고 생각하게 되었다. 따라서 본서가 보다 충실하고 군사학의 발전의 근간이 될 수 있도록 독자여러분의 아낌없는 충고와 조언을 바란다.

끝으로 김용현, 이진호, 고성진 세 명의 공동저자는 우리들만의 힘으로 본서가 발간된 것이 아니라 여러분의 도움에 힘입었음을 상기하며, 비록 지면이나마 도움을 주신 모든 분께 감사의 인사를 전하고자 한다.

특히, 저자들이 학문의 길을 가는데 지도편달을 아끼지 않으시고 여건을 마련해 주신 이호성 영남이공대학교 총장님과 김병주 영남대학교 교수님께 깊은 감사의 말씀을 드리고, 본서가 졸저임에도 불구하고 기꺼이 출간해 주신 도서출판 진영사 박진영 사장님과 관계자 여러분께도 감사의 인사를 드린다.

2016년 9월

공동저자 김용현 · 이진호 · 고성진

차 례

제1장 ● 군사제도

제2장 ● 군사조직

제4장 ● 참모제도

제5장 ● 참모편성 및 활동

제6장 ● 참모의 책임분야 및 판단

제7장 ● 전술이론

제11장 ● 공격 및 방어 이론

제12장 ● 군 교육훈련과 인적자원개발

제13장 ● 미래전쟁과 미래무기체계

제1장

군사제도

제1장

군사제도

제1절 군사제도의 기본개념

1. 군사제도의 정의

군사제도란 군사(軍事 : military)와 제도(制度 : system)의 합성어로서 군사라는 말은 넓은 의미로 국력의 4대 요소라고 할 수 있는 정치, 경제, 군사, 심리 중의 한 분야로 이는 군사력을 건설, 유지 및 사용에 관한 모든 업무의 총칭이라 할 수 있으며, 좁은 의미로는 군대에서 수행하는 모든 군사업무의 총칭이라 할 수 있을 것이다. 제도란 지속적으로 공인된 사회 틀의 뜻이며, 관습이나 도덕, 정치, 법률, 체제 등이 포함되는 법도로서, 다시 말하면 어느 집단이 공동생활을 영위함에 있어서 그 지방의 운영과 발전을 위하여 필요로 하는 규율을 말한다고 할 수 있다.

따라서 합성어로서의 군사제도를 정의한다면 군사업무에 관하여 규정한 하나의 규율 또는 법제라고 말할 수 있을 것이다.

국어대사전(이희승 편저)에는 "군사제도란 국가제도의 일부로서 군사상에 관한 제도, 즉 군의 건설, 유지, 관리, 운용에 관한 제도의 총칭"이라고 정의하고 있고, 대만의 장위국(藏緯國)은 그의 저서 『군제의 기본원리』에서 "군제(軍制)란 군사제도 혹은 군사체제의 약칭이며, 그 뜻은 군대를 건립하여 유효하게 활동될 수 있게끔 유지하고, 국가가 지니고 있는 실제 및 잠재적인 군사역량을 여하히 발전·지원·통제할 것인가 하는 방법을 제시해 주는 제반 규정의 일컬음이다." "구체적으로 설명하면 국가가 전쟁수행을 위하여 준비하는 제반 설비를 군비라 하고, 군비에 관해서 상세히 규정하는 제반 제도를 군사제도 또는 약칭으로 군제라고 한다."고 하였다.[1)]

한편, 국방대학원의 『안전보장이론』에서는 군제란 "한 국가의 군대를 건립 및 발전시킴에 있어서 이를 조직·편성·유지시키는 유효활동의 일체를 체계화하고, 현존 및 잠재적 군사역량을 관리·운용 및 통제하는 여러 방법을 규정화하는 것"이라고 정의하고 있으며[2)], 또한 한용원은 그의 저서 『군사발전론』에서 "군사제도란 국가의 군사적 안전보장을 주 임무로 하는 일종의 사회제도로서, 사회와는 유기적인 관련성을 가지며, 합법적인 권위(authority)가 군정권과 군령권을 가지고 군을 조직 및 편성, 충원 및 은퇴, 교육 및 훈련, 작전 및 관리하는 법도이다.[3)]"라고 정의하고 있다.

이상에서 미루어 볼 때 군사제도란 "한 나라의 안전보장을 위해 국가의 합법적인 권위로 만들어진 사회제도의 일종으로서 군의 조직, 편성, 유지, 관리, 운용에 관련된 제도의 총칭"이라고 볼 수 있다. 다시 말해서 국군의 조직, 건설, 유지, 관리 및 운용 등 군사에 관한 총칭으로서 군을 어떠한 내용과 규모로 조직하고 편성할 것인가, 또 어떠한 수단과 방법으로 관리, 유지하며, 누가 어떻게 운용할 것인가 하는 여러 방법과 절차를 법제화한 제도라고 할 수 있을 것이다.

2. 군사제도의 중요성

군사제도의 기본원리를 제시한 장위국은 군사제도의 중요성에 대해서 "군사제도는 건군의 근본이다. 군대를 건립하기 위해서는 먼저 제도를 마련해야 한다는 것은 동서고금을 통해서 변함이 없으며, 그 중요성 또한 의심할 여지가 없다."라고

---

1) 蔣緯國, 軍制基本原理(臺北: 三軍大學), (1984), p. 15.
2) 國防大學院, 安全保障理論(國防大學院, 1991), pp. 461~462.
3) 韓鎔源, 軍事發展論, p. 17.

하면서 "훌륭한 군사제도는 역사와 문화발전의 상징으로 간주하게 되었다. 인류가 대자연을 극복할 수 있는 것은 조직의 힘을 빌어서 가능하고 인류의 존재 자체부터 조직에 의존하고 있으며, 일체의 조직은 전적으로 제도로부터 이루어진다. 제도는 또한 조직을 유효하게 활용함으로써 그 가치가 발휘된다. 따라서 군사조직은 군대편제에 의해서 운용되어야 한다."라고 강조하였다.[4]

한편, 군사제도는 정치제도와 긴밀한 관계 속에 있다. 군사는 국력의 주요 구성요소 중 하나로서 정치 · 경제 · 사회 · 심리와 함께 국정의 기본을 형성하지만,[5] 동시에 전쟁이 정치의 연속이라고 표현하듯이 군사력의 발동은 정치의 중요한 수단이 된다. 그러므로 정치의 수단이 되는 군사력의 수준이 국력의 강약을 결정하고 국가의 안위와 존망에 직접적인 영향을 미치게 된다.

따라서 정치제도와 밀접한 관계에 있는 군사제도는 정치제도가 건전해야 올바로 수립될 수 있다. 즉 정치의 중요한 수단이 될 군사력의 유지 · 운용 · 관리와 관련된 제반 제도, 즉 군사제도는 건전한 정치제도 하에서 건전한 군사제도가 수립되는 것이다. 또한 올바르고 제대로 된 군사제도의 수립은 국가의 안녕과 질서를 유지하고 국민의 생명과 재산을 보호할 수 있는 최후의 수단인 군사력을 완전하게 유지하는 길이 되며, 이는 역사적인 교훈을 통해서도 알 수 있다.

대표적인 예로 조선은 건국 초기부터 세조 때까지는 군사제도의 강화기로 군사제도 전반에 걸쳐 지속적인 강화, 보완을 거듭해 오면서 왕권과 국력이 신장되어 왔으며, 9대 성종대에 이르러 모든 제도의 완성을 보아 『경국대전』으로 반포하였다.

이 당시의 군제는 우리 민족 전래의 군사제도인 행정구역 단위로 종심 방어체제를 유지할 수 있는 군사제도를 유지하였는데, 중앙군은 5위(衛) 제도로 각 지방에서 병역 대상자가 교대로 상경(上京), 숙위(宿衛)토록 하여, 수도치안, 왕성의 경비 및 중앙 예비병력으로 운영하였으며, 지방군은 진관체제로 주요 목에 거점을 편성하여 거점단위 중심방어체제를 유지하였으나, 성종 때 이후 평화시기가 계속됨에 따라 국방의식이 해이해지고 그 결과 중앙군에 숙위케 되어 있는 자들이 다른 사람으로 하여금 대신 근무케 하는 현상이 빈발하였고 지방군은 가족의 생계를 위하여 군역 대신 포를 납부함으로써 군역을 면제받는 방군수포(榜軍收布)의 만연으로

4) 蔣緯國, 앞의 책, 序文
5) 國防大學院, 앞의 책, p. 464.

국가의 정치, 경제, 사회, 군사 면에서의 부정부패가 극에 달했다. 특히 군사제도의 문란으로 점차 국력이 쇠퇴해지고 국민생활이 피폐해짐에 따라 조선 중기에 와서는 임시방편적인 군사제도로서 오늘날의 국지도발작전과 같은 국지전 중심의 제승방략(制勝方略)이 출현하여 군사력을 유지하게 되었다. 그 결과 임진왜란과 같은 전면전 성격의 전쟁이 발생하자 수도 서울을 20일 만에 적에게 탈취당하는 비운을 겪게 되고, 임란 이후에도 완벽한 군사제도를 정립하지 못한 결과 정묘호란과 병자호란으로 청나라의 속국이 되는 고통을 겪었으며, 급기야는 구한말 일제에 의해 국권을 피탈당하는 민족적 수모를 당하게 되었다.

이와 같이 어느 국가를 막론하고 군사제도를 바르게 정립하지 못하면 결국은 패망의 길을 걷게 되는바, 정치제도가 잘못되면 국론이 분열되어 사회가 불안정하게 되고, 경제제도가 잘못되면 민생이 피폐해지며, 군사제도가 잘못되면 국가의 존망이 위태롭다는 사실을 깊이 인식하여야 한다.

3. 군사제도의 기원

군대의 기원은 확정이 불가능하지만 대개 메소포타미아와 이집트의 도시국가에서 생겼으리라고 추정하고 있다. 우리가 전쟁사를 다룰 때 그리스 시대로부터 취급하지만, 그 이전에 군대가 존재했고, 전쟁이 있었다는 것은 너무나 명확하다.

고대의 군대는 그 형태가 다양한 것이 특징이었으며, 군대의 성격은 시민군과 용병군으로 대별할 수 있으나 군대의 사용목적이 다양했고, 오늘날에 이르기까지 군대발전사에서 찾아볼 수 있는 여러 군사적 요인을 내포하고 있었다. 메소포타미아와 이집트, 즉 비옥한 반월지대와 나일강의 계곡에 존재했던 군대의 형태는 대개 4가지 형태로 알려져 있다. ① 지배자의 호위병을 형성하는 전사계급(paramount)과, ② 수도 이외에 총독이나 황태자가 다스리는 지방에서 복무하는 지방군, ③ 제3계급의 군인인 용병(때로는 노예), ④ 이외에도 평범한 대중을 강제로 복무케 하는 Corvee, 즉 강제로 징집된 군대가 있었다.

그런데 이 당시의 군대는 국가의 수입을 유출하는 것이 아니라 오히려 노예, 전리품과 공물의 취득을 통해서 부를 증대시켜 주는 경제적인 도구로서 간주되었다.

수메르로부터 페르시아에 이르기까지 군사제도의 변모를 더듬어 본다면 의미있는 사실이 많다. 수메르 군대의 장비, 바빌로니아 군대의 충원제도, 이집트 군대의 강제노동과 시민 상비군, 아시리아 군대의 군사 사상과 페리시아 군대의 전사계급이 그것이다.

B.C. 4000년경부터 존재했다고 보는 수메르 군대는 단창을 갖고, 원추형의 구리 헬멧을 쓰고 두터운 망토로써 몸을 보호했다고 하는데, 특히 이 군대는 나무바퀴를 가진 전차를 소유하고 있었으며, 이 전차는 나귀가 끌었기 때문에 대단히 느렸다고 한다.

바빌로니아의 경우 함무라비 법전에 충원임무를 규정하고 있었는데, 이에 의하면 정규군은 왕이 토지세습권을 허가한 무사계급에서 충원하였고, 이 무사계급은 사회의 1등 계급으로서 엄격한 훈련을 받게 되어 있었다. 그러나 상업과 수산업에 종사하는 2등 계급인 중류계층은 경장비를 갖춘 사수가 되었는데 이들의 군대복무는 매매가 가능했다.

이집트에서는 군대를 외적과 싸우는데도 사용했지만 약탈이나 노예포획을 하는데도 이용했고, 누비안족으로 구성된 군대가 대기념물을 제작하는데 강제노동을 제공했다는 것이다. 힉소스족을 격퇴시킨 아마시스 1세는 자유민인 중류계급으로 2개 사단 정도의 상비군을 창설하고 이를 "시민의 군대"라고 불렀으며, 람세스 2세(B.C 1292~1225) 때에는 전쟁을 계기로 상비군을 증대시켰으며, 전사계급은 강제적으로 복무해야만 했다. 용병에게는 봉토를 주어 정착까지 시켰는데 헤로토투스에 의하면 누비안족, 리브얀족과 그리스인의 용병은 40만 명을 초과했다고 한다.

또한 동양에서는 손자병법(孫子兵法)에서 군사제도를 구체적으로 언급하고 있다. 손자는 전쟁의 성격과 본질을 논한 "時計"편에서 "전쟁은 국가의 중대사이므로 국민의 생사와 직결되고 국가의 존망이 달려 있으므로 신중하게 고찰하지 않으면 안 된다."라고 하였으며, 이와 같이 "전쟁이 국가의 중대사이므로 국내적으로는 다섯 항목에 대해 충분히 측량하고, 외적으로는 일곱 가지 사항을 잘 계산하여 쌍방의 비교, 검토를 상세하게 해서 그 우열을 알아야 한다."라고 강조하였다. 여기서 오사(五事)란 바로 道, 天, 地, 將, 法을 나타내는 것으로 이 중 법이 곧 군사제도를 나타내고 있는 것이다. 이와 같이 군사제도는 동·서양을 막론하고 인류역사와 함께 발전되어 왔다고 볼 수 있다.

4. 제도의 기본원리

'制度' 자체를 한자어로 풀이하면 '制'는 법(法), 즉 제재(制裁)를 뜻하고 '度'는 양(量)으로서 기준을 의미한다. 따라서 제도는 "어떤 집단에 의하여 이루어지는 생존·발전의 법률이 되며, 이 규율은 모든 사물의 평가, 처리 및 능률의 기준"이 되므로 제도는 공동적으로 지켜야 하는 질서이며, 법칙과 기준이 된다는 것이다.

제도는 성문화된 것과 성문화되지 않은 두 가지 형태로 분류될 수가 있으며, 전자는 헌법·법률·법령 등이 그것이고, 후자는 일반적인 관습과 조리(條理) 등을 의미한다.

어떤 국가와 사회가 생존을 보장받고 영속적인 발전을 이루기 위해서는 구성원 개개인이 공동의 질서와 규율 하에서 각자 맡은 바 책임을 다 하고 전체 이익에 공헌해야만 부강한 안녕을 누릴 수가 있게 된다. 그러나 인간은 대인관계를 중시하면서 때때로 '人·事·物'의 상호 관계를 소홀히 하는 경향이 있어 이 '事·物'에 대한 처리가 미비하게 되므로 제도는 위 3자(人·事·物)에 대한 법치정신과 질서가 종합되어 나타나야 한다.

만일 제도가 확고하지 못하면 기율이 문란하게 되고 따라서 조직이 와해되며, 정신적인 해이를 몰고 온다. 따라서 한 국가 또는 사회를 전복하려면 국민정신을 이완시켜서 제도를 무위화(無爲化)시킨다면 조직은 와해되고 그 국가의 근간은 절로 붕괴될 수 있을 것이다.

국가의 제도 또한 확고해야만 사회발전을 이룩할 수 있으며, 만일 이와는 반대로 제도가 정립되지 못했거나 침체적인 것뿐으로서 한 개인이나 특정 집단의 힘에 의하여 그때그때 결정된다면 국가와 사회는 혼란과 궁지에 빠지고 말 것이다.

물론, 여하한 제도일지라도 바람직한 수준에 도달하려면 수많은 시행착오와 수정작업이 필요하게 된다. 따라서 제도는 항상 연구·개발되어 당위성, 연관성 및 지속성 등을 고려해 중요 요소에 따라 수정되고 보완됨으로써 계속적인 발전이 보장된다.

오늘날의 인류사회는 많은 진보와 변화로서 나날이 복잡해지고 人·事·物의 처리는 과학적인 조직과 관리, 분업과 협조를 필요로 하며, 제도와 체제를 중요시한 법치정신의 뒷받침이 있어야 한다. 만일 법치효과를 기대할 수 없을 때에는 제도 자체를 더욱 강화하여 부조리한 부분을 삭제하고, 질서를 찾아 적재적소를 책임지게 하는 운영관리를 채택하여야만 국가가 혼란과 부패를 모면하게 된다.

한편, 제도는 인재(人才)와 상호 추진작용을 한다는 것은 부인할 수 없다. 이는 마치 인재를 기관차에, 제도는 궤도로 비유됨으로써 당연히 기관차는 그 성능이 우수하여야만 국민을 실은 기차를 안락하고 신속하게 국가목표로 도달시킬 수가 있다. 그러나 만약 궤도가 없다면 기차 자체를 운행할 수 없을 뿐 아니라, 궤도가 있다고 하더라도 그 상태가 불량하거나 기관차의 조종 여하에 따라 탈선하거나 전복되고 만다.

인재는 제도 중의 한 요소에 불과하다는 것을 감안할 때 인간의 선천적 · 후천적 능력은 제도의 범위 내에서 발휘되어야만 정상적인 주행이 보장될 것이다. 인재는 어느 시대에서나 등장하기 마련이므로 국가는 효율적이고도 건전한 제도를 설정하여 이에 상응하는 인재를 발굴하되 군중 속에서 찾아 기용하는 고전적인 방법보다 그 제도에 충실할 적재로 제도에 통합시켜야 한다는 것이다.

제도는 부단히 보완되고 발전되어야만 이를 추진하는 인재의 능력이 촉진 · 계발되며, 변천에 따른 그때그때의 국가목표에 부합한다. 그러나 제도는 그 필요요구의 당위성이 전제되어야 하며, 제정과정과 제정 후의 적용에는 적절한 통제와 균형이 강조되고, 발전을 위한 수정에도 일정한 기준에 입각하여 조령모개(朝令暮改)가 되거나, 한 인재의 절대권이 좌우되는 임의개정이 빈발해서는 안 된다.

이상에서 언급한 모든 내용이 곧 제도의 기본원리가 되며, 이 기본원리를 찾아 이론적 근거를 제공하는 것이 군사분야의 경우 군사제도론이 된다.

5. 군사제도의 역사적 교훈

1) 군사제도와 역사

군사제도를 새로 제정하거나 개정함에 있어서는 제도론적 기초가 모색되어야 하지만, 이론의 출처가 미비할 경우에는 역사적 교훈을 바탕으로 그 공과와 득실의 원리를 찾아 일반적인 기준으로 삼아야 한다.

선진문화에서 받아들이는 요소는 예나 지금이나 발전의 중요한 계기가 된다고 하더라도 자국의 선조들이 쌓은 유구한 체험은 찬란하였던 굴욕적이었던 간에 모두가 민족적 소산이며 후대에 훌륭한 교훈이 되므로 미래가치의 수용과 모방의 한계를 의식하여 창조와 주체적 군사전통의 발전에 전념함으로써 군사제도 설정의 과학적 기초로 삼아야 한다는 것이다.

따라서 군사제도의 원리를 발전시키기 위해서는 자국의 역사는 물론 유사환경 및 여건 아래의 타국 역사도 연구되어 가치관의 변용과 선택이 이루어져야 한다. 이는 그것은 인류의 역사가 곧 투쟁의 연속이었고 전쟁사였기 때문에 군사제도론의 근거가 될 수 있기 때문이다. 물론 오늘날의 사회조직과 정치형태가 크게 변모했고 군대의 가치관도 판이하지만, 시대의 변천과정에서 엿볼 수 있는 제국(諸國)의 영고성쇠(榮枯盛衰)를 좇아 그 원인을 찾고 외적으로부터 영토를 어떻게 보전하였으며, 힘의 균형을 달성하여 분쟁을 억제하면서 중앙과 지방을 조화시켜 통합된 총력전의 기반을 구축하였을까 하는 군사제도론적 바탕을 역사로부터 도출하여야 한다는 것이다.

물론, 역사로부터 도출된 교훈이란 그 전체를 모방하거나 재연하기 위한 것은 결코 아니며, 군제를 설계할 때 심각하게 고찰하여야 하는 원리로 삼아야 한다는 것이다.

2) 군 · 민 일체

예로부터 군대의 뿌리가 국민 속에 있을 때에는 강하였고, 군대가 국민과 분리되면 약했던 사실을 흔히 보아왔다.

우리나라의 삼국시대에는 모두 거족개병제(擧族皆兵制)로서 지방의 행정조직은 곧 군대조직으로서 행정단위인 성(城)에는 군대가 상주하였고, 성주는 군사지휘관이 되었다. 특히 신라시대의 군사조직은 중앙군 격인 9서당(誓幢)과 지방군인 10정(停)이 있었으며 10정은 전국에 배치된 통수기관이 되었다.

고려 초기의 군제는 적민징병제(籍民徵兵制)를 선택함으로써 공양왕 2년의 헌사장(獻詞狀)에 따르면 "我國百姓 有事則爲軍 無事則爲農 孤軍民一致"라고 하여 당조 때의 부병제나 한조의 의무병제와 흡사한 고려 중흥의 원동력이 되었으며, 조선 왕조의 전기 군제 역시 국민개병제를 추구한 '오위 · 진관제도'로서 국방의 근간을 이루었던 것이다.

이와 같이 시대의 변천에도 불구하고 제국(諸國)의 중흥기에는 국민 속에 군대가 존재하도록 군제가 제정됨으로써 백성들은 무기를 가사도구처럼 상비(常備)하였다가 외침을 당하면 장정(壯丁)들이 솔선하여 장수의 휘하에 모여 적과 싸웠고, 잔류자는 전장에 나가 싸우는 자가 곧 자신을 대신한다고 생각하여 군량미의 공납을 서슴지 않았다. 이러한 전·후방 일체감이 바로 군사제도의 건전한 제정에서 비롯되어 국가의 번영을 가져왔다.

이에 반하여 제국(諸國)의 쇠퇴기나 멸망기에는 반드시 군사제도 부재 현상이 빈발하여 국민은 군대를 혐오하기 일쑤였고, 군대는 양반계급 또는 왕족들의 권익보존 수단이나 정쟁갈등의 방패노릇으로 전락되어 백성의 안전과 국가 전체의 이익을 도외시했던 것이다.

예컨대 조선조 중엽에 있어서 국방과는 무관한 특수병제가 우대받아 국방군격인 의무제의 '호·보제도(戶·保制度)'를 압도하였으며, 전기 군사제도인 5위제가 허구화되는 가운데 왜란을 맞자 이미 건전한 군제는 자취를 감추었으므로 급조(急造)한 용병제인 장번급과병(長番給科兵)으로 훈련도감(訓練都監)을 설치했으나, 국가재정의 고갈로 군비염출이 불가능했던 것이다. 돌이켜보면 임진왜란에서 그나마도 전력을 발휘할 수 있었던 것은 백성 및 승려들의 자원부대인 의병봉기의 결과이며, 보잘 것 없는 정규군에만 의존했다면 보다 격심한 참상을 당하였을지도 모를 일인 것이다.

실로 군대는 국민의 것이어야 하고 원천은 국민으로부터 파생되며, 또 국민 전체의 세금으로 군이 유지되어야 하는바, 만약 어느 특권 집단의 회유책에 말려 국민을 도외시하고, 이들이 사병(私兵)으로 전락되면 그 나라는 이미 멸망의 여정에 접어든 것이나 다름없다는 것이다.

6. 정치 및 경제와의 관계

1) 군사제도와 정치

크라우제비츠는 전쟁에 대하여 "전쟁이란 다른 수단에 의한 정치의 연속에 지나지 않으며, 정치목적을 달성하기 위한 수단"이라고 했고, 소련의 군사전문가 샤포쉬니코프는 이 정의를 전제한 후 "만약 전쟁이 다른 수단에 의한 정치의 연속이라면 평화도 다른 수단에 의한 전쟁의 연속에 지나지 않는다."라고 하였다.

이와 같이 전쟁의 본질을 정치와 연결 짓는 것이 타당하다고 볼 때 전쟁수행의 주도적 역할을 담당하는 군인은 전시 · 평시를 막론하고 이미 정치가 깊숙이 관여되어 있다고 볼 수밖에 없을 것이다. 그러나 근대 이후의 각국은 군인의 정치불관여 원칙을 고수해 왔다.

근대 전기의 선진제국에 있어서는 병정일치(兵政一致)와 문 · 무 동질성(文 · 武同質性)에 의하여 군인의 정치참여는 필연적이었다고 하겠으나, 시대변천에 따라 국방기구의 확대와 군사문제의 복잡화는 군인 스스로가 정치에까지 몰두할 시간을 가지기 어려웠고, 또 군사력을 배경으로 한 군인들의 정치참여를 배제하기 위한 다의적인 목적이 군인의 정치불관여 원칙을 확정지었다. 더욱이 현대국가에 있어서 군사전략은 국가전략에 의하여 결정되므로 군인의 정치불관여 원칙, 그 중에서도 문관 우위(文官優位)는 자유진영에서 엄격히 규제되어 왔다.

그러나 이 원칙은 정치체제의 특이성과 시대적 요구에 따라 종종 몇 가지 대의명분을 표방한 일부 과격한 군인들에 의하여 짓밟힌 사례가 존재하며 그 전형적 사례가 구(舊) 일본군의 경우이다.

일본의 메이지(明治) 초기에는 구 일본군의 정치참여가 병정일치제에 의하여 불가피하였으나, 그가 중년에 이르러 정치 · 군사적 기반이 확고히 잡히면서 군인의 정치불관여 원칙이 발포(發布)되었으며, 이 원칙이 순조롭게 지켜지는 동안에는 일본의 국운이 나날이 강성(强盛)하여 갔다. 그러나 다이쇼(大正) · 쇼와(昭和) 시대에 이르러 군인의 정치적 관심이 고조되어 갔다. 그 원인을 살펴보면 첫째는 제1차 세계대전 이후 세계가 평화를 위한 군축이 단행될 때 일본도 공동보조를 취함으로써 군인 경시의 풍조가 일어나 위풍당당하던 어제까지의 군인이 군복을 입고 대중 앞에 나타나기를 꺼려하는 지경에까지 이르게 되었다. 여기에 군인들은 세력만회라는 실리를 추구하여 군인불우(軍人不遇)의 원인을 조장시킨 정치인에게 반항의 화살을 쏘았던 것이다.

둘째는 만주에서 일본세력 감퇴(減退)에 대한 불만이었고, 셋째는 정당의 선거자금 획득에 따른 부패상과 정당정치의 독주는 군벌의 질시를 유발했을 뿐 아니라, 당리의 추구는 장기집권과 부정을 서슴지 않음으로써 순진하고 정의감이 강한 군인들이 묵과하기 어려웠던 것이다. 넷째는 국민생활의 궁핍으로서 1930년대 초기의 세계적인 경제공황이 일본으로 파급되어 정부의 재정긴축, 산업축소, 수출부진 및 국민 구매력의 감소로 중소기업의 도산과 농산물가의 하락으로 노동자의 실업과 농민들의 생활상은 비참하기 짝이 없었다. 이와 같은 경제적 불황을 실감한 것은 농촌출신 청년들을 거느린 부대의 청년장교로서 소집된 부하병사들의 가정사정을 눈물 없이 들을 수가 없었던 것이다. 감수성이 풍부하면서도 단순한 청년장교들은 자연히 정치가에 대해 혐오감을 품게 되었다.

이와 같은 국수적(國粹的) 대의명분에 곁들여 일부 야심가의 선동도 주효하여 이른바 '국가 개조론'이 싹트고 그 여파가 전군으로 번져 "구국의 길을 어찌 외면하랴."는 군인들의 분기(奮起)는 군부의 광태를 유발하여 드디어 군부장관 현역제가 채택되었고, 이것이 헌정질서를 파괴함으로써 조각의 유산과 내각의 붕괴를 빚는 한편, 군부에서는 극도의 하극상 풍조가 일어 통제력이 상실되었으며, 드디어 만주사변과 2·26 사건을 비롯한 일련의 사건들이 빈발하여 나라는 점차 군국화(軍國化)되고, 끝내는 태평양전쟁으로 비화되어 패배의 고배를 마시게 되었던 것이다.

이 사례는 군이 정치에 관여하면 오직 국가의 패망뿐이라는 좋은 교훈이 되고 있다.

아울러 로마인은 용감했다. 카르타고의 병사들도 용감했다. 그렇게 용맹스럽고 전투에 능했던 그들 병사들의 조국은 이 지구상에서 소멸된 지 오래다. 로마의 멸망, 시저의 말로, 나폴레옹의 최후, 이것 모두는 군인들의 무모한 정치관여에서 비롯된 것이다.

2) 군사제도와 경제

군대는 국가의 최대 소비기관이므로 국가경제에 미치는 영향은 실로 막대하다. 그러나 이 영향은 군사제도 설정 여하에 크게 좌우되며, 훌륭한 군사제도가 제정되었다면 오히려 국민경제의 침체를 자극하여 사회 생산구조의 발전을 촉진하지만, 반대일 경우는 국가의 경제적 부담이 과중하여 산업을 위축시키고 국민생업을 파탄에 빠지게 하며, 결과적으로 국가재원을 고갈시켜 민심의 이탈과 재앙을 몰고

온다.

그러므로 군사제도 설정권자는 적정병력 수를 결정하여 유휴병력을 없애고 필수적인 상비 전력만을 유지시켜 국가의 군비부담을 감소시켜야 하며, 결코 잉여병력을 보유해서는 안 된다. 따라서 어떤 국가이던 시대적 요구에 부응하는 동원 및 복원에 관한 건전한 군사제도를 설정하고 있다.

과거 군대의 규모와 강약의 측정은 정원의 수, 즉 병력의 많고 적음에 두었으나, 오늘날에는 병력 자체보다 무기체계의 성능과 수량에 크게 좌우되고 있다. 따라서 현대화된 많은 국가에서는 병력유지의 부담보다 무기, 함정, 항공기, 유도탄 및 탄약의 성능 및 수적 유지에 더 많은 국가경제적 압박을 받고 있다. 따라서 적정규모의 군비를 지출하고 무기체계를 갖추려는 다양한 노력을 기울이고 있으며, 군사동맹도 하나의 방편이 되고 있다. 또한 군대를 유지하고 무기체계를 운영하기 위해 발달한 군수산업은 군사제도와 요소별 제도간의 조화로서 성공적인 운영이 보장된다면 오히려 국가경제발전의 계기를 마련하고 촉진제 역할까지 할 수 있을 것이다.

7. 군사제도 제정의 기본원칙

어떠한 군사제도일지라도 특정 분야, 특정 개인 및 부대, 특정 조직 및 상황에 국한하는 조치를 전체로 파급시켜서는 안 되며, 임시 또는 잠정적인 조치를 고정시켜서도 안 된다. 어떤 제도가 국부적 범위와 제한적 시한에 집착되어 대국을 그르치게 하는 어리석음을 미리 막고 전체적 운용의 효율성을 높이기 위해서는 아래와 같은 군사제도 제정의 기본원칙을 준수해야 한다.

1) 상대적 우위의 전력유지

군은 전투를 위주로 하고, 전투는 상대로부터 전승을 목표로 한다. 따라서 군사제도를 제정하는 기본은 전투역량을 건설 · 유지 · 증강시켜 적의 현존전력을 압도하는데 두어야 하므로 군제는 통합된 전력을 발휘하고 노력의 낭비를 방지하며, 필요시 가용전력이 즉각 발휘되도록 제정되어야 한다.

군의 모든 구성요소는 직 · 간접적으로 전투임무를 수행하기 위한 전체의 일부기능을 부여받고 있으므로 상대를 전제한 전력의 최대발휘와 적군 격멸이라는 궁극적 목표가 성취되도록 준비되어야 한다. 따라서 모든 분야에 걸친 질의 결정, 양의 준비, 시 · 공간의 선택 등 일체의 군사행동이 전승을 획득하는데 귀결되어야 하며, 어떠한 군제일지라도 그것은 곧 전투성에 충실해야 한다.

특히 편성 · 장비 · 교육 및 훈련에 관한 제도를 제정 또는 발전시키려면 우선 적과의 비교, 즉 쌍방의 우열을 객관적으로 분석하여 아군의 유리점은 계속 유지하고 불리점은 보완하여 상대적인 전력의 우위를 확보하여야 한다. 상호 비교에 있어서는 정세판단과 분석으로부터 출발하여 세부분야에 이르기까지 신중한 판단과정을 밟아야 하며, 지엽적인 문제에 집착한 나머지 대국을 그르치거나 선입관적인 편집이 작용하지 않도록 각별한 주의가 필요하다.

2) 경제성과 효율성

군사제도 제정 때 언제나 당면하는 문제는 경제적인 투입비용과 이로부터 산출되는 현실적 효율성이다. 이들 양자는 상호 밀접한 관계에 있으면서도 상반된 경우가 많다.

경제성이란 객관적으로 표현되는 능력조건이며, 효율성은 제도 추진상의 요구조건으로서 어떤 경우는 효율을 증대하기 위하여 상당한 낭비도 감수할 때가 있는가 하면, 반대로 재정적인 절약을 위하여 부득이 결과가 희생될 때도 있다.

제도 입안자는 이와 같은 상반요인을 염두에 두고 양자의 조화를 위해 노력해야 한다.

특히, 군사제도의 성격상 국가의 안전보장과 영속성, 백년대계에 미치는 분야는 미래사태에 적응할 수 있도록 신중히 다루어야 하며, 결코 경제성에 집착한 나머지 목적을 수단에 조정시키는 어리석음을 범해서는 안 될 것이다.

3) 간명성과 연관성

각종 법령, 법칙 및 준칙은 간단하고도 명확할 때 오용과 시행착오가 최소화될 뿐 아니라 실행가능성이 증대된다. 만약 어떤 군제가 내용상 논리가 정연하지 못하여 복잡다단하게 나열되어 있어서 시행자가 실마리를 찾지 못한다면 그 제도의 존재는 유명무실화되고 만다. 제도가 지나치게 세부적으로 규제된다면 군대의 나아갈 길은 너무 협소하여 뛰지도 움츠리지도 못하는 결과가 초래될 가능성이 있다는 것이다.

여하한 제도일지라도 단 한번의 제정으로 완성되기 어려울 뿐 아니라 각 제도간의 상호 연관성이 작용한다. 따라서 어느 특정 제도를 설정하기에 앞서서 각종 제도 상호간의 연관 여부를 도출하여 협조된 유기체가 되도록 서로 보완시켜야 할 것이다.

4) 적응성, 융통성 및 지속성

제도가 일단 제정된 후에는 쉽게 변경할 수 있는 성질의 것이 아니기 때문에 설계 당시에 장차 일어날 그때그때의 환경과 여건에 대처하도록 배려하는 시·공간적 요소에 대한 적응성이 보장되어야 한다. 제도 제정의 초기에는 먼저 '오늘과 여기'를 고려하고 다음으로는 진일보하여 미래에 닥쳐올 새로운 '내일과 거기'의 상황을 항상 염두에 두어야 한다. 특히 전투와 직접 관계되는 제도를 제정할 때에는 전시상황 위주로 개발하고, 평시의 적용은 보조규정을 마련하여 적응성을 유지하여야 한다.

그렇다고 제도가 절대불변의 것은 아니기 때문에 융통성의 발휘도 매우 중요하다. 환경과 실제상황 뿐 아니라 우발적인 상황에도 적응할 수 있는 융통성의 유지가 필요하다는 것이다. 따라서 적응성과 융통성은 지속성을 보장하게 된다. 제도의 지속성은 종적으로 일관된 수명을 뜻하고, 적응성과 융통성은 횡적인 변화와 운용의 묘를 함축하고 있다.

융통성은 정책의 이론과 범위 내에서 공정하고 합리적인 조건으로 운용되어야만 정도(正道)를 이탈하지 않으며, 만약 이것이 권력에 의하여 농락되어 오용한다면 지속성이 없어지고 말 것이다. 군의 전통과 토대가 튼튼하려면 지속성이 절대로 필요하며, 이것이 어느 특정인의 의사에서 임의로 변경되지 못하도록 규제되어야 한다.

제도의 제정은 신중을 기하여야 하지만, 그 개정과 소멸은 더욱 조심성 있게 다루어야 하며, 이런 작업은 합법적이고도 논리적인 절차를 밟아야 하는 것이며, 그렇지 못하면 일체 제도가 존엄과 지속성이 동시에 상실되고 말 것이다.

5) 자동성과 인간성

군사제도의 자동성이란 事·物에 관한 관리·처리 및 운용에 있어서 상부의 정책지시나 하급기관이 당면하는 상황에 따라 발동되는 자체역량의 보이지 않는 기풍이다. 이 기풍은 개개를 움직이도록 하는 힘을 가지며, 이 힘은 책임의 소재와 근거를 명시한다. 바꾸어 말하면 제도가 능동적인 책임을 명시함으로써 스스로 일하려는 기풍이 조성되며, 각기 맡은 분야를 궤도에 따라 바르게 처리하는 강제적 발동이 곧 자동성이며, 이는 인간 스스로의 자율을 말하는 것은 아니다.

인간은 직책·절차 등의 제약 외에도 외부적 충동이 필요한 본능 때문에 제도의 강제력이 수반되는 자동성이 기약되어야 한다. 자동성은 능동적 책임완수의 정신을 앙양하는데 있으며, 이는 각기 자발적인 참여의식이 필요하고, 상부지시나 하부기관의 건의 또는 회의의 결과 등을 기다리는 관성이 일소되어야 하는 것이다.

여하한 제도일지라도 그 실시는 대중을 상대로 하기 때문에 대중에게 운용되는 인간성의 요소가 충분히 참작되지 않으면 비록 완전할지라도 오래 지탱하기 어렵다. 훌륭한 제도란 반드시 인간 본연의 정의(情誼)와 순리에 따르는 윤리 관념이 지배하여야만 실효를 거둘 수가 있다는 것이다. 무엇이나 개인 희생만을 강요하고 애국심에 호소한다는 것은 무리이며, 이와 같은 조건이 자연히 고양되도록 고취하는 제도적 조치가 조성되어야 하며, 국가나 군대가 군인 개개의 복리를 약속할 때 군복무에 전념할 수 있을 것이다. 군제가 인간의 기본욕구를 충족시키려는 성의를 보일 때 책임감은 증진되고, 개체의 역량이 충성심으로 집대성된다.

8. 군사제도의 분류

한 나라의 안전보장을 위하여 가지고 있는 군사제도는 매우 다양하며 그 범위 또한 각국이 처해 있는 상황과 여건에 따라 상이하지만 손자는 “전쟁은 국가의 대사이며, 국민의 생사와 직결되고, 국가 존망의 분수령이니 신중히 다스리지 않으면 안 된다.”라고 하면서 이를 위해서 고려해야 할 다섯 가지 사항을 다음과 같이 제시하였다. “첫째는 백성과 지도자가 생사를 같이 하게끔 하는 정치원리요, 둘째는 기상적인 조건과 시간적인 조건이요, 셋째는 지리적인 조건이요, 넷째는 智·信·仁·勇·嚴을 갖춘 인재이며, 다섯째는 法이니 法에는 곡제(曲制)·관도(官途)·주용(主用)의 세 가지이다."라고 하였다. 여기서 손자가 말하는 法이란 군사제도를 뜻하는 것이다. 그리고 곡제·관도·주용의 세 가지는 군사제도의 3대 요소라고 할 수 있으니, 현대 용어로 해석해 보면 곡제는 오늘날의 부대편제를 의미하는 것으로서 제도는 조직에 의해서 운영되어야만 실효를 발휘한다는 뜻이며, 관도는 오늘날의 인사제도에 해당하는 뜻을 가진다. 주용은 오늘날의 제정과 후방지원을 뜻하는 것으로 손자는 군사제도의 요소를 편제, 인사제도, 재정 및 후방지원을 들고 있다.

조미니(Jiminini, Antoine Henri, Baron)는 그의 저서 『전쟁술(Art of War)』에서 완전무결한 군대를 조직하는데 필요한 열세 가지 조건을 다음과 같이 열거하고 있다.

① 양호한 징병제도, ② 양호한 군사조직, ③ 양호한 조직을 갖춘 전국적인 예비병제도, ④ 전체 장병의 양호한 훈련상태(제식훈련뿐 아니라, 실제적인 전투훈련에 중점을 둔), ⑤ 엄격하면서도 굴욕적이 아닌 군기 유지(제 규정을 준수하고 복종하는 정신은 신념을 바탕으로 해야 하며, 형식주의가 되어서는 안 된다.) ⑥ 유효한 포상제도로 사기 진작 ⑦ 공병 및 포병과 같은 특종 병과의 훈련강화(일반 병과보다 더 우수하고 강한 훈련) ⑧ 공세 또는 수세작전을 막론하고 장비 및 무기 면에서의 우세 확보 ⑨ 이상의 각종 제도와 장비, 물자 등 제 요소를 운용할 참모부를 설치하고, 장교 양성과 이론 및 실제교육을 담당할 부서의 별도 설치 ⑩ 군수·의무·일반행정 등 면에서 양호한 계통 구비 ⑪ 인사 방면에 관한 양호한 제도와 전쟁에 대한 지휘방식 등에 관하여 명확히 규정 ⑫ 전체 국민의 상무정신을 고취시키고 유지, 확보 ⑬ 양호한 보급제도

또한 대만의 장위국은 그의 저서 『군제기본원리』에서 "군사부분에 관한 업무는 방대하고 복잡하나 개략적인 것만 열거하여 보면 국방체제, 군대편제, 인사제도, 군사교육제도, 병역 및 동원제도, 군수제도, 정치작전제도, 연구발전제도 등의 여덟 개 요소를 군사제도의 기본요소로 볼 수 있다."[6]라고 하였다.

한용원은 군사제도의 정의를 "군사제도란 국가의 군사적 안전보장을 주임무로 하는 일종의 사회제도로서, 사회와는 유기적인 관련성을 가지며, 합법적인 권위

6) 蔣緯國, 앞의 책, pp. 87~89.

(authority)가 군정권과 군령권을 가지고 군인을 조직 및 편성, 충원 및 은퇴, 교육 및 훈련, 작전 및 관리하는 법도이다."라고 하고[7] 그의 저서 『군사발전론』에서는 군사제도 요소를 병역제도 및 장교 충원제도, 편성 및 장비, 참모제도, 교육 및 훈련, 민·군 관계에 중점을 두고 다루고 있다.

이렇게 볼 때 군사제도는 군사력을 건설, 유지, 관리 운용하는 국방조직의 절차와 기능을 유기적으로 통합 체계화하는 제도인 국방체제, 군을 조직 및 편성하고 장비하는 군대편제, 참모조직의 구성 및 운용 등을 다루는 참모제도, 조직을 효과적으로 운용할 수 있는 인재를 적재적소에 배치하고 관리하며, 장병의 개인 신상을 관리하는 인사관리제도, 군구성원의 복무형태를 규정하는 병역제도, 전시에 필요한 많은 인원과 물자를 효과적으로 충당하기 위한 군사동원제도, 인재를 양성하고 교육훈련시키는 군사교육제도, 전·평시 전투력 발휘를 용이하게 하기 위해 제반 장비·탄약·보급·수송 등의 지원업무에 관한 군수지원제도, 군 내의 질서유지와 범죄예방, 군기유지를 위한 제도인 군사법제도, 군사기획제도, 연구발전제도 등 많은 부분으로 나누어 볼 수 있다.

제2절 군사제도의 근원

1. 헌법

군대란 국가의 독립과 안전을 보장하기 위한 중추적인 조직의 일부로서 군대의 조직에 관하여서는 법령으로 규정하고 있다.

군사제도란 앞에서 살펴보았듯이 사회제도의 일부로서 군사제도의 작용은 군사입법이요, 그 정신은 법치의 표현이라 하겠다.[8] 그러므로 군사제도는 국가의 헌법 및 헌법 중의 군사사항과 관련된 규정과 밀접한 관련을 가지고 있는 것이다. 헌법

7) 韓鎔源, 앞의 책, p. 17.
8) 蔣緯國, 앞의 책, p. 67.

은 군사제도를 산출하는 기본적인 근원이며, 불변의 요소로서 군사제도가 가져야 할 지속성과 강제성을 부여해 주고 있으며, 헌법에 저촉되는 군사제도는 효력이 없는 것이다. 따라서 군사제도 가운데 기본조문의 설정은 반드시 입법절차를 거쳐야 하는 것이다.

현재 우리나라의 헌법 가운데 군사제도와 관련이 있는 조문내용을 살펴보면 다음과 같다.

제5조 제2항 : 국군은 국가의 안전보장과 국토방위의 신성한 의무를 수행함을 사명으로 하며, 그 정치적 중립성은 준수된다.

제39조 제1항 : 모든 국민은 법률이 정하는 바에 의하여 국방의 의무를 진다.

제2항 : 누구든지 병역 의무의 이행으로 인하여 불이익한 처우를 받지 아니한다.

제74조 제1항 : 대통령은 헌법과 법률이 정하는 바에 의하여 국군을 통수한다.

제2항 : 국군의 조직과 편성은 법률로 정한다.

제89조 제6항 : 군사에 관한 중요한 사항은 국무회의의 심의를 거쳐야한다.[9)]

이와 같이 군사조직 등 군사와 관련된 모든 사항은 헌법에 근거하여 제정되어진다.

2. 국가정책 / 국가전략

1) 국가이익

국가이익이란 한 국가의 안전보장과 국민복지에 중요한 관계가 있다고 인정하는 사항과 정부가 국가와 국민의 생존 및 발전에 관계가 있다고 인정하는 사항 등으로서, 국가전략을 세울 때 분명히 파악해야 할 기본요소이다. 예를 들면 국가의 물리적 보존, 신념체계, 정치체계, 경제체계, 영토의 통일성 유지 등을 들 수 있겠으나, 모두를 실제에 있어서 똑같이 보장할 수 없다고 할 때에 첫째의 요소, 즉 국가의 물리적 보존이 다른 요소보다 우선된다.[10)]

---

9) 대한민국 헌법 참조.

10) 白鍾天, 國家防衛論(서울: 博英社, 1987), p. 114.

2) 국가목표

국가목표란 한 국가가 국가이익을 유지 및 확장시키기 위해서 건국이념에 입각하여 취하는 바의 주요한 목표이다. 대한민국 헌법 제1조는 "대한민국은 민주공화국이다."라고 되어 있다. 이는 곧 대한민국이 영구히 추구할 국가목표이다. 국가목표는 국가기본목표와 국가특정목표로 구분된다. 국가기본목표는 궁극적인 목표와 영구적인 목표의 뜻을 내포하는 것으로써, 국가가 건립될 초기에 확장해야 할 영구 보존적인 목표이며, 그 성질은 광범하고도 항구적인 것이다. 앞에서 인용된 헌법 제1조의 내용이 곧 국가기본목표이니, 이 목표는 결코 단기간 내에 달성되는 것이 아니며, 장기적으로 계속적인 노력과 더불어 이 목표를 향해 전진해야 한다.

국가특정목표는 국가가 생존 발전과정에 있어서 현실적인 정세에 적응하기 위해서 취해지는바, 국가기본목표보다 앞서 달성해야 하는 중간목표 또는 국가기본목표를 보장하는 동시에 달성해야 할 부수적이고 단계적인 목표라고 할 수도 있다. 그러므로 국가특정목표는 통상 당면한 환경과 조건의 필요에 따라 결정된다. 헌법 제4조에서 "대한민국은 통일을 지향하며, 자유민주적 기본질서에 입각한 통일정책을 수립하고 이를 추진한다." 또 제5조 제1항은 "대한민국은 국제평화의 유지에 노력하고 침략적 전쟁을 부인한다." 제2항은 "국군은 국가의 안전보장과 국토방위의 신성한 의무를 수행함을 사명으로 하며, 그 정치적 중립성은 준수된다." 등은 바로 국가특정목표에 해당된다고 할 수 있겠다.

대한민국은 1973년 2월 16일 국무회의의 의결을 거쳐 국가목표를 다음과 같이 규정하였다.[11)]

"첫째, 자유민주주의 이념 하에 국가를 보위하고 조국을 평화적으로 통일하여 영구적 독립을 보전한다. 둘째, 국민의 자유와 권리를 보장하고 국민생활의 균등한 향상을 기하여 복지사회를 실현한다. 셋째, 국제적인 지위를 향상시켜 국위를 선양하고 항구적인 세계평화에 이바지한다.

이러한 국가목표를 달성하기 위한 국가안전정책은 전쟁을 억제하고 궁극적으로 조국의 평화적 통일을 이룩함을 그 목표로 한다."고 규정하였다.

---

11) 國際問題硏究所, 防衛白書(國際問題硏究所, 2002), p. 153.

3) 국가정책(전략)

국가정책은 한 국가가 전반적인 국가목표를 달성하기 위해 채택한 행동방침으로 장차 여하히 행동할 것인가에 관하여 광범위하게 지시하는 것이다. 바꾸어 말하면 국가가 국력의 요소들을 발전·운용하기 위해서 목표의 지시와 통합전력의 발휘 등에 관한 행동방침을 표현한 것이 곧 국가정책이다.

여기에서 "정책"이란 무엇을 뜻하는 것인지에 대하여 구체적인 정의를 밝힘으로써 혼돈을 피하고자 한다. "정책"이란 목표를 달성하기 위하여 채택하는 행동방침이다. 정책을 세울 때에는 목적의 요구에 기초해서 세워져야 하며, 정책의 본질은 운용하는데 있으며, 결코 어떠한 실물체가 아니다. 여하한 목표라도 단숨에 달성할 수 없는 것이며, 상당한 시기의 과정에 걸쳐 단계적으로 실시하고, 어떤 부문에서는 분업작업을 함으로써 비로소 이상적으로 달성할 수 있게 된다.

그러므로 총체적인 구상에서 산출되는 총체적인 정책 외에도 몇 계단 혹은 몇 부문으로 구분하여 각개의 수요와 행동구상에 따라 산출되는 개별정책이 있어야 한다. 이와 같은 각급정책은 목표에 대해서는 계획추진이 되고, 소속기관에 대해서는 시정방침이 된다, 한 마디로 말하면 정책이란 어떤 사건에 대해서 어떤 목표의 기본개념을 달성하기 위하여 모든 사람이 이해할 수 있도록 마련한 계획 준비 및 행동의 근거이다. 정책의 정의를 이해했으니, 다시 국가정책문제로 되돌아가기로 한다.

국가정책은 일반적 국가정책과 국가안전정책으로 나누어진다. 일반적 국가정책이란 국가의 일반적인 개별정책으로서 국가안전에 직접적인 영향을 끼치지 않으며, 그 대상은 보편적이고, 그 범위는 광범한 것으로서 통상 행정부처에서 세운다. 국가안전정책이란 한 국가가 국가목표를 달성하기 위하여 수립한 특수임무 노선으로 국가안전에 직접적인 영향을 끼치며, 국가 최고당국이 결정한다.

대한민국 국가목표달성을 위한 국가안전정책은 전쟁을 억제하고 궁극적으로 조국의 평화적 통일을 이룩함을 그 목표로 하여 국민의 지지를 바탕으로 정치, 외교, 군사, 경제, 사회, 심리, 과학, 기술 등 제반 국력요소를 능률적으로 결합함으로써 안전보장을 극대화시키는 총합적 안보개념에 입각하여 계속 발전적으로 추진해 나간다는 것이다.[12)]

3. 군사정책 / 군사전략

군사정책은 국가정책의 일부분이며, 국가정책을 도외시한 군사정책이 있을 수 없다. 국가정책에는 군사정책이 포함되어 있으며, 군사정책은 또한 군사전략계획을 책정하고 발전시키는 근거가 되는 것이다.

군사정책은 군사력 건설과 군사력 운용의 두 가지로 나누어 볼 수 있다. 군사력의 우열은 부대의 강약으로 표현되며, 부대의 전력은 유형 및 무형의 두 종류로 구분한다. 전자는 무기의 생산 및 기술 등과 같은 국방과학의 힘에 의존하며, 후자는 제반 정신력(간부 및 부대의 교육훈련을 포함)의 확립에 의존한다. 그러므로 군사력 건설에 관한 계획 가운데 부대의 조직, 무기생산, 국방과학기술 확립 등을 충족시키기 위해서는 앞서 말한 갖가지 목표를 달성시킬 수 있는 각종 제도를 제정해야 한다. 이처럼 군사제도의 수립은 자연히 군사정책 수립에 관련된 항목 가운데서 중요한 위치를 차지하고 있다.

우리나라의 군사정책은 국가정책의 일부로서 국가목표의 달성을 뒷받침하기 위한 정책이다. 특히, 1981년 '국방부 정책회의' 의결을 거쳐 "적의 무력침공으로부터 국가를 보위하고 평화통일을 뒷받침하며, 지역적인 안정과 평화에 기여한다."는 내용으로 국방이 추구해야 할 궁극적 목표를 설정하였다.

군사전략은 제반 군사정책의 방침에 의거하여 발전되며 군사정책에 근거하여 산출된다. 그러므로 군사제도의 설정은 군사정책이 요구하는 바에 부합되어야 하며 군사전략의 운용으로 국가전략을 실현시키고, 나아가 국가목표를 달성토록 뒷받침해야 한다.[13] 다시 말해서 군사정책과 군사전략의 적부성 여부는 군사제도의 설정에 직접적인 영향을 끼치며, 또한 군사제도의 우수성 여부는 각종 군사력 건설에 지대한 영향을 끼친다. 따라서 양자의 상호 관계는 밀접한 협조와 배합을 갖추어야 한다.

이상의 내용을 종합해 보면, 국가정책 및 군사정책과 군사제도의 관계를 다음과

---

12) 위의 책, p. 153.

13) 우리나라의 군사전략은 "적의 전쟁도발을 억제하여 국가의 안전보장과 번영 및 평화통일을 달성하고, 전쟁발발 시에는 적의 전쟁의지를 조기에 분쇄하여 국토방위의 목표를 달성하며, 제반 분쟁사태에 적절히 대처함으로써 국가이익을 수호해 나가는 것이다."
; 國際問題硏究所, 防衛白書(國際問題硏究所, 2002), p. 158. 참조

같이 결론지을 수 있다.

국가전략상으로 볼 때, 군사정책은 국가안전정책의 일부로서, 정치, 경제, 외교, 심리 등과 상호 보완하여 국가목표를 달성시키는 중요한 요소라 하겠다. 반면 군사 자체의 입장에서 본다면, 군사정책이란 군조직 내부의 일체의 활동을 지도하는 총체적인 목표이며 방침이다. 그러나 군사정책은 윤곽만을 밝히는 원칙적인 면을 다루지만 군사제도는 군사정책을 실현하기 위한 구체적인 제도적 장치가 된다. 따라서 군사제도는 반드시 군사정책을 근본으로 해서 설정되어야만 한다.

이처럼 군사제도는 국가이익과 국가목표의 달성을 위한 제반 정책에 대한 제도의 한 분야로서 국가안전보장을 위한 군사에 관련된 제도로서 그 근원은 헌법에서 규정하고 있는 국가목표를 달성하기 위한 행동방책이며, 설정된 국가정책과 국가정책 달성을 위한 여러 정책 중 군사분야의 행동지침인 군사정책에 기초를 두고 성립되어진다.

군사제도의 기능은 인력, 물력, 재력 및 정신력 등의 네 가지 기본역량을 효과적으로 운용하는 구체적인 방법이며 수단이다. 예를 들면 인력을 효과적으로 운용하기 위해서는 병역제도나 인사제도, 교육제도 등이 있고, 물력을 발전시키기 위해서는 동원과 군수지원제도 등이 있다.[14]

이러한 군사제도의 근원과 설립절차를 표로 그려보면 다음과 같다.

[표 1-1] 군사제도의 근원

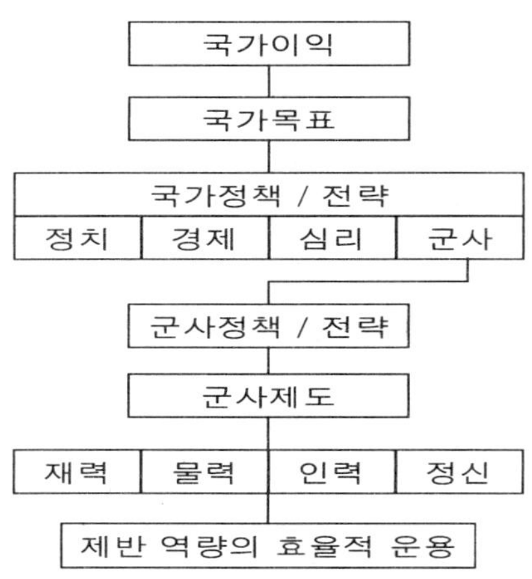

14) 蔣緯國, 앞의 책, p. 82.

제2장

군사조직

제2장

군사조직

제1절 개요

인류역사를 돌이켜볼 때, 인간들이 삶의 권리를 향유하는 과정에서 경쟁과 투쟁은 피할 수 없었다. 자신의 안전을 지키기 위한 그들의 개별행위가 집단행동으로 확대되었으며, 내부의 단결과 질서를 위하여 집단을 형성하고 국가를 발전시키게 되었다. 우발적인 개인 간의 싸움이 점차적으로 인위적인 집단 혹은 국가 간의 전쟁으로 옮아가게 됨으로써 국방의 필요성이 대두된 것이다. 따라서 국방이 있음으로써 국가를 보전할 수 있으며, 국가가 성립하면 그와 동시에 국방이 뒤따르기 마련이다.

현대국가의 3요소인 국민 · 주권 · 영토를 지키기 위해서는 국방이 필수 불가결한 전제가 된다. 한 마디로 국방이란 외부로부터의 위협이나 침략에 대하여 이를 억제 또는 배제함으로써 국가의 평화와 독립을 수호하고 생존을 보장하는 것을 뜻한다.[1)]

이와 관련하여 오늘날 국가안보(national security)와 국방(national defense) 그리고 방위(defense)란 용어를 유사어 내지 동의어로 사용하는 경향이 있으나, 그 개념을 정의해 볼 때 목적의 차원과 수단의 범위에 차이가 있음을 알 수 있다. 국가안보나 국방 또는 방위가 다같이 국가이익(國家利益, national interest)과 국가목표(國家目標, national objective)를 구현하기 위한 전반적이고 계속적인 이론정향성 목적(理

1) 李善浩, 國防行政論(서울 : 고려원, 1999), 서문.

論定向性目的, theory-oriented ends)을 가지고 있지만, 국가안보는 국리민복이나 부국강병 같은 포괄적인 목적을 추구하는 것이고, 국방은 국가의 평화, 안전 그리고 독립을 수호하기 위한 구체적인 목적을 지향하며, 방위는 무력전의 승리를 그 목적으로 한다. 또한 이러한 목적을 뒷받침하기 위한 행동정향적 수단(action-oriented means)인 국가정책과 국가전략을 실현하기 위해서는 다양한 힘이 필요하다. 이 힘은 곧 특정 국가가 대내외적인 위협이나 침략을 배제 또는 저지하기 위한 처방으로서의 국력을 뜻하는 것이다.

오늘날 국가안보에 대한 개념은 그 국가가 처해 있는 외적 환경과 내적 질서에 따라 달리 정의되고 있으나, 대다수의 사회과학자들은 협의의 개념으로서의 국방 내지 군사적 안전보다는 광의의 개념으로서 "자국의 내적 가치를 외적 위협으로부터 보호하기 위한 일국의 능력"이란 포괄적인 뜻으로 접근을 하고 있다. 이와 같은 현대적 개념의 국가안보는 제2차 세계대전 이후 정립되었다. 즉 1947년에 미국에서 국가안보법(National Security Act)이 제정 · 시행됨과 동시에 국가의 대외정책과 대내정책 그리고 군사정책을 국가안보적인 차원에서 통합 · 조정하는 대통령 주재(主宰)의 정책자문기관인 국가안보회의와 국가자원을 동원 · 관리하는 국가안보자원위원회를 설치 · 운영하게 됨으로써 국가안보정책 형성이 제도적으로 합리화되고, 통합된 단일 국방성이 창설되어 비로소 전략과 전력의 통합과 조화를 이루는 현대적 국방체제가 이루어졌다.

일찍이 로마제국의 무력에 의해서 유지된 지중해 시대의 세계평화를 Pax-Romana라고 칭하였고, 강대한 대영제국의 해군력에 의해 유지된 19세기의 세계평화를 Pax-Britanica라고 부른데 이어, 월남전이 끝나기까지의 미국의 영향력에 의해 유지된 세계평화를 Pax-Americana라고 불렀으며, 그 후 미 · 소 강대국의 핵억제에 의해 유지되었던 냉전시대의 세계평화가 이른바 Pax-Russ, Americana인 것이다.

이렇게 세계정세와 전략적 판도를 주름잡아 온 것은 군사 외적인 힘의 작용도 있지만 군사력이 그 바탕이 되고 있음을 알 수 있다.

이와 같은 힘의 철학은 인류의 역사가 지속되는 한 미래에도 그 원리가 적용될 것임을 부인할 수 없다. 오늘날 지구상에는 170여 개의 주권국가가 존재하는데, 비록 각국은 군사력의 질과 양은 다르다 할지라도 군사력을 가지지 않은 나라는 하나도 없으며, 자국의 안보를 위하여 군사력을 국력의 필수적인 요소로 생각하고 있는 것이다.

특히 오늘날 핵무기체계의 고도화로 군사력은 억제기능을 매개로 하여 전쟁수행 기능에서 평화유지 기능으로 그 역할의 질적 변화를 맞이하게 되어 그 효용가치가 더욱 제고되고 있다. 이러한 군사력을 통제하고, 건설 · 유지 및 운용하기 위하여 각국은 그 나름대로의 국방조직과 제도를 가지고 있는데 이의 구조, 기능 그리고 절차를 유기적으로 통합 체계화한 것이 곧 국방체제인 것이다. 세계 각국은 문민제를 원칙으로 하는 그 나름대로의 국방체제를 지니고 있다. 오늘날의 국방체제는 국가안보를 전제로 국력을 효과적으로 전력화하기 위해 군사력을 중심으로 국력의 여러 요소를 뒷받침하는데 필요한 여러 장치를 갖추어야 한다. 국방체제란 국가안보를 확고히 하기 위하여 군사력을 중심으로 모든 국력을 종합하여 총체적인 국력으로 승화시키고 계획의 수립에서 집행에 이르기까지의 각급기구로서 이루어진 종합적인 조직과 운용의 총칭이다. 따라서 현대의 국방체제란 다섯 가지 요소 즉, 최고통수권자와 그의 의사결정을 보필하는 국력동원기구 및 국방정책기구 그리고 통수권자의 군정 · 군령권을 통할하는 군정 · 군령통할기구와 이를 집행하는 군정 · 군령집행기구와 그 기구들의 정채결정 및 집행절차를 망라하는 것이다. 자유민주주의 헌정체제의 국가에서는 건전한 국방체제를 갖춤으로써 군사력에 대한 합법적인 문민통제와 합리적인 문무 합일의사 결정이 가능하고, 국가이익과 목표에 합당하게 이를 행사할 수 있으며, 국가안보와 국방이 일체화를 이룬 가운데 정치, 경제, 군사의 삼위일체로 국가가 생존, 발전할 수 있는 것이다.

한편, 현대는 조직의 시대로써 인간의 삶은 조직 속에서 이루어진다, 유치원, 초등학교, 중학교, 고등학교, 대학교, 대학원에 이르기까지 학교란 공식조직뿐만 아니라 여러 가지 비공식조직, 즉 교회, 동창회, 향우회 등 종교, 지연, 혈연적인 자생조직과 더불어 성장하고 생활하다가 죽게 된다. 특히 불안정한 안보환경 하에 있는 우리나라와 같은 경우는 국민의 의무병역기간인 현역복무 외에 예비역 그리고 민방위에 이르기까지 계속하여 직접 · 간접으로 국방조직과 관련을 갖도록 제도화되어 있다. 그러나 국민의 기본권리 및 의무와 밀접한 관계를 가진 이 국방조직의 가치와 규범 그리고 속성이 정확하게 이해되지 못함으로써, 전시의 전투적 기능과 평시의 억제적 기능, 사회개발기능의 수행은 물론 민 · 군 관계의 사회적 요청과 기능적 요청이 조화를 이루지 못하여 국가안보상의 중대한 문제를 야기하고 있다.

오늘날 민주헌정체제의 국가들은 대체로 두 가지 민·군 간의 갈등을 이루고 있다. 첫째는 사회적 요청으로 그 사회의 지배적 관념인 민주주의 가치의 실현이고, 둘째는 기능적 요청으로 국가안전보장을 위한 강력한 군사력의 건설 요구인 것이다.[2] 이 두 가지 요청이 이율배반적 관계를 갖게 되는 이유는 사회적 요청에 너무 집착하면 군사적 기능의 약화를 가져올 수 있고, 반대로 기능적 요청을 위한 강력한 군대만을 강조한다면 무의미·무가치한 군사력이 될 수 있기 때문이다. 더구나 지나친 군사력이란 경제적 부담은 물론 본래의 군사목적과 다르게 무력이 행사될 우려가 있기 때문이다. 따라서 상반된 이 두 가지 요청의 갈등을 해소하고 상호 조화를 이루기 위해서는 건전하고 효과적인 국방체제가 필요하다. 즉 오늘날 민주헌정체제하의 국방체제는 민주성과 합법성의 테두리 안에서 능률성과 효과성을 추구해야 한다는 기본적인 가치를 지향한다. 현대 국방체제는 과도집권화란 비판 속에서 관료구조로 정형화되는 경향과 더불어 능률성과 합법성이란 정치학적 이념과 조화를 잃게 될 수도 있는 것이다.

이와 관련하여 현재 선진국가들의 당면과제는 증대되어 가는 군사적 요구를 완전히 충족할 수 있을 만큼 국가자원을 배분할 수 없는 자원의 유한성에 따른 국방경제와 국민경제의 조화를 위한 민·군 융합이 문제인 것이다.

현대 국방체제는 단순히 폭력을 관리하기 위해 복합적인 하위체제를 통합, 유지하는 기능뿐만 아니라, 집단안보체제 및 국가안보체제와의 연계·의존관계를 갖는 환경대응기능 그리고 국가안보 내지 국방목표를 구현하는 조직목표의 달성기능을 가진 거대하고 복잡한 사회체제의 하나로서 개방체제의 속성을 지니고 있는 것이다.

민주헌정체제 아래서 개방체제로서의 국방체제는 공산국가들의 폐쇄체제와는 달리 문민통제를 최우선으로 내세우고 있으나, 군사조직이 법적 강제성, 전투적응성, 전통지향성 등 고유의 규범을 지키기 위해서는 다른 한편으로는 관료제의 속성을 견지하지 않을 수 없는 것이다. 전자가 사회적 요청으로서의 민주성의 발현이고, 후자가 국가안보적 요청으로서의 기능적 요구의 수용이라면 이 두 가지 비대칭적인 요소가 국가이익과 목표를 위해 수렴하도록 조화·융화시키는 방안을 모색하는 것이 국방조직 당면문제로 제기되는 것이다.

---

2) Samuel P. Huntington, The Soldier and The State, 박두복·김영로 共譯, 軍과 國家(서울: 探求堂, 1990), pp. 8~9.

군사조직은 군사전략, 무기체계 그리고 군사력과 밀접하게 상호 연관되어 있어 이 모두가 일국의 안보를 위한 수단과 방법이 되기 때문에 각국은 고도의 보안을 유지하고 있다. 특히 군사조직은 군사력의 질과 양에 의해 그 규모와 구조가 결정되므로 군사력의 동태성(動態性), 변화성, 상대성, 비닉성(秘匿性), 미래예측의 곤란성 등을 감안할 때 군사조직의 폐쇄적 속성은 모든 국가들의 공통현상인 것이다. 그러나 오늘날 군사기술의 발달에 따라 군의 전문화와 분업화로 인해 민·군간의 간격이 좁혀짐으로써 비전투 분야의 상호 교류와 지원이 불가결하게 되었다. 억제 지향적인 현대 전략은 힘을 감추어 불확실성을 조성하여 억제를 달성하기보다는 힘의 현시(顯示)와 의사소통을 통한 위협의 인지가 더 효과적으로 억제에 순기능을 할 수 있게 됨에 따라 강대국들은 과감히 개방적인 위협전략을 채용하고 있다. 또한 문무합일과 군정·군령 일원화가 국방체제의 대전제가 되고 있어 조직의 하위계층 구조를 문민이 차지하고 있을 뿐만 아니라 군사정책·전략을 민간관료들이 군인의 조언을 얻어 주도적으로 수립하는 문민우위 제도가 확립되어 있는 등 군사의 개방적 성향이 두드러지고 있다.

제2절 군사조직의 특성

군사조직의 특성은 민·군 관계의 측면과 조직원칙의 측면, 행태 및 구조의 측면, 규범 및 가치의 측면 등으로 구분하여 살펴볼 수 있다.[3)]

1. 민·군 관계의 측면

1) 기능적 요청과 사회적 요청의 갈등

헌팅턴은 그의 저서 『군과 국가(The Soldier and the State)』의 서두에서 군사조직

3) 李善浩, 앞의 책, pp. 11～44.

은 사회의 안전에 대한 위협에서 비롯되는 기능적 요청과 사회를 지배하는 힘, 이념, 제도 등에서 비롯되는 사회적 요청이라는 두 가지 요인에 의해 특징지어진다고 했다.

이 말은 군사조직은 사회적 가치만을 추구할 때 군사적 전문기능을 효과적으로 수행할 수 없으며, 반대로 순수한 기능적 전문성만 추구한다면 사회에 수용될 수 없으므로 이 두 가지가 조화되어야 한다는 뜻일 것이다.

따라서 현대 군사조직은 이 두 가지 사이의 균형과 조화를 이루려는 새로운 민·군 관계의 변화양태를 지향하게 됨으로써 사회적 요청과 기능적 요청 사이의 상호 작용은 다양하게 나타나고 있는 것이다.

민·군 관계에 있어 주된 쟁점은 군사적 전문성과 정치적 지도성이 초점이 되고 있다는 것이다. 이는 군대가 군사적 전문성으로 대표되는 기능적 요청과 더불어 그 성격상 정치적 영향력의 잠재적 근원이 되며, 또한 고도로 전문화되고 관료화된 조직이기 때문에 사회에 대한 정치적 중요성이 점차 커지고 있음을 뜻한다. 특히 고도의 군사적 전문성을 개발, 유지하고 군사적 윤리의 현실주의에 집착하려는 장교단의 권능은 군대가 봉사하는 사회의 성격에 의존하게 된다. 비록 사회에서 통용되고 있는 가치와 이념이 군대윤리의 보수적 현실주의와 분명히 상치(相馳)된다 해도 장교단은 이 사회와 더욱 밀접히 교통할 수 있는 태도와 외형으로 변화 또는 조화함으로써 이른바 사회적·군사적 요청간의 갈등을 해소할 수 있게 되는 것이다.

2) 국가안보와 민주성 간의 딜레마

역사적으로 민·군 관계의 주된 관심은 군대가 문민정부의 헌법에 순응하느냐의 여부에 쏠려 왔으나, 오늘날은 자유민주헌정체제를 가진 선진제국의 경우 군사적 쿠데타(Military coupdeta)의 가능성은 거의 없어지고, 오로지 국가안보적 요구와 민주주의적 요구의 상관관계에 따른 여러 문제가 쟁점이 되고 있을 따름이다. 특히 1970년대에 와서 미국은 국가안보의 인지된 요구와 민주주의 제도의 성과 개선을 위한 요구간에 제기된 긴장으로 월남전을 매듭짓는 과정에서 어려움을 겪었다.

즉 국가안보는 민주주의적 관행을 희생해서라도 쟁취해야 한다는 입장과 국제관계에 있어서 미국의 안보적 요구를 경감시킴으로써 민주주의의 질적 개선을 성취해야 한다는 상반된 주장이 제기되었고, 이로 인해 국가안보와 민주주의 간의 딜레마가 사회적 문제로 심화되었던 것이다. 제로섬 게임(zero-sum game)적 속성의[4] 국가안보와 민주주의 간의 딜레마 논쟁은 다분히 수사학적인 호소력을 지닌 민·군 관계와 관련하여 정치·사회적 쟁점이 되고 있다.

2. 조직원칙의 측면

1) 군사조직의 여러 원칙

오늘날 전쟁의 성격, 무기체계, 군사력의 규모, 그리고 군사작전 활동의 변화에 따라 군사조직이 복합성, 세부적인 분업 및 전문화한 현상을 나타내고 있음에도 불구하고, 여전히 군대조직에는 전통적이고 고전적인 조직의 원칙들이 많이 원용(援用)되고 있다.

고전적인 성격의 여러 원칙은 군사조직에 있어서 일반적인 적용을 위한 진리가 될 수 있으나, 절대무오(絶對無誤)의 법칙은 아니다. 단지 이를 융통성 있게 상황 변화에 따라 적절하게 도입할 수 있을 따름이다. 따라서 여러 조직의 원칙들을 현대적 여건에 맞게 재정립하고 살펴 볼 필요가 있다. 이를 정리하면 첫째는 필요와 목적에 관련된 원칙이고, 둘째는 구조와 관련된 원칙이며, 셋째는 양자를 혼성한 응용원칙이다.

2) 필요와 목적에 관한 원칙

(1) 통제의 폭(span of control)

조직의 기본적인 요구는 이 통제의 폭 원칙에 바탕을 둔다. 즉 계층구조의 수와 통제의 폭은 조직구조의 두 가지 다른 차원으로서 밀접한 관련성이 있다. 예를 들면 64명의 노동자를 가진 공장에서 8명의 감독관이 있다면 공장장의 통제의 폭은

4) 국제 관계의 갈등 상황 하에서 의사결정을 연구하는 방법으로 제로섬 게임(ZSG)은 A와 B간의 게임에서 A가 이기면 B가 패한다는 이론
Jeames E. Dougherty/Robert L.Pfaltzgraff, Jr, Condendingt Theories of International Relations, ; 崔昌潤 譯, 國際政治論(서울: 博英社, 2003), pp. 460~461.

8명조를 감독하는 8명으로서 비교적 평탄한 조직이 될 것이다. 반면 감독관이 4명인 경우는 이들 감독관이 또 다른 4개의 4명조를 지휘해야 하므로 계층구조가 높은 조직으로서 통제의 폭이 좁아지는 것이다.

필연적으로 이 원칙은 한 개인이 효과적으로 감독할 수 있는 인원수나 기능수는 제한되어 있다는 것에 귀착되므로, 한 사람이 지휘할 수 있는 인원수는 업무의 성격, 피지휘자의 구성요소 그리고 지휘자의 능력에 따라 달라진다는 것이다. 이에 대해서는 여러 가지 고전적 이론과 학설이 있으나 통설은 없다.

결국 예하의 업무가 복잡하고 예측가능성이 적을 때에는 통제의 폭이 좁고, 그 반대일 경우는 넓어진다는 상식의 법칙이 최선의 법칙이란 결론에 도달한다. 군사조직에 있어서 전투부대의 경우 계선조직은 3~4 개념으로 각급 제대가 편성되고 참모조직은 4~5명의 일반참모와 대략 동수의 특별참모를 두고 있으므로 연대 또는 사단급 지휘관이 직접 지휘하는 예하부대(전투부대 및 전투지원부대)가 통상 4~5개가 되고, 관장할 참모(일반 및 특별참모)는 8~10명이 된다.

다음으로 감독자의 업무량과 조직의 안정성 여부가 통제의 폭을 결정하는 요소가 된다. 계획, 조직, 지시, 협조 등에 필요한 가용시간에 알맞은 대상이라야 통제가 효과적이며 신·개편 또는 변화도상(變化途上)의 불안한 조직보다 안정되고 고정된 조직의 통제는 그 폭이 더 넓어질 수 있다. 일반적으로 조직구조에 있어 너무 통제의 폭이 넓고, 계층구조가 평탄하면 업무과중과 감독불철저의 폐단이 생긴다. 뿐만 아니라 군사조직은 규모가 복잡하고 불확실성이 클 때에는 분권화되어야 하므로 통제의 폭이 넓어지고, 이와 상반된 경우는 집권화되어야 하므로 통제의 폭이 좁아지기 마련이다.

(2) 목표의 통합(unity of objective)

모든 조직에 있어 조직의 각 구성요소가 조직의 목표달성에 명확한 기여를 해야 하고, 조직의 목표와 개인의 목표가 일치해야 하며, 조직은 설정된 목표를 수행하는데 효과적이어야 한다는 것은 보편적인 원칙이다. 일반적으로 조직에 대한 개념 정의는 다양하나, 버나드(Chester Barnard)는 조직을 어떤 목적 달성을 위하여 두 사람 이상이 힘과 활동을 의도적으로 조정하는 협동체로 파악했으며, 슈아인은 조직을 업무와 기능의 분배, 권한과 위임의 계층을 통하여 어떤 특정한 조직성원의 공통된 목적 달성을 위하여 다수인의 활동을 합리적으로 조정한 것이라고 보았다. 또한 파슨스는 조직을 그것이 속해 있는 더 큰 사회의 기능에 공헌하는 특정한 목적을 달성하기 위한 사회단위라고 규정하였고, 에치오니는 조직을 일정한 환경 하에서 특정한 목표를 추구하며 이를 위하여 일정한 구조를 가진 사회단위라고 하였다. 이상의 조직에 대한 다양한 정의를 집약해 볼 때, 조직은 공동목표를 지향하며 일하기 위해 상호 작용을 하고 상호 의존하는 개인의 집합체이며 이들의 상호 관계는 특정 구조에 따라 결정된다는 것을 알 수 있다. 특히 군사조직은 전투목적을 위해 좁은 폭과 엄격한 계층구조의 계선 중심 조직이기 때문에 모든 수단은 지휘관을 중심으로 통합되고 목표는 필히 단일화되어야 한다.[5] 또한 군사작전 수행에 있어 성공을 보장하는 필수적인 기본원칙이 되고 있는 전쟁의 10대 원칙[6] 중에 첫 번째가 목표의 원칙으로 되어 있는 바와 같이 군사조직에 있어 목표의 통합원리는 그 중요성을 아무리 강조해도 지나치지 않다. 조직의 각 요소가 공동 목표를 달성하기 위한 활동에 실패한다면 그 조직은 승리하지 못한다. 그 이유는 군사작전에 있어 목표는 명확하고 결정적이며, 달성 가능한 목표에 노력이 집중적으로 지향되어야 하기 때문이다.

3) 구조에 관한 원칙

(1) 권한(authority)

조직과 관련한 제 이론들은 조직 내의 각 직책에 따르는 권한의 정도와 종류를 명확히 하고, 조직 내의 최고위 직에서 각 말단 직위까지의 의사소통 및 의사결정의 체계를 확립할 것을 강조하고 있다. 군사조직에 있어서 지휘관의 권한은 결정권을 뜻하며, 이 권한은 무엇을, 언제, 어디서, 어떻게를 결정하고 누구의 책임인가를 규정한다. 또한 권한은 보상과 징벌에 대한 공식적인 지위와 통제를 기반으로 부하에게 복종을 호소하는 권리이기도 하다. 따라서 권한은 제도화된 권력으로서 조직 내에 공식적으로 설치된 구조와 지위의 합법적 기반 위에서 존립하는 것이

5) 李善浩, 앞의 책, pp. 21～22.

6) 野戰敎範 100-5, 作戰(陸本, 2002), p. 12.
전쟁의 10대 원칙은 ① 목표, ② 공세, ③ 집중, ④ 기동, ⑤ 통일, ⑥ 기습, ⑦ 경계, ⑧ 정보, ⑨ 창의, ⑩ 사기의 원칙이다.

며, 권력의 수용을 전제로 하는 것이다. 베버가 제시한 권위의 세 지주인 카리스마, 전통, 합리성은 개인과 조직의 계층구조 속의 복종을 강요하는 형태에서 추구했으므로, 군사조직은 이러한 속성을 가장 강하게 내포하고 있다.

예를 든다면 함장의 권력이 승무원에 의해 수용되지 않는다면 해상에서 합법적인 권한행사가 불가능할 것이며, 정상적인 상황 하에서는 무경험한 소대장이라도 합리적인 권한을 행사할 수 있지만, 위급한 상황에서는 오히려 전투경험이 많은 선임하사관이 더 강력한 전통적이고 카리스마적인 권한을 행사할 수도 있을 것이다. 권한은 또한 지휘권(right of command)을 뜻한다. 지휘권은 적절한 결정의 집행과 합리적인 명령과 지시를 신속하고 만족하게 수용할 것을 요망하는 권한을 포함한다. 따라서 권한은 부여되거나 위임된 기능의 수행이 가능한 개인에게 주어지는 모든 권력의 총화를 뜻하는 것이다. 특히 지휘관의 권한은 다음과 같은 수개의 출처에서 연유한다. ① 권한은 개인의 특성이나 인격에 의해서 대표될 수도 있다, 어떤 개인은 권한을 카리스마(개인적 매력)에서 획득한다. ② 권한은 지식과 기술에서 나올 수도 있다. 전문적이거나 기술적인 지식과 기능의 보유는 하나의 권한으로 인정되며, 그 건의와 결정은 권위 있게 받아들여진다. ③ 직위(position)에 의해서 권한이 주어진다. 즉 권한은 주어진 직무와 직책에 따른 고유의 기능인 것이다. 예를 들면, 육군소장은 그 계급에 상응하는 직책인 사단장으로서 작전권, 인사권, 재정권, 상벌권 등 지휘권한을 부여받는다.

(2) 위임(delegation)

권한(authority)의 위임(delegation)이란 조직의 고위직자가 하위직자에게 의사결정에 대한 권한과 책임을 이전하는 것으로서 소관업무를 위임받은 자는 위임자의 명의와 책임으로 권한행사를 하게 된다. 권한은 임무수행에 필요한 만큼 예하부대에 충분히 위임되어야 한다. 위임이란 다른 수단을 통해서 업무를 집행하는 방법으로서 감독자의 직무수행을 위한 표준임과 동시에 수단이 되기 때문에 중요하다, 업무가 개인의 능력을 초과할 정도로 방대(尨大)해지면 다른 수단을 통해서 자신의 능력을 여하히 극대화시키느냐에 따라 성패가 결정된다. 즉 얼마나 잘 위임하느냐와 얼마나 잘 관리하느냐에 달려 있다. 따라서 위임은 감독자가 자기의 지위와 신분으로 맡은 직분을 효과적으로 수행할 수 있도록 배당된 업무를 분담하는 절차를 따르는 것이다.

감독자의 업무위임은 세 가지 유형으로 분류된다. ① 과도위임은 책임회피와 위임받은 자의 횡포가 우려되고, ② 과소위임은 독단화 우려와 참모 및 예하 부대장의 창의성 촉진을 제한하며, ③ 적정위임이 가장 효과적이고 합리적인 군사조직의 위임유형인 것이다. 요컨대, 권한은 조직 내에 가급적 하급부대까지 위임되어야 하며, 각 요원은 적정권한을 부여받게 될 때 이 권한은 자기 직무수행을 위해 유효하다. 권한의 위임은 조직의 효과성, 능률성 및 성장을 위해서 필요하며, 또한 개개인의 발전을 위해서도 필요하다.

(3) 책임(responsibility)

군의 지휘관은 권한을 위임할 수 있으나 책임은 위임할 수 없으므로 상급자는 하급자에게 위임된 기능과 과업을 비록 그 하급자가 적절히 책임질 수 있다 할지라도 그 책임은 상급자에게 있다. 따라서 상급자는 예하부대의 조직활동에 대한 책임을 면할 수가 없으며, 예하부대는 위임된 권한에 있어 자기 상급자에 대하여 절대적인 책임을 진다. 정의상 책임이란 "부여된 임무와 과업을 수행하고 자기가 책임져야 할 상급자의 지시에 순응하여 자기의 능력을 최대로 발휘하기 위한 예하부대(부하)의 직무이다." 책임의 필수적 요소인 의무는 수용해야 할 대가와 보상이 어떠하든지 간에, 실패에서 기인하는 과업과 모험의 부담을 감수할 의지를 포함한다. 그러므로 권한이 위임되어도 책임은 그대로 남는 것이며, 권한을 위임받은 자는 항상 자기 상급자에 대하여 위임받은 바에 대한 책임을 지게 된다.

특히 군사조직에 있어서 책임계통은 최하급 단위에서 최상급 단위로 순차적으로 연결되고, 권력과 권한은 최상급 지휘관에게 치중되나 최하급 단위까지 단계적으로 흘러 내려가도록 되어 있다. 책임은 또한 일원적이므로 각자는 위임된 권한에 대하여 그 권한은 위임한 단 한 사람의 상관에 대해서만 책임을 지는 것이다. 책임과 권한은 일치 또는 동등해야 한다. 즉 일정한 기능을 수행하는 책임이 부과된 자는 그것을 수행하는데 필요하고도 충분한 권한을 부여받아야 한다. 일반적으로 군사조직에 있어 책임이 권한보다 클 때에는 사기저하의 요인이 되고, 책임이 권한보다 적을 때에는 권력의 부패를 초래하게 되므로 권한과 책임은 균형을 이루어야 하는 것이다.

(4) 지휘계통의 통일(unity of command)

지휘의 통일 역시 전쟁원칙 중의 하나로서 모든 협조된 행동에 의한 노력의 통합이 공동목적을 지향해야 이를 달성할 수 있음을 강조하고 있다. 지휘의 통일이란 각 작전단계에 있어 조직의 여러 활동에 대한 최종적인 권한과 책임은 한 사람에게 귀착된다는 것이다.

즉 한 사람의 지휘관이 예하부대의 노력을 통합해야 하므로 지시, 통제, 협조를 포함한 노력의 통합은 이 원칙에 의존한다. 통상 한 상관 이상의 권한 하에 있는 개인은 충성심의 분할과 경험의 혼란을 야기시키게 된다는 것이다. 조직 내에서 각자는 보고 및 지시계통을 정확히 알아야 한다. 얼핏 생각하면 이는 명확한 것 같으나 가장 공통적인 오류의 하나는 특히 하급제대에서 이 점에 대한 인식이 결여되고 있는 점이라고 하겠다. 조직체 내에서 직속상관이 누구이며 직계부하가 누구인지에 대해서 잘 모르는 경우 의무를 부여하는 데 혼란이 초래되고 책임소재를 밝히는 데 곤란한 결과를 가져오기 때문이다. 어떤 환경 하에서는 지휘통일의 원칙에 엄격하게 집착할 수 없는 경우가 있으나, 보고체계가 명확하게 확립되면 극복하기 어려운 곤란에 봉착하지는 않을 것이다. 일반적으로 전형적 군사조직은 계층구조와 지휘의 통일원칙을 극대화하려는 경향이 있다.

그런데 이는 전문화의 원칙과 대립될 수 있다는 것이다. 조직 내의 개개 단위는 전문기관 또는 참모기관의 지시를 받게 되기 때문이다. 특히 계선 및 참모형 조직이나 기능조직에 있어 그러하다.

대체적으로 말해서 직접 상관의 명령이 전문기관의 지시보다도 우선하도록 하여야 하고, 후자는 엄격히 말하면 권한에 의한 명령이 아니라 조언이나 기술적 감독 또는 전문적 판단의 형식을 취하기 때문에 지휘통일의 원칙과 전문화의 원칙은 어느 정도 양립성을 보이게 된다.

따라서 지휘통일의 원칙은 한 사람의 상관으로부터만 명령을 받아야 하고, 계층의 단계를 추월하는 것을 부인하는 좁은 의미에서 한 걸음 나아가, 조직 내의 권한, 전문성, 기능 등에 전체적인 통일을 이루어야 한다는 의미를 가져야 하고, 명령통일보다는 방향통일(unity of direction)의 원칙이라고 하는 것이 좋을 것이다.[7]

7) 申宗淳, 行政學(서울 : 考試院, 2001), p. 228.

(5) 배정의 동질화(homogeneity of assignment)

군사조직에 있어 임무와 과업을 수행키 위해 요구되는 기능은 동질화에 따라 함께 묶여져야 하며, 각 개인은 그 능력과 이해관계에 적응하는 집단에 배당되어야 한다는 것이다. 오늘날 세계 각국의 군사조직에는 피킨슨의 법칙에 따라 기구와 인원이 고무풍선처럼 늘어나는 현상과 설관위인(設官爲人)의 불합리를 억제하기 위해 유사·중복기능 구조와 직무를 통·폐합함으로써 조직의 군살을 빼려는 통합 군체제 지향적 노력이 일고 있는데, 이는 배정의 동질화 원칙과 맥을 같이 한다. 이 원칙을 적용함에는 2개 단계가 있는데 조직단계와 인원보직단계이다. 조직단계는 조직의 구조 내에서 기능과 상관관계의 동질화에 대한 고려를 포함한다. 조직단계에 있어서의 동질화는 상이하거나 유사한 기능과 의무의 집체화 실현을 통해 이루어진다. 이 단계에서 정책 입안자는 표준화된 방법과 절차의 사용을 확인해야 한다. 따라서 상관관계를 설정하는 절차는 수행할 임무를 위한 조직의 계획절차 내에서 고려해야 하는 것이다. 인원보직단계는 특수기능과 의무를 수행하기 위한 능력과 이해관계의 기초 위에서 실제적인 인원의 보직이 고려되는 것이다. 인원보직에 있어서는 과업수행에 따른 각 개인의 기본적인 지식, 기술 혹은 능력을 바탕을 적재적소 배정을 원칙으로 한다.

4) 응용원칙

다우니(J.C.T Douney)는 관리업무의 개혁자인 군사조직이 긴 역사를 지니고 있는 이상 고전적 조직원칙들의 일부가 군사교범이나 군사행정에서 우러나온 것이 우연한 일이 아니라고 전제하고, ① 목표, 과업, 인원 간의 올바른 관계 확립, ② 권한과 상담, 권한과 책임간의 관계 결정, ③ 집권화와 권한위임의 균형, ④ 의사소통의 중요성 등 네 가지를 군사조직의 지침으로 제시하였다. 이는 전술한 필요와 목적의 원칙 및 구조의 원칙을 응용한 것이라고 하겠다.

첫째, 군사조직은 필연적으로 한 가지 또는 그 이상의 과업이나 역할을 집중키 위해 유사인간이나 상호 보완적인 기술을 통합한 집단임에 틀림없다. 평화 시의 주된 군사활동을 이루는 부대 및 집체훈련은 바로 이러한 바탕 위에서 이루어진다, 가장 효과적인 시간과 장소에 자원과 활동을 집중시키려는 아이디어는 전쟁원칙의 하나인 집중의 원칙에서 찾아볼 수 있으며, 위에 제시한 첫째 지침인 목표, 과업, 인원 간의 유기적인 상관관계를 통합함으로써 달성될 수 있을 것이다.

둘째, 현대전을 수행하기 위한 군사조직은 전투부대뿐만 아니라, 다양한 전투지원 및 기술 · 행정부대까지 동원되어야 하므로 지휘관이 만능이 될 수 없는 한, 전문분야의 조언(상담)을 받아야 의사결정이 가능하다. 특히 해 · 공군의 경우는 그 정도가 심할 것이다.

전쟁은 속도와 위험을 요구하게 되고 지휘관의 권한에 모든 것을 의존하려는 경향을 보이게 되므로 군사조직은 계선 · 참모 관계의 확립과 더불어 상담과 책임의 기능이 정상화되도록 권한구조가 설정, 운용되어야 한다.

셋째, 권한은 집권 및 권한위임(분권) 문제와 밀접한 관련을 갖고 있는데, 특히 군사조직은 집권화된 관료체제임에 틀림없다. 그러나 전쟁을 수행하기 위한 한 국가의 군대 규모는 지나치게 크고 복잡성이 엄청나 집권적 지휘는 실제로 불가능하다. 일선에 배치된 소총병이나 전투기 조종사나 전투함의 함장에 이르기까지 그들 나름대로의 판단과 위임된 권한의 범위 내에서 의사결정을 행함으로써 집권화된 단일계획에 의해 분권적으로 위임, 독립된 전투행동으로 전쟁이 이루어지는 것이다. 따라서 집권과 분권의 균형이 요구된다.

넷째, 의사소통은 복잡하고 위험한 전장에서 군사조직의 각 요원이 취하는 행동이 목적과 수단의 단합성을 이해하고 수용하는 데서 우러나오는 태도와 가치에 의존하므로, 협동정신이 이를 가능케 한다는 것을 전제할 때 수직적 · 수평적 의사소통이야말로 군사적 능률을 위한 필수불가결한 요소인 것이다.

3. 행태 및 구조의 측면

1) 결집력(cohesion)

결집력은 집체유대감(集體紐帶感)과 집단행동능력을 뜻하며, 군사조직의 정치적 행태를 조절하는 내부조직의 필수적 국면인 것이다. 따라서 결집도는 특정 사회학적 및 조직적 요소의 광범위한 다양성의 기능이라고 하겠다.

특히 군사조직은 사회 내의 어떤 조직보다도 단합적이고 내부적으로 높은 수준의 결집력을 가지고 있다.

결집력은 현대 군사조직을 특징짓는 가장 중요한 요인 중의 하나라고 하겠다. 이와 같이 군사조직에 있어 결집력이 강조되는 것은 각 구성원의 임무가 생사와 직결되므로 명령과 복종의 주종관계가 확립되어야 하며, 1차 집단적인 전우애의 발휘와 때로는 불합리한 명령도 수용하는 등 다른 조직에서 찾아볼 수 없는 행태적 특성을 지니고 있기 때문인 것이다.

안드레스키(Stanislav Andreski)는 일반적으로 결집력은 외부의 압력이 강할수록 높아지고, 협동의 요구에 따라서도 높아진다고 하면서 결집력은 전술적 환경에 의존하지만 승리의 절대조건이라고 했다. 다른 조건이 대등할 때에는 소규모 부대일수록 결집력이 강하고 종속성이 강하며, 결집력도 강해진다고 부연하고 있다.[8)]

그런데 조직성원의 협동은 가치 있는 조력의 자발적 교환을 통해 결집력을 조성하는 원천이 되나, 조직성원 전체가 이에 참여하지 못할 때에는 제휴의식(提携意識, feeling of fellowship)을 약화시키게 되므로 갈등요인이 될 수도 있다. 따라서 결집력은 안정된 조건이 아니고 조직성원 간의 협동적 상관관계의 균형을 도모할 수 있는 군사조직에 있어서는 질적인 동질성이 더욱 강조되는 것이다. 군대는 협동행동에 의해 그 목적을 불가항력적으로 달성하도록 조직된 인간집단이므로 결집력이 그 존립을 좌우하는 핵심이 된다.

2) 관료적 위계(stratification)

군대집단은 다른 사회집단과는 달리 그 조직 내부에서 질서, 위엄 등 엄격한 가치체계를 생성·발전시켜 온 관료적 위계구조를 가지고 있다. 즉 군사조직은 복종을 강요하는 권위주의적 조직행태를 그 특성으로 해 왔던 것이다. 봉건적 귀족주의에서 유래한 전통, 관습 그리고 사회적 지위를 중시하는 사상이 능력과 업적을 가치척도로 하는 방향으로 서서히 바뀌고 있으나, 군대 예절이나 의식 또는 군대용어 등에서 여전히 권위주의적 요소를 찾아볼 수 있다.

군사조직은 위계구조가 엄격하여 계급과 직책, 권한과 책임 그리고 권위와 활동이 규범적 가치체계 속에서 질서정연하게 이루어지도록 제도화 되어 있는 것이다. 따라서 군대는 전투라는 특수임무를 수행하기 위해서 지휘계통을 확립하고 명령

8) 李善浩, 앞의 책, pp. 31~32. 재인용.

체계를 준수해야 한다.

또한 군사조직의 유형에 있어 가장 기본적은 틀은 권한과 책임을 중단없이 행사할 수 있는 형태로서의 계선조직(系線組織)이며, 이를 다른 말로 군대식 혹은 계층화된 조직이라 부르고, 부분화(department)되고, 사다리꼴(scalar)의 전통적인 구조를 지닌 조직으로 이해하고 있다.

특히 군사조직에 있어 계급의 계층화는 ① 기능적 직위의 인식, ② 특정직 유고시 승계권 표현, ③ 기능적 과업결정이란 세 가지 중요한 역할을 담당한다. 그러나 군사조직의 전문성과 복잡성의 증대, 특수임무 부대의 필요성 및 유사 기능조직의 증가추세에 따라 통제의 폭 내지 지휘권 통일의 원칙에 대한 예외적 사태가 빈발함으로써 계급과 직책에 의한 엄격한 계층구조가 탈계층화의 징후를 보이고 있다.

3) 정치적 잠재력

국가는 폭력수단인 군사조직을 통제할 책임과 권리를 갖는다. 현대 군대는 국가의 외교 및 정치수단으로서의 전쟁수행 내지 전쟁억제기능, 경찰의 뒷받침을 위한 치안기능, 그리고 행정적 역할로서의 사회개발 기능을 수행하고 있으나, 이는 어디까지나 정치권력의 통제 하에서 이루어지는 것이다. 군사조직은 항상 전투에 대비하고 있거나, 전투를 실제로 수행하고 있음으로써 다른 어떤 집단보다도 그 지도자들이 갖는 기품 및 이념 때문에 정치적 잠재력을 갖고 있는 조직으로 발전하기 쉽다. 일찍이 클라우제비츠가 그의 『전쟁론』에서 "전쟁은 다른 수단에 의한 정치의 연속"이라고 한 것과 같이 현대 군사조직에도 아직 적용되고 있는 것이다. 즉 정치 · 외교의 수단이 군사력이고, 군대가 정치인에 의해 통제되고 있기 때문이다.

따라서 오늘날 군의 문민통제는 군인의 정치적 중립을 보장하고 정치의 탈군사화(脫軍事化)를 위한 제도적 장치로서 군사조직이 지닌 정치적 잠재력이란 속성을 국가의 정치권력에 통합시키는 절차인 것이다.

특히 후진국일수록 군의 정치개입이 빈번하고 군사조직에 있어 지상군이 점하는 비중이 높은 것으로 나타나고 있다. 이는 조직적 측면에서 볼 때 식민지에서 출발한 대다수의 신생독립국의 군대원형(軍隊原形)이 제2차 세계대전 당시의 보병대대였기 때문이다.[9] 기술적 고도화를 요하는 해 · 공군은 경제적인 부담도 과중하므로 저개발국들의 지상군 위주의 군사조직 발전은 불가피한 필요악(必要惡)이었을지도 모른다. 결국, 지상군은 해·공군에 비해 정치개입이 용이하므로 남미와 동남아 제국이 빈번한 군사정변을 겪고 있는 것이다. 육군국(陸軍國)이었던 스파르타는 해군국(海軍局)인 아테네에 비하여 권위주의적이었으며, 지상군 세력 위주의 독일과 프랑스는 해상세력 위주의 영국에 비해 의회민주주의의 발달이 늦었음은 이를 잘 반증하고 있다.

4) 집단성(corporatenss)

군대문화를 형성하고 있는 여러 가지 요소들 중에서 집단성은 군대의 사회적 기능과 밀접한 관계를 가진다. 군대가 갖고 있는 집단성은 그 구성원들이 조직적 통합의식을 공유하며, 그들 스스로 보통인들과 구별된 집단으로 의식하게 되는 것을 뜻한다. 군사조직이 집권화되고 관료화된 조직임을 전제할 때, 군의 전문성은 집단성을 통해 발휘되나 개별적으로 성취될 수 없는 것이다. 특히 평시에 있어서의 전쟁을 위한 준비는 개별적으로 성취될 수는 없다. 평시에 있어서의 전쟁을 위한 준비나 전시의 성공적인 작전수행은 결코 개인적인 정책을 추구함으로써 이루어질 수는 없다. 이러한 집단의식은 장기간의 훈련과 사회적 책임의 유대를 공유하는 과정에서 형성되는 것이다.[10] 헌팅턴은 군대의 집단성은 군인의 능력, 자질, 속성 및 태도면에서 볼 때 타율적·경직적·반직관적·반정서적 그리고 호전적 성향이 있다고 지적하였다. 그러나 군의 민주화(民主化, democratization), 민간화(民間化, civilianizing) 및 문명화(文明化, civilization), 세속화(世俗化, sophistication) 추세에 따라,[11] 지휘관이 부하와 예산을 더 많이 가지려는 속성에서 나타나는 군사조직의 확장 및 단독활동 성향은 인접 및 연관요소와 상호 협조가 불가피하므로 위에서 지적한 여러 속성에도 불구하고 현대 군사조직은 권위와 규범의 강압적 체제에서 조종(操縱), 설복(說服) 및 합의(合議)의 베이스로 이행되고 있는 것이다. 화력이 미약하고 밀집종대가 전투의 주요 방식이었던 중세의 군사조직에 있어서는 직접적이고도 엄격한 훈계만으로 능히 예하부대를 통제할 수 있었으나,[12] 오늘날

9) 李東凞, 現代軍事制度論(서울 : 一潮閣, 1993), p. 143.
10) 박두복·김영로 共譯, 앞의 책, p. 22.
11) 韓鎔源, 앞의 책, p. 328.
12) 田有耕, 新興國家의 軍部와 政治(서울 : 進明文化社, 1991), p. 43.

은 무기체계의 정교화와 전투장면의 광역화 그리고 군사조직의 대형화로 인하여 개인이나 조직의 자유재량의 여지가 커짐에 따라 자발적인 참여의식에 의존하지 않을 수 없게 되고 있다. 특히 20세기 중반에 접어들게 되자 장군이 손수 작전계획을 입안하고, 부대를 직접 지휘하기는 어렵게 되었다. 전략가로서의 장군은 전장으로부터 물러서게 되고, 전문화된 참모의 조력을 받아야만 되게 된 것이다. 근대국가에 있어 집단지도는 거대기업의 경영과 마찬가지로 군사전략의 관리원칙이 되고 있다. 예를 들면 알렉산더는 공격계획을 자기가 작성하여 부대를 진두지휘하고 전투에 임하였으며, 나폴레옹은 스스로 작전계획을 작성하여 신임하는 수행원과 더불어 말을 타고 전장을 정찰하였던 것이다. 그러나 제2차 세계대전시 전군사령부의 지휘관은 전장에서 멀리 떨어진 곳의 회의실이나 상황실에서 지휘관 및 참모절차에 따른 집단지도방식을 취하였던 것이다.

5) 간부의 전문성

현대 군사조직에 있어 가장 뚜렷한 변화의 하나는 장교단의 사회적 성분이 귀족적인 것으로부터 민주적인 것으로 이행됨으로써 장교출신의 대부분이 중간계층 또는 중하층에서 이루어지고 군의 엘리트 문호가 개방되어 사회의 각계각층을 대표할 수 있게 된 것이다. 나폴레옹시대 이후부터 장교가 하나의 전문가로서의 위치를 점하게 되었다. 그 전에는 용병으로서 돈벌이가 목적이거나 아니면 귀족출신으로서 취미생활의 일환이었다.

전문가란 전문지식과 기술을 가지고 사회적 책임과 집단성을 가진 자를 뜻한다. 전문가는 체계적으로 획득한 과학적 지식과 시·공간적으로 한계가 없는 보편적 기술의 소유를 전제로 한다. 또한 군사전문가의 지식과 기술은 두말할 필요도 없이 폭력의 관리에 기준을 두어야 하고, 사회적 책임과 집단성은 국가의 군사적 안전보장의 이행에 있어야 한다. 이와 같은 지식과 기술에 대한 권위에 부가하여 군인은 사회적 책임과 집단성에 입각하여 자기의 의무를 다하는 자세가 뒤따라야 한다. 바로 이것이 군사조직의 핵심인 장교가 가져야 할 전문가로서의 사명이며 요건인 것이다.

4. 규범 및 가치의 측면

1) 조직규범

대만의 장위국 장군은 그의 저서 『군제기본원리』에서 군사조직은 다음과 같은 몇 가지의 규범적 특성을 갖추어야 한다고 기술하고 있다. 즉 ① 융통성(融通性), ② 강제성(强制性), ③ 균형성(均衡性), ④ 지속성(持續性), ⑤ 적응성(適應性)의 다섯 가지이다.[13] 그러면 이들을 중심으로 군사조직 규범을 살펴보기로 한다.

(1) 융통성

조직체의 목표는 부단히 변화하는 환경에도 불구하고 달성되어야 하므로, 다양한 조건하에서 적응할 수 있는 능력인 융통성이 조직에 원용(援用)되어야 한다. 통상적으로 대내외적인 요인은 조직체의 활동에 영향을 미치며, 특히 현저하게 변화하는 정치 · 경제 · 사회 및 기술적 요인도 영향을 미친다.

따라서 이들 변화에 효과적으로 적응할 수 없는 조직은 약화되지 않을 수 없다. 특히 군사조직에는 현대전의 입체화에 따라 융통성의 달성이란 도전적 요구가 제기되고 있다. 다양한 전술상황에 적절하게 대응키 위해 지휘관은 조직을 신속히 재조정할 수 있어야 한다. 즉 조직설계는 과업이나 임무의 변화에 따라 조직체의 확장이나 축소가 가능하도록 마련되어야 하고, 또한 요원의 숙달된 훈련과 직무경험의 확대를 통하여 증가되는 책임에 대응할 수 있도록 해야 한다.

군사조직은 현존상황에 효과적으로 적응하면서 그 기능을 발휘해야 하며 급변하는 전술 · 전략적 상황에도 신축성 있게 대처할 수 있어야 한다. 따라서 현대조직의 세 가지 주기능을 조직목표 달성, 조직환경 적응, 조직 유지 통합으로 볼 때 융통성은 이 세 가지 기능에 다같이 이바지하는 요소가 된다.

(2) 강제성

군사조직은 국가의 군사입법에 바탕을 두고 있다. 최고통수권자의 군에 대한 통수권행사는 헌법에 의하여 부여되며, 군사조직의 편제는 법률로서 정하게 된다.

---

13) 蔣緯國, 앞의 책, pp. 129～141.

이와 관련한 법령을 보면 헌법 제74조 제1항에는 "대통령은 헌법과 법률이 정하는 바에 의하여 국군을 통수한다."고 규정하고 있으며,[14] 국군조직법 제9조에는 "국방장관은 대통령의 명을 받아 군사에 관한 사항을 장리(掌理)하고 각군 참모총장을 지휘 · 감독한다."라고[15] 규정하고 있다. 또한 군사조직의 강제규정으로서 사단급 이상의 모든 부대의 설치는 법령의 뒷받침이 있어야 한다. 조직의 운용을 법률에 근거한 행정조직법정주의를 취하고 있는 이러한 법에 의한 강제규정은 군사력이 폭력행사의 수단이기 때문에 군사조직이 과도하게 팽창되거나, 성역화되지 않도록 하기 위한 제도적 억제장치인 것이다.

(3) 균형성

조직체의 목표를 달성함에 있어 조직의 효율성을 보장하기 위해 조직에 여러 구성요소는 조심스럽게 균형을 유지해야 하며, 잘 균형 잡힌 구조란 조직체의 목표 달성에 기여하는 상관 관계적 중요성에 따라 적절하게 발전된 다양한 요소를 가진 구조를 뜻한다.

또한 조직의 여러 원칙과 기술이 합리적으로 적용된다면 적절한 균형이 달성될 수도 있는 것이다. 균형이란 반드시 산술적인 균형을 뜻하는 것이 아니고, 조직원칙 간의 조화와 안배를 통한 기능의 균형이 더욱 중요하다. 예를 들면 조직에 있어서 가능한 한 권한은 말단까지 위임되어야 한다고 하나, 만일 이것이 예외 없이 집행된다면 그 결과는 권한의 지나친 분권화를 초래하게 되므로 적정수준에서 조정되어야 한다. 따라서 조직체는 균형을 이루어야 하며, 균형은 오직 원칙의 용의주도한 적용과 원칙과 기술의 역균형의 적용에서 오는 상쇄효과를 인식함으로써 달성가능하다고 하겠다.

한 나라의 군사력은 조직구조, 기능 및 인적 요소의 균형이라는 단위조직체의 내부적 균형뿐만 아니라, 군사력의 전체 영역에 걸쳐 완전한 힘을 발휘토록 전반적인 군종별 균형이 유지되어야 한다.

14) 대한민국 헌법 제74조 참조.
15) 국군조직법 제9조 참조.

(4) 지속성

군대편제는 법적인 강제성을 지니고 있으며, 폭력을 관리하는 수단을 조직하는 기능이기 때문에 국가정책이나 전략과 연관하여 볼 때 지속적이고 일관성이 있어야 한다. 헌팅턴은 군사정책은 군사전략과 군사구조의 두 범주로 구성되며 전자는 군사력 조성과 군사력 운용을, 후자는 인력과 조직 및 예산을 구성요소로 포함한다고 했다. 그러므로 군사전략과 군사구조가 상호 보완적으로 병립함으로써 국가정책이 뒷받침되고, 특히 조직과 인력 및 예산이 일관성 있게 삼위일체가 되어야 군사구조의 지속성이 보장된다. 따라서 전략·전술이나 무기체계가 급변하지 않는 것과 마찬가지로 군사조직도 이와 보조를 맞추어 지속성을 유지해야 하는 것이다. 편재가 조령모개(朝令暮改)식으로 변경되어 지속성을 잃게 된다면 조직의 균형성이나 전투의 적응성도 보장될 수 없다. 단지 예산의 절감이나 일시적인 편의성 때문에 편제의 지속성을 저버린다면 전력의 효과성이나 능률성은 달성될 수 없기 때문이다.

(5) 적응성

군사력의 역할이 전쟁의 수단이기 때문에 군사조직은 전투임무 지향적으로 편제되어야 한다. 군사력의 가장 정확한 시험 및 평가는 전쟁이다, 그러나 군사력을 측정키 위한 시험전쟁은 치를 수 없기 때문에 모의전쟁 훈련을 통해서 그 능력을 제고하는 것이다. 전투편성과 기동편성은 전투에 적응키 위해 METT+TC를 고려하여 행정편성을 전술편성으로 융통성 있게 발전시킨 것이다.[16] 모든 군사조직은 유사시 전투에 적응토록 행정편성에서 전술편성으로 전환하되, 전술편성 자체를 증강시킬 수 있도록 조직의 융통성과 균형성을 가지고 있어야 하며, 특히 작전수준의 전투조직은 어떠한 환경에서도 적응태세를 갖출 수 있게 편성되어야 한다.

2) 지배적 가치

오늘날 세계 최강의 군사력을 가지고 있는 미국의 군사조직은 역사적·지리적

16) METT+TC는 전술상황 판단시 고려하는 4개 요소로서 임무(Mission), 적(Enemy), 지형(Terrain), 가용부대(Troup), 가용시간(Time), 민간요소(Civilization)의 여섯 가지 단어 머리글자이다.
劉鍾海 외 4명 共著, 現代行政學演習(서울 : 博英社, 1997), pp. 509~510.

혹은 전략적 고려뿐만 아니라 사회의 지배적 가치로 형성된 바탕에 의해 그 특성을 유지해 왔다. 지배적 가치는 절대다수의 국민이 호응하는 광범위하고 장기적인 것이며, 이것이 침해당할 때 단호히 저항하는 강도와 고도의 위신을 가지는 것으로, 현상보다는 당위를 표현하는 개념인 것이다.

이와 같은 지배적 가치는 군사조직의 성격과 그것이 사회에서 담당할 역할에 대한 대중적 개념에 영향을 미치고, 군사조직의 특성과 발전에 심각한 영향을 끼쳐왔던 것이다.

미국은 군사조직의 측면에서 본 지배적 가치로서 ① 평등, ② 자유, ③ 개인적 가치 및 개인주의, ④ 애국심, ⑤ 민주주의, ⑥ 진보, ⑦ 합리성, ⑧ 과업 및 활동, ⑨ 성공 등 아홉 가지를 두고 있다. 군사조직에서 지배적 가치가 어떻게 수용되고 있는지 미군을 통해서 살펴보고자 한다.

(1) 평등

사회적 평등은 원칙적으로 기회의 평등과 권리 · 의무의 평등을 전제로 하지만, 군사조직은 계급과 직책으로 구성되므로 특권과 의무가 불평등한 것은 사실이다. 그리고 개별적 인간관계도 상이한 계급에 의해 공식적으로 규정되고, 세부적인 관례가 뒤따르는 것이다. 또한 군대사회에서는 계층 속의 신분에 따라 개별적 행태를 지배하는 법규가 존재한다. 따라서 군사조직에서는 일반사회에서와 같은 평등의 실현은 어렵다.

(2) 자유

일반시민이 군대를 싫어하는 가장 큰 요인은 행동의 과도한 제한일 것이다. 동서고금을 막론하고 군대에 있어 통제와 자유의 제한은 통용되어 온 관례이며, 군사조직을 보존하기 위해서는 권위주의적 지배가 불가피하다. 현대적 의미의 자유가 개인이 권리의 침해로부터 보호받고 국가가 외부의 위협으로부터 방호받는 것이라면, 군사조직에 있어 이러한 자유를 수호하기 위해 조직성원이 자유의 유보를 거부할 수는 없다.

(3) 개인적 가치 및 개인주의

군사조직은 집단목표를 성취하기 위해서 개인의 이익을 억제하며, 능률성은 통합된 협동작업을 통하여 추구되어야 한다. 따라서 개인은 군대조직의 한 부품에 불과한 것이다. 이러한 환경 하에서 개인적 욕망과 특이성은 장려할 수 없으며, 개인이 조직의 전반적인 목표에 공헌하지 않고는 존경의 대상이 될 수 없다는 신념이 수용되고 있다.

(4) 애국심

애국적 가치는 국가와 조직에 대한 충성심을 강조하는 것인데, 이는 민주주의와 윤택한 생활의 영위, 그리고 자유와 사랑에 대한 감사의 표현일 것이다. 그러나 이러한 환경을 마음껏 누리지 못하는 군사조직에 봉사하는 것 자체가 가시적인 애국심의 발로일 수 있음에도, 일반적으로 군사 지도자를 군사 제일주의자나 극단적인 민족주의자로 오인하는 경우가 있어 갈등이 생긴다.

(5) 민주주의

통상 민주주의는 자유, 평등, 기회, 진보 등 가치를 포용할 뿐 아니라, 소수의 권리, 대중의지의 제도적 대표, 그리고 개인적 권리의 대세를 유지하면서 다수가 지배하는 사회가 되어야 한다. 그러나 군사조직에서는 그 형태와 기능이 달라 다수의 지배자가 아니라, 소수에 의한 의사결정이 행동과 정책의 바탕이 된다.

따라서 각급 제대에서 운용하는 회의제도는 전원일치제가 아니라, 독임제의 형식을 취하고 있다.

(6) 진보

보다 바람직한 이념이나 목표를 지향한 가치판단적인 질과 양의 변화를 추구하여 진보하려는 것이 사회의 성장·발전전략인 것이다. 그러나 군사조직은 혁신을 수용하려는 입장보다는 전통을 수호하려는 성향이 농후한 것이 사실이다. 이것이 군대문화의 변화저항 요인으로서 진보와 갈등을 이루게 된다.

(7) 합리성

일반적으로 합리주의는 문제해결을 위한 최선의 접근방법으로 알려지고 있으나, 평시에 있어 군대는 가장 비생산적인 조직으로 간주되는 등 합리성에 대한 부정적 평가와 선입관으로 군사조직의 발전에 역기능을 할 수 있는 환경이 조성될 수 있다.

(8) 과업 및 활동

군인의 획일적인 사고방식은 야전에서는 행동가로 인정받지만, 기타 환경에서는 유용성이 별로 없는 행동력이 미흡한 대상으로 평가되는 경우가 있다. 일반적으로 군사조직은 오늘날의 가혹한 경쟁사회에 있어서는 활동과 과업이 적응될 수 없는 피난처에서 안주하는 집단으로 여겨지기도 한다.

(9) 성공

일반 기업계에 있어서는 성공의 척도를 물질적 안락이나 문화적 가치의 달성 등 직업적 · 경제적 국면에서 논하는 경우가 많지만 군사조직에서는 전통적으로 이러한 성과를 추구하지 않는 것이다. 무엇보다 중요한 것은 군인의 명예와 직업윤리이며, 진정한 군의 직업주의는 충성심과 복종심에 있는 것이다.

제3절 통수권

1. 통수권한의 법적 근거

통수(統帥)란 작전용병의 사항으로서 군대를 통솔(統率)하여 이것을 지휘, 운용함을 말한다. 통수권(統帥權)이란 협의의 개념으로는 작전용병의 목적을 달성하기 위하여 육 · 해 · 공군을 지휘, 운용하는 권한을 말하고, 광의로는 직접적인 지휘, 운용 외에 이에 관련되는 군의 규율권, 내부 편성권을 포함한다고 생각하여 전군에 대한 지휘권한 일체를 말하기도 한다. 따라서 통수권은 군대의 최고지휘권(指

揮權)으로서 이 지휘권은 군주국, 공화국을 불문하고 국가의 원수(元首)인 군주 또는 대통령이 장악하는 것이 통례이다. 우리나라도 헌법 제74조에 제1항에서 "대통령은 헌법과 법률이 정하는 바에 의하여 국군을 통수한다." 제2항은 "국군의 조직과 편성은 법률로 정한다."라고 되어 있으며,[17] 미국도 헌법 제2조 제2항에 의하여 대통령의 군에 대한 통수권한을 부여하고 있다.[18] 통수의 책임은 군의 임무에 대한 책임의 근본으로써 군대 지휘계통의 근본이 된다.

2. 군정과 군령

국방조직은 복잡하고 거대한 관료조직(官僚組織)이다.[19] 국방조직 구조 속에서 국방의 2대 기능인 군정과 군령이란 어떠한 관계를 갖는가를 아는 것은 대단히 중요한 일이라 하겠다. 정부조직법이나 국군조직법 및 국방부 직제 상에 명확한 정의를 찾아볼 수는 없으나, 합동참모본부 직제상의 군령에 관한 사항을 간접유추해석 시 군령이란 전략기획, 작전계획, 군사훈련, 교리발전, 작전 및 훈련, 무기체계에 관련된 분야를 뜻한다고 볼 수 있다. 즉 군정(軍政)은 군사행정분야, 군령(軍令)은 군사작전 분야로 구분할 수 있겠다.

17) 헌법 제74조 참조.

18) 미 수정헌법 제2조 2항에는 다음과 같이 규정되어 있다. "The president shall be commander-in-chief of the Army and Navy of the United States and of the milita of the several states, when called into the actural service of the United States."

19) 官僚組織이란 法的權威(legal authority)에 입각한 대규모 조직을 말함. 어떤 조직이든지 그것이 조직으로써 성립하려면 한 사람이 다른 사람을 支配(herrchaft)한다는 것이 필요한데 지배에는 세 가지가 있다. 즉 權力(power), 權威(authority), 影響力(influence)인데, 이 중 대규모 조직의 운영을 위해서는 權威가 가장 중요하다. 권위의 세 가지(카리스마적 권위, 전통적 권위, 법적 권위) 중에서도 法的權威(사람에 의한 지배보다도 법에 의한 지배)에 입각하여 성립된 관료제야 말로 가장 과학적이며, 형식합리성에 일치하는 조직이라고 보는 것이다. ; 조석준, 조직학개론(서울 : 박영사, 1996), pp. 270~272.

[표 2-1] 군정과 군령과의 관계

구 분	軍 政	軍 令
국 방 기 능	군 사 정 책	군 사 전 략
군 사 기 획	군사력 조성	군사력 사용
순 환 과 정	건설, 유지, 관리	사용, 수정, 요구
전 략 유 형	양병(養兵) 전략	용병(用兵) 전략
통수, 지휘계통	행 정 계 통	작 전 계 통
추 구 가 치	효 과 성	능 률 성

다시 말해 군령은 군사력을 요구하고 조성된 군사력을 운용하며, 그 결과에 따라 군사력의 소요를 다시 제기하는 기능이고, 군정은 군령의 요구에 맞게 군사력을 조성하고, 새로운 소요제기에 의해 군사력을 수정 제공하는 기능으로써 군정·군령은 상하 우열관계가 아니고 분합병립(分合竝立)하며 상호 보완하는 관계라고 볼 수 있겠다.

1) 국방기능

국가전략 구조에서 보면 군정은 군사정책 형성을, 군령은 군사전략 형성을 뜻한다. 일반적으로 정책은 목표지향적 행동이고, 전략은 행동계획이라고 정의할 수 있으므로, 전자는 목표개념이고 후자는 방법과 수단이라고 할 수 있다.

2) 군사기획

군사력은 군사정책의 수단이고 군사전략은 군사력의 사용방법이다. 이 양자를 연결시키는 것이 군사기획이라고 볼 때, 군정은 군사력의 조성과 유지에 관한 기획이고, 군령은 군사력의 사용과 운용에 관한 기획으로서 양자가 상호 보완적인 관계를 이룬다.

3) 순환과정

군정과 군령기능은 투입, 산출, 전환 및 순환절차를 통해 상호 의존 및 동태적 환류과정을 갖는다. 즉 군령 측의 군사적 요구(소요제기)에 의해 군정 측에서 군사력을 건설, 유지, 관리하다가 이를 군령측이 운용하도록 제공하고, 그 운용결과에 따라 군정 측에 다시 수정, 요구하는 일련의 순환과정이 계속된다.

4) 전략유형

군사전략은 이를 작전전략과 전력개발전략으로 대별할 수 있으나, 전자는 용병전략, 후자는 양병전략으로 그 유형을 구분할 수 있을 것이다.

5) 통수 및 지휘계통

국방체제의 구조면에서 볼 때 국가원수가 국방장관에게 행사하는 군정 · 군령권은 통수권(統帥權)이고, 국방장관이 군정 · 군령 · 통합집행기구의 책임자에게 또는 그 이하의 계선조직 단위에 하달하는 군정 · 군령권은 지시 · 통제 · 관할권으로 표현되는데 군정분야는 통수지휘권을 행사하는 행정계통이고, 군령분야는 작전계통인 것이다.

6) 추구가치

국방행정이 추구할 가치 내지 목적은 투입 · 산출관계 있어서 비용 · 편익비율(費用 · 便益比率)이란 개념으로서 능률성은 주로 수단지향적인 군령기능에서 추구하게 되고, 직접 목표달성 도달개념으로서의 효과성은 군정기능에서 주로 추구하게 된다.

3. 최고 통수권자

통수권이란 한 나라의 최고통수권자인 국가원수가 그 나라의 군대를 지휘하는 권한을 말한다.[20] 통수권은 군대윤리의 발상인 동시에 지휘계통(chine of command)의 원천이 되고, 계급, 군기, 그리고 복종에 대한 엄정한 요구도 여기에서 비롯된

20) 이선호, 한국국방체제발전에 관한 연구(1994), p. 23.

다. 광의의 통수권은 군정권과 군령권을 포함하지만 협의는 군령권만을 뜻한다.

따라서 통수권의 의의는 군정과 군령의 양 기능을 포함하거나. 정상적인 상황 하에서는 충분한 군령과 유한한 군정을 포함하고, 비상상황 하에서는 충분한 군령과 군정이 공히 포함되어야 한다.[21]

통수권의 소재는 최고통수권자에게 있는데, 정치권력체제에 따라 차이가 있는 것이다. 미국, 한국 등과 같은 대통령책임제 국가에서는 통수권이 대통령에게 있고, 영국과 같은 내각책임제 국가에서는 내각수반(수상)에게 있으며, 스위스와 같이 위원회제의 국가에서는 국회가 선출한 행정위원회가 통수권을 갖는다. 그리고 사우디아라비아와 같은 입헌군주 국가에서는 국왕에게 통수권이 있고, 남아연방등 대영연방회원국은 여왕을 대표하는 총독에게 그리고 중국은 당의 제1서기에게 통수권이 있는 것이다.

통수권의 운용은 필요 시 비록 직접 행사를 할 수 있다 할지라도 국가시정의 전반적인 상황에 따라야 되기 때문에 간접행사가 원칙으로 되어 있다. 그러나 군국주의 체제하에서는 나치 독일의 히틀러처럼 1개 연대의 병력을 기동시키는데 이르기까지 개입 지휘함으로써 통수권을 직접 행사하였다. 링컨 대통령이 남북전쟁 시 그의 통수권을 발동하여 무력으로 흑인노예를 해방시키고 남부의 항구를 봉쇄하는 한편, 우체국을 폐쇄하고 출·입국을 통제함과 동시에 이적행위를 한 민간인을 군사재판(軍事裁判)에 회부시킨 바 있는데, 이는 군정·군령 이원화체제에서 통수권을 확대, 적용한 결과였다.[22] 그 당시 링컨은 대통령으로서 내각이나 전쟁 장관과의 상의도 없이 군 지휘관에게 직접 명령을 하달한 사례가 많았다.

오늘날 미국 대통령은 수정헌법 제2조에서 행정부의 장임과 동시에 3군의 총사령관이라고 규정하고 있으며, 국방장관은 대통령의 지시와 국가안보법이 규정하는 바에 의하여 국방성에 대한 지휘, 관할 및 통제권한을 행사하도록 되어 있다.

따라서 통수권은 군정·군령 일원화체제 하에서는 법적 절차에 따라 대통령이 국방장관을 통하여 문서로 간접행사하는 것이 원칙이라고 하겠다. 우리나라의 경우 헌법 제74조 제1항에서 대통령은 헌법과 법률이 정하는 바에 의하여 국군을 통수한다고[23] 규정하고 있으며, 헌법 제82조에는 대통령의 국법상의 행위는 문서로

21) 군정과 군령에 대한 상세한 설명은 전술한 "군정과 군령의 일반적인 개념" 참조.

22) 전유경, 신흥국가의 군부와 정치(서울 : 진명문화사, 1987). p. 104.

써 하며, 이 문서에는 군사에 관한 것을 포함하여 국무총리와 관계 국무위원이 부서(副署)하여야 발효되도록 되어 있다.[24]

4. 통수보좌기구

1) 국가안보정책결정기구(國家安保定策決定機構)

최고통수권자의 의사결정을 보필하는 기구로서, 제2차 세계대전 이후 대부분의 국가에서는 회의방식을 채택하고 있다. 오늘날 다수국가가 가지고 있는 국가안보회의가 바로 국가안보정책결정기구로서, 평시에는 국가안보 정책의 3요소인 대외정책, 국내정책, 그리고 군사정책을 상의하는 기능을 수행하고 전시에는 전쟁지도 기능을 수행하는 것이다.[25] 미국, 대만, 한국 등은 이를 국가안보회의로, 영국은 국방해외정책위원회, 프랑스는 국방사무총국, 일본은 국방회의로 각각 호칭하고 있다. 이러한 기구들은 일반적으로 국가원수에 의하여 주재(主宰)되며, 비록 최고통수권자의 자문기구로서의 성격을 띠고 있기는 하나, 국가안보정책을 결정함으로써 국방정책의 바탕을 창출하는 것은 틀림없다. 국가원수는 동 회의의 의장을 겸임하는 신분으로 법률이 정하는 바에 따라 안보정책의 최고결정자가 되는 것이다.

미국의 경우 국가안보회의의 기능은 국가안보에 관계되는 국내·대외 및 군사정책을 통합하여 대통령에게 건의함으로써 군부와 정부의 타 부처 및 기관과의 국가안보문제에 대한 협조를 더욱 효과적으로 증진시키는데 두고 있다.

한국도 미국과 유사한 기능을 헌법에 규정하고 있다.[26] 즉 국가안보정책의 형성을 위한 대통령의 의사결정을 보필하는 자문기구로서 헌법기관이며, 또한 국가안보

---

23) 헌법 第74조 ①항 참조.

24) 헌법 第82조 "대통령의 국법상 행위는 문서로써 하며, 이 문서에는 국무총리와 관계 국무위원이 부서한다. 군사에 관한 것도 또한 같다." 라고 규정하고 있음은 대통령의 통수권 행사에 있어서 간접행사를 제도화하고 있는 것이다.
(부서 : 법령, 조약 따위를 새로 제정할 때에 국가 원수가 서명한 다음 각 국무위원이 서명하는 일)

25) 이선호, 앞의 논문, p. 25.

26) 헌법 第91조 ① 國家安全保障에 관련되는 대외정책·군사정책과 국내정책의 수립에 관하여 국무회의의 심의에 앞서 대통령의 자문에 응하기 위하여 국가안전보장회의를 둔다. ② 국가안전보장회의는 大統領이 主管한다. ③ 국가안전보장회의의 조직·직무범위 기타 필요한 사항은 법률로 정한다.

와 관련된 여러 정책과 문제를 다루는 공식기구로서 안보회의는 법적으로는 의사결정기구가 아니지만, 대통령의 국가안보와 관련된 의사결정을 보좌하거나 합리화하기 위한 유일한 공식기구이며, 현실적으로 소수의 권력 엘리트에 의해 국가안보정책의 일부로서 국방정책기조를 결정하여 대통령에게 자문하는 기능을 수행한다.

그러나 안보회의의 결정사항이 대통령의 의사결정을 구속할 수는 없다.

2) 국력동원기구(國力動員機構)

국력동원기구는 국방에 있어서 국력을 탄생시키는 원천으로서 국가전략 중 정치, 경제, 심리, 군사 등 전반의 역량을 장악하고 있는 한편, 군사전략을 지원하는 근본이며, 국방체제에 있어서 지원적인 역할을 한다.[27] 그 명칭은 각국의 정치제도 및 조직의 상이로 각의(閣議: 미국), 국무원(國務院: 중국), 행정원(行政院: 대만), 정무원(政務院: 북한) 등으로 각각 다르다. 특히 양차대전을 통해서 볼 때 대부분의 국가에서 운용상 편의를 위해 국력동원기구를 통수계통에 귀속시켜 직능의 집중으로 전쟁의 승리를 기하려 하였다.

우리나라의 경우 제헌헌법 때부터 운용되어 왔으며, 당시는 대통령제와 내각책임제의 절충적 산물이었으나, 장관회의의 성격을 띠지 않고 국무위원의 회의란 특수성격 때문에 국무회의로 운용되어 왔다.[28]

그런데 한국의 국무회의는 내각의 일원(행정 각부의 대표)이란 자격이 아니라, 국무위원의 일원으로 회의를 구성하게 되므로 위원 간에는 서열의식이 존재할 수 없으며, 대통령 이하 전원이 평등한 구성원의 지위를 가지며, 이들은 대통령의 측근자로서 장관이라는 지위의 유사성과 교제의 번잡성 때문에 동류의식이 강한 회의체이다.[29]

국무회의는 행정부의 각 부처 간의 정보교환 및 분배기능과 수평적·수직적 조정협조 장치의 역할을 하게 된다.[30]

---

27) 장위국, 앞의 책, pp. 16~17.

28) 국무회의는 헌법상 필수적이고 독립된 최고합의제 기관이며 대통령의 하부기관은 아니다.

29) 안보회의와 같이 관례와 편의에 의한 대통령의 보좌기관이 아니라 보필권이나 부서권을 가지는 것이다.

30) 미국식 대통령제 국가에 있어서 내각(cabinet)은 행정부의 일원성이라는 특징 때문에 대통령에 대해서만 책임을 지는 임의기관이며 순수한 자문기관에 지나지 않으나, 우리나라의 경우는 헌법기관

국력동원기구로서의 국무회의는 심의기관이므로 영국과 같은 의원내각제의 각의(閣議)처럼 대통령의 권한을 구속하는 것은 아니며 의결내용의 채택여부는 의장인 대통령에게 달려 있는 것이다. 즉 우리나라는 권력구조상 대통령제를 채용하고 있으므로 정부의 구성형식은 일원적이다. 그리하여 국무회의는 비록 헌법기관으로 설치되어 있으나 심의기관에 지나지 않는다. 의원내각제 국가에 있어서는 국무회의격인 각의가 행정부의 최고의결기관이고 여기에 행정권이 귀속되며, 대통령은 권한행사에 있어서 원칙적으로 국무회의 의결에 구속되고, 다만 의례적이고 형식적인 권한만 갖는 행정부의 이원화를 특징으로 하는 것이다. 여기에 비하여 한국은 행정권이 정부에 속하고 대통령이 행정부의 수반이 되며, 국무회의는 대통령의 의결기관이 아니므로 그 결정사항에 대하여 구속을 받지 않는 것이다. 그러나 정부의 권한에 속하는 중요한 정책은 반드시 심의기관인 국무회의의 심의를 거쳐 출석위원 과반수 이상의 찬성을 받아야 행정권의 행사가 가능해지며, 전술한 바와 같이 국무총리와 관계국무위원이 부서(副署)해야만 발효하도록 되어 있는 것이다.

3) 군정 · 군령 통할기구

군정 · 군령 통할기구(軍政 · 軍令統轄機構)는 국방임무를 완수하고 국가목표를 달성할 때까지 군사정보의 소집, 연구 및 판단 그리고 군사전략의 구상과 계획의 수립 · 실시에 이르기까지의 국방관계 업무 전반을 관장하며, 국방체제 중에서 상하를 연결시키는 핵심적 지위를 차지한다.[31] 국방부는 국방의 2대 기능인 군정과 군령업무를 계획, 조정, 통제하는 군정 · 군령 통일관장 기구로, 국방부 내국(본부)은 국방자원관리의 경제적 · 기술적 효과성을 극대화하는 것을 최고의 과제로 하며, 합참은 야전에서의 군사력 사용의 능률성을 극대화하는 모든 활동을 추구한다.

군정 · 군령 일원화란 전제하에 합참의 기능은 국방부의 군정기능과 독립 분리된 기능이 아니고, 어디까지나 국방장관의 군정 · 군령 통할권을 수행함에 있어 군령분야를 보좌하는 것이므로 군정 · 군령이 다원화와 혼동해서는 안 된다.[32] 즉 국방

이며, 행정부의 귀속 주체로서 헌법 제89조 각호에 열거한 사항은 필히 국무회의의 심의를 거치도록 되어 있다.

31) 蔣緯國, 앞의 책, p. 17.

32) 國軍組織法 제13조 제1항에 "국방부장관의 소관업무 중 군령에 관한 사항을 보좌하게 하기 위하여 합동참모본부에 합동참모회의를 둔다." 고 규정하고 있음은 합동참모본부에 대한 군령업무의

부 내국은 국방장관의 군정 참모이고, 합참은 국방장관의 군령 자문으로서의 기능을 담당하게 되므로, 통수체제에서 볼 때 국방장관 선에서 양자가 완전히 결합 및 일원화되고 있는 것이다.

이를 포괄해서 본다면 국방부와 합참은 능률성과 효과성을 이념으로 다음과 같은 세 가지 기능을 담당하는 중심으로서의 역할을 한다고 보겠다.

국방정책 형성의 중심은 국가안보회의를 통해 결정된 국가정책으로서의 국방정책 방향에 따라 국방부 수준의 여러 정책형성은 원칙적으로 합리적 모형에 의하여 의사결정이 이루어진다. 이는 군사조직의 전투적응성, 법적 강제성, 전통지향성 등 특성과 관련하여 고전적 관료주의에 의한 기계적 의사결정을 수용하게 되는 경우가 많기 때문에 합리성이 추구되지 않을 수 없는 것이다.

국방행정의 중심은 국방부 · 합참에서 국방체제의 직능을 합리적 · 협동적으로 수행하기 위한 계속적인 행정과정의 중심으로서의 역할을 한다. 즉 투입과 산출기능의 합리적인 작용을 통하여 여러 하위체제가 통합체제를 이루는 국방행정의 중심이 된다. 따라서 국방부는 국방목표를 달성하기 위해 합리성, 협동적 행동 그리고 계속성이란 행정의 일반적 원칙을 추구하며 민주성, 능률성, 합법성 및 효과성이란 국가행정의 이념도 동시에 구현하는 중앙행정기구가 된다.[33)]

국방관리정보의 중심은 개방체제 특성의 하나인 평등주의 사회의 복수주의를 전제로 하는 정보의 다원화라고 하겠다. 정보는 수용자에게 의미가 있을 뿐만 아니라, 현재 또는 미래의 의사결정에 있어서 실질적인 가치가 있거나 또는 있으리라고 생각되는 완제품으로 전환시키는 정보창출은 정보처리체계를 통하여 이루어진다.

즉 국방관리 정보체제란 국방관리 활동에 필요한 모든 첩보를 수집, 처리, 전달하고 의사결정 및 업무의 수행을 합리적으로 행할 수 있도록 지원하는 전반적이며 포괄적인 의사소통망이고, 조직계층 및 각 부분의 의사결정 및 임무수행에 필요한 정보를 적시에 적절한 형태로 정비, 제공하는 체제인 것이다.[34)]

독립이 아니라 보좌인 것이다.

미국가안보법에는 합동참모회의의 직능을 다음과 같이 규정하고 있다.

"The Joint Chiefs of Staff are principle military adviser to the president The National Security Council, and the Secretary of Defense."

33) 유종해, 현대행정학(서울 : 박영사, 2002), p. 61.

4) 군정 · 군령 집행기구(軍政 · 軍令執行機構)

군정 · 군령 집행기구는 전투작전 통제체제로 국방체제의 하위구조를 이룸으로써 군정 · 군령 통합관장기구인 국방부 · 합참의 군정 · 군령관계 의사결정사항을 집행하는 기능을 갖는다. 즉 각 군 본부를 통해 예하 작전부대로 하여금 전투작전 임무를 수행하는데 필요한 통제와 지원을 제공하는 체제이다. 미국의 경우 대통령은 군총사령관으로써 군정과 군령기능을 포함하는 통수권을 국방장관을 통하여 행사하게 되는데, 국방장관은 국방성 내국으로 하여금 군정참모 기능을 보좌케 하고 국방성 직할기구와 각 군에게 군정기능을 집행시키며, 합참으로 하여금 군령자문 기능을 수행케 하여 통합군 및 특수군에게 군령기능을 집행시키는 양병 · 용병 일원화(군정 · 군령 일원화)체제를 유지하고 있다.

미국에 있어 각 군성과 국방성 직할부대는 군사력 건설과 유지 등 군사력의 조성업무를 집행하되, 결국 합참을 통하여 집행되는 군사력 운용업무를 지원하는데 있는 것이다. 따라서 미국의 국방체제는 양병 · 용병 일원화의 복선조직으로 되어 있으며, 통수권자인 대통령은 참모기구로서 국력동원 기구인 각의와 안보정책 결정기구인 국가안보회의(NSC)를 통해 양병 · 용병에 대한 문무합일의 의사결정을 행하고, 계선기구인 국방성 · 합참을 통해 의사소통을 하되, 양병분야는 내국과 국방성 직할기관 그리고 각 군성을 통하여, 용병분야는 합참을 경유, 통합 및 특수군을 통하여 구체적인 계획과 집행이 이루어지게 된다.

제4절 민 · 군 관계

1. 민 · 군 관계의 개념 정립

헌팅턴(Samuel P. Huntington)은 군사조직은 사회의 안정에 대한 위협에서 비롯

34) 편인범, 경영정보론(서울 : 박영사, 1998), p. 148~149.

되는 기능적 요청과 사회를 지배하는 힘, 이념, 제도 등에서 비롯되는 사회적 요청이란 두 가지 요인에 의해 특징지어진다고 했다.[35] 다른 말로 표현하면 군사조직은 사회적 가치만을 추구할 때 군사적 전문기능을 효과적으로 수행할 수 없으며, 반대로 순수한 기능적 전문성만 추구한다면 사회에 수용될 수 없으므로 이 두 가지가 조화되어야 한다는 것이다. 따라서 현대군대는 정치에 복종하는 것뿐만 아니라 사회에 봉사함으로써 이 두 가지의 균형과 조화를 이루려는 새로운 민·군관계의 변화양태를 지향하고 있으며, 사회적 요청과 기능적 요청 사이의 상호작용은 다양하게 나타나고 있는 것이다.

그런데 아직도 고도로 제도화되지 못하고 분화되지 못한 사회에서는 쿠데타나 반란에 의해 군이 정치에 개입하는 일이 빈번히 일어나고 있으며, 일단 군사정권이 권력을 장악하고 나면 군사적 통치로 권력을 계속하여 유지·확대하려는 두 가지 형태의 민·군관계가 쟁점이 되고 있다. 그러나 현대 선진국가에서는 이러한 문제는 거의 야기될 수 없지만, 역시 민·군 관계에 있어 주된 쟁점은 군사적 전문성과 정치적 지도성이 쟁점이 되고 있다는 것이다.[36] 이는 군대가 군사적 전문성으로 대표되는 기능적 요청과 더불어 그 성격상 정치적 영향력의 잠재적 근원이 되며, 또한 고도로 전문화되고 관료화된 조직이기 때문에 사회에 대한 정치적 중요성이 점차 커지고 있음을 뜻한다. 특히 고도의 군사적 전문성을 개발, 유지하고 군사적 윤리의 보수적 현실주의에 집착하려는 장교단의 권능은 군대가 봉사하는 사회의 성격에 의존하게 된다.

우리나라는 남북한 간의 무력대결과 변화무쌍한 주변정세 속에서 민주주의적 가치를 바탕으로 한 건전한 군대문화를 형성하지 못한 채 6·25전쟁, 5·16군사정변, 베트남전쟁, 10·26사태, 12·12 등 군사주도 내지 군사개입적인 상황이 조성, 발전되어 왔다. 이로 인해 군사력이 갖고 있는 정치적 잠재력으로서의 기능이 고양되면서 군대의 사회적 요청보다는 기능적 요청이 더욱 중요시되었고, 결국 민주헌정하의 문민우의와 군정·군령 일원화란 대원칙이 그대로 국방체제에 수용되지 못하는 상황이 빈번히 초래되었다. 따라서 한국에서도 올바른 민·군관계의 정립

35) 박두복·김영로 공역, 앞의 책, p. 8~9.

36) 특정분야에 대한 전문가(expert)로서의 요건은 ① 해당분야에 대한 전임적 관심, ② 주제에 대한 전문성, ③ 정보의 독점, ④ 신뢰성의 증진, ⑤ 통제의 강화 등 5가지이다. ; 이선호, 앞의 논문, p. 16.

이 무엇보다도 중요한 당면과제가 아닐 수 없다.

역사적으로 민·군관계의 주된 관심은 군대가 문민정부의 헌법에 순응하느냐 여부에 쏠려 왔으나, 오늘날은 자유민주주의 헌정체제를 가진 선진제국의 경우 군사적 쿠데타의 가능성은 거의 없어지고, 오로지 국가안보적 요구와 민주주의적 요구의 상관관계에 따른 여러 문제가 쟁점이 되고 있을 뿐이다.

자유민주주의 헌정체제의 국가에서는 건전한 국방체제를 갖춤으로써 군사력에 대한 합법적인 문민통제와 합리적인 문무합일 의사결정이 가능하고, 국가이익과 목표에 합당하게 이를 행사할 수 있으며, 국가안보와 국방이 일체화를 이룬 가운데 정치, 경제, 군사가 3위 일체가 되어 국가가 생존 발전한다.

그러나 국민의 기본권리 및 의무와 밀접한 관련이 있는 민·군 관계를 정확하게 이해하지 못함으로써 군이 전시의 전투적 기능뿐만 아니라 평시의 억제적 기능과 사회개발기능의 수행은 물론 민·군 관계에 있어 사회적 요청과 기능적 요청의 조화를 이루지 못하고, 군사정변과 같은 국가안보상의 중대한 문제를 야기 시키게 되는 것이 다수 개발도상 국가들의 실상이다.

오늘날 민주헌정체제의 국가들은 대체로 두 가지 민·군 간의 갈등을 이루고 있다. 첫째는 사회적 요청으로 그 사회의 지배적 관념인 민주주의 가치의 실현이고, 둘째는 기능적 요청으로 국가안전보장을 위한 강력한 군사력을 건설하는 것이다.[37] 이 두 가지 요청이 이율배반적인 관계를 가지게 되는 이유는 사회적 요청에 너무 집착하면 군사적 기능의 약화를 가져올 수 있고, 반대로 기능적 요청을 위한 강력한 군대만을 강조한다면 무의미하고 무가치한 군사력이 될 수 있기 때문이다. 더구나 지나친 군사력이란 경제적인 부담을 가중함은 물론 민주주의가 뿌리를 내리지 못한 국가일수록 자칫 본래의 군사목적과 다르게 무력이 행사될 우려가 있는 것이다. 따라서 상반된 이 두 가지 요청의 갈등을 해소하고 상호 조화를 이루기 위해서는 건전하고 효과적인 국방체제가 필요하다.

현재 선진국가들의 당면과제는 증대되어 가는 군사적 요구를 완전히 충족할 수 있을 만큼 국가자원을 배분할 수 없는 자원의 유한성에 따른 국방경제와 국민경제의 조화를 위한 민·군 융합문제에 있다.

그러나 후진국에서는 국가와 문민당국이 비대해진 군부를 어떻게 정치목적에

37) 이동희, 앞의 책, pp. 173~174.

봉사할 수 있게 하는가 하는 군사력의 정치적 통제가 문제이다.[38] 따라서 국방체제는 군사조직의 사회적 요청과 기능적 요청 간의 딜레마를 해소하기 위하여 군사력의 조성, 유지, 운용에 있어서 양적인 측면에서는 효과성과 능률성을 제고하고 질적인 측면에서는 민주성과 합법성이 침해되지 않도록 조화시켜야 한다. 또한 국가이익과 목표를 달성하기 위한 수단으로서의 군사력은 목적, 수단연계의 측면에서는 효과성과 민주성이란 목적가치가 능률성과 합법성이란 수단가치와 상충되지 않도록 조화시키는 제도적인 장치를 필요로 한다.[39]

현대 국방체제는 단순히 폭력을 관리하기 위해 복합적인 하위체제를 통합, 유지하는 기능뿐만 아니라, 집단안보체제와의 연계관계를 갖는 환경대응기능 그리고 국가안보목표를 구현하는 목표달성기능을 가진 거대하고 복잡한 사회체제의 하나이다. 민주헌정체제 아래에서 개방체제로서의 국방체제는 공산국가들의 폐쇄체제와는 달리 주정종병(主政從兵)의 병정통합원칙(兵政統合原則)을 최우선적인 공리(公理)로 하는 문민통제를 전제로 한 민주적 관료제를 내세우고 있으나, 하부구조인 군사조직은 법적 강제성, 전투적응성, 전통지향성 등 고유의 속성을 지키기 위해서 군사적 관료제의 속성을 견지하지 않을 수 없는 것이다.[40] 전자가 사회적 요청으로서의 민주성의 발현이고 후자가 국가안보적 요청으로서의 기능적 요구의 수용이라면 이 두 가지 대칭적인 요소가 국가이익과 목표를 위해 조화 융합하도록 하는 것이 올바른 민·군 관계 정립의 목적일 것이다.

민·군 관계의 개념은 현 국방체제에 비추어 볼 때 구조적으로는 문권의 무권에 대한 우위와 문민통제를 기본원칙으로 전제한 권력통제체제를 뜻하며, 기능 및 행태적으로는 통수권을 형성하는 군정과 군령의 양권을 각료로서의 국방장관이 통할 관장하여 일원적으로 보필하는 병정통합체제를 뜻하는 것이다. 따라서 상부구조인 통수계층과 군정·군령 통할계층은 최고 및 중간관리층으로서 민간주도적 구

38) 현대전 수행을 위한 문민우위 전제하의 민·군관계의 3대 요소는 ① 협조, ② 복종, ③ 지도이다. ; 이선호, 앞의 논문, p. 18.

39) 위의 논문, p. 18.

40) 민주적 관료제는 민주주의와 관료제의 최적 혼성체제를 뜻하며, 이와 관련하여 고객 중심 내지 가두차원의 관료제(client-centered or street-level bureaucracy), 참여대의적 관료제(repregentative bureaucracy)와 같은 실용적이고 운용적인 표현이 되두되고 있다. 또 이와 관련하여 오디온(George S. Odiorne)은 군사적 관료제의 부수효과를 ① 고객경멸(angry client), ② 무관심(apathy), ③ 소외(alienation), ④ 부조리(the absurd)의 4가지라고 하였다. ; 위의 논문, p. 19.

조와 기능을 가지고 있으므로 집권적 문민통제의 민주적 관료제가 더욱 강조되며, 하부구조인 군정·군령 집행계층은 운용계층으로서 군인 주도의 전투작전 임무수행을 위해 군사적 관료제가 요구된다.[41]

2. 바람직한 민 · 군 관계

"지키는 자 자신을 누가 지킬 것인가."라는 고전적 물음은 지나가버린 옛말이 아니다. 그것은 오늘날 한국사회에 있어서도 중요한 문제로 남아 있다. 이것은 각국이 그 사회에 알맞은 군사제도의 존재양식을 마련해야 한다는 과제이며, 바람직한 민·군 관계가 정립되어야 한다는 요청이기도 하다. 과연 한국사회에서 바람직한 민·군 관계는 어떠한 것이어야 할 것인가?

한국군대가 한국사회와 국가발전에 미친 여러 가지 영향들의 유형은 교육적·문화적·심리적인 여러 측면에서 볼 수 있는 간접적이고 상징적인 영향력으로부터 정치나 기타 사회조직에의 직접적인 참여와 5·16과 같은 정치개입에 이르기까지 다양하게 나타난다. 우리는 지금까지의 이러한 관계들의 결과를 긍정적으로 평가하였고, 한국사회의 근대화의 추진세력으로서 군대의 역할을 인정하였다. 그러나 그 동안 한국사회가 점차 구조적으로 복잡화되었고, 또 사회의 여러 하위체계들의 기능적 상호 관련성이 고도로 증가하였으며, 민간부문의 조직력이나 근대적 행정, 기술수준이 급격히 증대되었기 때문에 새로운 민·군 관계의 인식이 필요하게 되었다. 앞으로 바람직한 민·군 관계는 어떠해야 할 것인가 하는 물음은 결국 주어진 한국사회의 여건 하에서 군대가 다른 사회영역에 관여하는 유형과 범위 및 그 정도를 한정하고 규정하려는 문제로 귀착된다.

여기서 한국사회가 처한 역사적 환경을 고려하지 않을 수 없다. 한국은 그 성립과정에서부터 반공적 자유민주주의를 받아들였으며, 태평양 및 전 세계에 있어서 자유진영의 전초적 위치를 점하고 있다. 이 점에서 한국군대는 강한 이데올로기적 입장을 국제적으로 강요받고 있다. 이것은 또한 민족의 분단과 호전적인 북한의 위협으로 인해 더욱 강화되고 있다.

41) 위의 논문, p. 19.

한편, 한국사회는 해방 후 거의 한 세대를 경과하면서 민주주의적 가치관을 사회적으로 광범위하게 수용하였고, 인간관계나 제도의 측면에서도 자유민주주의적 태도가 강하게 뿌리를 내렸다. 이것은 자본주의 경제체제의 확산과 발전이 배경이 되어 더욱 강화되어 갈 것이라 여겨진다.

이제 논의의 초점을 다시 민·군 관계의 이상적 형태에 맞추어 보자. 먼저 정치적 측면에서의 관계, 즉 군대의 정치참여는 그것이 불가피하다고 여겨지는 경우는 있어도 바람직하다고 여겨지는 주장은 지금까지의 어떤 연구결과에도 나타나고 있지 않다, 말하자면 군대의 정치반영의 긍정적인 평가는 그 최고의 형태에 있어서도 불가피론이다. 이것은 한국의 경우도 예외는 아니다. 한국사회의 경우 불가피론의 정당화를 위해 표명될 수 있는 것들은 크게 안보상 위기, 정치과정의 무능과 무질서, 그리고 근대화나 개혁의 주도세력 부재 등이다. 그럼에도 불구하고 군대의 정치개입은 그 동기의 불가피성과는 달리 명분과 실제 정치와의 괴리, 정치제도화의 곤란, 사회구조적 통합의 어려움 등으로 앞으로는 더욱 어려울 것으로 여겨진다.

그렇다면 정치적 측면에서 한국사회의 바람직한 민·군관계의 유형은 어떠한 것이어야 하는가 하는 문제가 남는다. 이 문제에 관하여 우리는 다음의 두 가지를 제시할 수 있으리라 본다. 그 하나는 체제유지와 정치발전을 위한 사회적인 분위기 조성에 기여하는 것이다. 항상 전쟁의 위협에 부딪히고 있으며, 국제적으로 강대국의 입김을 벗어나지 못하는 한국사회에서 군대는 참된 민주정치를 위한 사회적 여건을 조성하는데 있어 기여하는 것이다.

둘째로 한국군대는 한국사회의 중요한 하위체계로서 그 자신의 생각과 정치적 견해를 정치적으로 나타내는 이익집단으로 작용할 수 있다. 그러나 이 이익집단의 영향력은 강압이나 공갈과는 다른 것으로, 군대가 민주주의적 가치를 실제로 이해할 수 있어야 한다는 점이 매우 중요하다. 다시 말해 민주정치가 갖는 적정수준의 시행착오와 과정상의 의견대립을 포용할 수 있어야 한다. 정치발전의 도상에 있는 한국사회의 경우 이러한 군대의 포용력은 대단히 중요한 것이다.

다음으로 비정치적 차원에서의 민·군 관계를 살펴보자. 한국과 같은 군대가 이미 국민·군대로 편성되고 그 기본적 이념인 반공·자유민주주의사상이 군대와 사회 간에 일치하고 있는 경우라 하더라도 권위적인 군대조직 내의 특수문화와 그

밖에 사회의 일반문화 간에 존재하는 간격이 바람직한 민·군 관계를 방해할 수 있다. 이것은 군대문화의 특수성이 야기하는 문제라기보다도 각 하위체계가 서로 간의 문화적 특수성에 대한 이해를 갖지 못하는 데서 나타나는 현상이다. 이것은 계속적인 대민봉사, 도로건설 등의 지원, 시민교육 등의 활동과 그 홍보를 통해 충분히 개선되어 왔고 또 될 수 있다.

이 점은 다시 한 번 강조할 필요가 있다. 한국사회에 있어서 군대와 민간사회와의 동질성 및 상호 관련성은 어느 다른 나라보다 높다. 집단구성원의 계층적 배경이나, 선호하는 이데올로기가 같을 뿐 아니라 해방과 6·25전쟁을 비롯한 민족적 수난을 함께 한 귀중한 경험을 공유하고 있다. 또 앞에서 살펴본 바대로 여러 분야에서 실질적인 상호 협조가 이루어져 왔다. 그럼에도 불구하고 서로 간의 커뮤니케이션이 제대로 이루어지지 않음으로써 민·군 관계 형성에 부정적 영향이 나타날 수 있다. 민·군 상호간의 원활한 커뮤니케이션이 갖는 중요성은 앞으로 더욱 커질 것이라 본다.

이상의 논의를 종합해 볼 때 우리는 군의 직업주의화라는 원론적 명제와 민·군 간의 커뮤니케이션 증대라는 두 가지 결론을 얻을 수 있다. 군의 직업주의화는 외부적인 전쟁위협과 정치·경제적 미발달로 인한 내부적 위협을 함께 지니고 있는 한국사회에서 민주적 질서유지와 정치발전의 바탕이 된다. 한국사회에서 군 직업주의는 전쟁억제와 효과적 국방을 위한 고도의 군사적 전문성과 자율성을 가져올 수 있고, 한반도의 평화와 자유민주주의 수호에 대한 군의 책임과 사명을 확립시켜 준다.

민·군 간의 커뮤니케이션 증대는 서로 간의 협조와 이해를 증진시킴으로써 건전한 민·군관계가 형성되는데 중요한 역할을 한다. 그것은 또한 서로의 기술과 인력 및 경험을 나누어 가짐으로써 전반적인 국가발전에 기여할 수 있다. 서로가 자율적이면서 배타적이지 않은 민·군 관계의 정립이야 말로 한국과 같은 국가에 있어서 대단히 중요한 과제가 될 것이다.

이렇게 볼 때 한국군대도 헌팅턴이 말하는 두 가지 상반된 요청을 받고 있다. 그 하나는 북한 공산주의의 전쟁위협으로부터 사회의 안전과 평화를 지키는 효율적 국방을 위한 기능적 요청이며, 또 하나는 한국사회의 지배적 이념인 민주주의적 가치를 이해할 수 있기를 원하는 사회적 요청이다. 이 두 가지 요청은 서로 갈등되는 측면을 지니고 있으며, 실제로 그 조화는 한국사회의 특수한 상황과의 관련 속에서 찾아져야 할 것이다.

이 점과 관련하여 무엇보다 중요한 것은 민주주의 가치와 군대문화 간의 조화, 즉 민주주의 이념에 기초한 군대문화의 정립이다. 군대문화는 군대의 역할과 사명, 현실에 대한 판단 등을 결정하는데 결정적인 영향을 미친다. 또 이것은 변하지 않는 군대의 전통이 된다, 그러나 군대문화가 시민문화와 분리되어 존재하지 않고 오히려 그 속에 포함되는 하위문화이기 때문에 결국 민주주의적 군대문화의 정립은 곧 전체 한국사회의 민주주의적 시민문화의 정립을 전제하는 것이다.

민주적 시민문화가 고도로 확립된 서구와는 달리 한국의 경우는 계속 민주적 전통을 사회 속에 확립시켜 나가야 한다. 이러한 사명이 한국군대에게도 지워져 있다고 볼 때 한국군대는 일반사회의 민주적 가치를 형성하면서도 그것은 내면화시켜야 한다는 이중적 과제를 안고 있다고 볼 수 있다. 이러한 한국군대의 역할이 성공적으로 수행될 때, 군대집단의 기능적 특수성과 민주주의적 가치가 균형 있게 조화될 수 있다. 이러한 군대문화의 정립이야말로 앞으로 한국사회의 바람직한 민·군 관계 정립을 위한 기본적 과제라 할 것이다.[42]

42) 백종천, 국가방위론(서울 : 박영사, 1997), pp. 544～547.

제3장

병역제도 및 동원제도

제3장 병역제도 및 동원제도

제1절 개요

국가 총동원의 원형이라고 볼 수 있는 국민개병제도는 고대 그리스의 도시국가에서 시작되어 로마시대로 계승되었으나, 중세봉건주의 시대와 절대군주 시대에 와서는 영주 및 군주의 개인사병으로서의 기사나 용병제도로 바뀌었으며, 그러다가 18세기 말 프랑스 대혁명을 계기로 용병제도는 지원병 제도로 바뀌었다. 그러나 전쟁의 규모가 확대됨에 따라 지원병만으로는 전시소요를 충족시킬 수 없어 오늘날과 같은 국민개병제도가 확립되게 된 것이다. 나폴레옹이 전유럽을 석권하는 강병을 갖게 된 가장 큰 배경이 효과적인 징병제도에 있다고 말할 수 있다.

왜냐하면 국가를 방위함에 있어서 상품화된 용병에 비하여 국민개병제도는 국민 전체가 자발적이고 사명감을 갖는 투철한 정신력을 바탕으로 전쟁에 임할 수 있기 때문이다.

그러나 무기의 발달이 고도화됨에 따라 정신력만으로는 전쟁수행이 불가능하게 되자 유형 · 무형의 모든 자원을 총동원해야 하는 국가총력전 개념이 제1차 세계대전을 계기로 나타나게 되었다.

다시 말하면 제1차 세계대전을 계기로 전쟁규모의 확대, 장기지구전화 및 무기체계의 획기적인 발달 등은 종전까지 일선에서 무력만을 바탕으로 하는 군대와 군대 간의 섬멸전에서 대량 소모전으로 변하였으며, 전쟁수행 소요물량을 충족시키기 위해서는 전쟁발발 이전에 준비된 군수품만으로는 전쟁수행이 불가능하게 되었다. 이로 인해 전쟁 이전과 이후를 막론하고 국가의 유형·무형의 모든 자원을 총동원하여 전쟁에 투입하지 않을 수 없게 되었으며, 이러한 국가동원의 효율적인 수행 여부가 전쟁의 승패를 좌우하기에 이른 것이다.

그러나 제1차 세계대전 시만 하더라도 개전 당시에는 국가동원의 중요성을 인식하지 못한 채 전쟁을 시작하였으나, 전쟁이 점차 장기 지구전화됨에 따라 국력을 총동원하지 않을 수 없게 되었다.

따라서 처음부터 준비되고 계획된 동원이 아니라는 의미에서 불완전한 동원이었다고 볼 수 있다. 반면, 제2차 세계대전 시에는 제1차 세계대전의 경험과 전쟁발발 이전에 수립해 놓은 계획에 따라 쌍방이 다같이 국가동원을 철저하고 완벽하게 수행하였다고 볼 수 있다.

제1차 세계대전 당시인 1914년 독일이 시도한 단기 속결전인 마른(Marne)전투가 좌절되어 전선은 교착되고, 참호전으로 장기 지구전화 됨에 따라 대규모의 병력이 투입되고, 무기의 기계화와 연발소총의 등장으로 인한 막대한 탄약·장비 및 보급품이 요구되었다. 사실 이러한 상황은 교전국의 어느 쪽도 예측하지 못하였던 것이다. 이와 같은 긴급한 상황을 타개하기 위하여 필요한 자원을 동원하였으나, 경험의 부족, 계획의 미비, 자유방임주의의 타성으로 인하여 오히려 기존의 보급제도와 지원체제를 혼란시켰을 뿐이었다. 군사소요와 조달의 불균형으로 물가가 상승하는 등 악성인플레이션 현상이 조장되었고, 시간이 지남에 따라 위기는 더욱 증대되어 교전국 모두가 비상수단으로 경제통제를 실시하였다. 이 시기의 동원은 사전에 계획되지 않고, 준비되지 않은 불완전한 동원이었다. 부족되는 보급품과 인력, 생산능력을 전쟁수행에 집중하고, 불요불급한 곳에 낭비되지 않도록 통제하였으며, 특히 원료의 획득과 분배를 정부에서 통제하면서 인플레이션을 방지하기 위한 물자통제, 가격통제, 신용통제, 임금통제 등을 실시하였다. 그러나 계속되는 인플레이션 현상은 고정수입 집단에 큰 영향을 주었고, 노동자와 군인의 임금수준을 저하시킴으로써 개인의 이윤은 공공이익에 앞서게 되었고, 이로 인한 국민의 불만은 국민의 전쟁의지를 약화시켰다.

이상에서 본 바와 같이 제1차 세계대전 이전에는 전쟁수행을 위하여 계획된 동원을 실시한 적이 없었으며, 제1차 세계대전도 전쟁 전에 계획된 것이었으나 준비가 없이 맞이하여 전쟁이 장기화되고 소모전으로 변화함에 따라 교전국들이 부분적인 동원을 실시하였던 것이다.

제2차 세계대전 전인 1920년부터 1939년까지의 시기는 제1차 세계대전 시의 경험을 바탕으로 하여 장차전에 대비하여 동원을 위한 계획의 완성기라고 할 수 있다.

즉 긴요한 산업체에 대해서는 기술교육 및 전시동원을 위한 준비 등의 명령을 하달하였고, 산업시설에 대해서는 현지 실태조사를 통하여 군 장악 하에 두도록 하였던 것이다.

제2차 세계대전 중의 동원은 제1차 세계대전 중의 동원과 유사한데, 즉 공업생산력의 부족, 긴급자원의 부족 또는 수요와 공급 간의 불균형이 더욱 확대됨에 따라 야기되는 가격상승의 악순환, 민수산업을 군수사업으로의 전환, 균형생산, 군소요의 결정 및 생산능력조정 등의 문제가 있었다. 제2차 세계대전 시의 미국의 동원은 제1차 세계대전에 비하여 비용면에서 거의 10배에 달했고, 어떤 군수품목의 비용은 그 이상의 비율을 나타내었다. 제2차 세계대전 중 생산된 박격포 및 야포의 포탄수가 9억 8,854만 8천 발로 제1차 세계대전 중의 2,047만 6천 발에 비하여 48배에 달하였던 것을 보면 이러한 것을 잘 알 수 있다.

특히, 미국은 전쟁이 계속됨에 따라 민주진영 내 무기창의 역할을 담당함으로써 산업의 원료와 시설 및 인적자원 등의 부족에 봉착하게 되었고, 이로 인해 이들 자원에 대해서 많은 통제를 가하지 않으면 않게 되었다.

제2차 세계대전이 종료된 1945년 이후부터는 자유진영과 공산진영과의 냉전상태, 국지전쟁으로 인한 국제긴장의 고조로 인력 및 경제동원 준비의 중요성이 더욱 증가되었다. 이에 따라 각국은 장차전에 대비하기 위한 전략물자를 비축하고 동원의 기반이 될 기간산업의 생산능력을 육성하는 한편, 적의 공격에 의한 피해를 감소시키기 위하여 산업시설을 분산시키고 지하화하는 등 평시부터 전쟁발발 시에 대비한 준비를 하게 되었다. 또한 핵무기의 등장으로 인하여 전시를 대비한 계획의 중요성이 더욱 증대되었으며, 만약 전면 핵전쟁이 발발한다면 교전국 상호 간은 수천만의 인명피해와 국가생산시설의 대부분이 파괴되어 단시간 내에 경제질서가 마비될 것이며, 피해복구에도 장기간이 소요될 것이므로 모든 국가는 자국의 안보환경에 적합한 전시동원의 실질적인 보장을 위하여 완벽한 국가 동원제도를 계속 발전시키게 되었다.

제2절 병역제도

1. 병역의 의의

병역은 국가의 국방력 구성을 위한 국민의 인적 부담이라 정의할 수 있으며 인적 부담은 충성심을 전제요건으로 한다.

국방력은 국토를 방위하고, 국가의 주권과 국민의 번영을 보호 · 유지하는 군사력으로서, 이는 국가에 대한 외부로부터의 위험을 전투력에 의해 배제함이 목적이다.

따라서 국방은 전투력을 핵심으로 한 국가의 위험배제 작용이라 할 수 있다. 특히 현대전은 고도의 첨단과학무기와 정밀무기가 동원되는 과학전이며, 국가 총력전인 만큼 정치 · 경제 · 사회 등 제반요소와 함께 전투력의 강약이 결정된다. 국방력, 즉 전력은 적의 전투력 분쇄가 기본 전제이므로 직접 전투행위에 투입되는 군비(軍備)가 그 골간을 이룬다. 그런데 군비는 병원(兵員, Man)과 무기 · 장비(Machine) 및 물자(Material)의 3M으로 구성되며, 병역은 곧 병원을 획득 · 유지하기 위해 국민에게 부과되는 의무이다.[1)]

병역은 또한 충성심에 의한 국민의 인적 부담이라고 할 수 있는데, 이는 병역수행의 정신적 측면을 중시한 것으로 개인이 지닌 지식과 육체적 능력을 최대한으로 발휘하여 국가에 봉사함을 뜻한다. 따라서 병역은 국가의 주권수호를 위하여 생명의 위험부담을 감수한다는 윤리적 도덕성을 그 바탕으로 하고 있다.

2. 병역제도의 종류

병역제도는 국가안전보장의 핵심이 되는 군사력 형성에 있어 그 주축을 이루는 인적 자원, 즉 병력의 획득방법 내지 수단이다. 이러한 병역제도는 의무병제도와 지원

1) 국방관리연구소, 병역제도 개선방안 연구(국방관리연구소, 1992), p. 16.

병제도로 대별되며, 의무병제도는 다시 징병제와 민병제로, 지원병제도는 직업군인제와 모병제 그리고 의용군제로 재분류할 수 있다.

[표 3-1] 병역제도의 종류

병역제도	구분	세부
병역제도	의무병제도	징 병 제
		민 병 제
	지원병제도	직업군인제
		모 병 제
		의용군제

1) 의무병제도

의무병제도는 강제징집 또는 징병제로 "국가는 국민 전체가 방위해야 한다."는 개념 아래 국민에게 병역의 의무를 부여하는 제도이다. 여기에는 징병제와 민병제가 있다.

징병제도는 모든 성년들이 그들의 사회를 공동으로 방위하던 이념에 근거를 두고 있는 수천 년의 역사를 가진 제도로서, 현대적 의미의 징병제도는 국가동원제도의 한 분야로 볼 수 있다. 인간평등의 이념과 산업혁명 이후 야기된 고도의 조직적인 사회형태가 결부되어 만들어진 징병제도는 프랑스혁명 당시의 국민 · 군을 효시로 하고 있다.[2] 징병제도는 국민개병주의 원칙에 입각하여 병원(兵員)훈련의 주안을 정병주의(精兵主義)에 두고 평시에는 전시편제의 기간이 될 국방상 최소한의 군대를 상설하여 운영한다. 이때 소요되는 병원을 징집하여 일정한 교육훈련과 실기를 습득케 한 후 축차적으로 새로운 인력으로 대체하며, 전시 및 사변 시에는 대체된 자를 소집하여 전시편제를 완성하는 제도이다.[3]

이 제도의 특징은 군대를 현역과 예비역으로 분류하여 많은 예비병력을 국가가

2) 한용원, 앞의 책, p. 21.

3) 국방관리연구소, 앞의 연구서, p. 18.

확보할 수 있으며, 국가가 보유한 우수한 인적 자원을 충분히 활용할 수 있다는 점에 있다.

민병제는 병원(兵員)훈련의 목표를 다병·중병주의(多兵·衆兵主義)에 두고 국민개병제를 실시하되, 군대를 경제적으로 양성하려는 제도이다. 군의 간부는 지원자로 조직하고 국민 모두가 의무적으로 단기간의 군사교육을 받으며, 유사시 동원소집을 통하여 전시편제를 구축한다는 것으로써 시민권 그 자체가 자동적으로 군복무를 의무화시키는 제도이다. 이 제도는 현재 스위스에서 실시되고 있으며, 우리나라에서 잠시 채택한 과거의 호국병제도가 이와 유사한 형태라고 할 수 있다.

2) 지원병제도

지원병제도는 자유병제도라고도 하며, 국가와 개인의 계약에 의한 복무제도로 이에는 직업군인제, 모병제 등이 있다.

지원병제도는 적의 위협이 비교적 먼 곳에서 주로 실시하며, 지원병제를 채택한 국가는 징병군을 갖는데 대한 국민 개인의 고통과 희생을 덜어 줄 수 있으나, 일반사회에 비하여 수행업무가 어렵고, 유사시 생명의 위험이 존재하는 군대에 인적자원을 확보하기 위해서는 일반사회보다 더 나은 대우가 있어야 지원자가 생기며, 우수한 자원을 확보하기 위해서는 많은 비용이 소요되므로, 결국 군대의 질적 저하를 가져올 우려가 있다.

직업군인제는 표현 그대로 군인을 직업으로 선발하는 제도이다. 장교, 부사관 등 장기복무를 희망하는 자가 지원에 의하여 직업군인으로 근무한다.

모병제는 본인의 자유의사에 의하여 국가와의 계약으로 병역에 복무하는 제도로서 당사자의 의사와는 무관하게 강제적으로 병역을 부과하는 징병제와는 반대의 개념을 지니고 있다.

의용병제는 직업군인제나 모병제와 같이 지원에 의하여 병역에 복무하는 제도이나, 지원의 동기에 있어서는 양자 간에 많은 차이가 있다. 즉 후자의 경우 병역완수라는 목적 이외에 보수라는 것이 있는데 반하여, 의용병제의 경우에는 병역의무나 보수보다 충성심에 의한 자진 종군의 의지가 핵심이 된다.

3. 병역제도 선택 시 고려사항

각국에 있어서 병역제도의 선정은 매우 중요하다. 병역제도에 따라 국방뿐만 아니라 국가경제 및 정치, 사회에 미치는 영향이 매우 심대하기 때문이다. 따라서 병역제도의 선택은 각국의 국방상 수요에 기초를 두고 고려해야 하며, 또한 동원요구에 충족하도록 주안점을 두어 필히 상호 긴밀한 관계를 가지고 조정되어야 한다.

병역제도의 선정시 영향을 미치는 요소는 지정학적 위치 · 안보상황 · 상대 적국의 동향 · 경제적 여건 · 국민적 자세 등을 들 수 있다. 이들 5개 요소를 일반론을 떠나 우리의 상황과 관련시켜 개략적으로 살펴보기로 한다.[4]

1) 지정학적 위치

한국은 역사적으로 그 인접국에 대하여 전략적 중요성을 가진 나라로서 수세기에 걸쳐 일본과 중국은 한반도에 대한 영향력과 지배권을 놓고 각축을 벌여왔다. 현재도 지리적 · 정치적 여건은 변함이 없이 동북아에 있어서 미 · 소 · 중 · 일 등 강대국의 이해가 교차되는 지정학적으로 불리한 지역에 위치하고 있다.

2) 안보상황

안전보장이란 외부로부터의 군사적 침략이나 그러한 침략의 위협 내지는 잠재적 위협 하에서 위압(威壓)으로부터의 방어를 의미한다.

한국은 특수한 안전보장하의 문제에 직면해 있으며, 남북한 간의 경계지대가 세계에서 가장 위험한 곳 중의 하나로 평가되고, 전면전쟁의 가능성이 매우 높고 군사적 사고(事故)의 위험성이 상존하고 있는 안보상황을 가진 국가이다.

3) 상대 적국의 동향

현재 우리의 적국은 북한이라고 할 수 있으며, 북한은 그들의 이익과 목표를 힘에 의한 한반도의 통일에 두고 있다. 이를 위하여 그들은 군사력 증강에 혈안이

---

4) 위의 연구서, pp. 19~21.

되어 있으며, 특히 최근 동향에 의하면 핵무기 개발과 장거리 스커드 미사일을 개발하고 있는 등 군사력 증강에 국가의 전력을 기울이고 있다.

또한 북한경제의 취약성, 정치적 고립, 불리한 군사 전반 및 내부 정정(政情)불안 등 복합적인 요인 또한 고려해야 할 요인이 되고 있다.

4) 경제적 여건

우리의 경제적 성장잠재력은 매우 크다는 평가를 받고 있다. 그러나 정부재정의 약 1/10(2015년 기준, 정부 총예산 376조의 10%인 38조 편성)을 국방비로 지출해야 하는 현실은 사회 각 부문의 균형발전에 장애요인이 되고 있는 것이 사실이다. 이러한 상황 하에서 우리의 경제 · 군사력 수준은 북한의 '결심'을 완전히 억제하기 어렵고, 또 더 이상의 군사비 지출 역시 불가능한 것이 우리의 현실이다.

5) 국민적 자세

우리가 추구하는 모든 이익과 목표 중 가장 중요하고도 핵심이 되는 것은 한 마디로 '생존'이다. 역사적으로 볼 때 수세기에 걸쳐 우리 국민은 강력한 인접국에 의한 점령, 억압, 착취의 희생자였다. 따라서 한국의 중요하고 직접적인 관심사는 북한으로부터의 군사적 위협이고 김일성, 김정일의 어떠한 모험에도 대항하여 자신을 보호할 능력을 갖출 수 있는 국민적 자세를 취해야 한다.

상기 요소를 재고해 볼 때 우리가 선택해야 할 병역제도가 과연 무엇이어야 하겠는가 하는 해답은 너무도 명백해진다.

4. 한국의 병역제도

병역제도가 포괄하고 있는 범위와 내용은 광범위하고 다양하다. 여기서는 현행 병역제도의 핵심을 이루는 징병제도와 소집제도를 알아보기로 한다.

1) 병역제도의 변천과정

우리나라의 병역제도를 비정상적 운영시기, 정비 · 보완시기, 그리고 정상 운영시기로 구분하여 살펴볼 수 있다.

(1) 비정상적 운영시기

비정상적 운영시기는 1946년 미군정청의 Bamboo 계획에 의하여 발족된 국방경비대라 할 수 있으며, 그 당시에는 현역의 소요를 지원자로 해결하였다.

1948년 8월 15일 정부수립과 동시에 국방경비대가 국군으로 편입되고, 다음해 8월 6일 병역법이 제정 · 공포됨으로써 드디어 본격적인 병역제도가 실시되었다.

당시의 병역법에 의하면 만 20세 남자는 징병검사를 받고 현역, 예비역, 후비역, 제1국민역의 순으로 복무하고, 이에 포함되지 않는 자는 제2국민역으로 편성되었다.

그러나 6 · 25전쟁으로 인하여 막 실시단계에 접어든 병역제도는 그 정상적인 운영이 중지되고 전쟁 중 70만의 대군을 사실상 현역 필자가 없는 20~40세의 제2국민역을 대상으로 전원 선소집, 후징집이라는 역순적 형태를 통하여 확보하였다. 그 결과 전쟁에 직면하여 정상적인 군사기초훈련을 받지 못한 대부분이 모집 대상자의 심리적 충격과 당시의 무질서한 사회현황에 기인한 부정부패는 병역기피의 풍습을 만연케 하였다.

(2) 정리 · 보완의 시기

정리 · 보완의 시기는 제1차 전면보완과 제2차 전면개정으로 나누어 볼 수 있다. 제1차 전면보완은 1954년 7월 27일 휴전이 성립되고 1970년 8월 15일 병역청이 발족됨으로써 그 동안 기형적으로 운영되어 오던 모든 병역관계 제도가 정상화되고 병무행정이 본궤도에 오르게 되었다.

국민개병주의 원칙에 입각한 의무병역제도의 현실은 징병제의 선행으로서 만이 가능하다. 6 · 25전쟁으로 인하여 역순적으로 운영되어 오던 징집과 소집이 1955년 9월 1일 이후부터 완전히 분리 실시되었다.

이 후 병역제도 운영상의 지표가 되었던 제1차 병역법 전면보완이 1957년에 이루어졌는데, 그 주요 골자는 국민부담의 공평을 기하고 정예병력을 보유하는 동시에 강력한 예비군을 확보하는 것이었다.

휴전 이후부터 1968년까지 육군병의 복무기간은 36개월에서 30개월로 점차 단축하였으나, 같은 해 1·21 사태로 인하여 36개월로 다시 연장되었다.

제2차 전면개정은 5·16 후 병역수행의 청신한 기풍조성, 무질서한 병무행정의 쇄신, 불합리한 병역관계 제도의 개선, 보완을 위한다는 이름 아래 두 번째로 병역법 전면개정을 단행함과 동시에 병무행정기구의 일원화를 기하였다.

개정된 병역법의 주요내용은 ① 고령자 제1보충역 처분, ② 부대 종군자 및 사고자의 병적 정리, ③ 병적 개편이었다.

첫째의 내용은 휴전 이후 인적 자원의 여유와 기피자 발생 등으로 현역병 미입영자가 증가하자 이들에게 입영의 기회를 부여함과 동시에 병역 기피자를 일소하는 방안으로 이들을 일괄 제1보충역에 편입시킨 것이다.

다음으로 6·25전쟁 시 학도의용군이나 '8240부대'의 전투원과 같이 군번 없는 비정규군으로 전투에 참가했던 자를 병역의무의 균등부과라는 차원에서 일정한 심사를 거쳐 예비역에 편입시켰다.

한편, 창군 이래 파면이나 불명예 제대된 장교, 준사관, 부사관 및 병에 대한 병적 정리가 가능한 규정을 설정하여 인력자원으로 효율적 활용을 꾀하였다. 그리고 6·25전쟁으로 인하여 거주지 단위로 관리해 오던 병적을 1963년부터 3년간 본적지 관리로 개편 단행했다.

(3) 정상운영 시기

정상운영 시기는 1970년 병무청 발족 이후부터 현재까지를 말하며, 복무기간은 점차 단축되어 1984년부터 30개월로 되었으며, 1993년 1월부터는 26개월로 단축 시행되었으며, 지난 2003년 24개월로 단축되었고, 2011년부터 현재까지는 21개월로 단축되어 시행되고 있다.

징집인력의 선병기준은 시기별 병역자원수와 시대적 요구에 의해 변화하여 왔다. 인구의 급격한 증가는 징집자원이 현역자원을 초과하게 되자 선병기준이 많이 조정되었는데, 1950년대에서 1970년대 전까지는 인력부족으로 체격 위주의 징집을, 1970년대 초반에는 국민의 생활수준과 학력향상으로 학력을 중시한 선병을, 그리고 1970년대 중반 이후부터는 경제, 사회, 교육수준의 전반적인 향상으로 학력,

체격, 연령 등을 감안하여 징집병을 확보하기에 이르렀던 것이다. 또한 1982년부터는 육군의 경우에 있어서도 지원에 의하여 일반병의 현역입영이 가능하게 되었다.

특히, 신베이비붐 세대라고 할 수 있는 6 · 70년대 생이 군에 입대할 시기에는 급격히 징집인력이 증가하여 복무기간을 대폭 단축하게 되었던 것이다. 하지만, 최근 들어 청년인구의 급격한 감소는 대학의 입학정원 감소와 더불어 군의 현역자원 감소로 이어져, 과거에는 보충역으로 편성하거나 제2국민역으로 면제를 하던 인원까지 현역판정을 하기에 이르고 있다. 향후 2023년 이후에는 대체복무(의무경찰, 의무소방, 공익근무 등) 인원들을 일소하고 전원 현역으로 충원해야 할 것으로 전망되고 있다.

이러한 우리나라 병역제도의 변천과정을 도식하면 다음과 같다.

[표 3-2] 병역제도 변천과정

구 분		비정상 운영시기					정리 · 보완시기					정상 운영시기				
연 도	45	46	48	49	53	54	59	62	68	70	76	77	82	93	03	11
병역제도		국방경비대	국 군 (지원병제)	병역법 제 정 (49.8.26)			징 병 제									
복무기간 (월)	병역제도 無					36	33	30	36	35	34	33	30	26	24	21
비 고	해방	밤부계획	정부수립		6·25	휴전(7.27) 4년 이상 복무자 전역			1·21사태	병무청 발족						

2) 현행제도 개요

(1) 병역제도

우리나라의 병역제도는 의무병제도에 의한 징병제를 원칙으로 하고 지원제를 병행 실시하고 있다. 그러나 여군의 경우를 제외하고는 모두가 병역의무 수행을 전제로 하여 이루어지는 것으로 사실상 신분(장 · 사병)과 군(육 · 해 · 공), 입대시기의 선택에 국한된 지원에 불과하다.

육군의 병은 징집에 의해서, 육군의 일부 일반병과 기술병, 해 · 공군 및 해병의 병은 모병을 통하여 입대하며 복무기간은 육군과 해병은 21개월, 해군은 23개월, 공군은 24개월이다. 병역법은 법률상 육군과 해병은 2년, 해군은 2년 2개월, 공군은 2년 4개월 근무하게 되어 있으나 국방상 필요할 때는 3개월에서 6개월 이내에서 기간연장이 가능하도록 병역법 제18조에 명시되어 있다.[5)]

따라서 장기복무 지원에 의한 장교, 준사관, 부사관을 제외한 모든 남자는 징집 및 기타의 형태를 통하여 병역의무를 수행해야 한다. 현재 병역의무는 제1국민역에서 출발하여 예비역이 끝날 때가지 계속된다.

병역의무는 활용목적에 따라 연령, 신체조건, 자질 등에 차이가 있을 뿐만 아니라 의무병제도 역시 정규군과 예비군이 있어 병역의무자 전원이 실역에만 복무하는 것이 아니다. 그러므로 그 복무방식이나 형태에 따라 종별을 구분하게 되며, 현재 우리나라에는 현역, 예비역, 보충역, 제1국민역, 제2국민역의 5개 역종이 있다.

이와 같은 징집제도는 군정작용상의 인적 징발을 의미하는 것으로써 내용 그대로 병역의무자의 의사에 관계없이 국가권력에 의하여 18~30세의 남자에게 강제적으로 병역의무를 부과하며, 그 주된 목적은 현역병의 확보에 있다.

(2) 소집제도

소집제도는 전 · 평시 병역의무자를 필요한 병력으로 소집, 활용하기 위하여 운영되는 제도이며, 그 대상은 예비역, 교육소집을 마친 보충역, 병역법 제66조에 따라 보충역에 편입된 사람, 제2국민역 등이 있으며, 소집에는 병력동원소집, 병력동원훈련소집, 전시근로소집 등이 있다. 소집 종류별로 목적과 내용은 다음과 같다.

① **병력동원소집** : 병력동원소집은 전시 · 사변 또는 이에 준하는 국가비상사태에 부대편성이나 작전수요를 위하여 병력동원소집대상자[6)]에 대하여 행한다.

② **병력동원훈련소집** : 병력동원훈련소집은 병력동원소집에 대비한 훈련 또는 점검을 위하여 병력동원 소집대상자에 대하여 실시하며, 그 기간은 연 30일 이내로 한다.

③ **전시근로소집** : 전시근로소집은 전시 · 사변 또는 이에 준하는 국가비상사태

5) 병역법(법률 제13778호) 제18조(2009.12.10. 시행)

6) 병력동원소집 대상자는 예비역, 교육소집을 마친 보충역, 동법 제66조에 따라 보충역에 편입된 자를 말한다(병역법 제44조 참조).

시 군사업무를 지원하기 위하여 보충역 중 병력동원소집에서 제외된 사람, 제2국민역, 교육소집에서 제외된 사람(신체등위, 학력, 연령 등의 사유)에 대하여 소집한다.

우리나라는 이러한 병역제도에 관련된 사항을 헌법과 법률에 명시하고 있는데, 헌법 제39조 제1항에서는 "모든 국민은 법률이 정하는 바에 의하여 국방의 의무를 진다."고 하고, 제2항에서는 "누구든지 병역의무의 이행으로 인하여 불이익한 처우를 받지 아니 한다."라고 규정하고 있다. 또 병역법 제3조 제1항에는 "대한민국 국민인 남자는 헌법과 이 법이 정하는 바에 따라 병역의무를 성실히 수행하여야 한다. 여자는 지원에 의하여 현역 및 예비역으로만 복무할 수 있다." 또한 동법 제8조 제1항에는 "대한민국 국민인 남자는 18세부터 제1국민역에 편입된다."라고 명시하여 헌법과 법률에 의하여 모든 국민에 대한 평등한 병역의무를 부여하고, 또한 병역의무를 수행함에 따른 불이익을 받지 않도록 규정하고 있다.

이에 따라서 헌법과 병역법을 근거로 위임된 내용이나 좀더 세부적인 내용은 병역법 시행령 또는 병역법 시행규칙 등을 통해 규정하여 헌법에 명시된 국민의 병역의무 수행과 이의 수행에 의해 불이익이 발생되지 않도록 하는 범위 내에서 세부적이고 효과적인 규정 등을 명시하고 있다.

포함되어 있는 내용은 징집 및 소집에[7] 관련되는 내용, 병역의 종류, 즉 현역, 예비역, 보충역, 제1국민역, 제2국민역에[8] 관련한 병역의무의 표준, 복무기간의 설립, 복무기간중의 사법문제 등 기타 관련된 모든 사항이 망라되어 있다.

---

7) 징집(徵集)이라 함은 국가가 병역의무자에 대하여 현역에 복무할 의무를 부여하는 것을 말한다. 소집(召集)이라 함은 국가가 병역의무자 또는 지원에 의한 병역복무자(제3조1항 후단에 따라 지원에 의하여 현역에 복무한 여성을 말한다.) 중 예비역, 보충역 또는 제2국민역에 대하여 현역복무 외의 군복무 의무 또는 공익분야에서의 복무의무를 부과하는 것을 말한다(병역법 제2조 참조).

8) 현역: 징집 또는 지원에 의하여 입영한 병과 병역법 또는 군인사법에 의하여 현역으로 임용된 장교, 준사관, 부사관, 무관 후보생, 예비역: 병역을 마친 자 또는 병역법에 의하여 예비역에 편입된 자, 보충역: 징병검사를 받아 현역복무를 할 수 있다고 판정된 자 중에서 병력수급 사정에 의하여 현역병입영대상자로 결정되지 아니한 자 또는 병역법에 의하여 보충역에 편입된 자(사회복무요원, 예술 및 체육요원, 공중보건의사, 징병검사전담의사, 공익법무관, 공중방역수의사, 전문연구요원, 산업기능요원), 제1국민역: 병역의무 자로서 현역, 예비역, 보충역 또는 제2국민역이 아닌 자, 제2국민역: 징병검사 또는 신체검사 결과 현역복무는 할 수 없으나 전시근로소집에 의한 군사지원 업무는 감당할 수 있다고 결정된 자 또는 병역법에 의하여 제2국민역에 편입된 자(병역법 제5조 참조).

5. 북한의 병역제도[9)]

북한의 병역제도를 이해하기 위해서는 북한의 군사조직과 주요 군사기구의 특성을 이해할 필요가 있다. 따라서 북한의 병역제도에 대해서는 군사조직과 병역제도로 나누어서 살펴보겠다.

1) 북한의 군사조직

북한의 최고 군사지도기관은 국방위원회이다. 국방위원회는 국방사업 전반을 결정하고 지도하는 기관으로 헌법에 명시되어 있다. 김정은은 국방위원회 제1위원장 겸 최고사령관으로서 무력 일체를 장악하고 있다.

김정은은 2011년 12월 30일 개최된 노동당 중앙위원회 정치국 회의에서 김정일의 유훈에 따라 인민군 최고사령관으로 추대되었다. 군 최고사령관은 총정치국, 총참모부, 인민무력부 등 군사조직을 지휘 · 통제하고 회위사령부에도 직접 지시를 내린다. 호위사령부는 김정은 일가와 노동당 고위 간부의 경호, 평양 내 주요시설 경비 임무 등을 맡고 있다. 보위사령부는 총정치국의 지도로 반체제 세력을 단속하는 군내 비밀경찰 역할을 수행한다.

총정치국은 군내의 당 조직을 통해 군 인사와 정치사상 사업을 관장하고, 총참모부는 군사작전을 지휘하는 군령권을 행사한다. 인민무력부는 대외적으로 군을 대표하면서 군 관련 외교, 군수, 재정 등 군정권을 행사한다.

이러한 군사기구를 좀 더 자세히 살펴보면 다음과 같다.

(1) 국방위원회

국방위원회는 1972년 12월 27일 사회주의 헌법 채택 때 신설된 이래 김정일의 군권 장악을 제도상으로 뒷받침하기 위해 1992년 헌법을 개정할 때 최고 군사지도기관으로 승격되었다. 이 후 1998년 헌법에서는 최고 군사지도기관이자 국방 전반

---

9) 북한의 군사조직은 2014년 국방부에서 발간한 국방백서(국방부, 『2014 국방백서』, 2014.)와 통일교육원에서 발간한 북한이해(통일교육원, 『2016 북한이해』(경기 : 상현 D&P), 2015.12.)를 참조하여 정리하였다.

을 관리하는 기관으로 조정되었다. 국방위원회의 위상과 역할은 2009년 4월 9일 최고인민회의 제12기 제1차 회의에서 더욱 강화되었다.

국방위원회의 임무와 권한은 ① 선군혁명 노선 관철을 위한 국가의 중요정책 수립 ② 국가 전반 무력과 국방건설 사업지도 ③ 국방위원회 제1위원장의 명령과 국방위원회 결정 및 지시사항 이행 ④ 국방위원회 제1위원장의 멸령과 국방위원회 결정 및 지시에 어긋나는 국가기관의 결정, 지시, 폐지 ⑤ 국방부분의 중앙기관 설치 및 폐지 ⑥ 군사칭호 제정 및 장령(장성) 이상의 군사칭호 수여 등이다.

한편 국방위원장은 북한의 최고영도자로서 무력 전반의 최고사령관이며, 국가무력의 일체를 지휘통솔한다. 북한은 2009년 헌법개정으로 국방위원장이 국가영도자로서 국가의 전반사업을 지도하게 하였다. 이는 국방위원장이 단순히 국방부문의 수장이 아니라 북한의 실질 최고 통치자임을 천명한 것이었다. 2012년 4월 13일 최고인민회의 제12기 제5차 회의 헝법개정에서 김정일은 영원한 국방위원장으로 추대되었고, 김정은은 국방위원장과 같은 임무와 권한을 행사하는 국방위원회 제1위원장에 추대되었다.

(2) 당 중앙군사위원회

북한은 노동당이 국가의 모든 것을 지배하는 당-국가체제라는 면에서 조선인민군도 노동당의 통제를 받는다. 따라서 군사와 관련된 문제는 당 중앙군사위원회의 통제와 지도를 받게 되어 있다.

북한은 1962년 12월 노동당 중앙위원회 제4기 제5차 전원회의에서 김일성이 제시한 '4대 군사노선'을 채택한 후 이를 추진하기 위해 당 중앙위원회 산하에 군사위원회를 신설하고, 1982년 11월 당 중앙군사위원회로 개칭하였다. 당 중앙군사위원회는 당 군사 정책의 수행 방법을 토의 및 결정하며, 인민군을 포함한 전 무장력 강화와 군수산업 발전에 관한 사업을 조직 · 지도하며 군대를 지휘한다.

(3) 총정치국

북한은 노동당의 군 통제를 실질적으로 집행하기 위해 군대 내의 총정치국을 두고 있다. 총정치국은 군대 내에서 당의 정치사업과 군에 대한 당의 통제강화 역할을 수행한다. 총정치국의 업무는 전군의 주체사상 무장, 군대 내 당의 유일사항 확립, 군내 간부 및 당원들의 당 생활 조직, 지도, 공산주의 교양교육 실시, 군내 당 및 청년동맹조직 사상교양을 위한 선전선동 사업, 3대 혁명 붉은기 쟁취운동 등 각종 운동 및 사상교육과 장교의 인사관리 등이다.

또한 군대 지휘관이 당 정책에 어긋나는 명령을 내릴 경우 이를 저지하고 시정시킬 권한도 있다. 대대급까지 정치부를 두고 연대급 이상은 정치위원, 대대급 이하는 정치지도원을 각각 파견하여 각급 군사지휘관의 사업을 당 차원에서 조정 및 통제하며, 그 사업결과를 당 중앙위원회에 보고한다. 총정치국장은 주요 군 간부에 대한 실질적 인사권을 행하고 있다.

(4) 총참모부

북한의 총참모부는 북한군에 대한 최고사령관의 군령권을 실제적으로 집행하는 치고 군사집행기관으로서, 인민군의 군사전략 및 군사작전의 종합계획을 수립하고 이들을 지휘통솔한다. 총참모부는 1948년 2월 8일 조선인민집단군 총사령부에서 조선인민군 총참모부로 개칭되었다. 1970년 초반 이후부터 김일성은 최고사령관의 직책으로 인민무력부를 거치지 않고 총참모부를 통해 군을 직접 지휘통제하였다. 이러한 군에 대한 지휘는 김정은 시대에도 변화가 없다. 북한 군사체계는 총참모장 예하에 군종·병과별 부대가 편제된 통합군체제로 되어 있다.

(5) 인민무력부

인민무력부는 군 관련 외교업무와 군수, 재정 등 군정권을 행사하는 기관이다. 인민무력부는 1948년 북한정권 수립 때 민족보위성으로 출범했으며, 1972년 12월 사회주의 헌법 채택 때, 인민무력부로 개칭되었다. 그러다가 1982년 4월 최고인민회의 제7기 제1차 회의 결정에 따라 정무원(현, 내각)에서 분리되었으며, 1986년에 중앙인민위원회 직속 기관으로 이관되었다. 그 후 1998년 헌법개정으로 국방위원회 권한이 강화됨에 따라 국방위원회의 지도와 통제를 받게 되었다. 인민무력부는 1998년 9월 인민무력성으로 명칭이 바뀌었다가 2000년 9월 9일 다시 인민무력부로 환원되었다.

2) 북한의 병역제도

북한의 모든 남자는 만 14세가 되면 초모대상자로 등록하고, 군 입대를 위한 두 차례의 신체검사를 받으며, 고급중학교 졸업 후 사단 또는 군단에 입대하게 된다. 신체검사 합격 기준은 신장 150cm, 체중 48kg 이상이었다. 그러다가 식량난으로 청소년들의 체격이 왜소해지자 1994년 8월부터 신장 148cm, 체중 43kg 이상으로 낮추었다. 그러나 이 기준도 입영대상자 부족, 여군 비율 축소로 인해 더욱 완화되고 있는 것으로 알려지고 있다.

입영대상자 가운데 신체검사 불합격자, 적대계층 자녀, 성분 불량자(반동 및 월남자 가족 가운데 친가 6촌 및 외가 4촌 이내, 월북자 및 정치범 가족, 형 복무자 등) 등은 입대할 수 없다. 특수 분야 종사자 및 정책 수혜자(안전원, 과학기술 및 산업 필수요원, 예술·교육 행정요원, 군사학 시험 합격 대학생, 특수 및 여재학교 학생, 부모가 고령인 독자 등)는 정책상 이유로 입영 대상자에서 제외하였다.

북한군의 복무연한은 1958년 내각결정 제148호에 의해 지상군은 3년 6개월, 해·공군은 4년으로 정하고 있었으나 실제로는 5~8년간 복무하였다. 그러나 1993년 4월부터는 김정일의 지시에 따라 만 10년을 복무해야 제대할 수 있는 10년 복무연한제를 실시하고 2003년 3월에 개최된 최고인민회의 제10기 제6차 회의에서 '전민군사복무제'를 법령으로 채택하여 남자는 10년, 여성은 지원 시 7년으로 의무복무기간을 각각 단축하였다. 그 가운데서도 특수부대(경보병부대, 저격부대 등) 병력은 13년 이상의 장기복무를 해야 하며, 주특기나 특별지시에 따라 사실상 무기한 근무해야 하는 경우가 적지 않다.

부대에 따라 10~30%를 차지하는 여군은 대개 수송, 행정부서에 배치되거나 위생병, 통신병 또는 해안포, 고사총, 소형 고사포 부대에 근무한다.

북한군은 군관이나 하전사를 막론하고 군기 사고자는 제대 후 직장 생활에서 각종 불이익을 받는다. 병영 생활에서 기본으로 지켜야 할 복무규율로 '군무생활 10대 준수사항'이 있다.

북한군의 계급은 군사칭호로 불리며 군관 15종, 하전사 6종, 일반병으로 나누어져 있다.

군관은 ① 원수급에 대원수, 원수, 차수가 있으며, ② 장령급(장성)에 대장, 상장,

중장, 소장이 있다. ③ 상급군관(영관)에는 대좌, 상좌, 중좌, 소좌가 있으며, ④ 하급군관(위관)에는 대위, 상위, 중위, 소위가 있다.

하전사의 경우는 우리의 부사관에 해당하는 특무상사, 상사, 중사, 하사가 있으며, 일반병의 경우 상등병과 전사로 구분하되, 사기 진작과 서열 중시를 위해 다시 상급병사, 중급병사, 초급병사, 전사로 4등분하고 있다.

6. 이스라엘의 병역제도

현대의 대부분 국가들의 병역제도를 보면 징병제와 지원병제 중 한 제도를 실시하거나 양 제도를 병행하여 실시하고 있다. 스위스 등 일부소수의 국가는 민병제를 실시하고 있기도 하지만, 의용군제를 실시하는 나라는 거의 없다.

세계 각국이 실시하고 있는 병역제도의 일반적 성격을 살펴보면 대부분 그 국가가 처해 있는 지정학적 위치와 그 나라의 안보상황, 상대 적국의 동향 등을 고려하여 병역제도를 선택하고 있다. 여기에서 우리나라와 안보상황이 비슷한 이스라엘의 병역제도에 대해서 알아보자.

긴박한 전쟁의 위기감에 처해 있는 이스라엘은 제한된 국가인력을 산업발전과 국방에 효율적으로 활용하기 위하여 소규모의 상비군과 대규모의 예비군 보유라는 군편성의 기본원칙에 의거 국민 총동원 체제를 유지하고 있다.

입대 전의 모든 소년·소녀는 '가드나'제도에 의해 의무적으로 기본군사훈련을 받아야 하며, 전시에는 군대의 보조병력 역할을 한다. 따라서 18세가 되는 남자는 고등학교 졸업과 동시에 누구나 다 입대하여 군복무를 일단 마쳐야만 상급학교에 진학하거나 사회에 진출할 수 있다.

이스라엘은 "전국민이 곧 군대"라는 개념 하에 세계 유일의 남녀 의무병역제도를 실시하고 있는 국가이다. 이 나라는 국민에게 18세부터 남자는 54세, 여자는 34세까지 병역의무를 부과하고 있다.

현역복무는 또한 남자가 3년, 여자가 1년 8개월씩 수행하는데 이 곳에서는 병역이 법이나 제도 이전의 생존과 직결된 문제로 인식되고 있다. 따라서 극히 예외적인 경우를 제외하고는 징집연기나 병역면제에 관한 제도가 없다.

역종구분은 가드나, 현역, 제1예비역, 제2예비역, 민방위역의 5종으로 구분되어 있다. 이스라엘은 병무행정을 위한 별도의 기구가 없고 총사령부가 직접 이를 담당한다.

징집, 분류된 병과별로 훈련소에서 15주의 기본군사 교육훈련을 받고 부대에 배치된다. 보직부여를 위한 피징집자의 자질분류는 개인자력카드, 언어능력, 지능검사 및 면담에 의하여 이루어진다. 개인자력카드는 유치원에서 고등학교 졸업 시까지 계속해서 유지·평가되며, 징집 횟수는 연간 4회로 3개월마다 동일한 시기에 동일한 인원을 징집한다.

예비군의 지휘체계는 총참모장 책임 하에 예비군 자원의 관리, 편성, 훈련, 동원 등을 현역과 일원화시켜 동일하게 관리하고 있다. 예비군의 동원은 24시간 이내에 80%, 48시간 이내에 100%가 가능하다.

예비군은 동원예비군, 지역방위군, 후방긴요요원, 민방위요원으로 구성되어 있으며, 동원예비군의 경우 완전동원시 지상군 30개 여단 중 24개를 차지하며, 지역방위군은 주로 국경지역에 위치한 '키부츠', '모샤브', 기타 촌락에 거주하는 제1, 2 예비역으로 구성된다. 후방긴요요원은 동원에서 제외되며, 민방위요원은 45~54세의 예비역 필 남자와 병역의무가 없는 남녀 지원자가 주축이 되어 민방위 중대를 편성하며, 군보조 역할을 한다.

'가드나'는 앞에서 언급한 바와 같이 일명 청소년단으로서 이스라엘 청소년 교육의 중요한 부분을 차지하고 있다. 이 제도는 14~17세의 남자 청소년의 의무적 군사 기초훈련을 위한 것이다.

가드나는 국방부와 문교부의 공동책임하에 운영되며, 총참모본부 산하에 가드나 사령부가 있고 여기에서 훈련을 담당한다. 훈련은 크게 학교훈련과 집체훈련으로 구분 실시된다.

가드나 제도의 설치목적은 청소년들에게 애국심과 충성심을 고취하고 국방의식과 사명감을 주입하는 동시에 체력 및 사격술을 연마하여 위기에 대처하는 능력을 길러주고, 준법정신과 협동심을 아울러 배양시켜 줌으로써 인격형성의 기본교육을 실시하는데 있다고 한다.

가드나 단원들의 활동범위는 학교 및 집체훈련과 봉사 및 긴급구조활동으로 대별할 수 있다. 학교훈련은 고등학교나 청소년단체 등에서, 집체훈련은 주로 가드나 훈련소에서 실시한다.

또한 소규모의 제한된 현역상비군의 배치가 어려운 실정인 이스라엘은 지역방위군제도를 발전시켜 상비군의 역할을 담당시키고 있는데, 이른바 '나할'군이 바로 여기에 속한다. 따라서 이들은 일종의 청년전투개척단이며, 국방과 국토개발이라는 임무를 동시에 수행하는 특수부대이다.

나할군은 국경선 최전방에 배치되어 국방의 선봉장 임무를 담당하며 동시에 국토를 개간하여 농경지를 조성한다. 그리고 민간인이 정착할 수 있는 기반이 마련되면 경작지를 이들에게 인계하고 다른 지역으로 이동하여 동일한 임무를 반복 수행한다.

총참모부의 직할부대로 나할군 사령부가 독립적으로 편성되어 있으며 예하에 신병훈련소, 부사관교육대 및 나할 정착부대가 있다.

나할군은 4개월의 신병기초훈련을 받은 후 12개월간 농업 및 현지 군사훈련을 병행하여 받는다. 소정의 훈련이 끝나면 제대 시까지 자체방어임무를 수행하면서 영농사업과 군사훈련을 반복하여 실시한다.

이러한 나할군이 개척한 국경지대의 전략촌에 입주한 정착민들은 영농사업과 방어임무를 동시에 수행해야 한다. 때문에 특수영농체제의 구축이라는 개념 하에 '기부츠', '모샤브'가 설립, 운영되고 있다.

정규군만으로 국경방어가 어려운 상태여서 집단농장촌락 키부츠와 협동농장부락 모샤브가 전초요새의 방어역할을 담당하고 있다.

이들 촌락은 항상 임전태세를 갖추고 있으며, 무기와 탄약도 완비하고 있다. 건물마다 지하실이 있어 외곽의 벙커와 연결되어 있으며, 벙커 역시 비상시를 대비한 준비물이 갖추어져 있다. 한 마디로 이스라엘은 전 국가자원을 완전 전시체제로 운영하고 있다고 할 수 있다.

제3절 동원제도

1. 동원의 개념

동원이란 전시나 사변 또는 국가비상사태 시 한 나라의 인적·물적·기타 제반 자원을 국가안전보장에 기여할 수 있도록 효율적으로 통제·관리·운용하는 국가 권력 작용을 말한다.10)

즉 동원은 현대전의 개념이 총력전화 됨에 따라 군사력 이외에도 모든 국력요소를 총동원 할 수 있도록 평시에 동원대상 자원을 조사하고 계획하며, 필요한 물자에 대한 통제와 비축 그리고 훈련을 통하여 전시계획의 실효성을 확인함으로써 유사시 실제동원을 보장하고 국가의 종합적인 능력이 발휘될 수 있도록 하는 것이다.

이러한 동원은 우선적으로 군사작전 지원에 역점을 두면서 국민생활 안정보호와 정부의 전시기능이 효율적으로 수행될 수 있도록 준비 및 계획되어야 하며, 가용자원뿐만 아니라 잠재자원 및 부족자원까지 개발하여 사태극복 및 사후복구 활동이 이루어지도록 해야 한다.

동원의 목표는 국가의 이용 가능한 인적·물적 자원을 효율적으로 동원하거나 통제 운용하여 군의 수요를 충족시킴과 동시에 민간수요의 적정수급으로 민생의 안정과 지속적인 경제력을 확보함으로써 총력전 수행에 만전을 기하는데 있다. 동원은 동원하는 목적과 대상자원, 범위, 시기, 형태, 방법에 따라 다음과 같이 구분한다.11)

---

10) 야전교범 8-0 동원 및 예비군업무(육군본부, 2013), p. 1-1.

11) 위의 책, pp. 1-3.

[표 3-3] 동원의 분류

구 분	동 원 분 류
동원목적	관수(官需)동원, 군수(軍需)동원, 민수(民需)동원
대상자원	인원동원(병력동원, 전시근로소집, 인력동원) 물자동원(산업동원, 수송동원, 건설동원, 정보통신동원) 기타자원동원(재정금융동원, WHNS동원)
동원범위	총동원, 부분동원
동원시기	전시동원, 평시동원
동원형태	정상동원, 긴급동원
동원방법	공개동원, 비밀동원

동원목적에 따른 분류는 관수동원과 군수동원, 민수동원으로 분류된다. 관수동원은 행정기관에서 필요로 하는 각종 자원을 동원하는 것이고, 군수동원은 군부대에서 필요로 하는 각종 자원을 동원하는 것이다. 그리고 민수동원은 중점관리업체 등 민간소요의 각종 자원을 동원하는 것이다.

대상자원에 따른 분류[12]는 인원동원, 물자동원, 기타자원동원으로 구분된다. 인원동원은 전시, 사변 또는 이에 준하는 국가비상사태가 발생하여 동원령이 선포된 경우 군수·관수·민수에 필요한 소요 인원을 충원하기 위해 동원하는 것을 말한다. 물자동원은 동원령이 선포된 경우 물자, 장비, 시설, 업체 등의 자원을 국가안전보장에 기여할 수 있도록 효율적으로 통제·관리·운영하는 것을 말한다. 기타자원동원 인원동원과 물자동원에 포함되지 않는 기타자원의 동원을 말한다. 이 중 재정금융동원은 전시, 사변 또는 이에 준하는 국가비상사태 시 소요되는 전시예산, 전시경제 및 재정업무, 금융업무 등의 동원을 말한다. 전시주둔국지원(WHNS)동원은 전쟁발발 시 증파되는 미군에 대한 병참 및 군수지원소요를 전시 지원계획에 의거 적시에 동원하여 지원함으로써 전시 증원군의 신속한 전개를 보장하기 위한 절차를 말한다.

동원범위에 따른 분류는 총동원과 부분동원이 있다. 총동원은 전시 등 국가비상

12) 대상자원에 따른 동원의 분류는 야전교범 8-0 동원 및 예비군업무(육군본부, 2013) 교범의 제2장 동원업무를 참고한다.

사태 발생 시 전대상자원을 동원계획에 의거 단계적으로 동원하는 것이고, 부분동원은 어느 특정지역에서의 작전 또는 작전의 전개가 예상될 경우 일부지역의 자원에 국한하여 동원하거나, 대상자원 중 일부를 제한해서 동원하는 것이다.

동원시기에 따른 분류는 전시동원과 평시동원으로 구분된다. 전시동원은 동원령이 선포되어 동원계획에 의해서 동원하는 것이고, 평시동원은 동원령이 선포되기 전에 전시 동원에 사전 대비하기 위하여 동원하거나, 국지도발 대비 작전 및 민방위업무 등을 위한 동원 또는 전시 동원을 위한 계획된 훈련 등 평시에 이루어지는 것이다.

동원형태에 따른 분류는 정상동원과 긴급동원으로 구분된다. 정상동원은 동원령 선포 시 동원자원 주무부서에서 사전에 계획한 동원계획(충무계획)에 의거 동원지정된 자원을 동원하는 것이고, 긴급동원은 사전 계획된 동원에 차질이 발생하거나 우발상황으로 인하여 긴급한 소요가 발생했을 경우 실시하는 것이다.

동원방법에 따른 분류는 공개동원과 비밀동원으로 구분된다. 공개동원은 각종 언론보도매체를 통해 동원령이 선포되었음을 알리고 동원하는 것이며, 비밀동원은 동원령을 공개적으로 선포하지 아니하고 비밀리에 동원하는 것이다. 우리나라는 공개동원제도를 운영하고 있으며, 비밀동원제도는 운영하지 않고 있다.

2. 동원의 기본요건과 전투수행기능에서의 동원의 역할[13)]

1) 동원의 기본요건

효율적인 동원을 위한 기본요건은 다음과 같다.

(1) 목표성

동원의 목표는 전시 군사작전 지원, 민간수요의 적정수급 보장을 통한 민생안정 도모, 지속적인 경제력 확보 등을 통해 국가총력전 수행에 만전을 기하는데 있다. 따라서 동원을 계획할 때에는 경제적인 동원을 할 수 있도록 적정수준을 목표로 설정하여 자원의 낭비를 최소화해야 한다.

13) 야전교범 8-0 동원 및 예비군업무(육군본부, 2013) pp.1-4~1-6의 내용을 정리하여 제시했다.

(2) 통합성

평시 행정업무를 수행하는 기관이 전시 동원업무를 수행하는 기관으로 전환되므로 동원업무와 관련되는 각 기관들은 상호 유기적인 협조를 통해 통합된 계획을 수립하고, 동원준비태세를 확립함으로써 효율적인 동원을 보장해야 한다. 따라서 업체동원 시에는 인원, 장비, 시설 등을 통합하여 동원할 수 있도록 관련계획들을 동원계획과 통합해야 한다.

(3) 적시성

동원은 전쟁수행을 지원할 수 있도록 적시에 시행되어야 한다. 만약 동원령을 조기에 선포하여 동원을 시행하였을 경우에는 막대한 자원의 낭비를 초래할 수 있으며, 반대로 동원령 선포 시기가 지연되었을 경우에는 전쟁수행에 차질이 발생될 수 있다.

따라서 동원령 선포권자가 동원령을 선포할 때에는 이를 고려하여 시기를 결정하게 되므로 이를 효율적으로 지원할 수 있도록 동원단계를 설정하여 대상자원별로 적절한 동원시기를 결정하고, 동원령이 선포되기 이전 긴급사태에 대비하기 위한 대책을 강구하게 된다.

(4) 융통성

동원업무를 수행함에 있어서 민·관·군의 노력이 통합되지 않을 경우에는 커다란 차질이 발생할 수 있다. 특히 전쟁으로 인한 사회불안과 적의 교란 및 동원방해 활동, 동원자원 이동을 위한 교통수단과 병참선의 제한 등은 동원계획의 시행에 커다란 장애요인이 될 수 있다.

따라서 효과적인 동원을 위해서는 적절한 융통성이 필요하다. 융통성을 갖기 위해서는 동원 시 차질이 발생하거나 우발상황의 발생으로 긴급동원이 필요할 경우에 이를 대비할 수 있는 동원체계를 유지하고, 각종 우발계획을 수립해야 한다.

2) 전투수행기능에서의 동원의 역할

전투수행기능은 부대가 전투에서 부여된 임무를 달성하기 위하여 필수적으로 갖추어야 할 상호 유기적인 관계에 있는 제반 활동으로 지상전장운영개념을 구현하기 위해 지휘·통제를 중심으로 정보, 기동, 화력, 방호, 작전지속지원 기능으로 구성된다. 동원은 인사, 군수와 함께 작전지속지원 기능을 수행한다.

전투수행기능에서 작전지속지원은 부대의 임무수행에 필요한 인원, 장비, 시설, 물자 등 모든 자원과 제반 근무를 제공하여 지속적인 작전수행을 보장하는 기능이다. 동원은 효과적인 동원운영계획 시행으로 작전지속지원 능력의 보장은 물론, 필요시 동원대상자원의 확대와 민수용 장비 및 물자의 활용 등을 통해서 작전지속능력을 확대할 수 있어야 한다. 작전지속지원을 위한 동원의 기능 및 역할은 다음과 같다.

첫째, 전시 등 국가비상사태로 국가동원령이 선포된 경우, 군부대의 증편 및 창설 또는 손실보충에 소요되는 병력, 군사작전지원에 필요한 전시근로 인원 소집, 중점관리업체[14]의 임무수행을 위해 필요한 기술인력을 동원한다.

둘째, 군부대의 증편 및 창설, 손실보충에 필요한 물자와 시설, 장비, 업체를 동원한다.

셋째, 동원 간 우발사태의 발생 또는 동원대상자의 응소 기피 등으로 동원소요를 충족할 수 없을 경우에 추가적으로 소요되는 자원을 동원한다.

3. 동원체제

동원체제란 효율적인 동원을 실시할 수 있는 조직 및 제도를 뜻한다. 이러한 동원조직이 수행해야 할 과업은 첫째, 필요한 인적·물적 모든 자원을 적보다 신속히 동원하여 전쟁을 수행할 수 있도록 해야 하며, 둘째, 정치·경제 및 사회적 질서의 혼란을 최대로 억제하여 국력이 분산 내지 약화되지 않도록 해야 한다. 즉 '신속한 동원'과 '혼란의 억제'라는 서로 상반되는 과제를 충족시켜 주어야 하는 것이 동원조직의 과업이다.

동원조직은 국가의 행정조직이 대부분 포함되기 때문에 기구가 방대하고 복잡하다. 그러나 다음과 같은 기본요건은 충족시킬 수 있도록 편성하여야 한다. ① 제

14) 중점관리업체란 전시 동원계획에 의거 동원할 업체를 지정하고 임무를 고지한 업체를 말한다.

한된 국력의 범위 내에서 최단기간에 최대전력을 형성할 수 있도록 신속한 동원이 이루어져야 하고, ② 가용한 유형·무형적 자원을 가장 합리적이고 경제적인 방법으로 동원해야 하며, ③ 각종 동원을 수행하는 기관 상호간에 마찰이 생기지 않도록 적절한 통제와 유기적인 협조, 조정이 이루어져야 한다.

1) 동원조직에 영향을 미치는 요소

동원조직에 영향을 미치는 중요한 요소는 정치체제, 전쟁양상, 동원역량 및 행정체제 등이다.

(1) 정치제제

동원이란 체제 면에서는 평시체제로부터 전시체제로의 전환을 뜻한다. 즉 전쟁을 효과적으로 수행할 수 있게끔 평시체제로부터 전시체제로 전환하여 전쟁수행을 위한 인적·물적 및 기타 소요를 가장 능률적으로 충족시켜 줄 수 있도록 하는 것이다.

그런데 전체주의 내지 공산주의 국가에 있어서는 독재체제를 유지하기 위한 수단으로 국민을 비롯하여 모든 자원을 평시부터 철저하게 통제 운영하고 있기 때문에 평시체제와 전시체제 사이에 큰 차이가 있을 수 없으며, 또한 국민들도 이러한 정부의 통제에 익숙해지고 있다는 사실이다. 그러나 자유민주주의 국가에 있어서는 사유제의 원칙에 따라 전쟁소요 자원이라 할지라도 동원되기 이전에는 각 개인들에게 분산되어 있고 국민들의 사회적인 활동도 국가의 획일적인 통제에 의해서가 아니라 각자의 자유로운 의사결정으로 활동하고 있기 때문에 유사시 동원의 집행이 국민에게 주는 사회적·경제적 타격은 막심할 수밖에 없는 것이다.

따라서 이런 혼란을 극복하면서 국가동원을 실시하기 위한 동원조직은 기술적으로 복잡하고 불리한 위치에 놓이게 된다.

(2) 전쟁의 양상과 전략개념

국가동원은 전쟁계획을 뒷받침하기 위하여 수행되기 때문에 동원조직 역시 전쟁의 형태 및 전략개념에 따라 융통성 있게 편성되지 않으면 안 된다. 예로써 제1, 2차 세계대전 시의 미국은 평시산업을 전시체제로 전환해서 전시생산을 본격화하는 데는 무려 2년이라는 기간이 소요되었고, 서구 여러 나라의 경험적 통계에도 약 4~6개월이 필요하였다. 이와 같이 제1, 2차 대전에 있어서는 국가의 물적 자원을 전쟁수행에 본격적으로 투입하는데 6개월 내지 2년이란 기간이 소요되면서도 전쟁을 수행할 수 있었고, 더구나 전쟁에서 승리를 거둘 수 있었던 것은 근본적으로는 그 당시의 전쟁이 장기 지구전의 성격을 띠고 있었기 때문이다.

그러나 단기 속전속결전략을 바탕으로 한 중동의 6일전쟁에 있어서 "이스라엘"은 국가의 인적·물적 자원 동원에 불과 48시간을 초과하지 않았다. 이것은 바로 장기 지구전에 대비하는 동원조직과 속전속결 전략에 대비하는 동원조직이 같을 수 없다는 것을 의미한다.

(3) 동원역량(비축정도)

오늘날의 전쟁양상은 점차 단기 속전속결전의 경향으로 발전되고 있으며, 이러한 상황 하에서는 동원되어 있는 군사력과 유사시 즉각 활용 가능한 준비된 자원의 중요성이 증가되기 마련이다.

왜냐하면 전시생산이나 징발과정을 통해서 확보하는 활용가능한 자원은 사용할 수 있는 단계까지 많은 시간이 소요되기 때문에 단기 속전속결전에 대비할 수 있는 효과적인 방책이 될 수 없는 것이다. 바로 이러한 내용은 동원조직 면에서도 그대로 반영된다.

즉 전시에 소요되는 물자의 품목이 100종류라고 가정할 때 100개의 품목 중 90개의 품목은 이미 준비되어 있고 나머지 10개 품목만을 유사시 동원에 의하여 충당해 주어야 할 국가와 반대로 전시소요 물자 중 10개의 품목만 준비되어 있고, 나머지 90개 품목을 전시에 국내 및 국외로부터 동원에 충족시켜야 하는 국가와는 동원조직면에서 큰 차이가 있다. 다시 말하면 동원대상 자원이 풍부하고 비축 정도가 높을수록 동원조직은 단순하고 능률적일 것이며, 자원이 부족하고 비축정도가 낮을수록 동원조직은 복잡하고 상대적으로 혼란과 차질, 그리고 지연의 가능성은 클 것이다.

(4) 행정체계

동원조직은 평시 행정체제를 최대로 활용하고, 꼭 필요한 경우에 한하여 추가적인 새로운 기구를 편성하게 된다. 따라서 동원조직의 우수성 여부는 그 국가의 평시 행정체제가 얼마나 근대적이고 능률적이냐에 좌우된다. 평시 행정체제 중 전시 동원에 가장 크게 영향을 줄 수 있는 사항으로는 ① 동원대상 자원에 대한 사전 파악 및 관리 정도, ② 행정사무 처리절차의 과학화 및 자동화, ③ 행정기관 상호간의 통제 및 협조체계, ④ 행정관리요원의 훈련과 업무수행능력 여부 등을 들 수 있다.

(5) 법적 근거

우리나라 동원제도의 근거는 법령으로 규정하고 있다. 즉 병역법과 동법시행령 및 시행규칙, 비상대비 자원관리법과 동법시행령 및 시행규칙에 근거한다, 병역법 제6장은 병력동원소집에 관련된 내용을 규정하고 있는데, 제46조에는 병력동원소집은 전시, 사변 또는 이에 준하는 국가비상사태에 부대편성이나 작전수요를 위하여 다음 각 호의 사람을 대상으로 한다고 명시하고 있다. 동원령이 선포된 경우에 부대편성이나 작전수요를 위하여 다음 각 호의 자에 대하여 행한다. ① 예비역, ② 교육소집복무를 마친 보충역, ③ 제66조(장교 등의 보충역 편입 및 취소)의 규정에 의하여 보충역에 편입된 자라고 규정하고 있고, 동법 제6장 3절에는 전시근로소집에 관련된 내용을 규정하고 있다. 즉 제53조에는 "전시근로소집은 전시 · 사변 또는 제2국민역에 대하여 소집한다."[15]라고 규정하고 있다. 기타 시행에 관련된 세부적인 사항은 병역법시행령 및 병역법시행규칙에 상세하게 규정하여 혼란을 방지하고 있다.

또한 비상대비 자원관리법과 동법 시행령 및 규칙에는 전시 또는 이에 준하는 비상사태 하에서 동원되는 국력의 여러 요소에 관련된 내용을 규정하고, 특히 물자동원 및 재정경제, 통신 등의 동원에 관련된 내용을 규정하고 있다.

4. 한국의 동원제도

1) 개요

우리나라는 일제의 식민통치, 해방과 동시에 분단의 시련 그리고 6 · 25전쟁 등

15) 병역법 시행령 참조.

을 거쳤음에도 불구하고 총체적인 국가동원체제를 구축하지 못하고 있다가 1960년대에 들어와서야 자주국방 문제가 제기되면서 국가동원의 중요성을 인식하게 되었다.

현재와 같은 국가동원체제로의 발전은 1962년 처음으로 국가안전보장에 관한 대외정책과 국내정책수립에 관하여 대통령을 자문하는 국가안전보장회의가 설치[16] 되면서 비롯되었다. 1966년에 국가안전보장회의 산하에 국가동원연구회가 창설되었으며, 이 연구회는 국가동원에 관한 전반적인 자료수집과 기초연구를 담당하였다. 그러나 이 연구회는 1969년에 대통령 자문기관으로서 비상기획위원회로 개편되었으며, 그 후 1973년에는 다시 중앙동원위원회로 개편되었고, 중앙동원위원회가 계획을 통합조정하고, 동원계획의 기본지침을 수립, 각 부처의 동원업무를 조정, 통제, 협조하게 하였다. 그러나 이 중앙동원위원회는 1984년 비상대비자원관리법[17]에 의거 국무총리를 보좌하는 비상기획위원회로 개편되었다. 이 후, 2007년 4월 27일 비상기획위원회에서 국가비상기획위원회로 개편하여 발족하였으나 2008년 2월 29일 행정안전부에 소관 업무가 이관됨으로써 폐지되었고,[18] 이때부터 국가동원과 관련한 비상대비업무는 행정안전부에서 전담하여 왔다.

지난 2013년 3월 23일 박근혜 정부의 출범과 함께 단행된 정부조직 개편작업에서 '안전' 기능을 강화한다는 취지로 '안전행정부'로 명칭을 바꾸면서 행정안전부는 폐지되었다. 하지만, 2014년 3월 26일 세월호 침몰사고의 여파로 2014년 11월 7일 정부조직개편에 따라 안전행정부에서 분리된 국민안전처로 모든 업무가 이관되어 현재에 이르고 있다.

2) 동원기구 및 기능

우리나라의 동원행정기관은 총괄기관과 집행기관으로 구분된다.

(1) 총괄기관

총괄기관은 국가동원에 관한 기본계획과 지침을 준비하고, 동원집행기관을 조

16) 국가안전보장회의법 제3조(법률 제1508호, 1963).
17) 국무총리 비상기획위원회, 비상대비자원관리법 해설집(1985), p. 11.
18) 비상대비자원관리법[법률 제8410호, 2007.4.27 일부개정] 제4조.
행정안전부와 그 소속기관 직제[대통령령 제20741호, 2008.2.29 제정] 제3조 참조.

정, 통제하여 각종 동원이 국방목표를 달성할 수 있도록 유도하는 기능을 수행하며, 국무총리가 국민안전처장관의 보좌를 받아서 총괄기관의 기능을 수행한다.

(2) 집행기관

집행기관은 총괄기관의 지시와 방침에 따라 실제로 동원을 집행하는 기관으로서 정부의 중앙행정부처가 이에 해당한다. 각 부처에서는 평시 소관부처에서 주관하는 자원에 대해 조사 및 관리를 하고, 전시 동원계획을 준비하며, 국가동원령이 선포될 경우 전시체제로 전환하여 동원업무를 집행한다.

3) 동원령 선포

동원령 선포는 국가 위기상황 진행에 따라 상이하지만, 최초부터 총동원령을 선포하기 보다는 효율적이고 적시적절하게 군사대비태세를 유지할 수 있도록 부분동원령을 먼저 선포 후 총동원령을 선포하는 것이 효과적이다.

현재 우리나라는 총동원을 실시하여 발생할 수 있는 문제점을 방지하기 위하여 단계별 동원제도를 적용하고 있다.

(1) 부분동원

부분동원은 충무3종 사태 시 "국지전 등 위기극복을 위한 부분동원에 관한 법률(안)"에 근거하여 선포된다. 부분동원 국지도발 및 전시 초기 동원우선순위가 높은 전투긴요부대를 대상으로 실시하며, 이때 필요한 병력과 물자를 동원하여 이루진다.

(2) 총동원

총동원은 충무2종 사태 시 "전시자원동원에 관한 법률"에 근거하여 선포된다. 총동원은 전시에 필요한 물자와 병력 등에 대해서 동원을 함으로써 이루어지며, 전국적 범위 또는 필요한 지역에서 대상으로 한정하여 부분적으로 이루어지기도 한다.

4) 동원절차

국가동원업무는 그 업무의 중요성 때문에 국가비상사태 시 국가 대부분의 행정기관이 분야별로 업무를 수행하게 된다.

동원업무는 대통령으로부터 읍·면·동에 이르는 모든 행정기관이 수행하며, 상황에 따라 정상동원과 긴급동원으로 구분하여 시행한다. 동원자원은 군 작전에 소요되는 자원을 우선 동원하여 군 수요를 충족시킨다.

동원령 선포 시에는 기 계획된 동원운영계획에 따라 정상적인 절차에 의거하여 정상동원을 실시하다가 동원의 차질 또는 우발상황의 발생으로 긴급한 동원소요가 발생할 경우에는 긴급동원을 실시한다.

정상 및 긴급동원절차는 [표 3-4]와 같다.

[표 3-4] 동원절차

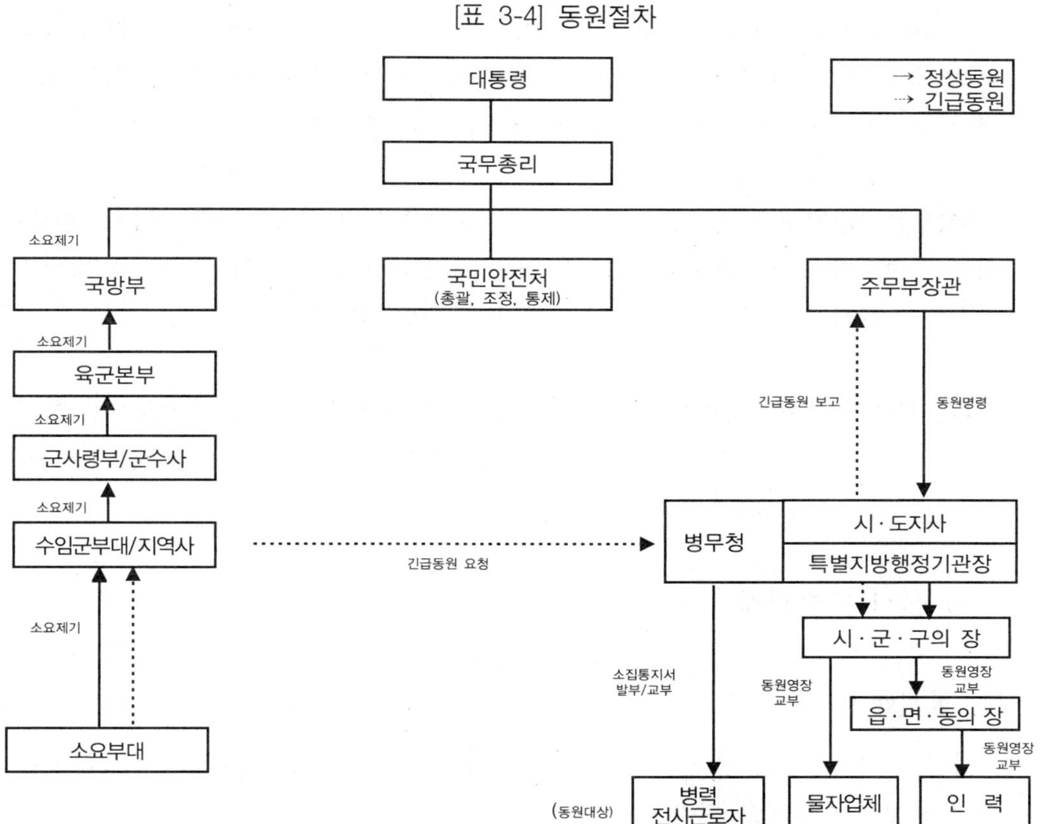

※ 동원령 선포 : 국방부장관 제안 → 국무회의 심의 → 대통령 선포

5. 북한의 동원제도

1) 예비전력

북한의 예비전력은 교도대와 노농적위대, 붉은청년근위대, 준군사부대 등을 포함하여 대략 770여만 명으로 알려져 있다.

이를 좀 더 구체적으로 설명하면 다음과 같다.

교도대는 현역군인을 제외한 17~45세까지 남자와 17~30세까지 미혼 여성 중 신체건강하고 성분이 양호한 자로 편성하며, 전시 임무는 교도사(여)단으로 완편하여 전방증원, 후방지역방어, 정규군에 개별 및 부대보충을 담당한다.

노농적위대는 17~45세의 교도대 미편성자 및 46~60세까지의 군사동원이 가능한 남자와 17~30세까지의 미혼 여성 중 교도대에 미편성된 자로 편성한다. 전·평시 후방방어와 정규전 작전지원 및 민방위를 담당한다.

붉은 청년근위대는 고등중학교 4~6학년 학생으로 각 시·도·군 지역별 학교단위로 편성하며, 전시 정규군 보충 및 증원, 후방군단 통제 하에 후방지역 방어의 임무를 수행한다.

준군사부대는 호위사령부, 속도전 청년돌격대, 군수동원총국, 사회안전부 등이 있으며, 호위, 치안, 건설의 임무를 수행하고 건설을 담당하는 공병부대는 전시 전방군단 증원임무를 수행한다.

2) 전시 동원체제

(1) 병력동원

북한의 병력동원은 당 군사부 동원기관 계통과 예비전력 계통으로 당·군 연합체제 하에서 실시하고 있다.

특히, 동원된 병력으로 구성되는 교도사단과 교도여단은 당 군사부 동원기관에서 동원하여 군에 인계하면 지구사의 지휘통제 하 부대 완편 후 지역 내 정규군단에 배속전환하는 과정으로 이루어진다.

(2) 물자동원

북한의 물자동원은 북한 경제자체가 국가통제형 경제체제를 유지하는 관계로 국가의 전 경제요소가 동원대상이 되고 있기 때문에 국가차원에서 별도의 물자동원기관을 운영하지 않고 하부기관에 위임하여 동원을 실시하고 있다.

또한 북한의 모든 생산 공장은 전시전환체제를 유지하고 있으며, 이에 따라 군수공장을 지하화하였으며, 주요 산업체를 지방으로 분산하여 유사시 한미연합군의 공습과 공격으로부터 피해를 최소화하려 하고 있다.

북한은 전시 필요한 전략물자에 대해서는 평시 6개월 분량을 비축하고 있어 전쟁에 대비하고 있다.

3) 북한의 동원제도 특징

북한 동원제도는 다음과 같은 특징이 있다.

첫째, 전·평시 일체성이 있다는 점이다. 본질적으로 북한은 병영국가체제이고 사유재산이 인정되지 않는 집권적 계획경제체제이다.

평시에도 모든 물자와 시설 등이 동원되어 있는 상태일 뿐만 아니라 자본주의 국가의 전시체제와 비슷하다. 따라서 전·평시 체제상에 큰 차이가 없다. 특히, 북한은 평상시부터 군수공장을 지하화하고 생산공장을 지방으로 분산시켰을 뿐만 아니라, 개인비상장구의 준비, 직장조직의 군사조직화 등을 통해 평시부터 전쟁에 대비하고 있는 체제를 유지하고 있다.

둘째, 물자동원의 신속성을 갖고 있다. 모든 자원은 평시부터 국가에서 소유하고 있는 상태이기 때문에 이미 동원이 되어 있는 상태이다. 따라서 북한의 물자동원은 저장, 관리, 수송만을 의미하며, 이로 인해 동원이 매우 신속할 수밖에 없다.

셋째, 동원조직이 매우 간편하다. 즉, 평시부터 전시체제를 유지하고 있는 북한사회의 특성으로 인해 별도의 동원조직이 불필요하며, 모든 군사 및 행정조직을 당이 통제하므로 조직의 일원화가 이루어져 있다. 또한 북한은 당의 지시나 명령이 법률을 넘어서서 행사되기 때문에 당의 명령하나로 동원이 이루어지며, 동원을 위한 별도의 법규 제정과 동원집행기구가 불필요하다.

Military Science

제4장

참모제도

제4장 참모제도

제1절 개요

어떤 무명(無名)의 전사대장이 한 동료전사에게 도움과 조언을 구했을 때 군사상 최초의 참모기능이 있게 되었다.

1. 참모의 정의

참모(參謀, staff)란 무엇인가?

먼저 한자를 해석해 보면 參자는 참여할 참, 살필 또는 견줄 참이고, 謀자는 꾀할 모 또는 도모할 모로서 謀士(모사)는 계략을 꾸미는 사람 또는 남을 도와 꾀를 내는 사람으로 설명되는데, 그래서 참모는 남을 도와 계략이나 꾀를 내는 사람이라고 할 수 있고, 영어로는 STAFF로서 막대기 또는 지팡이로 해석이 된다.

이 참모라는 직책 또는 역할은 아마 인간이 집단을 형성하여 집단 내에 어느 의미이든 계층과 역할분담이 이루어진 시기부터 존재했으리라고 추측된다. 우리의 역사에서 잘 알려진 모사, 즉 참모는 세조를 도와서 단종을 폐하고 혁명을 주도했던 한명회 등을 들 수 있고, 중국에서는 더 다양한 형태의 참모가 존재했었는데, 가장 잘 알려진 예로 『삼국지』에서 촉의 유비를 도운 제갈공명, 와신상담(臥薪嘗膽)이라는 고사에 나오는 기원전 470년의 월나라 왕 구천의 참모 범려와 오나라 왕 부차의 참모 오자서와 같은 인물이 있다. 이들은 군사(軍士)라는 특이한 형태의 직책으로 전·평시 국가정책과 전쟁 전반에 걸쳐 그들의 주인인 왕을 보좌하고, 왕도 그들의 권위를 인정하는 참모의 형태가 존재했었다.

서양에서는 중세기부터 상당히 세분화되어 전문적이라고 할 수 있는 참모의 존재가 알려져 있고, 실제 역사상의 각종 전쟁에서 그들은 전쟁을 기획하여 전쟁 전반에 영향을 미치는 등 참모로서의 업적이 상당한 평가를 받고 있는 것이 사실이다.

그렇다면 참모가 왜 필요한가? 참모의 필요성에 대해서 알아보기로 하자.

옛날 원시시대의 지휘관들은 이웃 집단과의 전쟁시 각자 무기를 휴대하고 일정 기간 먹을 식량과 간단한 취침도구 및 취사도구를 갖춘 부락 내의 병사들을 집합시켜 이동하고, 적과 대치하면 큰소리로 적을 욕하여 병사들에게 적개심을 유발시킨 후 공격명령만 내리면 되었다. 그러나 어느 시대부터는 집단의 단위가 커져 전투원들을 모집 및 선발하고 훈련시키며 싸울 수 있도록 계획, 준비, 지원하는 업무가 복잡해졌다. 그리고 현대에 와서는 전과는 비교조차 할 수 없을 정도의 많은 정보가 수집되어 분석되어야 하며, 복잡 다양한 무기체계와 병종의 통합, 부대 운용을 도저히 지휘관 혼자서는 감당할 수 없는 상황에 이르게 되었다. 이로 인해 지휘관이 수행하던 업무를 분업화해서 부하로 하여금 담당하게 하고, 제도 속에서 상호 유기적으로 협조하도록 하게 되었다. 이로써 지휘관은 일상적이고 중요치 않은 일에 매달려 시간과 정력을 소비함이 없이, 여유를 가지고 전체를 대관(大觀)함으로써, 건전한 판단에 이은 결심을 할 수 있게 되었으며, 참모는 그 과정에서 지휘관을 보좌하는 중요한 이무를 수행하고 있다.

또 참모의 필요성에 대한 해답은 참모편성의 목적에서도 찾아볼 수 있다.

만약 큰 부대에 참모가 편성되어 있지 않고 지휘관이 혼자서 모든 일을 다 한다면 너무나 바쁘고 혼란스러워서 제대로 일을 해 내지 못할 것이다. 그러나 적절한 수의 참모를 편성하고 이를 활용한다면 먼저 상급부대 지휘관의 지시와 예하부대의 보고 또는 요구에 대한 즉각적인 반응이 가능하고, 둘째, 참모는 해당 책임분야 또는 부대 운용상 필요한 사항에 대해 지휘관에게 계속적인 첩보제공을 할 수 있으며, 셋째, 만약 대부대의 지휘관이 혼자서 참모가 하는 일과 지휘관 본연의 임무를 동시에 수행한다면 지휘관도 완벽한 인간이 아니기 때문에 실수를 하게 되고, 그 실수가 심각한 것이라면 임무수행에 막대한 지장을 초래하게 되므로, 참모로 하여금 일정한 분야를 담당시킨다면 담당한 분야에 대해 숙달되고 전문화되어 실수를 최소화할 수 있다. 또 어떤 중요한 문제의 의사결정시 여러 참모들의 중지(衆智)를 모은다면 과오(過誤)를 최소화할 수 있다. 넷째, 일상적인 업무에 대한 지휘관의 세부적인 감독을 감면(減免)할 수 있는데, 이렇게 함으로써 얻어지는 이점은 지휘관에게 생각할 수 있는 여유를 부여함으로써 지휘관으로 하여금 객관적이고 현명한 판단을 하도록 할 수 있다는 것이다.

사전적인 의미의 참모는 무엇인가에 대해 알아보면 『우리말 큰사전』(한글학회 지음에는 "① 어떤 일을 꾀하고 꾸미는 데 참여함, ② 모의에 참여하는 사람, ③ 고급지휘관을 보좌하며 지휘본부의 각 부서별 업무를 맡아 처리하는 고급장교"라고 설명하고 있다. 『새우리말 큰사전』(신기철, 신용철 편저, 삼성출판사)에서는 "① 어떤 일을 꾀하고 꾸미는 데 참여하는 일, 또는 그 사람, ② (고급지휘관의 막료로서) 작전, 전략, 전술 등의 계획과 지도에 참여하는 일을 임무로 하는 고급장교, 사단급 이상의 참모는 일반참모와 특별참모로 나누어져 있음, ③ 주도자(主導者)의 측근에서 활동하는, 지모가 있는 사람"이라고 설명하고 있으며, 『동아원색 세계대백과 사전』(동아출판사)에는 "군대 지휘관의 지휘권 행사를 보좌하기 위하여 특별히 임명되는 장교, 모든 군대 지휘관은 그 부대의 관리 · 운영은 물론, 용병 · 작전 · 교육 · 복지 등 모든 분야에 대해서, 타인에게 전가시킬 수 없는 전반적인 책임을 지도록 되어 있다. 따라서 그 광범위하고 복잡한 문제들을 적시에 효과적으로 해결하기 위해서 지휘관의 업무를 적절하게 분할하여 책임과 권한을 분담하는, 전문분야마다의 보좌관인 참모가 필요하게 된 것이다(이하 생략)." 등과 같이 정의되어 있다.

그러면 군사적으로는 어떻게 설명되어 있는지 알아보기로 하자.

『육군 군사 술어 사전』에는 "참모(參謀, staff)는 지휘관의 지휘권 행사를 보좌하도록 특별히 임명되거나 파견된 장교", "참모는 지휘관에게 첩보를 제공하고 상황을 판단하며, 계획 및 명령을 작성, 하달하고, 지휘관의 의도 및 방침의 준수와 성공적인 실천을 보장하도록 예하부대에 참모감독을 실시한다."라고 명시하고 있다. 야전교범 0-6 『지휘관 및 참모업무』 교범에서는[1] "참모는 지휘관의 지휘권 행사를 보좌하기 위하여 편성된 요원이다."라고 정의하면서 "참모는 지휘관이 부대지휘의 막중한 책임과 불확실한 전장상황 하에서도 자신의 의지를 실현하고, 능력을 발휘

1) 육군본부, 야전교범 0-6 지휘관 및 참모업무(' 12.1.21), pp.3-1～2.

할 수 있도록 보좌해야 한다. 이를 위하여 참모는 지휘관의 의도를 명찰하고 하의상달을 도모하여, 상·하 의지를 일치시켜 임무를 완수할 수 있도록 책임을 다해야 한다."라고 기술하고 있다. 또한 참모는 자신이 담당한 분야에 대한 업무수행 책임이 있다.

참모의 정의는 언급되어 있지 않으나 지휘관과 참모와의 관계를 "지휘관과 그의 참모는 〈지휘관의 임무를 성공적으로 수행한다〉라는 단일 목적을 가진 군사적인 단일체이다. 이러한 목적을 달성하기 위하여 참모는 지휘관이 지휘권을 효율적으로 행사할 수 있도록 조언하고 보좌해야 한다." "참모요원은 지휘관의 전문적인 보좌관으로서 지휘관의 책임분야를 분할 담당한다. 이렇게 함으로써 참모는 최선의 계획수립이 가능하고 계획의 수행 간에 세부적인 사항을 조치하며, 지휘관은 광범위하고 긴요한 문제에 관한 결심을 하여 예하부대를 효과적으로 지휘 및 통제할 수 있다."라고 기술하고 있다.

미 육군의 참모업무 야전교범에는 참모를 "부대의 참모는 지휘관의 지휘권 행사를 보좌하는 일단의 장교로 구성되어 있다."고 정의를 내리고 있으며, 또한 독일군 참모본부 참모(The Great General Staff)이었던 쉘렌도르프(Bronsart von Schellendorf)는 "일반참모의 책무(The Duties of the Ceneral Staff)"라는 논제 하에 참모의 편성과 기능에 관한 고전적인 논문에서 참모를 "지휘관의 보좌관"이라고 정의를 내렸다.

그리고 1968년 일본 육상 막료감부(陸上幕僚監部)에서 발간한 『야외 막료근무』에서는 "막료활동은 지휘관의 결심과 구상의 결정을 준비하고 이것을 구체화하며, 그 기도한 바를 철저히 하게 하는 등 지휘관을 보좌하는 것이고, 그 주안은 지휘를 가장 효과적으로 하는데 있다."고 기술되어 있다.

이상을 종합하면 참모는 "지휘관의 임무수행을 보좌하는 장교"로 간단히 요약할 수 있으며, 참모라는 말의 근본의미는 다 같지만 참모편성의 방식과 참모운용 방법은 세계 여러 나라의 군사제도에 따라 각각 다르다.

각 사령부 및 부대의 참모구성은 실질적으로 다를 수 있지만, 모든 참모는 지휘관을 위해서 첩보를 획득하고 세부계획을 준비하며 지휘관의 결심과 계획을 명령화해서 부대에 명령이 전파되도록 하는 기본기능을 수행한다. 야전교범에 기술되어 있는 참모의 주요기능을 살펴보면, 참모는 계속적으로 가용한 모든 수단으로부터 첩보를 수집하고, 수집된 첩보는 결심수립에 관련된 자료를 사용가능한 상태로 지휘관에게 제공하여 신속히 처리될 수 있도록 하여야 하며, 가용한 모든 첩보를 기초로 방책을 수립하고, 이를 형식에 구애됨이 없이 지휘관에게 건의하여 지휘관으로 하여금 방책을 결심할 수 있게 한다. 그리고 참모는 지휘관이 결심한 사항이나 위임된 권한 내에서 지휘관을 대신하여 계획 및 명령을 준비하고 하달하며, 이의 이행을 지속적으로 감독하는 것은 참모의 책무이다.

바꾸어 말하면 참모라는 뜻은 "지휘관이 그의 지휘권을 행사하는데 있어서 의지(lean on)하지 않으면 안 되는 그 어떤 지팡이(staff)의 역할을 하는 하나의 조직체"를 의미한다고도 할 수 있다.

그리고 참모장교는 지휘관의 결심을 명령화하고 그 명령을 부대에 하달하며, 명령의 이행을 감독할 책임을 가지고 있지만, 참모장교는 지휘권한을 갖지 않으며 지휘관이 지시하거나 위임된 사항을 수행한다. 그러나 지휘관은 자신의 지휘방침 범위 내에서 참모에게 업무를 수행할 수 있는 권한을 위임할 수 있다.

참모에게 위임된 권한의 범위는 부대의 규모, 임무, 임무의 긴급성 및 참모의 능력과 책임분야에 따라 다르다. 경우에 따라서는 지휘관의 승인 없이도 계획과 명령을 발행할 수 있는 권한을 부여할 수도 있다. 그러나 참모가 위임받은 권한 내에서 지휘관 명의로 명령을 하달하였다 해도 이에 대한 전반적인 책임은 지휘관이 진다.

2. 참모제도의 기원

군대에 있어서 두뇌와 같은 역할을 하는 참모는 역사적으로 고찰하여 볼 때 군대발전에 중추적 역할을 담당해 왔다. 역사상 최초의 참모라고 하면 옛날 어떤 무명의 전사대장이 자기의 동료 전사에게 도움과 조언을 요청하게 됨으로써 군사상 최초의 참모의 기능이 싹트기 시작한 것이라고 볼 수 있을 것이다.

최초의 원시인들이 서로 싸웠을 때에는 그들이 필요로 했던 무기란 고작 돌멩이와 몽둥이뿐이었다. 선사시대의 전투라고 해 보아야 피차간에 굶주림이나 적대감정의 고저에 따라 부지불식간에 일어나는 것이기 때문에 사전계획이란 조금도 필요하지 않았다. 그러한 상황 하에서 싸움이 벌어지기 시작했고, 그 외에 기본적으로 절차라든가 물자의 획득이라든가 또는 병참문제 등 복잡한 부담이 없었기 때문에 전사들 간의 단순한 힘의 충돌이 고작이었다.

그러나 이러한 싸움도 인간활동과 마찬가지로 문명의 발달에 따라 발전하여 부족 간의 전투, 또는 국가와 국가 간의 전쟁으로 발전하여 전쟁이 자기 종족이나 체제보존을 위해 불가결한 것이 되고, 또한 최고의 생존법칙이 되어버렸기 때문에 새로운 과학이나 새로운 기계발명은 각각 당시에 존재하였던 전쟁수단으로 운용할 수 있느냐에 따라서 평가가 되었던 것은 극히 당연한 것이었다.

인류문명의 발달과 함께 전투방식도 점차 복잡하게 되었다. 전투대원이 자기가 평소 가지고 있던 방망이나 돌도끼 등의 무기를 휴대하고, 지휘관의 명령을 충분히 들을 수 있을 만큼 부대규모가 작고, 또 전투기간이 아주 제한되어서, 모든 전투원이 자기의 식량과 무기를 가지고 다닐 수 있었을 당시는 피차간에 전투지휘는 단 한 사람의 지휘관으로 충분하였다. 어느 쪽이든 상대편의 소소한 전술을 꿰뚫어 볼 수 있는 전술적 식견(識見)을 지닌 지휘관 쪽이 항상 승리를 거두었다. 당시의 지휘관은 모든 관심과 주의력을 전투의 작전구상을 하는데 다 바칠 수 있었으며, 정교한 정보망도 필요 없었거니와 사전에 만들어 놓은 계획에 의해서 전투부대를 통합 조정할 필요가 있는 대부대를 지휘하는 것도 아니었다.

또한 원시시대에는 부하 전사들이 각자가 무장을 하고 소부대별 또는 개인별로 먹을 것을 해결했기 때문에 지휘관은 병참문제를 조금도 염려할 필요가 없었다. 지휘관이 할 것은 단지 즉석에서 결심을 내리고 연설을 통해 부하들에게 적개심을 고취시킨 후 그에 따라 부하들을 배열해서 함성을 지르며 상대편에 덤벼들도록 하면 되었다. 그러나 전투의 영역이 확장됨에 따라서 지휘관이 해야 할 일도 그만큼 많아졌다. 군의 조직이 점차로 선사시대의 원형으로부터 벗어나게 되자 새로운 전투방법이 나타나기 시작했으며, 이제 어떤 군대든 간에 몇 가지 일들은 출전하기 전에 반드시 해 두지 않으면 안 되었다. 모든 부대에게 피복과 식량을 지급해 주어야 되었고, 중세기 이후 총포와 화약발명으로 인해 국가차원에서 무기를 준비하고 개발해야 하는 등 전쟁의 준비에 노력이 필요하여졌으며 보급소요도 많아졌다.

부대의 수가 증가됨에 따라 부수적인 행정문제도 점점 많아지는 등 군을 관리하는 임무가 거대해졌기 때문에 지휘관이 자기 부대의 전투배열 방식을 견제하는 데도 시간이 충분치 못하게 되었으며, 전투가 점점 복잡성을 더하게 되자 이제 전쟁은 어떤 한 사람의 지휘능력만으로는 지휘할 수 없게 되었다. 따라서 지휘관은 작전구상에서부터 부대운용의 전반적인 사항을 보좌할 사람이 필요했고, 급기야는 지휘관을 보좌한다는 뜻의 참모가 군대 내에 운용되기 시작한 것이다.

제2절 참모제도의 변천과정

군사사(軍事史)의 여러 단계를 구분하는 것은 극히 논란의 여지가 많은 일이며, 군사전문가들 간에도 어디에다 군사발달의 이정표를 두어야 할 것이냐에 대해서는 완전한 합의를 보지 못하고 있다. 그러나 가장 권위있는 대가들은 군사사를 일반적으로 세 개의 기간으로 나누는 데 동의하고 있다. 제1기는 문자로 쓰여 진 역사가 시작되고부터 로마제국의 흥망까지이다.

이 기간 동안에 군사적 방식은 오합지졸의 난투(亂鬪)에서 마라톤 전투나 칸네 전투와 같이 오늘날의 군대가 알고 있는 모든 전쟁원칙을 실제 기반으로 하는 하나의 병술로까지 발달되었다.

역사적으로 고대 후반기의 군대는 현대적인 방식면에서 보더라도 고도의 능률성을 갖고 있었다는 것이 분명하다. 이러한 군사사의 기간은 로마의 멸망으로 끝났지만, 고대의 군사이론이나 기술은 근대 초기의 군사발전에 강력한 영향을 미쳤으며, 그 결과 오늘날 사용되고 있는 군사용어나 군사방식은 대부분 그때 당시의 군대로부터 직접 그 유래를 찾을 수 있다.

대략 중세기(약 846년부터 1500년까지)와 일치하고 있는 제2기는 전쟁의 발달에 별로 기여하지도 못했을 뿐만 아니라 군사사상이 발달했다기 보다는 오히려 후퇴했다는 점에서 제1기와 대조를 이루고 있다. 제2기는 로마의 멸망으로부터 구스타프 아돌프(Gustavus Adolphus) 때까지이다. 현대의 군사적 방식은 스웨덴의 장군인 구스타프 아돌프의 전역으로부터 시작되었다고 할 수 있는 충분한 이유가 있다. 때문에 제3기, 즉 현대의 군사적 발전기는 구스타프의 시대(1632년 사망)로부터 현대까지이다. 이러한 군사사의 구분은 독자가 여러 가지 시대에 존재했던 여러 여건과 참모제도 발전에 기여했던 여러 조건을 이해하는데 도움이 될 것이다.

1. 고대의 참모제도

군사조직의 일부인 참모의 실제적인 발달의 기원이나 연대(年代)를 명확하게 밝힌다는 것은 선사시대의 문헌과 자료의 궁핍으로 매우 어려운 일이다. 그러나 누구나 다 아는 것처럼 전투준비를 갖춘 종족들의 계속적인 정복을 통해서 전투기술이 꾸준히 발전된 것으로 보아 고대의 군대에도 참모가 존재하였다는 것은 분명하다.

군사사(軍事史)의 관점에서 볼 때 참모의 발달은 군사조직의 발달과 병행했다. 전투의 범위가 점점 커지자 참모장교의 이용이 필요해졌고, 또한 참모장교의 적절한 이용으로 전투의 범위가 확장될 수도 있었다. 위대한 지휘관이 위대한 승리를 거두었는데 그들의 승리는 전투하기 전에 승리를 거둘 수 있도록 일종의 작전계획을 지휘관이 구상했느냐에 따라 크게 좌우되었다.

대군이 참전하는 전투에서는 비록 군사적인 천재라 할지라도 정신적으로나 육체적으로나 군의 편성, 행정, 정비 그리고 실제 작전에 수반되는 세세한 모든 문제에 대해서 일일이 정신을 쓸 수는 없었다. 그래서 계획을 수립하거나, 문서화하거나 또는 예하 지휘관들과 협조를 하는데 도움이 필요하게 되었으며, 그것이 곧 참모의 실제적인 목적이었다.

1) 이집트의 참모

역사기록에서 처음으로 나타난 군대는 『이집트의 파라오(Egyptian Pharaohs)』의 군대이다. 그들은 전적으로 실용적인 목적을 위한 군대이고, 비교적 선진문명에 의해 유지가 되었지만, 기원전 3000년경의 '나일'의 병사들에게 군대라는 말을 쓰기에는 다소 무리가 있으나 조직체라는 의미에서의 무장집단이 있었던 것은 사실이다.

고대 이집트의 군대들은 선망의 대상이었던 비옥한 나일강 유역의 요충지로부터 침략의 위협을 막아내기 위해 형성되었다. 이러한 방위의 목적을 위해 형성되었다고 하지만 방어자와 침략자 간의 편성이나 전투방식에는 차이가 거의 없었다.

이집트의 고대제국이 사라지고 중세의 봉건제국이 전성기에 들어서게 됨에 따라서 상업과 문화가 발달하였고, 이에 따라 점점 개화된 이집트인들은 방어목적이 아니라 오히려 정복을 목적으로 한 군대가 유용하다는 것을 깨닫기 시작했다. 기원전 1500년경 제18대 왕조에 와서 재래의 군사조직보다 크게 개선이 되었다. 정복이 일찍부터 국가정책의 중요한 요소가 되었지만, 그 중에서도 특히 '도트메스 1세' 때에 본격화되었고, 이로써 팔레스타인과 시리아의 정복이 가능했었다.

당시의 참모편성은 대부분 정보와 관련된 것으로 그들의 주요 토의내용은 정찰대의 보고에 관한 것이었다. 그때 당시 정찰이 군사행동에 대단히 중요한 역할을 했다는 것으로 볼 때 사실은 정찰을 목적으로 한 어떤 특별한 기관이 있었을 것이라는 추측이 가능하다. 그러나 당시는 전술이라고 할 수 없는 간단한 전투방식에 기초를 두고 싸웠으며, 따라서 적과 접촉하기 전에 필요했던 것은 단지 적에 대한 일반적인 첩보뿐이었다.

그리고 그 당시 어떤 군대이건 군사조직이 얼마나 발달했느냐를 판가름하는 결정적인 요소는 군수기관이 있느냐 없느냐에 달려 있다고 볼 수 있다. 보급계획을 수립한다는 것은 하나의 영구적인 부대가 존재한다는 것을 의미할 뿐만 아니라 전 대원의 전투준비를 갖추는데 필요한 식량을 약탈에 의존하지 않고도 적과 전투를 할 수 있다는 것을 의미한다.

고대 이집트의 참모편성이나 군수기관에 관한 명확한 자료는 거의 없으나 단지 약간의 일반적인 자료에 "군대의 서기"에 관한 언급을 찾아볼 수 있다. 이들은 분명히 고급장교들로서 그들 가운데 몇 명은 부대에 배치되고 나머지는 사령부에 배속되었는데, 그들의 책무는 단순한 서기 노릇뿐만 아니라 보급과 수송업무까지 확장되었다고 한다. 이것으로 보아 군사발전의 초기단계 참모편성에 있어서 참모의 주요활동이 정보 및 첩보의 수집이었으며, 또 끊임없는 군수준비의 필요성 때문에 군수활동을 계획하는데 지휘관을 보좌하는 장교들이 임명되었다는 것을 알 수 있다. 결과적으로 실제적인 관점에서 볼 때 군대조직 내에 보급에 관한 참모분야가 존재했었다는 것을 알 수 있다.

2) 그리스의 참모

그리스 도시국가들은 계속적으로 전쟁에 종사했음에도 불구하고 군사 전략의 발전에는 실제로 중요한 기여를 하지 못하였다. 그것은 전투의 대부분이 주로 방어작전이었고, 비교적 협소한 지역에서 작전을 했기 때문에 그들은 자연히 원대한 출정은 생각지 않았다. 그러나 그리스군의 참모편성에 있어서 몇 가지 재미있는 사실이 있는데, 일례로 스파르타의 왕들은 여러 사람으로 구성된 일종의 참모를 가지고 있었다. 거기에는 한두 명의 기수(旗手) 또는 상급지휘관들이 아마도 참모장교 역할을 하고, 몇몇의 공공경기(公共競技)의 승리자들은 오늘날의 전속부관과 유사한 책무를 수행하였으며, 그 외에 다수의 기마전사들이 있었다.

이들 보좌관들이 참모로서의 역할을 어느 정도 수행했는지 말하기는 어려워도 비교적 규모가 작은 스파르타 군대에 있어서도 일종의 참모가 있었다는 사실은 흥미로운 일이다.

그러나 아테네는 육군을 지휘하는 10명의 '스트라티고스(Strategus)'를 두고 일종의 자치적인 지휘방식을 활용했다. 이들의 지휘 하에는 10명의 '텍시아르크스(Taxiarchs)'가 있었는데 이들은 일반적인 보좌관으로서의 역할을 어느 정도 했다. 그들은 물론 지휘책무를 가지고 있지만, 오늘날 참모장교의 감독사항으로 되어 있는 급식, 야영, 행군순서와 같은 세부사항에 대해서도 책임이 있었다.

수세기에 걸친 그리스의 전쟁은 우리들에게 많은 전술적인 교훈을 주었지만, 전략은 일반적으로 잘 알지 못하였던 것으로 보인다. 그들은 전략적인 기반이 있는 전쟁을 거의 치르지 않았기 때문에 전략개념에 포함되는 군수준비가 필요치 않았다. 따라서 우리가 지금까지 언급했던 아테네나 스파르타의 참모제도는 초보적인 단계를 벗어나지 못했으나 어느 정도 참모조직의 형태를 갖추었다고 평가되고 있다.

3) 마케도니아의 참모

마케도니아의 세력이 증대일로에 있게 되자 필립 왕은 그리스의 강력한 방진(Phalanx)[2)]에 충분히 대응할 수 있는 보병을 만들기 위해 그리스의 밀집대형에서 가장 위협적인 무기인 그리스 보병의 검과 단창을 이겨낼 수 있도록 긴 장창(Sarissa, 3.2m)을 고안해 냈다. 창이 대단히 길어서 마케도니아군의 밀집된 전열 앞으로 뻗어 나왔기 때문에 그리스 보병의 짧은 무기를 가지고서는 도저히 그들에게 접근할 수가 없었다.

---

2) 고대 그리스의 밀집대형으로 창병을 네모꼴로 배치하는 진형을 말함.

또한 편성에 관심이 많은 필립 왕은 참모제도를 고안해 냈는데, 그것으로 그의 아들 알렉산더대왕의 광범위하게 펼쳐진 여러 전역들을 지원할 수 있었다. 비상(飛翔)무기, 포위 공성작전 그리고 축성법 등이 더욱 한층 발달되었는데, 틀림없이 고도로 능률적인 공병조직이 있었던 것 같다. 그 외에 물자배급소와 수송요원도 있었으며 필립은 정규 병원조직을 설치하였다. 또한 규정의 이행과 주둔지 관리를 위해서 오늘날의 헌병과 비슷한 것이 있었다. 따라서 지금부터 2,000여 년 전에 필립 왕이 세워 놓은 참모제도는 오늘날 참모제도와 여러 가지 면에서 유사한 점을 발견할 수 있다. 그의 아들인 알렉산더 대왕은 그의 부친으로부터 물려받은 군사제도를 기본적으로 고치지 않고 더욱 발전시켜 놓았다.

알렉산더의 참모는 몇몇의 선발된 장교를 토대로 하였으며, 그들은 '소마토피렉스(Somatophylaxes)'라고 하며, 그들이 부대지휘를 맡았을 때를 제외하고는 알렉산더 개인의 지시를 받았다. 이들 장교들은 참모장, 고급부관, 전속부관의 역할을 했으며, 그들의 정확한 역할이 무엇이라고 말하기는 어려우나 대체적으로 그들은 각각 다소 특별한 임무를 맡았다는 자료는 충분히 있다. 예를 들면 '헤파이스티온(Hephaestion)'은 흔히 보급문제를 맡았다. '유메니스(Eumenes)'는 비서 또는 부관이었으며, '디아데스(Diades)'는 공병이었고, '라오메돈(Laomedon)'은 헌병사령관으로 근무를 했다.

알렉산더는 간편한 발사 장치를 개발해서 그의 공격부대를 엄호하기 위하여 가끔 사용하곤 하였는데, 그것으로 보아서 포병장교가 틀림없이 있었으리라고 추정할 수가 있다. 또한 그가 체계적인 통신방법을 사용했다는 것은 기정사실로 되어 있는데, 그것으로 보아 틀림없이 통신장교도 있었을 것이다.

이처럼 알렉산더의 군대 내에는 대부분의 행정적인 참모업무가 마련되어 있었을 뿐만 아니라, 그것의 대부분은 오늘날의 특별참모부의 업무라는 것을 알 수 있다. 당시의 정보는 본질적으로 정찰이었는데, 그 자체는 아마도 작전기능으로 생각한 것 같다. 알렉산더는 정보에 몹시 의존했으며, 따라서 그 자신이 정보 및 작전장교였던 것이다. 이렇게 알렉산더는 '소마토피렉스'를 둠으로써 참모장 내지는 부관제도의 시초를 이루었다.

4) 로마의 참모

로마제국은 강력한 군사제도의 바탕 위에 세워졌는데 그 제도의 일부는 과거의 역사로부터 차용된 것이고, 또 일부는 어느 정도 스스로 창안해 낸 것으로써, 결국 고대세계 중에서 가장 완전한 제도가 되었다. '줄리어스 시저' 시대에 와서는 분할된 지휘체제를 갖게 되었는데 로마군단에 간사회와 같은 역할을 하는 6명의 군단지휘관이 있어서 이들 군단지휘관은 2개조로 나뉘어져 각 조는 일정 기간(대체로 2개월씩) 로마군단을 지휘했고, 각 조의 군단지휘관들은 매일 교대하면서 지휘를 했다. 두 사람은 상번과 하번의 군단장이 되고, 나머지 네 사람의 군단지휘관은 참모장교의 역할을 수행하면서 그들과 얼마 있지 않아 자신이 임무를 교대할 군단장을 보좌했다. 그러한 제도하에서의 지휘관은 최소한 참모문제에 대해서 알게 되어 있었다. 그 후 시저는 이러한 분할지휘체제에 다소 수정을 가하여 6명의 군단지휘관을 그대로 놓아두고 실제로 군단을 지휘하는 1명의 장군을 두고 근무조인 나머지 2명의 군단지휘관은 참모장과 부관으로 근무하도록 한 것 같다. 이러한 군단지휘관 외에 시저시대의 참모는 다음과 같이 구성되었다. 즉 보급장교의 역할을 하는 재무관, 전속부관, '릭토르(Lictor)'[3] 또는 헌병의 역할을 하는 사법전문가, 비서, 전령 그리고 첩보수집기관의 근본이 되는 협잡꾼들로서 각 군단마다 이들을 10명씩 가지고 있었으며, 그리고 공병이 있었다.

로마군의 참모에 관해서 보다 중요한 것이 몇 가지 있다. 그것은 병참(Quartermaster)이라는 말의 기능적인 원천이 된 재무관(Quarter)이 나타났다는 사실이다. "병참"이라는 말은 군사용어의 발전과정에서 주목할 만한 가치가 있는데, 처음에는 보급 또는 숙사배정 장교라는 직함인 것처럼 보였는데 마침내는 군수장교라는 뜻보다는 오히려 작전 및 정보장교를 지칭하는 것으로 왜곡되었다. 독일군 참모에 있어서는 극히 최근까지도 "Quartermaster"라는 직함은 주로 작전과 관계가 있었는데, 미국의 참모에 있어서는 명확히 보급의 의미를 갖게 되었다. 시저시대에 이르러서 정보와 작전기능을 구별할 수 있을 만큼 군사기술이 충분히 발전되었다. 이것은 참모발전에 있어서 중요한 진전이며, 결국 참모업무가 알렉산더의

3) 집정관 등을 따라 다니며 죄인을 잡던 관리.

참모제도보다도 확장되었다는 것을 의미한다. 실제로 비교적 최근에 이르기까지도 몇몇 유럽제국의 이른바 현대적인 참모제도에 있어서도 정보참모와 작전참모와의 직능구별이 인식되지 않았다.

고대의 참모형태는 적의 동태를 살피는 정찰대, 전투원을 위해 식량과 피복을 지원해 주는 보급 · 수송, 지휘관의 심부름을 맡아하는 전속 · 수석부관, 참모장, 전장에서 탈주자를 잡으러 다니는 역할을 했을 것으로 추측되는 헌병 등 상당히 현실적이고 실질적인 분야에서 참모가 생겼던 것 같으며, 그러나 인사나 작전, 정보에 대해서는 충분히 발달되지 않았던 것 같다.

2. 중세의 참모제도

로마제국의 몰락과 중세기의 개막 이후에 한동안은 군사지식과 기술의 발달은 저조하였다. 따라서 중세 참모제도의 발달도 거의 이루어지지 않았다. 그러나 중세기 군대에 편성상 그리고 행정상에 결함이 있다는 것은 인정하지만, 그렇다고 중세기에 있었던 모든 군대에 참모지식이나 참모업무가 전혀 없었다고 추정해서는 안된다. 헨리 2세, 리처드 1세, 에드워드 3세 그리고 헨리 5세와 같은 군인 군주들의 전쟁조례 및 법령(戰爭條例 및 法令, Articles and Ordinances of War)에 보면 가끔 특정 참모요원의 직무와 책임에 관해서 대단히 구체적인 지시가 있는데, 이러한 모든 것으로 미루어 최소한의 참모제도가 존재하고 있었다는 것을 알 수 있다.

영국의 유명한 군사가(軍史家)인 레지날드 하그리브스(Reginald Hargreves)는 중세에도 주요 군사고문관(軍事顧問官) 또는 참모장의 역할을 하는 인물이 있었으며, 그때 당시의 원수(元帥)들은 군부대신과 최고헌병사령관의 중간서열에 있었으며, 그보다 하위계층의 참모장교로서는 병적기록관(兵籍記錄官), 병참총감(兵站摠監), 숙사준비(宿舍準備) 할당관(割當官), 마차대장(馬車隊長) 그리고 정찰대장(偵察隊長) 등이 있었다.

1) 용병대장과 군사사상의 부활

현대적인 군사발전의 시초라고 할 수 있는 발전은 14세기 초 이후에서나 실제로 찾아볼 수 있다. 중세기 말의 경제 및 정치적인 혼란 가운데서 이탈리아의 상업도시들은 "용병대(Campgnias di Ventura)"라고 알려진 군사조직을 유지하고 있었다. 이 부대는 이른바 "용병대장(Condottieri)"의 지휘를 받는 상설조직으로 훈련이 잘 되어 있었으나 완전히 상업적인 부대였다. 이러한 직업적인 부대의 발전은 구라파에 있어서 훈련된 전투부대의 발전에 중대한 진전을 가져 왔는데, 그 이유는 용병대장이 전투를 준비하는 것은 봉급을 받기 위한 또 하나의 방법이었기에 결과적으로 전쟁연구가 또다시 전투원의 중요한 업무가 되었다. 그래서 용병대장들은 로마의 군사가들이 쓴 저술을 연구하고 그것을 응용했기 때문에 유럽의 군인들에게 로마의 군사사상이 또다시 스며들게 되었다. 용병대장의 본보기를 본 후에 직업적인 군대조직에 관한 착상이 유럽을 풍미했으며, 그 후 얼마 안 가서 스위스는 완전히 직업적인 군대를 발전시켰는데, 그들은 약 100년 동안 유럽에서 가장 뛰어난 전사로 인정을 받았다.

2) 독일의 용병

스위스의 직업군이 훌륭한 역할을 수행함에 따라서 독일과 프랑스에서도 직업군들이 뿌리를 내리기 시작하였다. 프랑스의 직업군은 '칙령기병단(Compaised Ordonance)'으로 알려졌고, 독일의 경우 '란트스네히트(Landsknecht)'라는 이름으로 통하였는데, 그 의미는 외국인의 반대어인 내국인(men of the country)이란 뜻이다. 이러한 독일 용병대의 발달이 현대 군사발전의 시초가 되었으며, 이러한 독일 용병대(Landsknecht)로부터 현대에 이르기까지 기타 군사제도뿐만 아니라 참모제도의 발달 면에서도 연결되어 왔다.

독일용병대의 참모편성은 오늘날 연대편성의 주요한 모든 특징들을 구체적으로 나타내고 있다. 오늘날 연대에 상응하는 각 부대에는 부대의 참모업무를 수행하는 사람들이 있었다. 즉 주임장교가 주요한 참모장교였는데 그의 책무는 행정과 훈련에 관한 것으로 연대장의 명령을 하달하고 연대의 훈련에 대하여 책임을 지고 있었다. 주임장교 외에 보급계 장교로 알려진 또 다른 참모장교가 있었는데, 그는 부대의 숙사(宿舍)와 양식(糧食)을 준비하기 위해서 통상 목적지에 먼저 도착하여야 되기 때문에 결국 정찰임무도 맡게 되었다. 이렇게 해서 여러 가지 참모분야 중에서 행군감독, 정찰, 그리고 보급에 대한 책임이 보급계 장교의 기능이 되었고, 그러한 제도는 비교적 최근까지도 프러시아와 영국의 참모편성에 그대로 남아 있었다.

16세기의 스페인 군대에서는 1495년부터 1503년 사이의 이탈리아 전쟁에서 스페인의 지휘관이었던 Conzalvede Cordoue의 노력으로 편성에 있어 "Tercio"라는 전술단위로서 3,000명으로 구성된 연대의 발전에 공헌하였는데, 이 전술단위의 지휘관인 Colonel은 부장격인 "Sergeant Major", 부관참모(adjutant), "Quartermaster", 군목(chaplain) 및 의무참모의 보좌를 받았다.

16세기 말에 이르러서 프랑스는 새로운 참모제도를 발전시켰는데, 프랑스의 참모에는 통상 현대의 참모조직으로 알려지고 있는 모든 참모기능을 수행하는 장교들이 있었다. 이는 독일의 참모제도보다 참모업무의 구분이 훨씬 독특한데, 즉 보급, 정보, 부대이동을 1명의 참모장교 관할 하에 두었던 독일의 참모제도와는 달리 프랑스는 정보를 별도의 참모기능으로 보고 보급, 작전, 행정 및 정보 참모장교를 두었다. 그리고 이러한 프랑스의 참모제도는 제1차 세계대전을 거치면서 발전되어 오늘날 미 육군의 참모제도의 근원이 되었다.

3) 구스타프 아돌프(Gustavus Adolphus)의 영향

16세기 말이 되면서 포병의 설계와 그 운용이 좀 더 과학적으로 되어갔다. 따라서 군사행동은 좀 더 용의주도하게 계획되었고, 직업적인 전사들은 과거의 봉건시대의 전사들이 몸을 가눌 수 없는 무거운 갑옷을 몸에 걸치고 북돋우는 용기에 의존했지만, 이제 조직적인 방식에 의존하게 되었다. 포병과 같은 특별무기의 사용이 증대되자 전문분야에 자격을 갖춘 장교들이 요구되었고, 전투가 개시되기 전에 착수해야 할 면밀한 계획수립 때문에 지휘관들은 식량, 탄약, 무기를 준비하는 보좌관 그리고 적에 관한 첩보를 수집하는 보좌관은 물론 지휘관의 명령에 의거해서 전투장에 부대를 배치하는 보좌관들에게 더욱 의존하게 되었다.

이러한 것들이 바로 참모의 직무이며 전쟁의 조직적인 진행이 중요하다는 것을 새로이 인식함으로써 그러한 참모직무를 수행하는 전문장교가 필요하게 되었다. 만약에 그러한 기능들이 수행되지 않았더라면 과학적인 전쟁으로 치닫는 진보적인 추세는 즉각 멈추게 되었을 것이며, 17세기 이전에 치러진 수많은 전쟁에 의해 한 가지 사실이 입증되었다면 그것은 바로 어떠한 군사조직이건 최고정점을 중심으로 한 지휘체제 없이는 오래 존속할 수가 없다는 것이다. 때문에 지휘는 비록

한 사람이 한다 하더라도 어떠한 종류의 참모이던 간에 참모의 조력 없이는 훌륭하게 지휘를 할 수 없다는 사실이다.

그리고 이전의 전쟁에서 무기체계, 전술, 군사제도 등에서 많은 변화와 발전이 있었지만 편제상의 변화에 관한 한 모든 기존제도를 개선한 사람은 바로 '구스타프 아돌프'이었다.

스웨덴 왕 구스타프 아돌프는 신성로마의 황제에게 대항해서 30년전쟁을 치르면서 이룩한 참모제도의 혁신적인 발전으로 이 후 모든 유럽대륙의 참모제도에 계속적으로 영향을 미쳤다.

구스타프가 지휘하는 스웨덴군의 연대본부 편성은 본질적으로 옛날의 독일 용병대의 그것과 마찬가지인데 거기에 구스타프가 약간의 참모장교를 추가시켰다. 연대본부의 인원편성은 각 1명의 대령, 중령, 소령, 보급책임 장교, 2명의 군목과 법무관, 4명의 군의관과 헌병 그리고 1명의 헌병 보좌관과 서기들로 구성되어 있었다.

특히 중요한 것은 구스타프가 군대 내의 체계적인 보급제도를 발전시켰다는 데 있다. 군수기술의 향상은 여러 가지 면에서 옛날의 군대와 현대의 군대와를 구분 짓는 가장 중요한 특징이 되었다. 구스타프가 많은 전투에서 승리를 거둘 수 있었던 것은 바로 새로운 군수방식에 중점을 두었기 때문이다. 오늘날 보급제대 편성의 기초는 대부분 당시 스웨덴의 보급제도에서 찾아볼 수 있다. 또한 스웨덴은 연대참모 속에 영구적인 법무관을 포함했는데 이것은 참모제도의 중대한 발전이다. 1621년 스웨덴은 군법을 통해 연대에는 연대재판부(regimental court martial)를 설치하도록 하였고, 보다 고급제대를 대상으로 스웨덴 왕족의 원수가 재판장이 되고, 고급장교들이 재판부 요원이 되는 고등재판부(permanent general court martial)을 상설토록 하였다. 연대재판부는 도둑질, 불복행위 등 기타 가벼운 죄를 재판했고, 고등재판부는 반역죄 및 중죄를 재판했다.

한편 스웨덴군 사령부의 기본적인 참모편성은 대체로 연대와 마찬가지이나 연대가 가지고 있는 보급계 장교와 몇 명 안 되는 참모장교 이외에도 지휘본부에는 여러 특별병과의 장(長)들이 있었다.

포병감 토르텐손(Torstenson), 공병감 프란츠 폰 트레이토르(Frantz von Traytor)는 병과장으로서 구스타프의 참모 역할을 하는 것 이외에 그들의 부대운용에 관해서 전반적으로 조언을 했다. 또한 참모장(부대를 지휘하는 것이 아니고 참모를 협조시키는 장교) 크니파우젠(Kniphausen)이 있었고, 정보의 중요성을 명확히 인식하고 있었을 뿐만 아니라 정보는 작전 및 군수와는 별개의 참모기능이라는 것을 깨달아 정찰대장(chief of scouts)를 두었다. 이와 같은 구스타프의 업적은 전 유럽 군대의 지휘체계에 영향을 미쳤는데, 스웨덴군의 우월성과 스웨덴군에 복무한 외국장교들에 의해 유럽의 각국에 전파되었다.

4) 스웨덴의 영향

중세기 군사사상의 선도자인 스웨덴의 구스타프는 군사적인 활동 전분야에 걸쳐 영향을 미쳤다. 포병은 새로운 전술적 중요성을 갖게 되고, 부대의 조직은 더 융통성을 갖게 되었으며, 공사와 야전축성은 확실히 하나의 군사과학이 되었고, 기병에 의한 충격행동이 전쟁에 재도입되었다. 또한 군수계획은 거의 완전에 가까워져서 군대가 야전에서 무한정으로 있을 수 있게 되었으며, 훌륭한 참모편성이 나와서 그 후 약 300년 동안에 걸쳐서 참모편성의 원형으로서 이바지를 하게 되었다.

그러나 상술한 여러 요소들은 그 당시 전쟁의 발전에 중요한 요소들이었지만 근본적으로 새로운 것이 아니며, 대개 옛날의 방식에 기초를 둔 새로운 기술에 불과한 것이었으며, 기술과 편성상의 발달에도 불구하고 전투는 여전히 옛날 방식대로 지휘관이 전투를 지휘하는 전투지휘자라기보다도 직접 군을 이끌고 실제 전투에 참여하는 참전자에 불과했다. 이는 지휘관들이 아직도 자신들이 직접 전투에 참여해야 하는 줄로 알고 있었으며, 전투수행을 통제하기 위하여 그들의 참모를 적절히 활용하는 방법도 몰랐고, 가장 근본적으로는 통신수단의 결여에 있었다. 현대 참모제도의 발전이라는 관점에서 볼 때 유럽제국이 각자 나름대로의 특색을 참모편성에 가미했지만, 근본적으로 구스타프가 이룩한 스웨덴의 참모편성을 골간으로 한 변형이라고 보아도 좋을 것이다.

앞에서도 언급한 것처럼 구스타프 군대에 있어서 연대참모는 정상적인 참모업무를 수행하는데 필요한 인원을 갖추었다는 점에서는 비교적 완전하다고 할 수 있다. 그 당시의 참모들은 그러한 업무를 수행했지만 참모가 직무를 수행하는 방법을 보면 참모업무 그것 자체가 아직도 충분하게 발달되지 않아서 여러 가지 형태의 참모직무를 참모의 기능에 따라서 구별할 수 있을 정도가 되지 않았다.

일례로 연대 참모부에 보급계 장교가 있었지만 그는 근본적으로 숙사관할 장교인데 그 자체보다는 정찰과 정보분야에 점점 더 중요성을 갖게 되었다. 또한 연대의 주임장교는 오늘날 연대 참모부의 작전장교와 아주 유사한 직책인데, 예하부대에 명령을 하달할 뿐만 아니라 각 중대의 보급품 분배를 감독하고, 주둔지의 청소와 작업에 대해서도 책임을 맡고 있었다. 그러한 기능을 수행하는 연대 주임장교는 지금의 기능으로 치면 작전장교 뿐만 아니라 보급장교와 부관장교의 직무까지도 아울러 가지고 있었던 셈이다. 사령부급의 참모부에는 정찰대장이 있었고, 그가 정찰을 책임지고 있어서 오늘날의 정보장교와 유사한 것으로 판단되지만, 정보업무의 특수성이 부분적으로밖에 인식되지 않아 하급부대 참모부에는 별도의 정보장교가 없었으며, 때문에 그 업무를 보급계 장교가 수행하였다.

따라서 우리가 만약 구스타프의 참모제도를 현행 참모이론 및 제도에 비추어서 평가를 한다면 참모편성과 참모계획의 필요성을 인식하고 각급 제대에 참모요원들을 두기는 하였으나, 참모제도 그 자체가 작전, 군수, 행정기능 간의 논리적인 구분을 충분히 하지 못하였으며, 그 때문에 현대참모의 특색을 이루고 있는 업무의 전문화라는 특징이 없었다고 볼 수 있다.

5) 중세 유럽의 참모편성

모든 유럽군대의 참모편성에 기초를 이루어 왔었던 구스타프의 참모제도는 17세기 중엽에 들면서 프랑스에서 다소의 수정을 겪게 되었다. 1639년에 프랑스의 리슈류(Richelieu)에 의해서 육군의 모든 행정적인 업무는 육군 주계관(主計官, the intendent of army)의 지휘 하로 들어갔는데, 육군 주계관은 병참장교를 통해서 부대원에게 봉급을 지급하고 보급품을 획득해서 분배했다. 이처럼 프랑스 참모제도에 주계관이라는 것을 도입함으로써 독일과 영국의 군대에서 아직도 그 중요성을 유지하고 있는 보급장교에 대해서 점점 중점을 두지 않게 되었다.

이 당시의 프랑스 육군은 국왕이 지휘를 했는데, 국왕 유고시에는 공식적으로는 군총지휘관(Constable)으로 알려진 원수가 지휘했으며, 원수 밑에는 여러 구성부대에 임명할 수 있는 차하위급 장군들이 있었고, 또 이들 밑에는 야전대장(marechal de camp)의 명칭으로 통하는 장군들이 있었다. 이들 장군 중에 야전총감(marechal heneral de camp)으로 알려진 장군이 군 총지휘관에 대해서 참모장의 역할을 했었고, 참모업무 중 작전업무는 전투대장(marechal de bataille)이 수행하였다. 그는 참모장 밑에서 근무하면서 병력을 할당하기 위해 대형을 계획하고, 명령의 이행상태를 감독했다.

그리고 육군 참모부 가운데 새로운 분과로서 병참총감으로 알려진 장군의 지휘 하에 행군의 조정, 야영지의 선정, 수송과 보급의 통제 등 기타 유럽 군대에서 보급계 장교의 통상업무와 극히 유사한 업무들을 그가 수행했다.

스페인의 지휘 및 참모편성은 몇 가지 차이점을 제외하고는 근본적으로 프랑스와 유사하나, 중요한 차이는 스페인에서는 보급을 병참총감(cuartelmaestro general) 밑에 둔 점이다. 병참총감이 행정과 보급을 책임지고 있었지만 이 시기에 스페인의 참모 내에 또 다른 부 이른바 보급부(aposentador)가 성장하기 시작했다. 이 보급부는 기능면에서 프랑스의 병참총감과 대단히 유사하였는데, 이는 아마도 전쟁의 범위가 확대됨에 따라서 1명의 참모가 맡고 있는 군수와 일상적인 보급업무 간에는 차이가 있다는 것을 점점 명확하게 깨달은 결과라고 할 수 있다.

프랑스는 이러한 문제들을 경리와 조달을 통제하는 주계관 제도를 도입하여 취급했고, 동시에 군수문제들을 병참총감의 관리 하에 두게 했다.

이상의 내용을 종합해 보면, 극히 일부 국가에서 나타난 차이점을 제외하고는 유럽군대의 참모방식은 근본적으로 같다는 것을 분명하게 알 수 있는데 그 이유는 바로 구스타프식의 참모제도를 원형으로 삼았기 때문이다.

3. 근세 및 현대의 참모제도

근세와 현대의 참모제도는 독일과 미국을 통해서 살펴보고자 한다.

1) 독일

현대의 모든 유럽 강대국들 가운데서 독일만큼 국가적으로 군사적인 문제에 관심을 기울이고 진보적인 태도를 취한 국가도 없었다.

프러시아는 일찍이 게르만족의 군사발전과 호전성의 주도적 역할을 했으며, 프러시아의 모든 군사사(軍事史)를 통해서 독일의 군사 지도자들은 군사기구의 효과적인 운용을 위해서 주요기반이 되는 참모편성 문제를 항상 생각해 왔다. 즉 독일은 제1차 세계대전 후 베르사유 조약에 의해 거의 제거되어 버린 군대를 재건하기 위한 수단으로 우수한 참모조직을 유지하고 진보적인 개선을 하는데 있다고 믿었으며, 군대의 본체를 건설하기 전에 먼저 군대의 "브레인(brain)"을 만드는 것이 효과적이라는 것을 알고 있었다.

아마도 독일의 참모사에 관해서 가장 명확하고도 알기 쉬운 연구조사서가 1895년에 출판된 쉘렌도르프(Bronsart von Schellendorff) 장군의 『일반참모의 책무(Duties of the General Staff)』라는 저서인데, 이것은 지금도 독일군 참모역사, 이론, 편성 및 기능에 관한 중요한 자료의 하나로 남아있다.

현대 독일군 참모편성의 첫 발자취는 1635년 프러시아 왕국의 창립자인 '프리드리히 빌헬름(Friedrich Wilhelm)'이 지휘를 했던 '브란덴부르크' 군대의 참모편성에서 찾아볼 수 있다.

군국주의적(軍國主義的) 성격을 가진 프리드리히 대왕(Frederick the Great, 1712~1786)은 그의 군사적 천재성으로 말미암아 주요한 작전계획과 명령뿐만 아니라, 예하 지휘관에게 내린 각종 지시들도 그가 직접 쓰거나 또는 받아쓰게 하는 등 참모의 편성 및 운용 면에서는 별로 관심을 갖지 않았다.

이는 아직도 군사방식에 있어서 참모의 위치가 충분히 정해져 있지 않았었고, 또한 당시에는 고급장교들에게 참모의 이용법을 가르치는 참모학교가 없었기 때문에 결국 지휘관은 자기 나름대로의 필요에 의거해서 참모를 이용했다.

현대에 와서야 어떤 장군이 우수한가 안 한가는 주로 그가 참모를 적절히 이용할 줄 아는지의 여부와 깊은 관계가 있지만, 그 당시 위대한 장군은 그보다 유능하지 않은 동시대의 장군들보다 참모가 덜 필요했었다고 말할 수 있다.

그러한 프리드리히 대왕이었지만 참모조직을 뒷받침하는 지적인 기반확립의 필요성을 깊이 인식했고, 또한 7년전쟁(1756~1763년, 프랑스, 오스트리아, 영국 및 독일 간의 전쟁)으로 장교가 막대한 타격을 입게 되자 1765년에 군사와 외교방면에 근무시킬 목적으로 젊은 귀족들을 훈련시키는 "귀족학원(Academie des Nobles)"을 설립했다. 이 학원은 유명한 육군대학교(Kriegsakademie)의 전신이 되었으며 프리드리히 대왕이 직접 관리하여 훈련, 교육 및 내부질서에 관한 규정을 직접 만들기도 했다.

독일의 참모편성 발전은 '마센바흐(Massenbach)', '샤른호르스트(Scharnhorst)', '그나이제나우(Gneisenau)', '클라우제비츠(Clauzewitz)' 등을 거치면서 획기적으로 발전하였다. 이들은 실질적으로 독일 참모제도의 기반을 다져 놓은 사람들이었다. 이 후 '몰트케(Moltke)'는 강력한 참모야말로 강대국의 군사기구에 없어서는 안 될 요소라는 것을 결정적으로 증명한 사람이었다. 그는 참모총장으로 재직하는 동안에 참모제도의 실제적인 기술분야를 발전시켰다. 몰트케 시대에 이르러서 지휘관이 직접 전투에 참가하지 않아도 될 만큼 지휘 및 참모기능이 발전하였다. 중앙지휘방식은 이미 확립된 하나의 교리였다. 그러나 교리를 지지하고 나선 몰트케는 전투지휘관이 지휘소에 위치하고 있거나 때로는 실제 전투장으로부터 상당히 먼 거리에 있거나 혹은 전투의 소소한 국면을 직접 목격하지 않고도 냉정하게 그리고 신속하게 중요한 것과 중요하지 않은 전투 고려사항을 판단할 수 있다는 것을 입증해 보였다. 실제로 몰트케는 그의 참모를 이용해서 행동방책을 조정할 수 있었다. 따라서 프러시아에 현대적인 참모제도를 안겨다 준 사람은 바로 몰트케였다. 지휘의 형태에 있어서 참모의 위치와 기능에 대한 몰트케의 생각은 바로 프러시아 참모사상을 대표하고 있었다.

제1차 세계대전 기간 중에도 참모본부는 계속적으로 군사기구 중의 핵심적인 기관이었다. 참모본부 장교 특히 참모장들의 지위가 대단히 높아졌기 때문에 작전이 실패한 경우도 참모장은 해임되고 지휘관은 그대로 유임되었는데, 이러한 모든 사실은 고급사령부가 어디에 책임을 돌렸는지를 알 수 있다. 실제로 제1차 세계대전 시 '루덴도르프'의 경우, 참모총장인 '힌덴부르크'의 수석 Quartermaster General로서 "완전한 책임분담"을 하여 일을 했다.

제1차 세계대전 패전 후 독일의 군사지도자 폰 젝트(Von Seeckt)는 "베르사유 조약"으로 독일의 참모본부가 해체되고 사관학교가 폐지된 상태에서 참모부가 살아남도록 하려면 어떤 종류의 것이든 교육제도가 필요하다는 것을 인식하고 조약상의 장애를 분산된 학교교육 제도로 극복했다. 학교교육은 1920년에 선발된 학생들에게 2년제로, 1923년에는 특별히 선발된 학생들을 위해서 3년제 교육이 준비되었다. 이와 같이 무장해제 위원단의 감시를 성공적으로 피하면서 지속적으로 참모훈련을 실시하였고, 존속이 허용된 10개 사단의 참모조직은 그대로 존속하여 이들 사단 내의 참모본부 장교들은 그들의 옛날 참모휘장을 그대로 패용한 채 업무를 보았는데 결국 재무장 시가지의 기간에 참모본부의 업무방식과 전통을 그대로 유지할 수 있는 효과적인 수단이 되었다. 결국 1935년 독일이 재무장선언을 했을 때는 이미 참모본부 핵심요원은 존재하여 있었고, 굳건한 기반 위에 서 있었다. 이렇게 독일은 군사조직을 형성하기 전에 군사적인 '브레인'들을 먼저 양성시켰다.

나치 하의 독일 군사력의 재기는 전군을 통제하는 최고 참모본부의 급속한 재건으로 불붙었다. 독일정부 최고위층의 지휘 및 참모기관은 옛날의 프러시아나 독일제국이나 다를 것이 없었다. 나치독일의 최고 참모본부인 "총사령부" 하에서 육군은 대륙국가의 전통적인 세력으로서 다른 군보다 계속적으로 우세하였다가 마침내 기타 모든 최고 참모본부와 마찬가지로 최고 참모본부 중에서도 단일 세력위주(이 경우 지상세력)의 결과로 빚어낸 전략적인 과오 때문에 야전군에 있는 유능한 참모들의 공적은 균형을 잃게 되었다.

히틀러 시대에서도 독일 군국주의의 핵심이고 두뇌이며 또한 정신은 바로 최고 참모본부였다.

제2차 세계대전시의 독일 고위사령부의 압도적인 주류는 갈망의 대상이 되고 있는 참모본부의 "붉은색의 수장"을 단 장교들이었다는 사실은 결코 단순한 우연이 아니었다.

그러나 동서독이 분할된 서독의 참모편성과 교리는 전통적인 독일의 참모방식으로부터 근본적인 변화를 나타내고 있으며, 오히려 미국의 참모교리를 따르고 있었다.

독일제국과 나치정권하에서 공히 독일군의 특징을 이루어 왔었던 전통적인 참모사상을 이처럼 배격하게 된 것은 나토에서 미군과 함께 실제적으로 일하는데 필요하다는 것뿐만 아니라 서독정부가 나치의 군사제도로부터 결별하려는 의식적인 노력에 기인한 것이었다. 서독 참모부(현재는 통일된 독일)는 미국의 참모를 기본형으로 채택하고 있다. 또한 미국의 특별 참모부와 같은 것이 있는데, 그들은 각기 그들의 부대를 지휘하고(포병, 통신, 공병 등), 또한 지휘관의 참모요원으로써 조언자의 역할도 한다. 부지휘관, 참모장, 주요 참모들의 기능은 미국의 참모교리와 일치하고 있다.

2) 미국

1775년 대륙회의(the Continental Congress)의 결정에 의해 조지 워싱턴(George Washington)은 전 미국군의 지휘를 맡게 되고, 그 당시 미국을 지배하고 있던 영국의 참모제도를 모방하여 부관참모, 병참총감(quartermaster general), 주계총감(Commissary general of stores and provisions), 경리감(paymaster general), 소집총감(Commissary general of masters), 공병감(chief of engineers), 수송감(Wagon Master), 포병감(Commissary general of Artillery Stores), 의무감, 법무감, 감찰감 등의 참모가 편성되었다.

그리고 1802년 사관학교설치법에 의해 West Point에 육군사관학교의 설치가 인가되어 군사교육이 국가군제의 일부가 되었으나, 그것은 아직 훈련된 참모장교를 배출하기 위한 군사교육의 형태는 아니었다.

이 후 영국과의 전쟁이 발발하자 연대급 제대의 장교 숫자는 대령 1명, 중령 1명, 소령 1명, 부관 1명, 병참 1명, 병기 1명, 그리고 군의관 1명으로 구성되었으며, 1861년 남북전쟁(the Civil War, 1861~1865)이 시작되던 때에는 각 보병 연대본부에 대령 1명, 중령 1명, 소령 1명, 부관 1명, 병참 1명, 군의관 1명, 보조 군의관 1명, 그리고 군목 1명으로 구성하고, 각 여단 본부에는 준장 1명, 전속부관 2명, 부관 보좌관 1명, 보조 군의관 1명, 병참 보좌관 1명 그리고 보급장교 1명으로 구성되었다.

당시 북군의 참모제도는 많은 발전이 이룩되어 야전군 사령부에는 이동 및 작전에 관한 모든 사항을 관장하는 참모장 1명, 군사비서 2명, 7명의 전속부관, 2명의 부관장교, 1명의 감찰관, 1명의 병참참모, 1명의 병참참모 보좌관, 1명의 급양관, 1명의 급양보좌관, 1명의 공병부장, 1명의 헌병참모 그리고 1명의 헌병참모 보좌관으로 구성되었으며, 남군도 이러한 북군의 참모제도를 모방한 참모제도를 갖고 있었다.

이 후 미국 육군 일반참모의 발전은 유능한 법률가이며 예리한 사학도인 엘리후 루트(Elihu Root)가 1899년 육군장관이 되어 일반참모제도를 위한 교육적 기초의 필요성을 충분히 인식하고 노력한 결과 1901년 육군성이 고등전쟁기술에 있어서 훈련된 육군장교를 탄생시키게 되는 일반명령을 하달했다. 이 역사적 명령으로 캔자스의 포트 레븐워스에 있는 전 보병학교와 기병학교가 "일반 근무 및 참모대학(the General Service and Staff College)"으로 확장 발전되었다(오늘날 이 학교는 "지휘 및 일반 참모 대학(the Command and General Staff College)"으로 알려져 있다).

루트는 또한 육군을 위한 효율적인 일반참모제도의 필요성을 절감하고 육군 총사령관직을 폐지하고 육군 참모총장직을 신설하며, 참모총장은 대통령과 육군장관의 지시를 받아 행동하고, 야전부대에 대해서뿐 아니라 과거에 육군장관에게 직접 책임을 졌던 참모부서에 대해서도 감독권을 갖도록 했다. 그리고 기타 임무가 해제된 44명의 장교단으로 새로이 참모총장의 보좌기관을 창설함으로써 드디어 미국 육군은 일반참모를 가지게 되었다.

이 새로운 일반 참모조직의 임무와 기능에 대해서는 법률안에서 다음과 같이 기술되어 있다.

일반 참모단의 임무는 전시의 군사력 동원계획과 국가방위 계획을 준비하고, 육군의 효율성에 영향을 주는 모든 문제와 육군의 군사작전 준비상태를 조사 및 보고하며, 육군 장관에게 그리고 장관급 장교와 기타 상급 지휘관에게 직업적인 보좌와 지원을 제공하고 동법에 의해 참모총장의 감독을 받아서 그들의 대리인으로 행동하는 데 있으며, 그리고 적시로 대통령령에 의해 규정되는 바와 같은 그러한 기타 군사직무를 수행하는 데 있다.

이로써 참모총장은 부관감실, 감찰감실, 법무감실, 병참감실, 급양감실, 의무, 경리, 병기감실에 대한 감독권과 공병단 및 통신단에 대한 감독권을 부여받았다. 또한 동법은 추가적으로 해안포병 참모가 일반참모의 일원으로서 근무해야 한다는 조항을 신설했다.

1917년 제1차 세계대전 중인 유럽 전선에 투입하기 위해 조직된 미원정군(the American Expeditionary Force)을 편성함에 있어 먼저 고유의 참모제도를 갖고 있었던 영국과 프랑스의 참모제도를 연구하여 미원정군에 적용하였는데, 이 후 미원정군에 의해 채택된 참모제도는 사단급을 포함하여 각 사령부에 일반참모부를 제공하는 계기가 되었다.

미원정군 총사령부의 일반참모부는 군사령부의 참모부와 같이 5개 참모부로 분할되었으며, 각 참모부에는 참모장 보좌관(Assistant Chief of Staff로서 통상 참모라고 부르는 개념이다)이 있었다. G-1으로 명명된 장교 밑의 제1처는 행정분야로서 해외선적의 우선권, 인원 및 동물 보충, 포로의 수용, 군사방침 그리고 사기와 관련되었다. G-2가 이끄는 제2처는 정보기능을 담당하고, G-3는 제3처를 지도했는데,

동처는 전투부대의 운영은 물론 전략적 연구와 계획의 준비를 포함하여 작전을 담당했다. G-4 밑에 있는 제4처는 보급처로서 건설, 수송 및 의무를 포함하는 보급근무의 조정책임을 졌다. G-4의 지도를 받는 제5처는 부대 전체를 통하여 교육 및 훈련의 전반적 지도를 담당했었다.

여기에서 볼 수 있는 바와 같이 미원정군 참모를 위한 1918년 2월 16일자 일반명령에 의해 설정된 편성은 오늘날 미육군에 의해 사용되는 참모교리의 기초를 제공했다.

이 후 1946년 집행명령(the Executive Order)에 의해 육군성 일반참모부의 작전참모부가 폐지되고, 육군성 일반참모부는 6개 참모부, 즉 인사행정, 정보, 편제훈련, 근무보급조달, 계획작전 그리고 연구발전으로 편성되었다.

이 같은 개편 아래 인사행정은 이전의 G-1에 해당되며, 정보는 G-2 기능을 지속했으며, 근무보급조달은 G-4의 직능을 수행했다.

1960년 육군 일반참모부는 4개부서 기준으로 편성되었는데 그것은 인사(G-1), 정보(G-2), 작전(G-3), 군수(G-4)이었으며, 각 부서의 장은 참모총장 보좌관(Assistant Chief of Staff)으로 호칭되었으며, 임시로 또는 지휘관의 요구에 의해 민사부(G-5)가 추가되기도 하였다.

현재 미 육군에 편성되어 있는 야전부대 참모부 편성방식을 살펴보면 사단이나 대부대의 참모는 지휘관의 개인참모 이외에 크게 두 가지 그룹으로 되어 있다. 첫째는 일반참모 그룹으로서 이들은 모든 지휘기능을 취급하도록 편성되어 있고, 둘째는 특별참모라고 하는데 여기에는 병기 · 병참 · 통신 · 의무 · 화학 · 공병 · 포병 등과 같은 병과 장교들이 포함되어 있는데 그들은 자기 병과에 관한 모든 사항에 대하여 지휘관에게 조언을 하는 특별참모이며, 동시에 기술병과 부대장이기도 하다. 특별참모에는 인사행정 · 군종 · 재정 · 감찰 · 법무 · 헌병 · 정훈공보 등도 포함된다.

미국의 참모편성은 일반적으로 4개 부분으로 편성되어 있다. 이러한 제도에 따라서 일반참모부도 흔히 4부분으로 구분되어 있고, 각 부는 특정책무를 가지고 있다. 이러한 참모편성 이론은 지휘관이 모든 책무를 네 가지의 주요기능, 즉 인사, 정보, 작전교육 그리고 군수의 4개 분야로 나눌 수 있다는 가정에 기초를 두고 있다. 이러한 4개부 편성방식에 따라 일반참모부도 4개 부분으로 나누어지는데, 각

부는 항시 4개부 기능 중에 한 가지 기능에 대하여 감독을 한다.

각 부를 책임 맡고 있는 장교를 참모라고 한다. 특정 부대는 그의 특수한 필요성에 따라 추가적인 참모부를 더 둘 수 있다.

이러한 4개 참모부의 책무로서 첫째, 인사참모부는 부대원은 물론, 부대통제 하에 있는 민간인, 그리고 포로에 관한 모든 사항을 책임지고 있다. 즉 인원은 획득 · 분류 · 보직 · 진급 · 전속 · 사기 · 군기 · 종교 · 복지 등에 관한 모든 사항을 계획하고 감독한다.

두 번째 참모부는 정보에 관한 사항으로서 정보참모부는 적에 관한 첩보를 수집 · 평가 · 해석 · 전파 및 방첩활동에 관한 모든 사항을 책임지고 있다. 이 참모부의 주요기능은 지휘관에게 적 사항, 적 능력, 기상 및 지형에 관한 사항을 숙지시키는데 있다고 할 수 있다.

작전참모의 책임 하에 있는 세 번째 참모부는 작전참모부로서 편성, 훈련, 전투작전에 관한 기능을 맡고 있다. 작전참모는 지휘관의 전술적인 결심을 명령으로 하달할 수 있도록 준비한다.

네 번째 참모부는 군수사항을 맡고 있는 군수참모이다. 군수참모부는 각 작전계획안에 대해 제공할 수 있는 보급지원량에 관해 지휘관에게 조언을 하고 부대원의 보급 및 후송을 실시하기 위한 모든 준비를 통제한다. 이러한 참모업무를 수행함에 있어서 군수참모는 부대의 모든 행정기능을 통제하는 행정명령의 준비를 위해서 인사참모와 협조할 책임을 가지고 있다.

사단 또는 그 이상의 제대급 참모부에서는 4개 참모의 활동을 통합 조정하는 참모장이 있는데, 업무의 혼란과 중복을 회피하도록 하기 위해서 4개 참모는 참모장 보좌관으로 지명되어 있다.

참모를 중시하는 프러시아의 사상과 전통을 이어받은 독일은 강군육성의 관건이 우수한 참모조직, 즉 브레인(brain)의 건설에 있다고 할 정도로 우수한 참모조직의 발전에 모범을 보였으며, 미국도 제1, 2차 세계대전에 참가하면서 계속적으로 참모조직을 보완 발전시켜 현대의 참모조직과 같이 인사, 정보, 작전, 군수 등의 일반참모와 부관, 감찰 등 특별참모의 완성을 이룩하였다.

4. 한국군의 참모제도

한국에서의 참모제도는 1945년 해방 이후 미국의 군정 아래 미군의 영향을 받아 참모제도를 편성하였으며, 이 후 독자적으로 한국적인 상황에 맞게 참모제도를 보완 · 발전시켜 왔다.

1945년 8월 15일 해방 후 미군정 하에서 38도선 경비를 미군과 교체하여 한국군이 담당할 수 있도록 하기 위해 1945년 11월 13일 군정법령 제28호에 의하여 국방사령부(Office of Director National Defense)와 군무국(軍務局)을 설치하였다. 이와 함께 이미 설치되었던 경무국(警務局)을 군무국과 함께 국방사령부 예하에 두었으며, 또한 군무국에는 육군부와 해군부를 두어 이 기구가 곧 국군으로 발전하는 모태가 되었다([표 4-1]).

[표 4-1] 국방사령부 기구표

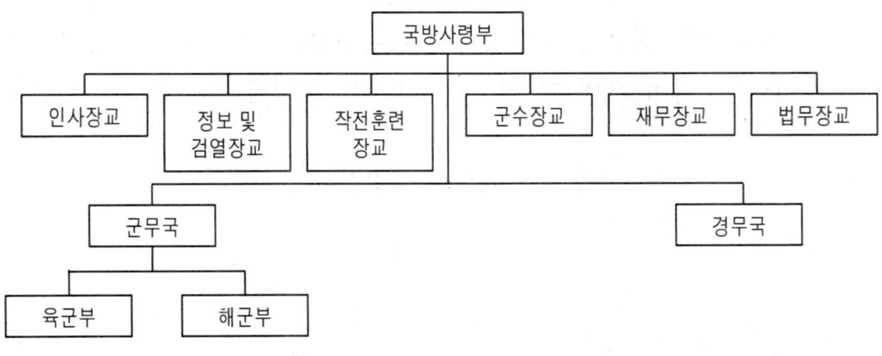

이 후 1946년 1월 15일까지 원활한 업무수행을 위하여 군무국 내에 고급부관실, 정보, 조달보급과, 재무국을 설치하였다([표 4-2]).

[표 4-2] 국방사령부 기구표

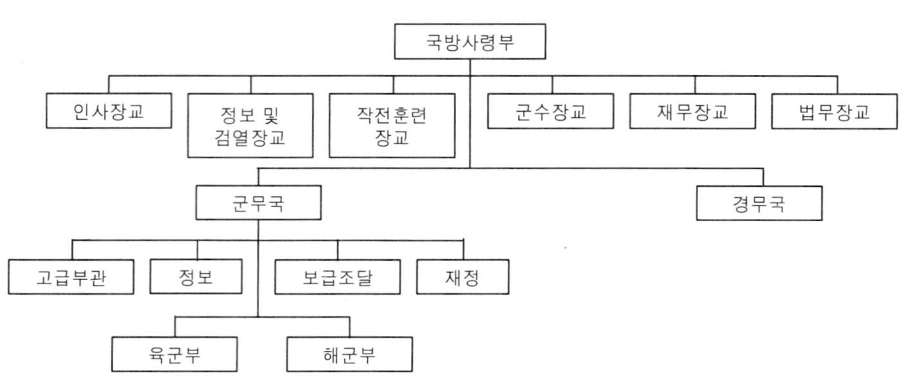

그리고 뱀부(BAMBOO)[4]계획에 의하여 남조선 국방경비대가 창설되었고, 1월 15일 제1연대 1대대 1중대가 경기도 양주군 노해면 공덕리(태릉 현 육군사관학교)에서 입대식을 거행하였다.

이날 창설된 중대를 모체로 하여 중대병력의 창설을 효시로 남조선 국방경비대는 제1연대 본부에 남조선 국방경비대 총사령부를 설치하고, 국방사령부 군무국 참모기능을 흡수하여 모병 및 인사업무를 전담하였다([표 4-3]).

[표 4-3] 남조선 국방경비대 기구표

군정당국은 1946년 3월 29일 군정법령 제63호에 의해 국방사령부를 국방부로 개

4) BAMBOO 계획은 1945년 12월 20일 주한 미육군 군정청 국방사령부(부장 Arthur S. Champeny 준장)에 의하여 수립된 소규모 경찰 예비대의 조직계획이다. 당초 국방사령부(부장 Lawrence E. Schick)의 국방준비계획안(지상군 4만 5천 명, 해군 5천 명)에 비해 축소된 규모인 2만 5천여 명의 병력규모로 보병에 준하는 훈련을 실시하도록 하고, 남한의 8개 도청 소재지에 각각 1개 중대를 편성(중화기를 제외한 미군 중대 기준으로 편성)하도록 했다. 중대는 장교 6명, 사병 225명으로 구성되었다.

편하고 국방사령부 휘하의 군무국을 국방부의 국으로 하였으며, 경무국은 독립된 경찰업무만을 수행하도록 분리, 독립시키고 경무부로 승격시켰다. 1946년 6월 서울에서 개최된 미소 공동위원회에서 남한 임시정부 문제가 토의되었을 때, 소련 측이 군정청 기구의 국방부 명칭에 대하여 문제를 제기함에 따라 국방부를 국내경비부로 개칭하고 군무국을 폐지하였으나, 이어 한국 측의 의견에 따라 국방의 뜻을 살리기 위해 조선 말 군제의 3영(三營) 가운데 하나인 중영(中營), 즉 우영(右營), 후영(後營), 해방영(海防營)을 통합한 명칭인 통위영(統衛營)을 따서 통위부로 개칭하고, 이미 설치되었던 남조선 국방경비대는 조선경비대로, 조선국방경비대 사령부는 조선경비대 사령부로 각각 개칭되었다([표 4-4]).

[표 4-4] 통위부 기구표

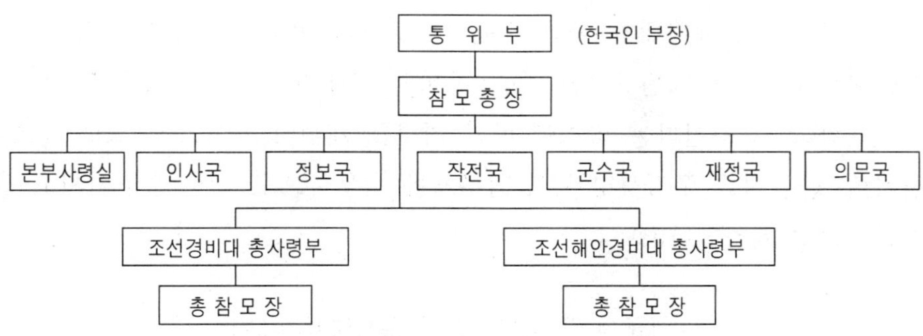

통위부는 1946년 9월 12일 미국 측 통위부장이 통위부 수석고문관으로 임명되고, 한국 측에서 통위부장으로 취임하였으며, 12월 7일에는 통위부의 기구개편에 따라 참모총장제를 신설하고, 참모총장으로 하여금 조선경비대 및 조선해안경비대를 지휘하도록 함으로써 경비대는 종래의 경비임무에 국한되지 않고 국가 전반에 걸친 방위임무로 확대되었다.

이 후 조선경비대 총사령부는 1947년 4월 총참모장제를 신설하고 총참모장 휘하 각 참모부의 과를 처로 승격시키고 법무처, 감찰감실, 통신과, 군감대(軍監隊)의 특별 참모기구를 신설하였다([표 4-5]).

[표 4-5] 조선경비대 총사령부(1948년 4월)

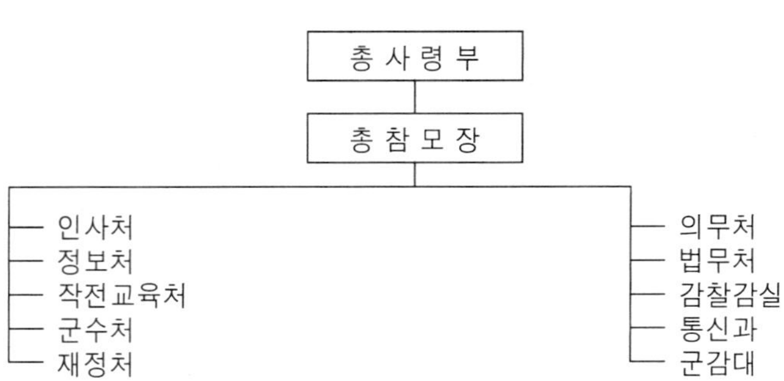

통위부는 1948년 5월 정부수립을 위한 5·10 총선거를 전후하여 5만 명의 병력으로 확충하기 위한 국방력 증강에 박차를 가한 끝에, 새로이 기술 병과부대를 창설함으로써 경찰예비대가 아닌 정규군으로서의 면모를 갖추게 되었고, 주한미군 육군철수계획이 발표됨에 따라 국토방위와 국내치안을 독자적으로 담당할 수 있는 수준으로 증강한다는 방침에 따라 기구를 개편하여 처를 국으로, 통신과를 통신처로, 군감대를 군기사령부로, 법무처를 법무국으로 각각 승격시키고 공병처와 병참처를 설치하였다([표 4-6]).

[표 4-6] 조선경비대 총사령부(1948년 8월)

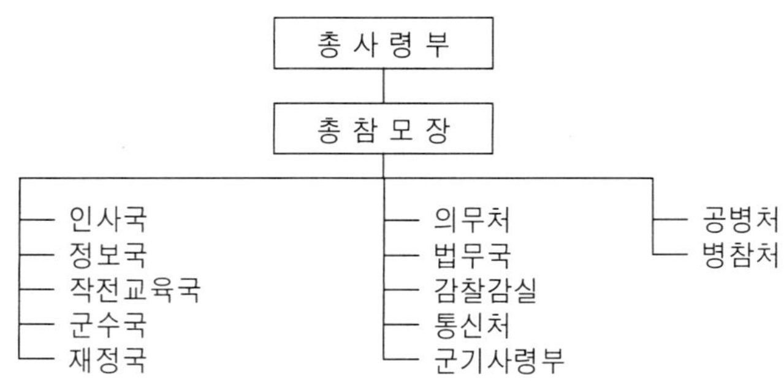

1948년 8월 15일 대한민국 정부가 수립되고 9월 1일부로 과도정부의 조선경비대와 해안경비대는 정식으로 육군과 해군으로 발족하고 국방부가 설치되어 육·해·공군의 군정을 관리하게 되었다.

국방부직제는 대통령령 37호로 공포되어 국군의 기능이 정상적으로 발휘할 수 있게 되었다. 국방부는 비서실과 제1, 2, 3, 4 및 항공국의 본부기구와 육군본부, 해군본부로 조직하였다. 각 부서의 업무는 다음과 같다.

① **비서실**: 부내 기밀사항, 관인, 문서관리, 기타 일반서무 행정관리

② **제1국(군무국)**: 군무, 인사, 병무, 섭외과로 편성, 국군인사 및 통제, 군비시설, 동원, 병무, 방위, 군행정 관장

③ **제2국(정훈국)**: 행정, 지도, 보도, 조사과로 편성, 장병 사상선도, 정신무장 교육업무 관장

④ **제3국(관리국)**: 군수행정, 영선관리, 재산관리, 후생, 예산, 경리과로 편성, 각군 군수사항 통제, 조정, 감독, 국방예산 회계운영, 복지시설

⑤ **제4국(정보국)**: 제1(행정), 제2(동해안 지구 담당). 제3(서해안지구 담당), 제4(국내공작 담당)의 과로 편성, 조사, 방첩, 검찰에 관한 사항을 관장, 특히 북괴군 및 국내 좌익분자 활동의 정보, 첩보수집 평가분석

⑥ **항공국**: 행정, 인사, 기획, 교육, 기술 및 정비과로 편성, 항공 운영업무 관장

한편, 국방부는 육군, 해군의 작전용병과 훈련에 관한 주요사항을 심의하기 위하여 연합참모회의를 설치하고, 참모총장이 의장이 되어 참모차장, 육군 및 해군 총참모장과 참모부장, 국방부 제1, 제2, 항공의 각 국장, 그리고 국방부 장관이 지정하는 육·해군 장교로 구성하였다([표 4-7]).

[표 4-7] 국방부 기구표(1948년 12월)

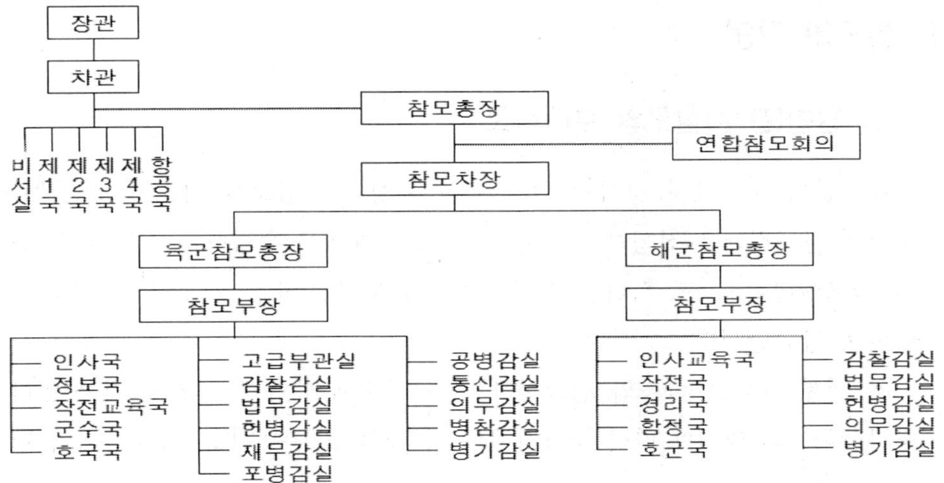

그러나 육·해군을 통합 지휘하던 국방부 참모총장 제도와 연합참모회의는 1949년 5월 기구 간소화 작업으로 폐지되고, 국방부 장관이 이를 직접 통솔하게 하고, 육군본부와 해군본부의 참모총장 제도만 존속시키고 참모부장제를 작전참모부장과 행정참모부장제로 편성하여 운영하였다([표 4-8]).

[표 4-8] 육군 편성표(1949년 5월)

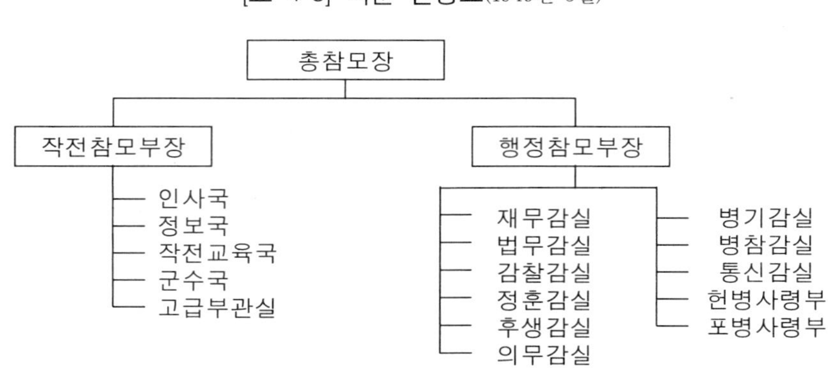

제3절 참모의 직능, 책임 및 권한

1. 참모의 구분

1) 일반(본부)참모와 부대참모

대부분의 국가에서 군사제도는 두 가지 형태의 참모를 가지고 있는데, 하나는 국가의 군사정책을 집행하기 위한 여러 가지 계획을 수립하는 일단의 장교로 구성된 참모형태이고, 또 하나는 야전지휘관의 보좌관 또는 참모로서의 역할을 하는 일단의 장교단이다.

첫 번째 그룹은 국가의 전반적인 군사 지도에 대해서 책임을 지고 있다. 최고 군사당국자의 명령에 따라 군사정책의 시행계획을 준비하고, 야전부대의 활용방법을 결정하는 이들은 "일반참모(General Staff)"라고 칭할 수 있다. 편성된 군대를 보유하고 있는 모든 국가는 최고군사령부에 이러한 참모본부 기능을 수행하는 유사한 조직체를 가지고 있다. 다만, 개별국가의 군사법규에 따라 각국의 최고군사기관의 구성과 기능, 불리는 용어가 상이하다.

참모조직을 설명하는데 있어서 가끔 혼란을 야기하는 것은 참모본부 장교가 야전지휘관이 지휘하는 사령부에서도 가끔 있기 때문이다.

상급참모 업무를 수행하는 장교들이 별도의 참모단 또는 그와 유사한 조직체를 형성해 놓은 곳에서는 어디에서나 최고사령부의 일반참모로 근무하는 장교단과 야전부대의 상위 참모직에 앉아 있는 장교단과 구별할 수 있는 방법이 필요하게 된다. 따라서 어느 국가건 "참모단(General Staff Corps)"을 형성해 놓은 곳에서는 보다 상급 참모조직에 있는 장교와 참모단의 일원이지만, 야전부대급에 속해 있는 장교들과 구별하기 위해서 설명 어구를 사용하는 경우가 많이 있다. 독일에서는 몰트케(Moltke)에 의해 참모조직이 편성되고 난 후에 전자를 "본부 참모요원(Members of the Great General Staff)"이라 하고 후자를 "부대 일반참모(General Staff with Troops)"라고 했다.

미국에서도 최고의 육군참모기관의 직책을 워싱턴에 있는 육군성 참모본부직을 의미하는 예외는 있어도 일반적으로 똑같은 방법이 널리 쓰이고 있다. 미공군에서도 마찬가지로 참모본부직은 미공군의 각 사령부 일반참모직이 포함되고 합동참모로 보직되었을 경우에는 "부대 일반참모직(General Staff duties with Troops)"을 수행한다고 이야기한다.

참모는 기능과 지위의 관점에서 볼 때 다음과 같이 기본적으로 세 가지 형태로 구분된다.

① 군대의 최고 참모기관으로서 정부 수준급의 참모인데, 이들 정부 수준급 참모는 다음 두 가지 일반형태 중에 한 가지 형태를 통상적으로 취한다. 하나는 제2차 세계대전 중의 독일군 총사령부(Oberkommando)가 제시한 것처럼 전군에 대해서 작전통제권을 갖고 있는 "최고(Supreme) 또는 국가급의 일반참모(National General Staff)"이고, 또 하나는 미국에 있는 것과 같은 합동참모부 제도인데, 합참은 대통령과 국방장관에 대한 최고의 기획 및 조언을 제공하며, 합동참모회의의 위원이고 계획의 집행책임을 지는 각군 총장을 구성원으로 해서 통합된 계획을 집행한다.

② 미 육군성 참모본부처럼 각 군을 전반적으로 지도하는 각 군 본부급 참모가 있다. 여러 가지 각 군 본부급 참모의 편성과 기능은 법령에 의해 정해지며 따라서 상당히 다를 수 있다.
③ 부대참모는 각 야전지휘관을 보좌하는 기능을 한다.

이상의 참모형태 외에 행정본부나 비작전부대의 참모들을 추가할 수 있는데, 그러한 기관의 참모들은 그들 특유의 활동성격에 따라 크게 상이하기 때문에 별도의 종류로 넣지 않았다.

모든 국가에서는 실제적으로 최고 또는 각 군 본부급 참모편성을 따라 예하 야전부대급의 참모편성이 이루어졌기 때문에 상급제대 참모편성이 능률적으로 편성되어 있으면 전군의 하급제대 참모편성도 능률적이었다.

야전부대의 참모편성 형태는 상급 참모기관의 것과 꼭 일치하지 않지만, 상대적인 능률성은 놀랍게도 거의 동등하였다. 이것은 분명히 전군의 어떠한 참모편성이든지 그 원형과 자극을 상급제대 참모편성에 의존하기 때문이다.

2) 야전부대 참모제도의 발전

참모제도의 역사적인 발달과정을 살펴보면 정부급 또는 각 군 본부급의 참모발달과정과 야전부대 참모제도의 발달과정을 반드시 분리할 수 있는 것은 아니다. 흔히 참모의 발전과정을 보면 참모편성과 절차에 관한 기본원칙들은 최상급제대에서부터 발전되어 가지고 하급제대에 적용되었기 때문이다.

이러한 견해는 주로 육군의 야전부대에서 사용되고 있는 참모제도의 발달과정과 관계가 있다. 왜냐하면 근본적으로 상급제대의 참모부가 예하 야전부대의 참모발달에 영향을 미쳤다는 관점이 있기 때문이다.

3) 지휘관과 참모의 관계

지휘관과 참모는 “지휘관의 임무를 성공적으로 수행한다.”라는 공동의 목적을 가진 군사적 단일체이다. 이러한 목적을 달성하기 위하여 참모는 지휘관이 지휘권을 효율적으로 행사할 수 있도록 조언하고 보좌해야 한다.

참모요원은 지휘관의 전문적인 보좌관으로서 지휘관의 책임분야를 분할 담당한다. 이렇게 함으로써 참모는 최선의 계획수립이 가능하고 계획의 문제에 관한 결심을 하여 예하부대를 효과적으로 지휘 및 통제할 수 있다.

사단급 이상 부대에서는 지휘관 자신이 직접 또는 참모장을 통하여 참모를 지휘하지만, 그 이하의 하급제대에서는 직접 또는 부지휘관이나 선임장교를 통하여 이들을 지시하고 감독한다.

2. 참모의 주요 직능 / 책임 및 권한

1) 주요 직능

참모는 지휘관을 보좌하기 위하여 다음과 같은 직능을 수행한다.

① 첩보수집(諜報蒐集) 및 제공

② 건의(建議)

③ 감독(監督)

④ 판단(判斷) 및 예측(豫測)

⑤ 계획(計劃) 및 명령(命令)

(1) 첩보수집 및 제공

참모는 책임분야에 대해 계속적으로 이용가능한 또는 수집가능한 모든 경로로부터 첩보를 수집, 처리 및 전파한다. 수집된 첩보를 만약 참모가 그대로 지휘관에게 제공한다면 지휘관은 첩보의 홍수에 파묻혀 버릴 것이므로 참모는 전문적인 직무관련 지식과 건전한 판단으로 일상적이거나 사소한 첩보는 참고하여 제외한 다음 지휘관이 반드시 알아야 하는 엄선된 핵심만을 제공하여 지휘관의 부담을 덜어줌으로써 건전하고 정확한 결심이 되도록 보좌해야 한다.

또 결심수립에 필요한 자료는 너무 보고단계가 많고 처리과정이 복잡하면 적시성을 상실할 우려가 있으므로 가능한 한 신속히 처리하여 이를 필요로 하는 지휘관, 참모 및 부대에 적시적으로 전파해야 한다. 이때 첩보 및 정보가 적에게 누설되지 않도록 보안에 유의해야 한다.

(2) 판단 및 예측

참모의 판단은 끊임없이 계속되는 과정이며 판단 시에는 가용한 모든 첩보를 기초로 수립된 방책에 영향을 미치게 될 모든 우발사태를 고려해야 한다. 판단의 결과는 필요시 형식에 구애됨이 없이 지휘관에게 건의되어 지휘관으로 하여금 방책을 결심할 수 있게 한다.

또한 참모는 지휘관의 행동, 적의 행동 및 작전상황을 예측할 수 있어야 한다. 참모가 상황의 추이와 수단의 가용성을 예측하는 것은 대단히 중요하며, 이렇게 함으로써 지휘관은 임무, 작전지역, 부대 및 수단 할당의 우선순위 등에 관하여 보좌를 받을 수 있다.

(3) 건의

참모는 방침, 조치할 행동, 그리고 하달할 명령들을 지휘관에게 건의한다. 건의는 공식 또는 비공식적으로 참모 간의 협조를 거쳐 이루어져야 한다. 제도와 규정에 의한 참모 간의 협조가 없다면 다른 참모의 책임분야에서 전체적인 작전수행에 심각한 영향을 주는 고려사항을 누락시킬 수 있고, 또 어떤 참모에 의해 건의되어 명령화되었음에도 불구하고 특정 분야에서는 지원이 불가능한 경우가 생길 수 있다. 참모의 판단에 이어 최선의 방책을 건의함으로써 지휘관은 임무, 작전지역, 부대 및 수단 할당의 우선순위 등에 관하여 보좌를 받을 수 있다.

(4) 계획 및 명령

참모는 지휘관이 결심한 사항이나 자신에게 위임된 권한 내에서 지휘관을 대신하여 계획 및 명령을 준비하여 지휘관의 결재 후에 관계되는 예하부대에 하달한다.

이 계획 및 명령의 작성 시에는 참모의 입장에서가 아니라 이를 실시하는 실시부대의 입장과 상황을 충분히 고려해 주어야 한다.

(5) 감독

참모는 지휘관이 결심한 사항이나 명령과 지시의 수행상태를 감독하며 현재 가용한 수단으로써 임무수행이 가능한가 그리고 지시된 대로 수행되고 있는지를 부단히 감독해야 한다. 참모감독은 지휘관이 참모가 감독하여 보고된 사항에 대하여 다시 지휘관이 지휘감독을 할 필요가 없도록 실시되어야 한다. 더욱이 원만한 부대임무수행을 위하여 부대 간의 협조와 상호 지원에 관하여 더욱 관심을 가져야 한다.

참모는 임무를 수행함에 있어서 필요한 참모 간의 협조관계를 유지해야 한다. 특히 사단급 이상 부대에서는 작전 및 업무의 복잡성 때문에 참모의 활동으로 충분하게 협조할 수 없는 경우가 많다. 따라서 참모는 활동순서와 실시, 환류(還流, feed back)의 각 단계, 그리고 예하 지휘관이나 참모 상호간에 필요한 사항에 관해 완전한 협조가 이루어지도록 노력해야 한다.

2) 책임

참모는 해당 책임분야에 관한 업무를 수행할 책임과 수행한 책임분야의 업무에 대해 지휘관에게 참모책임을 지며, 참모에게 위임된 사항에 대하여 지휘관에게 책임을 진다. 참모의 주요 책임분야에 관한 사항은 제6장에 기술되어 있다.

3) 권한

참모장교는 지휘권한을 갖고 있지 않으나 지휘관이 지시하거나 위임한 사항을 수행할 수 있으며, 지휘관은 자신의 지휘방침 범위 내에서 참모에게 업무를 수행할 수 있는 권한을 위임할 수 있다.

각 참모에게 위임되는 권한의 범위는 부대규모, 임무, 임무의 긴급성 및 참모의 능력과 책임분야에 따라 다르다. 경우에 따라서는 지휘관의 승인 없이도 계획과 명령을 발행할 수 있는 권한을 부여할 수도 있다. 그러나 참모가 위임받은 권한 내에서 지휘관 명의(名義)로 명령을 하달하였다 하더라도 이에 대한 전반적인 책임은 지휘관이 진다. 참모는 부대와 상황에 영향을 주는 자신의 활동사항을 지휘관에게 지체 없이 보고해야 한다.

제4절 참모장교의 자질

오늘날의 장교는 단순한 무사가 아니라, 고귀한 소명을 다할 수 있는 능력을 구비한 전문가라야 한다. 이러한 장교의 자질은 여러 가지 측면에서 논의되겠지만, 미국에서 군사교육문제를 전문적으로 연구한 G.M. Lyons와 John W. Masland의 견해를 소개하면, Lyons는 그의 저서 『Education and Military Leadership』에서 "장교는 상하를 막론하고, 단지 자기의 특기분야의 지식뿐만 아니라, 풍부한 일반지식도 구비해야 할 필요가 있다. 장교는 민주체제하에서 군의 역할을 충분히 인식하여야 하며, 국내외의 정치 · 경제 · 사회발전에 대해서 민감하여야 한다. 또 이들은 전반적인 군대의 운영에 부수되는 관리자로서의 집행능력이 있어야 한다. 또한 그들은 분석적인 기술과 고매한 판단력을 가져야 한다."고 했으며, Masland는 그의 저서 『Soldiers and Scholars』에서 직업군인의 자질을 ① 일반집행자질(general executive qualification)과, ② 더욱 전문화된 집행자질(more specialized executive qualification)로서 구분하고, 일반집행자질로서는 다방면성(versatility) 직업동기(job motivation)와 문관 지도하에서 창조적인 복무를 들었다.[5] 이에 먼저 미 참모업무 교범에 제시된 지휘관의 자질에 대해 먼저 알아보고 참모에게 요구되는 자질에 대해 논의해 보도록 하자.

1. 지휘관의 자질

① 결심이 확고해야 한다. 그는 용기와 결단력, 그리고 옳다고 여기는 것은 어떤 반대를 무릅쓰고라도 관철시킬 수 있는 의지를 가져야 한다.

Be resolute, He must have the courage, determination, and will to pursue that which is right, whatever the opposition.

② 대담해야 한다. 그는 신중한 위험을 택하기 위한 가능성과 현명함을 가져야 한다. 위험선택이라는 것은 결과가 불확실한 곳에서 결심을 수립하는 것을

5) 한용원, 군사발전론, 박영사, 1981.

의미한다. 지휘관은 기꺼이 적절한 균형－선택할 가치가 있는 위험인가?－을 이룬 결정을 해야 한다.

Be hold, He must have the ability and wisdom to take prudent risk. Risk-taking means making decision where the outcome is uncertain, In this respect, almost every military decision has an element of risk. The commander must willingly determine the proper balance-is the opportunity.

③ 때로는 무자비하기도 해야 한다. 이것은 희생자를 위한 고려를 하지 않는다거나 또는 군참사로 몰고 갈 무모함을 뜻하지 않는다, 그것은 인간적 대가를 치름이 없이 전장에서의 성공의 실현이다. 지휘관은 거칠고 그리고 때로는 불미한 결심을 수립할 수도 있어야 한다. 그러나 그는 성공을 위해서 필요할 때 적에게 최대한의 고통을 가하기 위해서 결코 머뭇거려서는 안 된다.

Be ruthless. This does not mean having a disregard for casualties or recklessness that could lead to military disaster; it is the realization that success on the battlefield is not without human cost. The commander must be capable of making tough and at time unsavory decisions. However, he must never hesitate to inflict maximum punishment on the enemy when necessary for success.

④ 전쟁의 스트레스와 불확실성을 신체적 · 정신적으로 다룰 준비가 되어야 한다. 비록 지휘관도 때로는 두려워할 수도 있으나, 그는 항상 침착과 자신감을 보여야 한다.

Be physically and mentally prepared to handle the stress and uncertainties of war, Although the commander may at times be fearful, he must always appear calm and confident.

⑤ 통찰력을 유지해야 한다. 그는 자신의 지휘를 위해서 단일통합 개념을 구체화해야 하며, 그의 주위에 혼란을 개의치 않고 상황의 균형된 전망과, 그가 싸워야 하는 중요한 문제에 대한 느낌으로 혼란을 초월해야 한다.

Maintain perspective, He must formulate a single unifying conceit for his command, and regardless of the turmoil surrounding him, he must rise above it with a balanced view of the situation and a feel for those few critical issues with which he must contend.

⑥ 융통성이 있어야 한다. 비록 그의 전반적인 목표가 변경될 것으로 생각되지는 않더라도 계획의 적용은 상황변화에 따라 신속할 것이 요구된다, 여기서 그는 계획을 완성하는 것과 계획을 변경하기 위한 융통성의 문제를 해결하는 것 적절한 균형유지에 집중해야 한다.

Be flexible, Although it is unlikely that his over all aim will change, adjustments to his may be required in light of situational changes, Here, he must strike the proper balance between his resolve to carry through a plan and flexibility to change it.

⑦ 모든 범위에 대해서 보고 생각할 수 있어야 한다. 이것은 예견된 행동과 차후의 행동에 의해서 근본적인 문제해결의 창출을 수반한다. 현행 작전의 결과를 판단하고 평가하는 능력은, 지휘를 위한 지휘관의 능력범위 내에서 고유한 것이다.

Be capable of seeing and thinking in all dimensions. This entails generating original solutions by predicting actions and subsequent actions. The ability to assess and estimate the outcome of current operations is inherent in the commander's ability to lead. Motivation and influence are key runctions of leadership in any context.

2. 참모의 자질

1) 전문성

참모는 직무와 관련해서 해당 업무는 물론 관계되는 모든 사항에 대해 폭넓고 해박한 전문지식을 깊이 함양하여 최대한으로 지휘관을 보좌해야 한다.

이를 위해서 참모는 끊임없이 자기 계발과 관련서적 및 교범을 숙독해야 한다. 각종 군내 보수교육을 통해서 업무와 관련된 풍부한 상상력과, 장래에 발생할 수 있는 일들에 대하여 사전에 계획을 수립할 수 있는 능력을 갖추어야 한다. 이는 자기 업무에 관하여 왕성한 책임감이 있어야만이 가능하고, 평소 대국적으로 사물을 보는 능력을 키워 끊임없이 부대의 실정을 파악할 수 있어야 한다.

2) 판단력

판단능력은 참모에게 있어 대단히 필요한 자질이다. 참모는 수많은 정보와 상황의 가운데에서 무엇이 정말 중요한 사항이고 현행 작전과 차후 대세에 어떤 사항이 큰 영향을 미칠 수 있는 것인가를 확인해서 이를 가능한 방책과 연결하여, 판단해야 한다. 특히 거의 대부분의 전장상황에서 시간이 충분한 경우란 거의 없을 것이므로 신속하고도 정확한 판단능력은 무엇보다 중요하다.

이를 위해 참모는 평소 훈련을 통해서 각종 발생가능한 사건을 가상하여 참모훈련을 게을리 하지 않아야 하고, 난국에 처했을 때 냉정, 침착하게 능률적으로 임무를 수행하는 능력을 개발하는 것이 중요하다.

그리고 자기의 능력 이상의 문제에서 그 문제로 고민하다 시간을 다 소모하고 닥쳐서 뒤늦게 보고함이 없이 지휘관의 결심이 요구되는 중요한 사항에 대해서는 지휘관으로 하여금 개인적인 준비시간을 갖도록 충분한 시간을 두고 사전에 예상하고 보고할 것이 필요하다.

이를 위하여 부대업무 우선순위, 규정, SOP를 정확히 알고 있어야 하며, 판단한 바를 간단명료하게 표현하는 능력을 개발함이 중요하다.

3) 조화성

참모는 오직 지휘관의 임무수행을 보좌한다는 단일목적에 있으므로 직능이 다른 참모 간에 협조와 협동, 상호 이해의 바탕위에서 참모장 또는 부지휘관을 중심으로 동일체가 되어 활동해야 한다.

이는 평소 타인과 밀접히 협조하여 유쾌하게 일하는 자질을 가질 것이 요구되며, 임무의 계획단계부터 관련 참모와의 대화와 협조로 서로 업무내용을 잘 알고 서로 도와주고 보완하는 관계를 유지함이 필수적이다.

그리고 참모로서 자기의 직속상관에게도 업무적으로 충성을 다해야 하겠지만, 예하부대 지휘관의 지휘권을 존중하여 도와주는 마음 자세로 근무해야 한다. 이에 필요한 마음 자세는 독선적이고 자기중심적인 자세로부터 탈피해서 서로 도와주겠다는 협동심과 겸양의 근무자세가 중요하다.

4) 독창성

참모는 일상 하는 업무라고 그 업무에 안주하여 해오던 방식 그대로 답습하기보다는 항시 문제의식을 갖고 문제를 대하며, 업무처리 기술이나 계획수립을 개선하기 위한 여러 대안(방안)을 창의적으로 생각해 내면서 발전시켜야 한다.

제2차 세계대전 시 프랑스군에서는 전차가 가동할 수 없다고 생각해서 방어를 게을리 한 아르덴 숲을 독일군이 전차를 앞세워 무인지경으로 돌파한 전사를 우리는 잘 알고 있다. 이와 같이 어떤 한 가지 생각이나 관념에만 얽매이지 말고 항상 묘안과 대안은 있다고 생각하고 이를 실행하려는 노력이 중요하다.

5) 추진력

참모는 독자적인 결심과 결정으로 업무를 추진할 수 없으므로, 지휘관에게 건전한 판단을 바탕으로 결심을 유도하고 결정된 사항에 대해서는 여하한 일이 있더라도 주어진 시간과 상황에서도 업무를 마무리하는 추진력을 보여야 한다.

추진력이란 어떠한 일을 함에 있어서 여하한 어려움과 난관을 극복하고 목적한 바를 성취하는 힘 또는 저력이라 할 수 있으며, 이러한 추진력은 참모의 자질 중 매우 중요한 요소라고 할 수 있다.

6) 정직성

정직하지 못한 상인은 그의 고객에게 금전적 손해를 끼치는 데 그치지만 정직하지 못한 군인은 무수한 인명과 재산의 손실은 물론 자칫 국가를 위태롭게 할 수 있다. 이는 조직 사회에서 흔히 있을 수 있는 허위보고에서 그 폐해가 극명하게 드러난다. 만일 허위로 보고된 사실에 근거해서 지휘관이 부대 운용을 판단하고 결심한다면 그 폐해는 부대 전체에 심각한 악영향을 끼칠 것이며, 더구나 이런 일이 전시에 벌어진다면 전투의 승패와 나아가서는 국가의 안위에까지 심각한 영향을 미칠 것이다.

그러기에 군인 복무규율 제8조에서는 정직의 의무를 두고 "군인은 근무 시에 정직해야 하며, 명령의 하달이나 전달, 보고 및 통보에도 허위, 왜곡, 과장 또는 은폐가 있어서는 안 된다."고 규정하고 있다. 군인은 솔직하고 정직한 것이 특징이 되어야 하고, 특히 참모에게 있어서는 중요한 자질이 아닐 수 없다. 모든 보고는 사실에 근거해서 보고해야 하고, 사소한 실수가 있더라도 정확한 상황을 보고해야지, 만약 사소한 실수를 덮기 위해 계속적으로 거짓보고를 하다보면 일이 더욱더 확대되어 수습할 길이 없게 될 수도 있다.

7) 충성심

'충성(忠誠)'의 사전적 의미는 "참마음에서 우러나오는 정신"이다. 이는 주자(朱子)의 "자기의 진심을 다하는 것을 충이라 한다."에서 유래된 것 같다. 오늘날 충성이라는 말이 나라에 대한 충성, 겨레에 대한 충성, 상관에 대한 충성, 직무에 대한 충성 등으로 사용되는 것은 충성의 본래적인 뜻에 가깝다고 할 수 있다. 그래서 장교는 자기의 직속상관, 부대, 대통령, 군대라는 단체, 그리고 전체로서의 국가에 헌신을 맹세한다. 충성은 진실성, 정의, 진실, 그리고 다른 고차원적인 목적들을 확보하기 위한 수단이다. 충성은 그 자체가 목적이 아니다. 충성을 이루는 요소들은 신뢰, 진실성, 헌신 그리고 복종을 내포한다.

그러므로 상관을 모실 때 충성을 다하고 복종하며, 상급자를 신뢰해야 한다.

그리고 충성심과 맥을 같이 하는 것이 상급자에 대한 간언(諫言)의 능력이다. 간언이란 말할 것도 없이 간한다는 것인데, 여기서 윗사람이 아랫사람에게 하는 것이 아니고 아랫사람이 윗사람에게 하는 데에 중요성이 있다. 상급자는 남의 위에 있는 처지이니 만큼 자칫 잘못하면 자신과잉(自信過剩)에 빠지거나 위로부터의 제약이나 압력이 없기 때문에 독선적으로 기울어질 위험성을 항상 갖게 된다. 그렇게 될 때 참으로 의지가 되는 부하, 신용할 수 있는 참모의 존재가 결정적인 의미를 갖게 된다.

이와 같이 말해야 할 것은 꼭 말해 주는 부하, 또는 참모를 상급자는 바라고 있다. 이를테면 어떤 사장은 항상 다음 세 가지를 사장의 좌우명으로 삼았다고 한다.

① 사장이 되면 5년간은 자기 의견을 말하지 않는다.

② 자기 생각이 100점이고 부하의 생각이 70점이라도 전체에게 영향이 가지 않는 것이라면 부하의 의견을 따르라.

③ 자기와 부하의 생각이 꼭 같다 해도 열 번에 한 번은 부하의 의견을 부정하

라. 그때 그대로 물러나는 부하라면 중역후보 명부에다 ×표를 하라.

그야말로 상급자에는 제왕학(帝王學)의 진수라 할 수 있는 교훈인데, 이것은 동시에 아랫사람에게는 엄중한 충고라는 것을 잊어서는 안 된다.

이 세 개의 좌우명은 사장이 아랫사람들의 소리에 귀를 기울여 부하를 기르는 마음가짐을 말함과 동시에 아랫사람들이 어떻게 사장의 주변, 상사의 주변에 있으면서 솔직하게 의견을 개진하는가, 그것이 얼마나 중요한가를 지적하는 것이므로 아무리 군대의 특수성에 비추어 생각해도 시사하는 바가 크다고 할 수 있다.

제5장

참모편성 및 활동

참모편성 및 활동

제1절 참모편성

본 절에서는 참모편성의 목적과 원칙, 고려사항과 참모의 기본형태 및 야전부대의 참모편성과 직책에 따른 임무에 대해 알아본다.[1)]

1. 참모편성의 목적 및 원칙

1) 참모편성의 목적

참모는 지휘관의 임무수행을 보좌하기 위한 단일협동체(單一協同體)로서 다음과 같은 목적을 달성하기 위하여 편성 및 운용된다.

① 지휘관 및 예하부대의 요구에 대한 즉각적인 반응
② 지휘관에게 계속적인 첩보제공
③ 작전을 지휘, 통제 및 협조시키는데 소요되는 시간의 단축
④ 과오(過誤)의 감소
⑤ 일상적인 업무에 대한 지휘관의 세부적인 감독을 감면

1) 육군본부, 야전교범 0-6 지휘관 및 참모업무, 2012.

2) 참모편성의 원칙

지휘관은 다음 원칙에 따라 참모를 편성한다.

(1) 책임을 명확하게 규정

사단의 재정참모가 해야 하는 업무를 대대 및 연대급의 인사장교(과장)가 하듯이 제대별 참모의 편성에 따라 책임분야를 규정하여 업무의 책임소재를 분명히 해야 한다.

(2) 책임에 상응(相應)하는 권한의 위임

책임분야의 수행에 관해서는 부대행정예규 등의 규정에 따라 전결권한을 명시하는 등 직무수행에 필요한 권한을 참모에게 위임하여야 한다.

(3) 관련 있는 활동의 통합

인사관리업무와 복지근무업무와 같이 관련 있는 활동은 한 참모부에서 관장해야 업무 상호 간에 자료의 활용이 가능하고 참모부 간의 협조에 필요한 시간과 노력을 최소화할 수 있다.

(4) 효과적인 통제한계를 설정

예규나 내규 등에 지휘관과 참모장, 참모간의 결재, 보고 등의 업무에 관해서 통제한계가 설정되어 있어야 한다.

(5) 융통성(融通性) 유지

전·평시 참모부의 업무량 차이에 따라 참모부를 구성하는 인원들을 융통성 있게 조절하고 유지해야 한다.

3) 참모의 주요기능

참모의 주요 기능은 ① 지휘관 결심보좌 ② 책임분야 통제 ③ 예하부대 지원 ④ 정보관리 ⑤ 기타 등이다.

(1) 지휘관 결심보좌

참모의 가장 중요한 기능은 부대활동 및 작전 전반에 걸쳐 지휘관에게 의견을 제시하여 지휘관의 건전한 결심을 보좌하는 것이다. 이를 위해 참모는 정보수집 및 교환, 참모판단 및 연구를 통해 지휘관에게 건의하고, 계획 및 명령 작성 등의 업무를 수행한다.

① **정보수집 및 교환 :** 참모는 첩보 및 정보를 수집하고 이를 처리하여 중요한 사항을 지휘관과 관계부서에 보고 및 전파하여야 한다. 참모는 모든 출처로부터 획득되는 첩보 및 정보를 수집·분석하여 중요성, 신뢰성, 적합성을 평가하고 최신 첩보 및 정보를 지휘관과 관련참모, 필요시에는 상·하급 및 인접부대에 신속히 보고 및 전파하여 정보가 적시성을 상실하지 않도록 해야 한다.

② **참모판단 :** 참모판단은 참모가 임무수행에 영향을 미치는 모든 요소를 논리적인 절차에 의해 검토하는 지속적인 사고과정이다. 참모판단 시에는 가용한 모든 첩보 및 정보와 기타 내용을 기초로 방책발전에 영향을 미치게 될 모든 사태를 고려하여 실행 가능한 방책을 수립·분석·비교하며, 성공 가능성이 가장 높은 방책을 지휘관에게 건의해야 한다.

③ **연구 :** 참모는 작전수행에 관한 분야뿐만 아니라 해당 책임분야의 일반적인 업무 수행, 각종 제도 및 방침 등을 연구하여 지휘관에게 보고해야 한다.

④ **건의 :** 참모는 판단 및 연구를 통해 부대 운용방향, 조치할 행동, 발전시킨 방책 그리고 하달할 명령 등을 지휘관에게 건의한다. 건의는 참모 간에 충분한 사전협조 후 이루어져야 하며 적시에 하여야 한다.

⑤ **계획 및 명령 작성 :** 참모는 지휘관의 결심사항을 수행하고, 필요한 모든 세부사항을 협조하기 위해 결심한 사항 등을 위임된 권한 범위 내에서 계획 및 명령으로 작성하여 지휘관에게 보고한다.

(2) 책임분야 통제

참모는 해당 책임분야에서 지휘관 의도와 작전개념이 구현되도록 필요한 사항을 확인하고 통제해야 한다. 이를 위해 지휘관은 훈련되고 신뢰할 수 있는 참모에게 지휘관 의도에 기초하여 판단 및 조치할 수 있도록 권한을 부여할 수 있다. 이때 참모는 해당 책임분야에서 지휘관을 대신하여 판단하고 조치한다. 부대에 영향을 주는 지시와 활동사항에 대해서는 지휘관에게 지체 없이 보고하여야 하나 긴급 조치가 필요할 시에는 위임된 권한 범위 내에서 선 조치 후 보고할 수 있다.

(3) 예하부대 지원

참모는 지휘관이 예하부대에게 과업을 부여 시 예하부대가 필요로 하는 자원을 확인 후 지원해야 한다. 참모는 지원 가능한 자원을 판단하여 지휘관에게 보고하고 제한사항에 대해서는 필요시 상급 부대에 건의하여 조치한다.

(4) 정보관리

참모는 책임분야에 대한 첩보 및 정보를 수집하고 적극적인 교환을 통해 상·하·인접·지원·피지원 부대에 관련정보를 전파해야 한다. 이를 위해서는 전장관리체계와 책임분야별 자원관리체계를 유지해야 한다. 참모는 지휘소 자동화 및 정보체계를 효과적으로 유지하여 관련정보를 관리하고 원활한 협조를 통하여 지휘관의 결심을 보좌해야 한다.

(5) 기타

참모는 지휘관의 지시사항을 검토하거나 부여된 과업에 대한 수행방안을 제시한다. 또한 전투발전 소요 도출 및 제안 등의 업무를 수행함으로써 현존 전력 극대화 및 미래 전력 창출을 지원한다. 이에 추가하여 전투준비태세 차원에서 평상시부터 위기를 효과적으로 예방·대비·대응·복구하기 위하여 위기관리에 힘써야 한다.

2. 참모의 기본형태 및 구성

참모의 기본형태에는 일반형(一般型), 부장형(副長型) 참모형태가 있다. 부대의 임무와 기능, 그리고 형태에 따라 참모 기본형태를 혼용한 참모형태를 편성 운용할 수 있다.

1) 일반형 참모형태

일반형 참모형태는 일반참모, 특별참모 및 개인참모 등으로 구성된다. 각 참모의 수는 제대의 규모에 따라 상이하나 참모장은 반드시 포함된다([표 5-1]).

[표 5-1] 일반형 참모형태

지휘관
개인참모
참모장
일반참모
○○참모 ○○참모 ○○참모 ○○참모 ○○참모
특별참모

2) 부장형 참모형태

부장형 참모형태는 일반참모, 특별참모, 개인참모 등으로 구성된다. 주로 학교기관과 각 군의 본부급 이상에서 편성하며, 각 부의 장은 부장으로 호칭된다. 이 참모형태는 참모장이 없는 것이 특징이며, 통상 일반형 참모형태에서 보다 많은 권한이 부장 즉, 일반참모에게 위임된다([표 5-2]).

[표 5-2] 부장형 참모형태

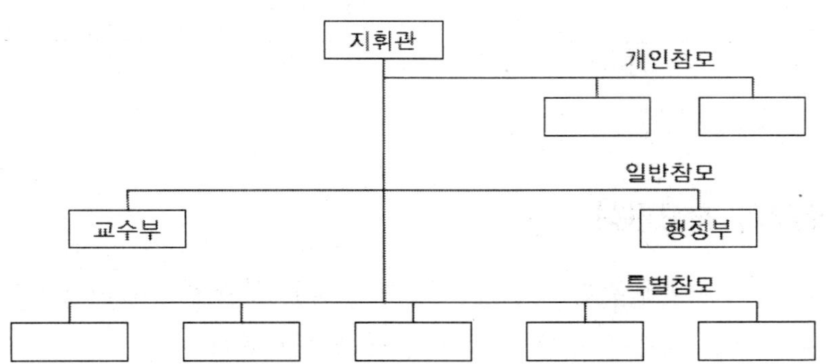

3. 야전부대의 참모편성

1) 대부대 참모편성(작전사(야전군) - 사단)

작전사 및 야전군, 군단, 사단사령부의 참모편성에는 일반참모, 특별참모 및 개인참모가 포함되며, 필요시 연락장교와 비서실장 등이 추가된다. 작전사 및 야전군, 군단 및 사단사령부의 참모는 편제표에 의거 편성되며, 상황에 따라 보강된다. 보병 사단의 전형적인 참모편성은 통상 다음과 같다(야전군, 군단 : 사단과 거의 유사하나 임무를 고려, 일부 추가편성).

[표 5-3] 사단급 부대 참모형태

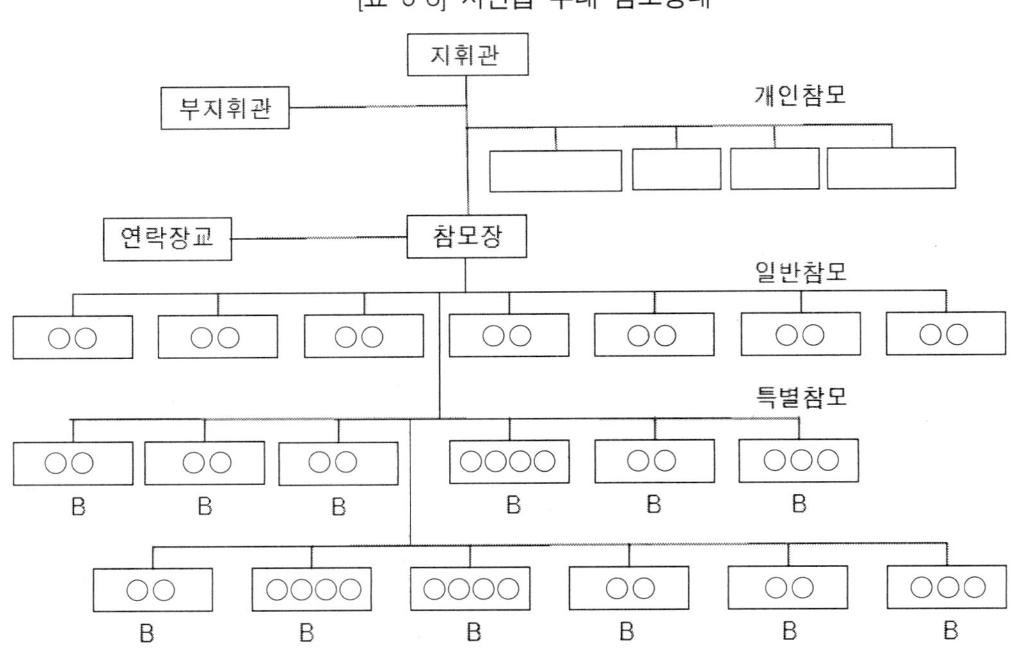

2) 소부대 참모편성

소부대 참모편성에 관한 사항은 사단보다 작은 부대인 여단(독립여단 제외), 연대, 단, 대대 그리고 특수한 경우 특수부대 등에 적용된다.

(1) 편성 및 구성

① 각 부대의 편제표에는 해당부대의 참모편성과 구성에 관하여 규정되어 있다. 소부대의 참모편성은 [표 5-4]에 도식되어 있다.

② 소부대의 참모에는 일반참모와 특별참모가 포함되며, 필요할 때 개인참모와 연락장교가 추가된다. 부지휘관이나 선임참모가 사단급 이상부대에 편성되어 참모장의 직능을 수행한다.

③ 소부대 일반참모에는 다음과 같은 참모가 포함되며, 그 호칭은'○○과장'으로 호칭되며, 일부는 '○○장교'라 호칭한다.

> •인사 : 사단의 인사참모, 감찰참모, 헌병참모, 재정참모, 지휘관의 개인참모, 비서실장의 직능을 수행한다.
> •정보 : 사단의 정보참모의 직능을 수행한다.
> •작전 : 사단의 작전참모, 교훈참모, 기타 작전 및 교육훈련에 관련되는 특별참모의 직능을 수행한다.
> •군수 : 사단의 군수참모, 군수업무와 관련된 특별 및 기술참모의 직능을 수행한다.

(2) 특별 및 개인참모

특별참모에는 통신장교, 화학장교, 수송장교, 병기장교, 의무장교, 군종장교 등이 포함되며, 정훈장교와 주임원사는 특별참모보다는 개인참모로 운영되며, 필요할 때 연락장교가 추가될 수 있다.

(3) 참모의 편성

소부대의 전형적인 참모편성은 다음과 같다.

[표 5-4] 소부대 참모편성

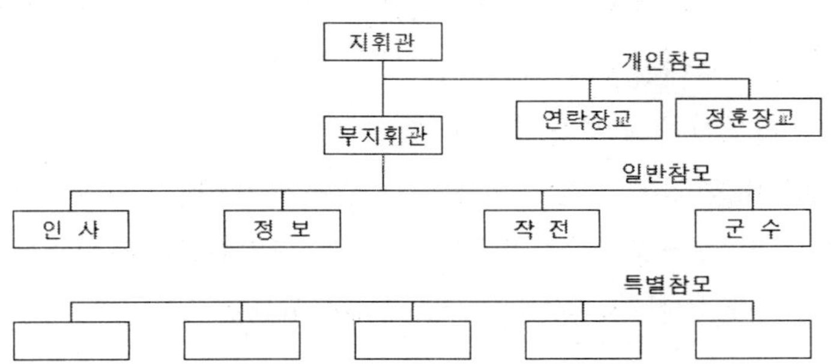

3) 일반형 참모형태의 구성 / 임무

지휘관은 필요에 따라 일반참모, 특별참모, 개인참모의 간부 또는 일부로서 참모진을 구성하며, 필요할 때 연락장교와 비서실장이 포함된다.

또한 참모에게 직접 지시하고, 그들을 감독하기 위하여 참모장을 둔다.

(1) 참모장

① 참모장은 지휘관의 주된 보좌관이며 조언자이다.

② 참모장은 참모의 장이다. 참모장은 지휘관의 의도대로 업무가 수행되도록 참모장교의 업무수행을 보장하고 참모장교의 활동을 조정할 책임이 있다. 또한 일반참모와 특별참모의 활동을 협조시킨다. 지휘관은 참모장에게 참모를 지휘할 수 있는 권한을 위임할 수도 있다. 이러한 권한위임의 범위와 정도는 지휘관에 의하여 정해진다.

(2) 일반참모

① 일반참모는 부여받은 업무분야에 대한 지휘관의 주된 참모이다. 그러나 일반참모는 지휘관의 전 책임분야에 대하여 공동으로 참모책임을 진다. 일반참모는 예하부대의 계획, 임무 및 작전을 협조시킴으로써 지휘관을 보좌하며, 또한 부대가 효율적으로 운용될 수 있도록 모든 활동을 통합한다.

② 군 · 군단 및 사단사령부의 일반참모는 '○○참모'로 호칭한다.

③ 일반참모의 활동범위는 제대(梯隊)에 따라 상이하나, 그 책임분야는 동일하다.

④ 일반참모는 조언자이며 계획수립자이고 협조자이며 감독자이다. 그는 상황을 판단하고 계획을 수립한다. 그러나 특별참모나 예하 지휘관이 책임을 지고 있는 부대의 운용, 활동 및 업무의 세부사항까지 관여해서는 안 된다.

⑤ 일반참모는 부대활동의 전반적인 협조에 대한 책임을 지며, 관계 특별참모의 활동을 협조시키고 통합시켜야 한다.

- 일반참모의 업무는 상호 관련되는 업무가 많다. 이러한 경우에는 참모장이 전반적인 협조를 위한 주책임을 특정 일반참모에게 부여한다. 이 참모는 그 분야에 관한 지휘관의 계획을 수행하는 주된 일반참모이다. 예를 들면

훈련에 대해서는 교훈참모가 주 참모책임을 지지만 정보참모나 군수참모는 정보훈련이나 군수훈련에 관하여 직접적인 관계를 갖는다. 이와 같이 명확한 참모책임을 부여함으로써 협조를 보장하고 의견 차이를 제거시킬 수 있다.

- 일반참모가 그의 주책임이 아닌 분야에 대한 감독을 실시할 경우, 주 참모책임을 지는 일반참모와 협조해야 한다. 이러한 감독은 주 참모책임을 지고 있는 일반참모의 책임을 침해하는 것이 아니다.
- 일반참모는 참모장에 대하여 직접적으로 책임을 지나, 지휘관은 일반참모와 직접 접촉할 수도 있다. 이러한 경우 참모는 지휘관에게 보고한 사항과 지휘관으로부터 수명한 사항(受命한 事項)을 참모장에게 반드시 사후 보고해야 한다.

(3) 특별참모

특별참모는 일반참모의 업무분야보다는 좁지만 그 분야에 포함되어 있는 기술적인 분야, 행정적인 분야 및 특정 병과에 관한 업무에 관하여 지휘관을 보좌한다.

① 특별참모의 수와 형태는 편제표에 규정되어 있다. 지휘관은 임무완수에 필요한 특별참모를 편성하고 특정사항에 대처할 수 있도록 책임을 부여한다.

② 참모장은 일반참모의 보좌를 받아 특별참모의 활동을 감독하고 지시하며 협조시킨다.

③ 특별참모는 해당 책임분야를 수행함으로써 지휘관이나 일반참모를 보좌하며, 다음과 같은 임무를 수행한다.

- 지휘관이나 일반참모에게 자신이 수행하는 특수분야에 관한 첩보 및 판단을 제공하고 조언
- 계획, 명령 및 보고서 작성 시 일반참모를 보좌
- 해당 기술분야에 관한 부대활동을 감독
- 자기 처부의 훈련을 계획하고 감독하며, 해당 기능분야에 관한 부대훈련을 감독
- 부대의 지휘관인 특별참모는 참모와 지휘관의 이중기능 수행

(4) 개인참모 및 연락장교

① 개인참모는 지휘관이 직접 조정하고 통제하기를 요망하는 개인업무 또는 특정분야에 관하여 지휘관을 보좌한다. 이러한 참모장교는 부여받은 업무에 관하여 사령부 내의 정상적인 참모계통을 통하지 않고 지휘관에게 직접 보고한다. 정훈공보참모, 감찰참모, 법무참모, 주임원사는 통상 지휘관의 개인참모이다.

② 연락장교는 참모장의 지시에 따라 부대의 대표자로 활동한다. 다른 사령부에 파견된 연락장교는 자기의 지휘관을 대리하며, 직접 접촉을 통하여 부대활동을 협조하고 첩보를 교환한다.

(5) 참모보좌관 및 행정장교

참모장, 일반 및 특별참모는 통상 보좌관 또는 행정장교를 갖는다. 보좌관은 그의 장(長)이 특별히 위임할 경우에만 권한을 갖는다. 그러나 장의 전 권한이 위임되지는 않는다. 행정장교의 권한은 통상 부여된 업무범위내의 전문화된 특수분야에 제한된다.

(6) 수행부관 및 전속부관

군대의 핵심부에 위치하며 상급부대와 하급부대, 그리고 외부와도 빈번하게 접촉을 갖고 그 관계를 원활히 해 간다는 의미에서 부관만큼 중요한 역할도 없을 것이다. 개인과 개인, 부대와 부대의 접점에 서서 쌍방의 기밀에 속하는 것에 관계하는 이상, 거기에는 절대적인 신망이 요구된다. 그런 의미에서 부하로서 신망의 전형이 부관의 조건 가운데 보여지게 되는데 부관으로서 알아두어야 할 일은 다음과 같은 것들이 있다.

① 상시 근무임을 잊어서는 안 된다. 항상 소재를 밝히고 외출 중에도 대신 자리를 지키는 근무자가 연락이 가능하도록 해야 한다.

② 유능하기에 앞서 신뢰받는 사람이어야 한다.

③ 입이 무거워야 한다.

④ 자신을 앞에 내세워서는 안 된다.

⑤ 모시는 사람보다 먼저 신문을 읽어야 한다. 상급자가 질문을 하면 곧 대답할 수 있도록 해야 한다.
⑥ 일의 완급(緩急), 경중(輕重)의 판단을 잘 해야지 그렇지 않으면 부관으로서 실격이다.
⑦ 상급자가 잘못 생각하고 있음을 알게 되면 그것이 잘못이라는 것을 어떻게든지 알리도록 해야 한다. 그러나 그 방법은 사람에 따라 여러 가지이다.
⑧ 거짓말을 하지 말 것, 말할 수 없는 것은 사정을 이야기해서 양해를 얻고, 이야기할 수 있는 때가 오면 재빨리 상급자에게 알린다.
⑨ 상급자를 위해 안테나 역할을 할 것.
⑩ 신문을 읽고 새로운 변화가 있으면 먼저 자기 나름의 판단으로 그 영향을 생각한다. 그러고 나서 해설을 보듯 자기 판단을 시험할 것.
⑪ 반드시 복수(複數)의 화제를 가지고 있을 것.

제2절 참모활동 수단

참모활동은 지휘관의 의도를 충족시키기 위하여 모든 활동수단을 이용하여 이루어진다. 참모활동 수단에 포함되는 사항은 ① 참모협조 ② 참모감독 ③ 기록 ④ 보고 ⑤ 회의 및 브리핑 ⑥ 통신이다.

1. 참모협조

참모협조는 임무를 효율적으로 수행하기 위하여 모든 참모들의 활동을 통합시키고 계획이 시행되기 이전에 필요한 부분을 조정하는 활동이다. 이를 통해 행정업무를 감소시키며 자원과 시간을 절약할 수 있다. 따라서 주무참모와 관계참모는 관련되는 업무를 검토하고 상호 협조하여 의견 차이를 해소하고 최선의 안을 도출해야 한다. 참모협조는 상황에 따라 많은 시간이 소요될 수 있으므로, 신속한 활동이 요구될 때에는 해당 업무의 주무참모가 지휘관에게 먼저 보고한 후 관련참모와 업무 협조를 할 수도 있다. 최근 들어 합동성·협동성을 제고시키기 위해 내부협조뿐만 아니라 상·하·인접 부대와의 협조가 더욱 중요시되고 있다.

2. 참모감독

참모는 지휘관 의도를 숙지하고 계획이나 명령이 지휘관 의도대로 시행될 수 있도록 감독한다. 또한 참모는 계획에 영향을 미치는 새로운 사실을 파악하여 필요한 변경사항을 건의해야 한다. 이러한 참모감독은 점검표를 활용하여 감독하는 것이 효과적이며, 일반적으로 보고분석, 방문, 검열 등을 통해 이루어진다. 그러나 참모감독은 예하부대의 주도적 감독수행 보장 및 행정 간소화 차원에서 최소화거나 기능별로 통합해서 실시해야 한다.

1) 보고분석

참모는 예하부대의 보고를 면밀히 분석하고 평가함으로써 부대의 작전 및 업무 진행 상태를 파악할 수 있다. 보고분석은 관련분야에 관한 정보를 수집하는 데 있어서 참모 방문보다 신속한 방법이 될 수 있으나 현장감이 부족할 수 있다.

2) 방문

방문은 정보를 획득하고 명령이나 지시의 이행상태를 파악하며, 예하부대 지휘관에게 지침이나 조력을 제공하기 위하여 실시한다. 참모가 지휘관의 명에 의해 예하부대를 방문할 때는 해당부대 지휘관을 방문하여 방문목적을 설명하고 지휘관 의견을 청취한다. 참모가 예하부대를 방문하는 주된 목적은 예하부대의 당면한 애로사항을 현지에서 직접 발견·확인하고, 이의 해결을 지원하기 위해서이다. 이때 예하부대 지휘관의 권한을 침해해서는 안 되며, 참모는 방문 후 복귀하기 전에 자신이 관찰한 사항을 해당부대 지휘관에게 알려주어야 한다. 참모는 방문 후 지휘관 지시사항이 효과적이고 능률적으로 실시되고 있는가에 관해 획득한 정보를 바탕으로 지휘관에게 장차 부대활동에 필요한 사항을 건의한다.

3) 검열

검열은 지휘관이 직접 하거나 지휘관의 지시에 따라 지정된 참모 또는 검열단이 실시할 수 있다. 검열을 지시 받은 참모나 검열단은 지휘관이 지시한 강조사항과 부여된 임무를 완수하기 위해 필요한 내용들이 포함된 점검표를 사전에 준비하여야 한다. 또한 특별한 경우를 제외하고는 지휘관의 승인을 받아 검열을 실시하기 전에 검열 대상부대 지휘관에게 검열의 목적과 내용을 하달한다.

검열 일정을 계획할 때에는 예하부대의 활동을 방해하지 않도록 하며, 불필요한 행정요소를 줄이기 위해 노력해야 한다. 또한 참모나 검열단은 검열을 실시한 후 복귀하기 전에 검열 대상부대 지휘관에게 검열 결과에 대하여 강평을 하여야 한다.

3. 기록

참모는 참모 활동수단으로 다양한 기록물을 활용한다. 특히 사단급 이상 제대에서는 군사작전의 규모 및 업무의 복잡성 때문에 지시사항, 각종 보고, 명령 및 연구내용을 전자결재시스템, 일지, 업무 참고철, 상황도 등을 활용하여 기록한다. 기록을 할 때는 단일성, 정확성, 일관성, 객관성, 완전성을 적용하여 작성자의 의도를 명확하게 포함함으로써 열람자가 내용을 오해하지 않도록 해야 한다.

1) 일지

일지(업무일지, 상황일지, 근무일지 등)는 관련된 사건을 발생순으로 기록하는 공식기록이다. 일지에 기록되는 내용은 통상 통신문의 접수 및 전파시간, 상급부대 지휘관이나 참모의 방문 시 방문 목적과 지시사항, 전문이나 명령의 요약내용, 참고사항 등이다. 또한 필요시에는 통신문의 원문이 첨부될 수 있으며, 구두 통신이나 구두 명령은 가능한 한 그 내용을 요약하거나 축약함이 없이 그대로 기록한다.

2) 업무참고철

업무참고철은 현행업무 및 작전을 수행하는 데 필요한 각종 문서철의 총칭이다. 각 참모부는 전·평시 활용 가능한 정보체계를 이용하여 내용에 따라 분야별로 분류하고 기록물을 유지한다.

4) 상황도

상황도는 현재의 상황을 지도에 도식으로 표시한 것으로 군단급 이하 제대는 육군전술지휘정보체계(ATCIS)의 공통작전상황도(COP)를 활용한다. 각 참모부는 자기 분야의 활동 상황을 상황도에 도시하고 일지에 기록한다, 현 상황과 관련된 첩보 및 정보는 상황도의 여백에 기록하여 활용한다.

4. 보고

보고는 대면하여 구두 또는 서면으로 할 수 있고, 정보체계의 전자문서, 메신저 및 전자우편 등을 이용하여 비대면으로 할 수 있다. 보고서의 양식은 대체로 육규 151(사무관리 및 일상명령 발령)에 규정되어 있지만 부대 규모와 성격에 따라 자체 예규로서 부대별로 정할 수 있다. 또한 상황 및 내용에 따라 규정을 참고하여 보고자가 상이하게 작성할 수도 있다. 그러나 합동 및 연합작전 시에는 규정된 양식을 사용한다. 보고는 정기적으로 실시하는 정기보고와 특정한 상황에 의해 수시로 실시하는 수시보고로 구분된다.

1) 정기보고

정기보고는 각급 부대에서 정기적(일일, 주간, 월간 등)으로 실시하는 보고를 말하며, 지정된 양식에 의거 작성하여 제출한다. 육군전술지휘정보체계(ATCIS) 등 정보체계를 이용하여 보고할 시에는 체계 내에서 별도로 지정된 시간 내에 보고한다.

2) 수시보고

수시보고는 정기보고를 제외한 모든 보고로서 특정한 상황이 발생되었을 때 최초보고, 중간보고, 최종보고로 구분하여 실시한다. 최초보고는 문제 또는 상황 발생 시 일시, 장소 알고 있는 내용 등을 포함하여 신속히 보고하는 것이 중요하다. 중간보고는 문제 또는 상황이 진정됨에 따라 이에 대한 조치 및 추가내용 등을 6하 원칙에 의거 수시로 실시한다. 최종보고는 문제 또는 상황의 종료시간, 개요, 경과에 관한 분석 및 판단, 문제점 및 교훈, 건의사항 등을 포함하여 실시한다.

5. 회의 및 브리핑

1) 회의

회의는 첩보 및 정보와 의견 교환, 의사결정, 그리고 필요한 지시 및 협조를 위하여 실시한다. 회의 시에는 브리핑을 통해 참석자들에게 최근의 상황이나 부대가 당면한 문제를 숙지시킬 수 있다.

회의를 통하여 대부분의 의견 차이는 충분히 해결될 수 있고, 참석한 모든 인원은 도출된 결과를 충분히 이해할 수 있게 된다. 회의 참석자는 필수요원으로 한정하고, 회의 일정과 의제를 사전에 통보하여 사전에 준비토록 해야 한다. 정례적인 회의는 참가자의 범위를 부대예규에 명시함으로써 행정적인 절차를 간소화하며, 참석자들이 사전에 충분한 준비를 할 수 있게 한다.

2) 브리핑

브리핑의 기본목적은 제시된 주제에 대하여 참석자가 완전하게 이해하도록 하는 데 있다. 또한 발표자는 참석자가 논리적이고 타당성 있는 결론과 건의에 도달할 수 있도록 간결하고 객관적이며 정확한 설명을 할 수 있어야 한다. 브리핑 형태는 다음과 같다.

① 정보형 브리핑은 참석자에게 첩보 및 정보를 제공하여 이를 이해시키기 위하여 실시한다.

② 결심형 브리핑은 결론이나 결심을 얻기 위하여 통상 논리적인 순서에 따라 실시한다.

③ 지시형 브리핑은 작전상황하에서 첩보 및 정보를 제공하고, 특정한 과업을 부여하거나 임무를 주지시키며 관련부대 간의 협조를 강화하기 위하여 실시한다.

④ 임무 브리핑은 상급지휘관의 명령 또는 지시사항에 대한 시행계획을 보고하는 브리핑으로서, 통상 상급지휘관이 예하부대의 임무수행을 위한 준비상태를 확인하기 위해 실시한다.

⑤ 결합형 브리핑은 첩보와 정보의 교환, 결심, 명령의 하달 등에 있어서 협조와 노력의 통합을 이루고자 할 때, 정보형 · 결심형 · 지시형 브리핑 중 둘 이상을 결합한 형태로 실시한다.

6. 통신

통신이란 참모가 자신의 임무를 수행함에 있어서 상 · 하 · 인접부대(해군 및 공군, 지원 및 배속부대, 경찰, 향방예비군, 유관기관 등) 및 해 제대, 관련기관의 업무담당자와 의사를 전달하거나 교환하는 수단이다. 통신의 방법에는 방문이나 검열 등과 같은 개인 접촉과 지휘통신체계 이용, 문서통신 및 연락활동 등이 있다. 지휘통신은 가용한 통신체계를 활용하여 지휘통제에 필요한 정보를 상호 전달 및 공유하여 의사결정에 기여하는 방법과 수단이다. 참모는 전장관리체계를 통해 제반 전투요소를 상호 유기적으로 연동 및 통합한다. 또한 책임분야별 자원관리체계를 활용하여 제대 및 기능별로 구축된 자원 정보를 관련참모, 타 부대, 타 군, 정부기관 및 기타 공공기관과 교환 및 공유한다. 따라서 참모는 책임분야별 정보체계를 사용할 수 있어야 하고, 동시에 비밀분류, 정보체계에 관련한 보안대책 등을 숙지하고 있어야 한다. 참모가 자주 사용하는 문서통신에는 계획이나, 명령, 공문서, 회보 및 기타 통신문(전자문서, 메신저, 전자우편, FAX 등)이 있으며 연락활동을 통해 부대 간, 정부기관과의 접촉을 유지한다.

제6장

참모의 책임분야

참모의 책임분야

제1절 일반참모의 주요 책임분야

1. 인사참모

인사참모는 부대병력을 유지하여 작전지속능력을 보장하기 위한 주무참모이다. 아군과 적군을 포함하여 군의 직접적인 통제 하에 있는 군인과 민간인의 관리 및 행정에 관하여 조언하고 협조한다. 작전환경과 전쟁 양상을 고려할 때 인사지원소요는 더욱 증대되며, 효과적이고 지속적인 인사지원을 제공함으로써 작전의 성공을 보장할 수 있다.

인사참모의 주요 업무는 다음과 같다.

1) 부대병력유지

부대병력유지는 부족한 병력을 충원함으로써 편제된 병력수준을 유지하고, 현재 보직된 인원의 적절한 관리를 통하여 손실을 감소시킴으로써 개인의 능률을 유지하는 업무이다. 따라서 부대병력유지는 인력관리, 인사관리, 인사근무, 의무근무, 군기 · 군법 및 질서유지 등과 통합되어야 한다. 부대병력유지는 병력업무, 보충업무, 인사기록 및 보고업무 등이 있으며 국방인사정보체계를 이용하여 업무처리를 자동화되고 인사정보를 효과적으로 공유하고 활용한다.

2) 병력업무

병력업무에는 병력현황 유지, 손실판단이 있다. 병력은 전투력을 구성하는 기본요소이다. 따라서 인사참모는 정확한 병력현황을 파악 및 유지하여 지휘관 및 상급부대에 보고하고 관련참모에게 정보를 제공해야 한다.

① 병력현황 유지란 인사참모가 육군전술지휘정보체계(ATCIS), 예하부대 보고서 등을 통하여 부대 병력현황을 유지하는 것을 의미하여, 병력현황과 관련된 문서는 개인기록 및 보고, 부대기록 및 보고 등이 있다.

② 손실판단이란 인원손실에 대한 예측이며, 인원손실은 편제보직 병력상의 감소를 의미한다. 인원손실은 전투와 직접 관련되어 발생하는 전투손실(전사, 전상, 전상으로 인한 사망, 전투 중 실종 및 포로), 전투와 직접 관련 없이 발생하는 비전투손실(비전투사망, 비전투실종, 질병 및 사고로 인한 후송), 행정적 요인에 의한 행정손실(전역, 전출 군무이탈, 구속 등)이 있다. 인사참모는 손실을 예측하고 가용 보충 병력의 할당 및 사상자 처리를 위한 기준을 제시하며, 예상 보충소요를 결정하여 상급부대에 보고한다. 이러한 손실판단 종류에는 야전군지역 손실판단과 후방지역 손실판단이 있다.

3) 보충업무

보충업무는 손실에 의해 발생된 부족 병력을 충원하는 것으로 보충방법에는 개인보충과 부대보충이 있다. 개인보충은 편제상 공석에 대하여 계급별, 군사특기별로 충원하는 방법이며, 부대보충은 부대가 전투력을 상실하였을 때 피해부대와 동일한 편성과 장비를 갖춘 다른 부대로 대치시키는 보충방법이다.

보충방법은 해당부대의 전투 효율성을 고려하여 인사참모와 협조 후 작전참모가 결정하여 지휘관에게 건의한다. 부대가 대량 전상자 발생으로 전투력복원이 필요할 시 인사참모는 작전참모가 수립한 전투력 복원계획에 따라 필요한 인사지원이 제공될 수 있도록 세부계획을 작성하고 시행을 감독한다. 이를 위해 인사참모는 전투피해를 예측하여 전투력복원 지원요소를 판단하고 지휘관이 설정한 전투력복원 우선순위에 따라 보충병력 등 지원사항을 사전에 확보 및 준비하여 전투력복원을 지원한다.

4) 인사기록 및 보고업무

인사기록 및 보고업무는 병력현황을 유지하고, 인사업무를 판단, 계획 및 결심하며, 지휘관 및 관련참모와 상급부대에 인사분야 첩보를 제공하기 위한 수단으로 사용된다. 인사기록 및 보고 수단에는 개인기록 및 보고, 부대기록 및 보고가 있다.

5) 인력관리

인력관리는 인력을 적재, 적소, 적시, 적량으로 유지하기 위한 최적 통제개념이다. 최소한의 인력을 최대한 활용함으로써 군의 임무를 완수할 수 있도록 인력의 소요, 획득, 분배, 활용, 통제에 관한 제반업무를 관리하는 일체의 활동이다. 인력관리는 모든 제대에서 수행하나 군사령부 이상 부대 및 정책부서에서 인력관리의 중요성이 더욱 증대된다.

① 소요는 군에 부여된 임무를 수행하기 위해 필요한 군인 및 민간인의 수를 결정하는 것이다. 이는 타 기능 소요 산출의 기준이 되며 인력업무가 시작되는 중요한 기능이다. 인력의 소요는 인력에 관련된 기획 및 계획문서와 부대계획, 편제문서, 인사관리제도, 인력운영 계획 등을 근거로 산출한다. 또한 전시 병력동원 및 근로 소집에 대한 소요를 판단하고 제기하며 동원참모가 편성되지 않은 부대의 기술인력동원은 군수참모와 협조하여 소요를 판단해야 한다.

② 획득은 소요인력을 충족시키기 위해 인력을 육성하여 공급하는 행위로, 양적·질적 소요를 고려하여 인력운영계획에 명시된 숫자상의 인원을 신분별·계급별·병과별로 충원시키는 과정이다. 획득수단에는 병무행정관서를 통한 징집과 소집, 군에서의 모집을 통한 직접 획득과 진급으로 충원시키는 방법 등이 있다.

③ 분배는 획득된 인력자원을 예하부대나 기관에 경제적이고 균등하게 할당하는 과정이다. 분배에는 교육을 위한 분배, 교육 후의 분배, 배치 후의 재분배로 구분되며, 교육 후의 분배와 배치 후의 재분배는 보충 업무에 준한다.

④ 활용은 부대별 분배된 자원을 적재적소에 보직하여 운용하는 과정이다. 활용

은 편제요소를 고려하여 부대별 · 신분별 · 병과별로 균형을 유지하도록 해야 한다.

⑤ 통제는 인력운용의 전 과정이 경제적 · 효율적으로 수행되는지를 평가하는 것이다. 통제에는 심사분석, 평가회의, 인력감사 기능이 포함된다.

6) 인사관리

인사관리는 군 조직에 기여할 수 있는 인재를 적재적소에 배치함으로써 개인의 능력을 군 조직을 위해 최대한 발휘하도록 하는 데 주안을 두고 수행하는 활동이다. 인사관리 활동에는 군인 및 군무원 관리, 포로 및 민간인 억류자 관리, 복귀자 관리, 민간인 관리가 있다.

(1) 군인 및 군무원 관리

인사관리 절차에 의거 군의 인력을 효율적으로 활용하기 위한 과정으로, 여기에는 교육, 보직, 진급, 분리 등의 제반활동이 포함된다.

① 교육은 일정기간 군 내외 교육기관에서 실시하는 것으로 군사교육과 전문교육으로 구분한다. 교육 목적에 따라 군사교육은 민간인을 군인화하는 최초의 군사교육인 양성교육과 현 직책 임무수행에 필요한 지식과 기술을 습득하고, 차상위 직책 임무수행능력을 계발하기 위한 보수교육으로 구분된다. 전문교육은 군 전문인력의 전문성 계발과 조직구성원의 직무역량 강화 및 자기계발을 위해 실시하는 것으로 전문학위교육, 군위군사교육, 직무향상교육, 능력계발교육으로 구분된다.

② 보직은 군 편제표의 직책에 인원을 임명하는 것이다. 인사분류에 의한 제반 요건과 군사특기분류에 의한 직무요건이 상호 일치되는 직책에 보직되도록 한다.

③ 진급은 진급을 위한 최저 복무기간을 마치고 상위직책을 감당할 수 있는 능력이 인정된 자에게 현 계급보다 한 계급 상위계급을 부여하는 것이다.

④ 분리는 현역, 예비역의 신분으로 소집되어 복무중인 인원의 전역, 퇴역, 소집해제, 제적 등에 관한 인사행정업무이다. 인력관리의 획득과 손실에 영향을 미치며 새로운 인력소요를 창출한다.

(2) 포로 및 민간인 억류자 관리

인사참모는 헌병대장을 통하여 포로 및 민간인 억류자에 관한 업무를 수행한다. 또한 법무참모와 국제법(협약), 군사법규에 따라 이들의 처리 및 취급계획 등을 발전시키고, 추가사항에 대해 관련참모와 협조한다.

(3) 복귀자 관리

복귀자 관리 복귀자 관리를 위해 인사참모는 적 지역으로부터 복귀한 인원에 관한 업무를 협조 및 감독할 책임이 있다. 복귀한 사실을 정보참모에게 통보하고 상급부대에 보고하며 가족들에게 조속히 통보한다.

(4) 민간인 관리

인사참모는 민간 고용인이 획득과 관리 및 사용(현지 주민에 관해서는 민사장교와 협조)에 관한 업무를 수행한다. 이는 민간인 근로자 및 고용인의 모집, 배치, 운용 및 훈련, 임금제도와 기준의 설정, 그리고 이에 따르는 행정업무, 부대와 민간인의 의사소통, 사기진작, 평가 및 측정업무 등이 포함된다.

7) 인사근무

인사근무는 부대원의 사기와 단결을 도모하고 전투의지를 고양하기 위한 제반 근무활동으로 인사근무활동의 핵심은 사기 유지이다. 인사근무 활동에는 사기 및 복지업무, 포상업무, 영현등록, 사상자 보고, 안전관리, 기타 인사지원이 있다.

① 사기 및 복지업무는 사기를 앙양하고 유지시키기 위해 개인의 욕구충족과 복지와 관련된 인사지원 활동이다. 휴가 및 휴양, 우편근무, 복지근무, 편의시설, 운용, 매점근무, 경리근무, 종교활동, 체육활동, 군인가족 보호업무 등이 있다. 또한 숙소관리 및 학교 교육 지원, 선거업무, 군악활동, 해외여행, 전사자 유해 발굴 및 제대군인 지원업무 등 군인 및 군인가족의 사기와 복지를 위해 관련참모와 협조하여 업무를 수행한다.

② 포상은 부대 및 개인이 부여된 임무를 성공적으로 수행한 성과에 대한 일종의 보상으로 사기 앙양과 유지에 필수적인 요소이다. 인사참모는 포상업무에

대한 신뢰와 포상의 가치를 향상시키고 이를 유지할 수 있도록, 명확한 포상 방침을 수립하고 시행해야 한다.

③ 인사참모는 영현등록업무에 대한 제반 책임이 있으며, 군수참모는 영현처리 업무에 대한 책임이 있다. 영현등록업무에는 전사망 인사처리반을 부관참모와 협조하여 편성 운영하고, 사망자의 신원 식별, 전사망자 보고서 작성 및 보고, 추서진급 건의, 장례식 진행 등의 업무가 포함된다. 영현처리업무에는 영현의 수집, 화장, 봉송, 안장 등이 있다.

④ 인사참모는 사상자 보고 업무를 감독하며, 부관참모는 사상자 보고 체계를 유지한다. 인사참모는 사상자 보고 체계를 운용하기 위한 계획을 수립하고, 보고 절차에 관한 지시를 하달한다.

⑤ 안전관리는 사고예방의 관점에서 주어진 임무를 안전하게 수행할 수 있도록 계획, 편성, 조정, 통제하는 모든 활동이다. 인사참모는 안전관리를 위한 계획 및 감독에 대해 참모 책임을 진다. 관련참모는 해당 업무수행 분야별로 사고예방에 대한 직접적인 책임을 진다. 인사참모는 관련참모와 협조하여 사고로 인한 인적 · 물적 손실을 최소화시킴으로써 군의 전투력을 유지 및 보존한다.

8) 의무근무

인사참모는 의무 보급 및 정비를 제외한 의무지원 활동에 관한 지침을 제공하고 감독하며, 의무근무대장은 이를 시행한다. 작전의 성공을 보장하고 전투력을 보존하기 위하여 상시 의무근무 지원태세를 유지하여야 한다. 예방의무, 환자진료, 입 · 퇴원 및 후송, 혈액수급 및 지원, 대량전상자 처리, 전투스트레스 관리 등의 업무에 관한 지침을 제공하고 이를 감독한다.

9) 군기 · 군법 및 질서유지

인사참모는 군기 · 군법 및 질서 유지를 위한 계획을 수립하고 시행한다. 군기 · 군법 및 질서유지에는 군기 · 군법 및 질서유지 활동, 위반형태별 분류 및 처리, 낙오자 통제 및 관리 등의 활동이 있다.

(1) 군기·군법 및 질서유지 활동

인사참모는 군기·군법 및 질서유지를 위해 예방 및 시정활동을 한다. 예방활동은 상관에게 복종하고 상관을 존중하는 습관과 태도를 함양하기 위하여 현존 및 잠재적인 저해 요인을 제거하는 모든 활동이다. 시정활동은 군기를 저해하는 행동이 외부로 표출되었을 때 그 행위의 결과에 대한 책임을 묻고 바로 잡는 것으로 예방활동이 실패했을 경우에 취해지는 강압적인 수단을 말한다.

(2) 위반형태별 분류 및 처리

군기·군법 및 질서 유지의 위반형태는 군기위반과 군기사고, 징계사고로 구분한다. 군기위반자는 소속대에 통보하여 처리하며, 군기사고는 형사처벌하거나 사안이 경미한 것은 징계처리한다. 징계사고는 규정에 의해 징계위원회가 징계처분의 종류를 의결하면 징계권자의 조치에 의해 확정된다.

(3) 낙오자 통제 및 관리

낙오자 통제 및 관리는 인사참모 통제 하에 헌병대장이 수행한다. 인사참모는 낙오자 통제선을 설정하고 낙오자 통제계획을 수립하여 시행하고 헌병대장은 통제시설과 낙오자 수집소를 설치, 운용한다.

10) 사령부 관리

사령부 관리는 작전을 능률적으로 수행할 수 있도록 사령부의 편성과 행정을 통제하는 활동이다. 인사참모는 사령부 관리를 위하여 사령부 내의 모든 행정업무를 감독할 책임을 진다. 또한 사령부의 내부배치와 이동에 대하여 조언한다.

(1) 사령부 내부 배치

인사참모는 사령부의 내부배치 계획을 수립한다. 각 참모부의 인원, 장비 및 시설 배치는 해당 참모의 책임이다. 인사참모는 필요시 사령부의 능률을 향상시키고 자원을 절약하도록 필요한 조언과 건의를 한다. 사령부의 내부 배치와 사무실 할당은 지휘관과 지침과 시설의 가용성에 기초를 둔다.

(2) 사령부 이동

사령부 이동을 위해 인사참모는 관련참모와 협조하여 사령부 위치를 선정하고 설영대를 운영한다. 설영대는 본대 이동에 앞서 새로운 집결지나 숙영지에 파견되는 부대로, 인사참모 또는 본부대장 통제 하에 예하부대의 대표 및 각 참모부의 대표, 의무 및 통신요원, 지휘·통제시설을 준비할 수 있는 인원, 유도병, 경계부대 등으로 편성된다.

2. 정보참모

정보참모는 정보자산을 통합 운용하여 적, 지형 및 기상, 민간요소 등에 관한 첩보를 수집 및 처리하여 정보를 생산하고, 생산된 정보를 지휘관 및 관련참모에게 적시에 제공함으로써 아군의 방책발전과 작전실시간 전투지위에 기여한다. 또한 전자전, 대정보 활동을 수행하여 적의 정보 위협을 식별하고, 이를 거부 및 무력화함으로써 아군의 성공적인 임무수행을 보장한다.

정보참모는 정보업무에 관하여 지휘관을 보좌하는 주무참모로서 관련참모가 수행하는 정보관련 분야에 대하여 조언한다. 정보참모의 주요업무는 정보산출, 정보전파 및 통합, 전자전, 대정보, 전투피해평가(BDA), 기타업무 등이 있다.

1) 정보산출

정보산출은 우선정보요구(PIR)와 정보요구(IR)를 충족시키기 위하여 계획(명령), 수집, 처리 및 이용, 분석을 통하여 정보를 생산하는 과정이다.

(1) 계획(명령)

계획(명령)은 정보 산출을 위한 전반적인 수집업무를 계획 및 조정, 감독하는 활동이다. 이 단계에서는 정보요구 설정 및 우선순위 결정, 징후분석, 수집자산 선정 과정을 통해 정보감시정찰계획서를 작성한다.

(2) 수집

수집은 가용한 모든 출처 및 수집수단을 효율적으로 운용하여 적, 지형 및 기상, 민간요소 등에 관한 첩보를 획득하여 정보부서 및 기관에 보고하는 활동이다.

(3) 처리 및 이용

처리 및 이용은 수집된 첩보를 분석하고 생산단계에서 쉽게 사용할 수 있는 형태로 바꾸는 것이다. 수집된 첩보의 전파, 영상자료에 대한 초기 해석, 데이터의 전환과 상관관계 추출, 문서 번역과 암호 해독 등이 있다.

(4) 분석 및 생산

분석 및 생산은 우선정보요구 및 정보요구를 충족시켜 주는 산물을 생산할 목적으로 출처별로 처리된 모든 첩보를 가록 · 평가 · 해석 하여 결론을 구하는 과정이다.

2) 정보전파 및 통합

정보참모는 지휘관 및 참모에게 정보를 적시에 적절한 형태로 전파함으로써 작전에 효과적으로 활용할 수 있도록 해야 한다. 정보전파 방법에는 브리핑, 비디오 화상회의, 전화, 팩스, 전자 메시지뿐만 아니라 컴퓨터를 이용해 데이터를 직접 전송하는 방법, 그리고 컴퓨터를 이용해 데이터를 직접 전송하는 방법, 그리고 컴퓨터에 저장되어 있는 데이터베이스에 원격 접근하도록 하는 방법, 군사정보통합처리체계(MIMS) 육군전술지휘정보체계(ATCIS) 등을 활용하는 방법이 있다. 특히 전술제대에서는 육군전술지휘정보체계를 활용함으로써 지휘관 및 참모에게 정보를 일정한 양식과 정보기능 메뉴를 통해 전파할 수 있다. 정보산물이 전파된 이 후 정보참모는 의사결정 및 계획에 정보산물을 통합하는 과정에서 사용자들에게 도움을 주어야 한다. 정보의 사용에 대한 결정은 사용자 책임이나, 정보참모는 사용자가 가능한 최상의 정보를 활용할 수 있도록 해야 한다.

3) 전자전

전자전은 전자파 사용과 관련된 구사활동이다. 적의 전자파를 탐지하여 징후 및 위치를 식별(전자전 지원 : ES)하고 적의 지휘통제체계 및 전자무기체계 기능을 마비 또는 무력화시키며(전자공격 : EA), 적의 전자전 활동으로부터 아군의 정보체계 및 무기체계를 보호하여 그 기능을 발휘할 수 있도록 보장하는 것(전자보호 : EP)이다. 정보참모는 전자전 업무의 주무참모로 전자전 계획의 수립과 시행을 감독하며, 전자전 활동과 수단을 협조, 조정 및 통합하여 작전을 지원한다.

전자전은 군사작전 목적을 효과적으로 달성할 수 있도록 제 전투수행기능과 통합하여 수행되어야 한다. 정보참모는 관련참모와 협조하여 전자전 활동에 필요한 제반 소요를 결정한다. 또한 전자공격을 위해 표적의 우선순위 선정과 통제대책을 강구하고, 전자전지원을 위해 적 부대 위치 및 활동을 탐지하며, 전자보호를 위해 적의 전자전 활동으로부터 아군의 전자장비 및 시설과 인원을 보호하는 활동을 수행한다.

4) 대정보

대정보란 적의 조직이나 개인이 전 · 평시 아군의 인원, 시설, 장비와 부대활동 등을 위해할 목적으로 실시하는 아군에 대한 첩보수집 및 간첩, 테러, 태업, 전복 위협 등의 활동을 탐지하여 그 위협에 대응하거나 그로부터 보호하는 제반활동을 말한다. 정보참모는 적의 첩보수집, 태업, 전복, 테러 능력과 이러한 적 능력이 부대의 임무수행에 미치는 영향을 판단하고 이에 대한 대정보 계획을 수립한다. 또한 대정보 활동과 관련된 업무를 타 참모와 협조하여 결정하며, 대정보 활동을 제 전투수행기능에 통합해야 한다.

5) 전투피해평가

전투피해평가(BDA)는 작전목표를 달성하기 위하여 아군이 달성한 적 피해에 대한 판단이다. 물리적 피해평가, 기능적 피해평가 및 표적체계 평가로 구분된다.

6) 기타업무

정보참모의 기타업무로는 국지도발 대비작전 및 대테러 작전 관련 정보활동, 지형 및 기상정보 업무, 부대 보안교육 및 정보훈련, 기만 관련사항 제공 등이 있다.

(1) 국지도발 대비 작전 및 대테러 작전 관련 정보활동

정보참모는 국지도발 대비 작전 및 대테러 작전에 필요한 정보활동을 계획하고 수행한다. 정보참모는 효과적인 정보활동을 위해서 평시부터 유관기관과 유기적인 협조체계를 유지하고 합동정보조사팀 및 정보분석조에 대한 교육훈련과 취약지 분석 및 관리, 각종 신고망 조직과 주민홍보활동, 군사시설 테러위협 판단 및 부대방호태세 수준을 고려한 징후 수집활동 등을 실시한다.

(2) 지형 및 기상정보업무

정보참모는 지형정보 소요량 판단 및 인가 건의, 재고조사 감독, 소모 및 삭제 확인, 보관 및 관리실태 확인, 책임지역 내 지역변화 파악 등의 활동을 한다. 또한 국방망 및 인터넷망 등을 이용하여 기상정보를 획득 및 전파하고, 책임지역 내의 국지기상 정보를 파악 및 보고, 전파할 수 있는 체계를 유지한다.

(3) 부대 보안교육 및 정보훈련

정보참모는 부대 장병 및 군문원, 기타 관련인원에 대한 보안교육을 실시하며, 특공연(대)대 · 수색대(중)대, 정보대(중)대, 정보분석조, 합동정보조사팀 등 첩보수집 임무분대를 대상으로 정보훈련을 감독하고 평가한다.

(4) 기만 관련사항 제공

정보참모는 기만에 관련된 사항을 작전참모에게 제공해야 한다. 기만관련 사항에는 적의 정보 수집기관 및 능력, 적의 취약성과 아군의 기만작전에 대해 예상되는 적의 반응, 적 지휘관의 아군에 대한 관심, 아군의 기만에 반응할 적의 제대규모 등이 포함된다. 또한 아군의 기만에 관한 사항을 적의 첩보수집활동으로부터 보호하기 위한 대정보계획을 작성하고 수행 중인 기만의 효율성을 평가한다.

(5) 동원관련 업무

정보참모는 전시동원에 관련하여 보안계획을 수립하고 발전시킬 사항을 도출하며 예비군에 대한 정보분야 교육훈련 지원 및 협조 등에 관하여 동원참모와 협조해야 한다.

3. 작전참모

작전참모는 전·평시 부대 운용 및 통합전투수행에 관해 지휘관을 보좌하는 주무참모로서 제 전투수행기능의 상호지원과 협조 및 통합에 주안을 두고 업무를 수행한다.

작전참모의 주요 업무는 편성, 작전, 교육훈련(교육훈련참모 미편제 부대), 기타 업무 등이다.

1) 편성

편성은 집단의 공동목표를 달성하기 위하여 필요한 인적·물적 자원을 유기적으로 결합하고 조화시켜 부대나 기관을 조직하는 것이다. 작전참모의 편성분야 업무는 다음과 같다.

(1) 부대 창설 및 해체, 개편

부대를 창설하고 해체, 개편하는 업무는 부대계획을 근거로 시행된다. 작전참모는 부대 창설 및 해체, 개편을 위한 부대계획을 작성 및 시행하는 주무참모이다. 부대 창설 및 해체, 개편을 위한 상급부대 지침과 지휘관의 지침에 의해 소요를 제기한다. 그리고 부대계획에 반영된 내용에 관한 세부 시행계획을 수립하여 승인받아 이를 준비하고 시행을 감독한다. 전시 부대 증편·창설과 관련해서는 최초 집결지로부터 작계지역으로 동원병력 수송 간 경계와 증편·창설 간 경계에 관한 대책을 강구하여 전시계획에 반영해야 한다. 또한 시간제원표에 의해 계획대로 부대 증편·창설 업무가 진행될 수 있도록 통제 및 감독하여야 한다.

(2) 편제표 변경 또는 수정 건의

각 부대는 전·평시 부여된 임무와 장차 예상되는 임무수행에 적합하게 편제되어 있다. 편제는 작전환경의 변화와 무기체계의 발전, 부대목표의 조정 등에 따라 지속적으로 변화되어야 한다. 작전참모는 수시로 관련참모부의 의견을 종합하여 부대별 임무와 기능에 맞게 인원 및 장비가 편제될 수 있도록 편제표 변경 또는 수정을 건의한다. 그리고 편제와 관련된 문서 작성 및 유지에 대한 책임을 진다.

(3) 부대요청 및 할당

부대요청 및 할당은 기존의 편제부대만으로 임무 수행이 제한될 경우에 기존 편제부대에 추가하여 상급부대에 필요한 부대를 요청하고, 요청된 부대가 승인되면 예하부대 임무수행에 필요한 부대를 할당하는 것을 말한다. 작전참모는 소요되는 부대 수 결정 간 관련참모와 긴밀히 협조하며, 임무수행에 영향을 미치는 제 요소를 검토하여 지휘관의 승인을 받아 상급부대에 건의해야 한다. 필요한 부대의 수와 부대의 형태를 결정 시 통상 METT+TC 요소를 고려한다.

(4) 전투편성

전투편성을 할 때에는 건제부대와 예·배속 및 지원부대를 임무수행이 용이한 집단으로 편성하고 지휘 및 지원관계를 부여한다. 전투편성 방법은 목적에 의한 전투편성 방법과 전술집단에 의한 전투편성 방법이 있다. 목적에 의한 전투편성 방법은 결정적 작전, 여건조성작전으로 구분하여 편성하는 방법이다. 이 방법은 전투편성과 작전개념을 일치시킬 수 있는 장점이 있는 반면 제대와 작전의 성격에 따라 적용이 제한되는 경우가 있으므로 이를 고려하여 적용해야 한다. 전술집단에 의한 전투편성 방법은 부대가 수행할 임무와 작전개념에 기초하여 전술집단을 편성하고 지휘 및 지원관계를 설정하는 방법이다. 이 방법은 그 자체만으로는 작전개념의 식별이 제한되므로 서식명령의 작전개념과 전투편성표, 작전투명도를 같이 확인하여 전투력 운용의 목적을 이해해야 한다.

(5) 지휘관계 설정

전투편성 시 METT +TC와 예하부대의 지휘통제능력을 고려하여 예·배속부대의 지휘관계를 설정한다. 결정적 작전 및 여건조성작전부대 가운데에서도 주노력으로 지정된 부대에서는 전투력 할당의 우선권을 부여한다.

(6) 전투력복원

작전참모는 전투력복원 계획을 수립하고 시행을 조정·통제하는 주무참모이다. 부대임무와 작전상황, 상급지휘관 의도에 부합되도록 기본계획을 작성하며, 상·하급부대 및 관련참모와 유기적으로 협조한다. 이때 관련참모는 기본계획을 기초로 세부계획을 수립하여 시행한다.

2) 작전

작전참모 고유의 업무로서의 작전은 군사전략, 작전술, 전술, 근무, 훈련 및 군 행정업무에 관한 군사적인 행동 또는 그 수행을 의미한다. 이는 군이 임무달성을 위해 시행하는 제반활동이라 할 수 있다. 작전참모는 평시에는 부대 운용과 연계하여 부단히 전투준비를 하고, 전시에는 전투에서 승리할 수 있도록 계획수립 및 작전을 준비하며, 실시간에 통합전투력이 발휘하도록 작전요소를 통합한다. 작전참모의 작전분야 업무는 다음과 같다.

(1) 전투준비태세 유지

작전참모는 전투준비태세를 유지하기 위해 지휘통제실 운영, 전투준비태세 수준 평가 및 조치, 인원 · 무기 · 장비 할당의 우선순위 결정, 탄약의 소요보급률(RSR) 산정, 전술공사 계획수립 및 감독 등의 업무를 수행한다.

(2) 작전계획(명령) 작성

작전참모는 작전계획(명령)의 기본문을 작성하고, 타 참모들이 작성하는 부록을 기본문에 통합할 책임이 있다. 작전참모는 작전에 영향을 주는 부대의 활동을 조정 및 통합하며, 관련참모와의 긴밀한 협조를 통하여 작전계획(명령)에 포함시킬 세부사항들을 종합한다.

(3) 다양한 작전활동

작전참모는 경계작전, 부대이동, 정보작전, 작전보안, 기만작전, 심리작전, 민군작전 기타 작전(공 · 지 · 해 합동작전, 민 · 관 · 군 통합방위작전, 제병협동작전 등)에서 주무참모 역할을 수행한다.

(4) 전투 및 전투지원활동의 통합

작전참모는 통합전투수행의 주무참모로서 계획수립, 작전준비 및 실시의 전 과정에서 전투 및 전투지원활동을 통합하여 전투력 발휘를 극대화해야 한다. 이는 전장관리체계(KJCCSM ATCIS 등)로 구현될 수 있다. 작전참모는 전장관리체계를 효과적으로 운용하기 위해 지휘통제본부 내 배치를 건의하고, 전장관리체계의 운용 계획 및 예규를 발전시키며 작전에 대한 지휘 통제 기능을 유지할 수 있도록 해야 한다.

3) 교육훈련

교육훈련참모가 편성되지 않은 부대는 작전참모가 그 업무를 수행한다.

4) 기타업무

기타 업무는 편성, 작전, 교육훈련 이외의 업무로서 주로 전·평시에 상급부대 지침과 절차 내에서 부대별 예규 또는 지시에 의해 시행된다. 작전참모가 수행하는 기타 업무는 다음과 같다.

(1) 계엄업무

작전참모는 전시나 사변 또는 이에 준하는 국가비상사태나 예상되거나 발생 시 계엄수행을 준비하고, 계엄이 선포되면 명에 의거 계엄업무를 시행한다. 계엄업무에는 계엄준비 및 시행, 계엄기구 편성 및 임무·기능부여, 각종 조치문 준비, 행정관서와 협조, 예행연습 등의 활동이 있다.

(2) 군사기지 및 군사시설 보호업무

작전참모는 군사기지 및 군사시설 보호업무의 주무참모로서, 관할부대 및 관리부대의 성격에 따라 다양한 업무를 수행한다. 작전참모는 군사기지 및 군사시설 보호법 등 관련법령과 규정에 의거, 일관성 및 형평성, 적시성을 유지하여 효율적으로 업무를 수행해야 한다.

(3) 대민지원업무

작전참모는 대민지원의 주무참모로서 대민지원과 관련한 기본지침을 작성하고 대외기관과 협조사항을 총괄적으로 조정한다. 대민지원의 구체적인 사항은 부대별 예규에 의해 규정된다.

(4) 군사업무

작전참모는 전·평시 관련참모 및 기관과의 긴밀한 협조를 통해 해 제대의 군사자료를 발굴하고 이를 관리 및 전파하며, 부대 역사 및 전통의 계승과 명예선양 업무를 수행하는 주무참모 역할을 수행한다. 군사업무에는 정기역사 편찬 및 보고, 전사연구 및 편찬, 전훈분석 활동 및 전투상보 작성, 군사자료 수집관리, 전적기념물 관리 등이 있다.

(5) 연습 및 훈련

작전참모는 지휘관의 의도에 부합되게 연습 및 훈련계획의 수립, 준비, 실시, 사후검토 및 후속조치단계까지의 업무를 수행한다. 연습 및 훈련계획은 통상 기본계획과 통제계획은 작전참모가 작성하고, 세부계획은 각 기능별로 작성한다. 다만 통제부가 별도로 구성될 경우에는 통제부에서 통제계획을 작성한다.

(6) 사업계획 수립, 조정 및 통제

관리참모가 편제되지 않은 사(여)단급 이하 부대에서는 작전참모가 사업계획 수립의 주무참모이다. 상급부대 사업계획과 지휘관 지침을 기초로 사업추진계획을 종합하여 관련참모에게 전파하고, 예하부대에 지시하는 역할을 수행한다. 사(여)단급 이하 부대의 사업에는 상급부대에서 선정한 사업과 이와 연계된 해당부대 사업, 그리고 지휘관의 의도 및 지시사항 등을 구현하기 위한 사업 등이 포함된다.

4. 교육훈련참모

교육훈련참모는 인원, 시설, 물자, 시간, 예산 등 제한된 자원을 효율적이고 합리적으로 활용하여 훈련목표를 달성한다, 전·평시 부여된 임무를 성공적으로 완수할 수 있도록 부대의 교육훈련에 관하여 지휘관을 보좌하는 주무참모이다. 교육훈련참모는 타 참모가 수행하는 업무분야 중 교육훈련분야에 관하여 조직(협조)한다. 교육훈련참모가 편성되지 않은 제대의 교육훈련업무는 작전참모가 수행한다.

교육훈련참모의 주요 업무는 부대훈련관리, 교육훈련지원, 전투발전 소요 도출 및 제안, 전시부대훈련관리 등이 있다.

1) 부대훈련관리

부대훈련관리는 지휘관 및 참모가 부대훈련을 계획하고 준비하여 실시 및 평가하는 조직적인 활동과정이다. 이러한 과정은 모든 부대에 적용한다.

훈련목표를 효율적으로 달성하기 위해서는 종합적인 사고에 입각하여 부대훈련을 계획, 준비, 실시, 평가하는 부대훈련관리절차를 적용한다. 부대훈련관리절차는 계획, 준비, 실시, 평과 과정이 연속적으로 순환하며 이루어진다. 상급부대일수록 지시나 요망사항, 지휘관 훈련지침, 가용시간 및 자원 등을 종합적으로 고려하여 부대훈련관리에 많은 노력을 기울여야 한다.

(1) 계획단계

계획단계는 개인 및 부대가 전·평시 작전계획을 기초로 부여된 임무를 완수할 수 있도록 "싸우는 방법대로 훈련하고, 훈련한 방법대로 싸운다."는 전투임무위주 훈련 구현에 주안을 둔다. 필수훈련과업을 우선적으로 훈련하여 상시 전투준비태세를 유지하기 위하여 '무엇을, 어떻게 훈련시킬 것인가?'를 구체화시키는 단계로, 먼저 훈련 임무를 분석하고, 환류된 평가결과를 반영하여 훈련소요를 결정한 후 이에 따라 훈련계획을 발전시키는 과정이다. 훈련계획은 부대의 훈련성과분석, 병력 순환율과 망각주기 등을 종합적으로 분석하여 계획해야 한다. 또한 관련참모와 긴밀한 협조를 통하여 훈련 저해요인의 발생을 최소화하고, 시간·장비·시설 등의 훈련자원을 효율적으로 활용할 수 있도록 주도면밀하게 작성해야 한다.

(2) 준비단계

준비단계는 계획단계에서 수립한 훈련계획에 따라 실질적이고 효과적인 훈련을 실시하기 위해 사전에 준비하는 단계이다. 훈련준비는 계획된 훈련내용을 확인하여 이에 소요되는 훈련자원의 획득과 제공, 자체 훈련에 대한 준비, 예하부대 훈련에 대한 통제 및 평가 준비, 현장지도 및 감독 준비, 훈련준비 상태 점검 등의 제반 훈련준비 활동을 포함한다.

(3) 실시단계

실시단계는 제대별로 계획한 개인훈련 및 집체훈련과 상급부대 통제훈련을 실시하고, 예하부대의 전술훈련을 통제하며, 현장지도 및 감독으로 훈련목표를 달성하여 부여된 임무를 완수할 수 있는 능력을 갖추도록 하는 실제훈련 과정이다.

(4) 평가단계

평가단계는 개인 및 부대의 훈련목표 달성 여부를 판단하는 과정으로, 훈련 동기를 유발하고, 부대훈련 관리절차 전 과정에 대한 적절성 여부를 평가하며, 작전계획 및 예규 보완소요, 추가 훈련소요, 전투발전소요 등을 도출하기 위해 실시한다. 평가단계에서는 훈련평가(내 · 외부 평가), 사후검토 훈련 성과분석 등의 활동이 이루어지며, 평가 시 산출된 결과물을 반드시 후속조치를 통해 지속적으로 환류되도록 해야 한다.

2) 교육훈련지원

교육훈련의 성과는 훈련장, 교보재, 교탄, 유류 등의 가용한 자원을 얼마나 효율적으로 활용하느냐에 따라 영향을 받게 된다. 따라서 지휘관과 참모는 교육훈련 여건 보장을 위해 지원요소를 사전에 검토하고, 이를 획득하여 지원해야 한다.

교육훈련참모는 훈련에 필요한 자원을 면밀히 확인하여 이에 소요되는 교육훈련 장비 및 물자(보조재료, 장비, 탄약, 유류 등), 시설, 예산, 발간물 등을 관련참모와 협조하여 요청, 획득, 지원하며 이와 관련된 업무는 다음과 같다.

① 교육훈련에 필요한 장비 및 물자, 시설, 예산, 발간 물 등의 소요를 제기한다.
② 교육훈련지원 전산시스템을 운용하여 교육훈련 지원요소를 효율적으로 활용 및 관리한다.
③ 교육훈련지원요소의 개발을 요구한다.
④ 지시된 연구 개발업무와 시험 및 평가업무를 수행한다.

교육훈련 행정은 본질적으로 교육훈련 목표를 효과적으로 실현시키기 위한 촉진활동이며 수단이다. 따라서 교육훈련참모는 행정소요를 최소화하여 전투임무위주의 실질적인 교육훈련이 이루어지도록 해야 한다.

훈련계획이 확정되면 각급 제대 지휘관과 참모는 부대가 오직 교육훈련에만 전념할 수 있도록 제반조치를 강구해야 한다. 특히 모든 부대운영은 실질적인 교육훈련 시행에 초점을 두어야 한다. 이를 위해 훈련실시 이전에는 충분한 훈련준비 여건을 보장하고, 훈련실시 이후에는 훈련결과에 따른 후속조치와 훈련 후 정비, 적절한 휴식 등을 보장해야 한다. 또한 훈련실시 전에는 인사참모와 협조하여 부대안정성평가를 실시한 후 각종 안전위해요소를 도출 및 제거하고, 훈련실시 간에는 안전지침을 준수하고 전장군기를 확립함으로써 각종 안전사고와 대민피해 등으로 인해 훈련에 지장을 초래하지 않도록 대책을 강구해야 한다.

3) 전투발전 소요 도출 및 제안

교육훈련참모는 전투발전 소요 도출 및 제안업무의 주무참모이다. 교육훈련 과정을 통해 전투발전요소별로 문제점을 도출하여 관련참모와 협조 후 상급부대에 전투발전소요를 제기한다.

4) 전시부대훈련

교육훈련참모는 D-Ⅱ가 발령되거나 동원령 선포일(M일) 중 먼저 발령되는 상황을 적용하여 전시 부대훈련으로 전환한다. 전시 증·창설되는 각급 제대는 실전적인 전투임무위주훈련을 통해 조기에 전투준비를 완비할 수 있도록 부대훈련을 계획, 준비, 실시, 평가한다.

전시 부대훈련은 각급 제대별 임무와 여건 및 특성 등을 고려하여 창설부대훈련, 증편부대훈련, 보충부대훈련, 전투력복원부대훈련으로 구분된다.

평시부터 부대훈련 지시에 전시 부대훈련계획을 반영하여 동원훈련 시 이에 대한 검증과 절차 숙달을 해야 한다. 동원참모가 편성되지 않은 부대는 교육훈련참모가 평시 부대단위 동원훈련을 계획, 준비, 실시, 평가해야 한다.

5. 군수참모

군수참모는 장비, 물자, 시설, 근무 등의 작전지속능력을 보장하기 위한 주무참모이다. 전투, 전투지원, 전투근무지원부대의 임무수행에 필요한 모든 자원과 근무의 제공에 관하여 지휘관에게 조언하고 관련참모와 협조한다. 군수참모는 부대의 작전지속능력을 유지할 수 있도록 물자와 장비를 확보하여 지속적인 작전지속지원을 보장하면서 인사·군수·동원에 관련된 작전지속지원활동을 통합한다. 또한 자원관리체계를 적극 활용하여 자산 가시화 및 행정 간소화를 추진해야 한다.

군수참모의 주요 업무는 연구개발, 소요, 조달, 보급, 수송, 시설, 근무지원 등이다.

1) 연구개발

연구개발은 군이 필요로 하는 새로운 장비 및 물자의 개발, 현용 장비 및 물자의 개선, 각종 제도 및 기법개발 등을 의미한다. 군수참모는 연구개발 시 관련 군수지원 요소를 동시에 발전시키기 위한 종합군수 지원 자료를 제공하고, 운용시험평가 활동을 지원한다.

2) 소요

소요는 부대가 부여된 임무와 기능을 수행하기 위하여 일정기간 동안 필요로 하는 자원의 양을 말한다. 군수참모는 종합군수지원 소요의 개발과 군수운영유지에 관한 지원요소를 사전에 반영할 수 있도록 소요기준 설정, 보급수준 유지, 수요예측, 수요산정, 수요제원관리 업무 등을 계획 및 평가하고 이를 조정·통제한다. 이를 위해 현행 및 장차작전, 각 부대별 지원소요, 보급품 현황 등을 고려하고 소요산정 모델을 이용하여 작전을 위한 보급소요를 결정하며, 군수지원능력을 고려한 작전계획이 수립될 수 있도록 한다. 장차작전시의 자원소모, 가용지원 능력과 제한사항에 대한 정보는 적시에 관련참모 또는 지원부대에 제공해야한다. 작전실시간에는 작전 형태, 기간, 부대임무, 전투력 운용 등에 따라 판단한 예상 소요를 기준으로 자체 보유하고 있는 가용자산을 활용하여 지원하되, 만약 가용자산이 부족하다면 상급부대 지원시설의 능력, 현지 민간자원의 활용 등 기타 지원대책을 강구해야 한다.

3) 조달

조달은 장비 및 물자, 시설 또는 용역을 획득하는 기능으로 품질을 보장하면서 경제적인 획득을 해야 한다. 군수참모는 부대조달 시 적정 품질의 물품을 적시에 적량 확보하면서 경제적인 가격으로 획득할 수 있는 획득원과 획득방법을 결정하여 시행한다.

4) 보급

보급은 군의 임무수행에 필요한 군수품을 사용부대에 공급하는 일체의 행위로서 획득된 장비 및 물자를 청구, 수령, 저장, 분배, 처리하는 활동이다. 효과적인 보급지원은 각종 소요관리기법을 통하여 정확한 소요를 예측하고 적정량을 확보하여 필요한 군수품을 적시, 적소, 적량을 지원할 때 달성할 수 있다. 이를 위해 군수참모는 국방군수정보체계를 효과적으로 운용하여 식량, 탄약, 유류, 주요 전투장비, 전투긴요 수리부속 보급에 주안을 두고 지원한다.

(1) 보급 5대 활동

보급 5대 활동은 청구 행위로부터 수령, 저장, 분배, 처리의 일련 과정을 말한다. 군수참모는 장비 및 물자의 보급소요를 결정하면 이를 청구, 수령 및 저장하고, 분배와 처리활동을 감독하며, 그 기록을 유지한다.

(2) 보급 관련 의사결정

보급품 할당의 우선순위, 규정휴대량(PL) 및 인가저장목록(ASL)의 결정과 통제보급률(CSR)에 의한 탄약 할당을 결정 시 작전참모와 협조한다. 보급품의 할당과 보급우선순위는 부대의 임무와 물자소요 긴급성에 의하여 결정된다. 통제보급률은 작전참모가 임무, 적 상황 등을 고려하여 결정한 각 부대별 가중치와 탄약의 가용량 및 수송능력을 고려하여 군수참모가 결정한다. 보급품의 할당과 우선순의 통제보급률이 결정되면 군수참모는 이에 관한 이행상태를 감독할 책임이 있다.

(3) 효과적인 보급지원 보장

군수참모는 전투부대 지휘관의 부담을 감소시키고 효과적인 보급지원을 보장하기 위해 능력 범위 내에서 최대한 추진보급을 실시해야 한다. 또한 사전 예측된 보급 소요는 축선별이나 부대별로 세트 및 패키지화함으로써 효율적인 작전지속지원을 제공해야 한다.

(4) 군수품 처리

군수참모는 초과품, 잉여품, 폐품에 대한 처리방침을 수립하여 건의하고, 노획한 적의 보급품 및 장비의 수집과 처리활동에 관해서는 정보참모와 협조한다.

5) 정비

정비는 장비 및 물자를 사용 가능한 상태로 유지하거나, 사용 가능한 상태로 복구시키는 일체의 행위로서, 군수참모는 정비지원계획 수립과 실시에 관한 책임을 지며, 국방장비정비정보체계를 효과적으로 운용하여 다음과 같은 업무를 수행한다.

① 요구되는 정비부대의 형태와 수 결정
② 작전계획에 부합된 정비지원부대 위치 결정
③ 정비 및 후송 방침 건의
④ 정비소요 판단 및 우선순위 건의
⑤ 수집된 보급품 및 장비 분류와 후송 감독, 동류전용
⑥ 정비부대 편성 · 기술 · 시험 · 공구 · 장비 · 시설 사항결정 및 건의
⑦ 부대 정비 현황을 포함한 정비 기록, 정비현황 보고서 유지
⑧ 정비대충장비 운용계획 수립

6) 수송

수송은 병력 및 물자, 장비를 적시 · 적소에 이동시켜 주는 수단, 방법, 활동으로서 수송수단 운용, 터미널 운용, 이동관리로 이루어지며 전장순환통제와 연계되어야 한다.

(1) 수송 소요판단 및 수송수단 운용

군수참모는 부대이동 및 보급품 수송을 위한 현재 및 장차 수송 소요를 판단한다. 수송 소요는 부대이동 시 관련참모나 해당 부대에 의해 제기되며, 보급품 수송 시 수송수단을 필요로 하는 전투근무지원부대에서 판단한다. 군수참모는 판단된 수송수요에 대해 작전참모와 협조하여 수송수단 할당과 사용 우선순위를 결정하고, 작전 상황에 부합되도록 모든 수송수단을 통합 운용한다.

(2) 이동관리와 전장순환통제

군수참모는 상급부대의 계획에 부합되도록 자체 이동관리 계획을 수립하며, 전장순환통제의 주무참모로서의 역할을 수행한다. 다양한 기구를 활용하여 기동로와 보급로의 소통을 보장한다. 전술제대 군수참모는 국방수송정보체계를 통해 육로조정 등 이동관리와 전장순환통제를 상호보완적으로 운용한다.

7) 시설

시설업무는 건설(공사), 기존 시설의 유지 보수, 관재업무로 구분된다. 군수참모는 시설공사 우선순위와 가용한 물자 및 병력의 할당방침을 지휘관에게 건의한다. 부대방침 범위 내에서 공사에 사용될 물자와 병력의 할당 및 사용 우선순위를 결정한다. 또한 군수참모는 시설 보수와 부동산의 획득·할당·관리 및 처리에 관한 방침을 건의하고 실시과정과 상태를 감독하며 내부편성에 관계되는 시설을 제외한 기타 시설을 통제 및 조정하여 할당 우선순위와 할당을 건의한다. 또한 군수참모는 축성과 통신시설을 제외한 시설의 설비 및 건설에 관한 계획을 수립하고, 관련참모와 협조하여 군이 주둔하거나 활동함으로써 발생이 예상되는 환경오염 방지에 필요한 시설을 설치한다.

8) 근무

근무는 군수 8대 기능 중 상기 7가지 군수기능에 속하지 않는 군수지원분야로서 기타 근무와 기타 활동으로 구분한다.

(1) 기타 근무

기타 근무는 병과 특성에 따라 기능참모에 의해 수행되며, 군수참모는 이를 계획, 통제, 감독한다. 여기에는 근로, 급양, 급수, 영현근무, 세탁 및 수선, 목욕 등이 해당한다.

(2) 기타 활동

군수참모는 작전지속지원실의 장으로서 지휘관을 보좌하며 후방전투지경선 위치 선정 협조, 보급로 선정, 전투근무지원부대의 일반적인 위치 선정, 지역피해통제, 후방지역작전 협조, 재산 및 회계책임, 작전지속지원계획(명령)의 작성, 전투력 복원, 군수준비태세 유지, 군수품 회계 처리, 민군작전 지원, 환경보전, 군수정보관리체계 운영 및 유지, 동원관련 업무, 경제적 군 운영, 재난관리 등의 업무를 조정 · 통제한다.

① 군수참모는 적의 능력, 작전에 필요한 기동 공간 및 전투근무지원 부대의 위치 등을 고려하여 후방전투지경선의 위치를 작전참모와 협조한다. 이때 예하부대로부터 후방전투지경선의 위치를 건의 받아 작전지속지원에 필요한 공간을 부여한다.

② 군수참모는 전장정보분석의 전장지역분석 결과, 보급로 선정 시 고려사항을 통해 보급로를 선정한다. 이때 수송 · 헌병 · 공병부대장 및 지원부대 지휘관의 의견을 참고하여 작전참모와 협조한다. 전술제대의 주보급로는 가용한 접근로를 이용하는 데 대체로 기동로와 일치하나 반드시 일치하는 것은 아니며, 제대별로 하나 또는 필요시 수개를 선정할 수 있다.

③ 전투근무지원부대의 일반적인 위치 선정. 군수참모는 전투근무지원부대가 적절히 배치될 수 있도록 군수지원부대의 일반적인 위치를 건의하며, 부대이동 시에는 전투근무지원부대장, 작전참모 및 기타 관련참모와 부대이동 시간을 협조한다.

④ 군수참모는 후방지역작전을 위한 계획수립 시 작전지속성을 보장할 수 있도록 군수지원 임무를 수행하는 전투근무지원부대의 방호대책과 운용에 관하여 작전참모와 협조한다.

⑤ 군수참모는 지역피해 발생 시 작전지속지원실을 지역피해통제본부로 운용하여 각 참모기능을 조정하고 피해조사 및 복구조치 등 지역피해 통제업무를 총괄한다. 따라서 효과적인 지역피해 통제를 위해서 작전지속지원 활동과 통합된 계획을 수립한다.

⑥ 군수참모는 작전계획(명령) 작성 시 제4항 작전지속지원에 대하여 작전참모에게 조언한다. 또한 작전계획(명령) 부록의 작전지속지원계획(명령)의 군수분야를 작성 및 확인하고 이를 발행할 책임이 있다. 이를 위해 군수 소요를 결정하고 이에 관련된 군수지원의 적정성을 판단하여 군수지원부대 운용에 관한 우선순위를 건의한다.

⑦ 장비 및 물자의 보유, 정비 상태의 적절성을 평가하고 필요시 작전에 미치는 영향과 개선하거나 수정할 사항을 지휘관 및 관련참모에게 건의 및 제공한다.

⑧ 장비 및 물자의 보유, 정비 상태의 적절성을 평가하고 필요시 작전에 미치는 영향과 개선하거나 수정할 사항을 지휘관 및 관련참모에게 건의 및 제공한다.

⑨ 군수참모는 지휘관에게 재산 및 회계 책임에 관한 방침, 손·망실 보고, 감사보고결과, 재산처리 방법 등을 건의하고 검열을 실시한다.

⑩ 군수참모는 작전참모가 수립한 전투력복원계획에 따라 필요한 군수지원이 제공될 수 있도록 세부계획을 작성하고 시행을 감독한다. 전투력복원 시 군수참모는 먼저 피해부대의 군수분야 피해상황을 파악 및 평가하고, 필요시 피해부대가 전투력복원 장소로 이동할 수 있도록 수송수단을 제공한다. 또한 지휘관이 설정한 전투력복원 우선순위에 따라 보급, 정비, 수송, 시설, 근무 등 제 분야에 대한 지원으로 요망하는 복원 완료시간과 복원수준을 충족시킬 수 있도록 해야 한다.

⑪ 군수참모는 편성부대에서 국방부까지 구축되어 있는 국방물자정보체계, 국방장비정보체계, 국방탄약정보체계, 국방수송정보체계를 이용하여 물자, 장비·정비, 탄약 및 수송 관련 업무를 실시간에 처리하고 각 군수 정보관리체계의 자산을 가시화하여 사용자가 원하는 정보를 적시에 제공할 수 있도록 해야 한다. 또한 각 군수정보체계의 자료와 육군전술지휘정보체계를 통해 예하부대가 보고하는 작전지속지원기능의 지휘정보를 종합적으로 분석하여 지휘관 및 관련참모에게 의사결정 자료를 제공해야 한다. 이를 위해 각 군수정보관리체계를 이용하여 물자, 장비, 정비, 탄약 및 수송 관련 업무를 실시간

에 처리하고 각 군수 정보관리체계의 자산을 가시화하여 사용자가 원하는 정보를 적시에 제공할 수 있도록 해야 한다. 또한 각 군수정보체계의 자료와 육군전술지휘정보체계를 통해 예하부대가 보고하는 작전지속지원가능의 지휘정보를 종합적으로 분석하여 지휘관 및 관련참모에게 의사결정 자료를 제공해야 한다. 이를 위해 각 군수정보관리체계를 이용하여 효율적으로 군수자원을 관리하고 구축되도록 지도 및 감독한다.

⑫ 군수참모는 군수정보관리체계의 군수거래정보를 국방통합재정정보체계와 연계한다. 각 군수정보관리체계의 자료는 회계책임관인 참모장이 재무제표 작성 및 국방통합재정정보시스템 운용을 통해 회계처리의 적정여부와 재무보고서 신뢰성 평가를 할 수 있도록 한다.

⑬ 군수참모는 부대 가용자원의 효율적 운영으로 전투력 향상을 도모한다. 이를 위해 군수정보관리체계의 신뢰성 제고, 군수품 회계처리, 기타 경영혁신 등의 노력을 하며, 이와 관련한 각 부서별 업무를 통합한다.

⑭ 각 부대의 지휘관 및 참모, 장병은 훈련 및 각종 병영생활 간 환경보전에 대한 책임과 의무가 있다. 군수참모는 환경보전에 관한 주무참모를 예하부대의 환경보전 업무를 조정, 통제 및 감독하며 분야별 환경보전 활동에 대해 관련참모와 협조한다. 군수참모는 환경 성과분석과 장병 환경교육을 통제하며, 환경 오염피해 분쟁 등 민원업무를 처리한다. 또한 군수참모는 관련 법규 및 훈령에 의해 군·관 지역 환경협의회가 설치될 경우 민·관·군이 통합하여 원활한 환경보전 업무가 수행되도록 해야 한다.

⑮ 재난관리는 예방, 대비, 대응, 복구단계로 구분할 수 있다. 군수참모는 각 단계가 상호작용하여 효과적인 재난관리가 되도록 사전 예방과 대비에 중점을 두고 재난대비계획을 수립한다. 재난이 발생하였거나 발생 우려 시 재난대책본부를 편성 및 운영하며, 국방망의 재난관리정보체계를 통해 재난대책상황을 종합하여 지휘관에게 보고한다. 또한 재난구조부대로 편성된 부대의 군수참모는 즉시 임무수행이 가능하도록 장비, 물자를 보급 및 관리하고 훈련 상태를 유지하여, 책임지역 재난발생 시 최단시간 내 지원하고 결과를 상황계통으로 보고한다. 또한 국가적 재난이 발생하거나 피해가 예상되어 지방자치단체 및 관련 행정기관으로부터 지원 요청을 받은 때에는 작전참모와 협조

하여 대민지원을 한다. 이를 위해 군수참모는 사전 관할지방자치단체와 「관·군 재난협력을 위한 협정서」와 「세부이행각서」를 체결하고, 이를 기초로 평시부터 협조관계를 유지함으로써 시행 간 문제점을 최소화하여 원활한 협조와 지원이 되도록 해야 한다.

⑯ 군수참모는 물자동원에 관련된 소요를 판단하고 제기해야 한다. 이를 바탕으로 동원되는 물자를 인수하고 세부 분배계획을 작성하며 시행에 대한 감독을 실시해야 한다. 또한 민수용 장비와 물자 현황을 유지하고, 이의 활용계획을 발전시키며, 동원 제한 시 징발업무를 동원참모가 협조해야 한다.

6. 동원참모

동원참모는 수임군부대에 편제되어 있으며, 동원 및 예비군업무에 대해 지휘관을 보좌하는 주무참모로서 타 참모가 수행하는 업무 중 동원 및 예비군관련 업무에 대하여 협조하고, 지휘관에게 조언한다. 또한 지방병무청 및 행정기관 등 유관기관과 협조하여 임무를 수행한다.

동원참모는 동원준비태세 유지, 동원운영계획 시행 및 감독, 예비군 조직편성 및 자원관리, 예비군 교육훈련, 예비군 인사업무, 예비군 군수업무, 예비군 향방동원, 기타 예비군 관련 업무 등을 담당한다.

1) 동원준비태세 유지

신속하고 효과적인 동원은 전쟁수행에 결정적인 영향을 주므로 평시부터 동원준비 태세를 갖추어야 한다. 동원준비태세 구축의 핵심은 정확한 소요제기와 자원관리, 동원체계 유지를 통해 동원의 실효성을 보장하는 것이다. 이를 위해 동원참모는 평시 관할구역 부대의 동원소요 제기와 동원 대상 자원별 동원운영계획 작성 및 시행 준비태세 유지, 동원자원 확인의 날 행사와 중점관리자원 확인의 날 행사의 시행 및 감독 등을 한다. 또한 전시 효율적인 동원이 보장될 수 있도록 관련참모, 지방병무청 및 지방행정기관과 동원의 실효성 보장을 위한 제반 관련사항을 협조한다.

2) 동원운영계획 시행 및 감독

전시, 사변 또는 이에 준하는 국가비상사태로 인한 동원운영계획에 의해 정상동원을 실시하다가 동원의 차질 또는 우발상황 발생 시 긴급동원을 실시한다.

정상동원 시 동원참모는 신속한 동원을 위해 동원자원의 수송 및 호송, 동원업체의 전시체제 전환상태 등을 확인하고, 동원병력의 응소 및 인도인접 실태, 동원물자 인수형황 종합 등 동원운영계획의 시행상태를 확인 · 감독한다.

긴급동원 시 동원참모는 인사 · 군수참모로부터 보충소요를 받아 지방병무청 및 지방행정기관에 긴급동원을 요청한다. 관할지역 내 지방행정기관의 정상적인 기능발휘가 불가능하여 동운이 제한되거나 작전상황에 따라 필요할 경우 징발업무를 수행할 수 있다.

3) 예비군 조직편성 및 자원관리

예비군 조직편성 및 자원관리에 대한 책임은 지방병무청장 및 해당 직장의 장에게 있다. 동원참모는 예비군을 효율적으로 관리, 유지, 활용하기 위해 지역예비군과 직장예비군의 조직편성 및 자원관리 책임자의 자원관리 책임자를 확인 · 감독한다.

4) 예비군 교육훈련

동원참모는 예비군의 신속한 동원태세 확립과 향토방위작전 능력 배양을 위한 예비군 교육훈련에 대해 전반적인 책임이 있다. 따라서 예비군 교육훈련 계획수립과 준비 및 시행 통제, 훈련지도와 감독 및 성과분석, 교육훈련 소집통지서 교부, 교육훈련 행정정리 및 결산, 훈련지원사항 등에 대해 확인 및 감독한다.

5) 예비군 인사업무

예비군 인사업무는 향토예비군설치법과 군무원 인사법에 의해 수행되는 예비군 지휘관(자)의 인사관리와 예비군의 보상 및 치료 등에 관한 업무를 말한다. 동원참모는 예비군 지휘관(자) 인사관리에 관한 제도 · 방침 · 운영 등의 업무를 수행하며, 지역예비군 지휘관의 선발 · 임명 · 징계 · 면직과 직장예비군 지휘관의 선발 · 임명 및 해임 등 전반적인 인사관리를 책임진다. 예비군지휘관 인사관리와 예비군 부대(원)의 상훈업무, 훈련 간 사고예방 활동 등에 대해서는 인사참모와 협조하고, 동원되어 임무수행 또는 훈련 중 부상을 입은 예비군에 대한 보상 및 치료 등의 업무는 인사행정참모와 협조하여 실시한다.

6) 예비군 군수업무

동원참모는 작전참모와 예비군 전투장비 및 물자를 확보하기 위한 작전소요 판단과 예비군 전투시설 소요 및 공사 관련사항, 향방작전 교대 주기 등을 협조한다. 군수참모와는 작전소요 판단 결과에 따른 지역예비군부대의 무기 · 탄약 · 장비 · 물자의 획득 및 할당, 재산관리에 대한 확인 · 감독과 직장예비군부대의 장비 및 물자 구매 등에 대해 협조한다. 또한 지방행정기관과는 예비군 전투시설 설치 및 유지보수, 향방작전용 전투장비 및 물자의 확보 등을 협조한다.

7) 예비군 향방동원

동원참모는 향방동원을 위해 예비군부대의 자원관리와 작전지속지원 대책 수립상태, 예비군 향방동원 및 운용계획 등을 감독하고, 관련참모 및 지방행정기관과 협조한다. 향방동원 시에는 동원된 예비군에 대한 운용과 작전지속지원 대책 등을 관련참모 및 지방행정기관과 협조한다.

동원참모는 향방동원태세 확립을 위해 평상시 향토방위작전 수행에 적합한 예비군부대 편성과 전투결산 체계에 의한 응소시간대별 자원관리, 경보전파체계, 무기 · 탄약 · 물자의 수령 및 분배계획, 급식대책, 예비군 동원 및 교대, 보상 및 가료 등에 대해 확인 및 감독하고, 관련 참모 및 지방행정기관과 협조한다. 향방동원태세 확립을 위해 필요시 지휘관 지침에 의거 작전 · 군수참모, 감사반장 등과 협조하여 불시에 향방동원태세를 점검할 수 있다.

향방동원 시 동원참모는 향방동원 지역과 동원대상, 예비군 운용, 교대주기, 무기 · 탄약 수송 및 분배에 관한 지침 등을 작전 · 군수참모와 협조하며, 예비군 향방동원령 전파와 응소상태를 확인 및 감독한다. 또한 향방동원된 예비군에 대한 급식지원과 수송대책, 예비군 향방동원 홍보 등을 지방행정기관과 협조한다.

8) 기타 예비군관련 업무

동원참모는 예비군 육성 지원과 교육훈련 및 향방동원 위규자 처리 등의 업무를 수행하며, 예비군 감사에 대해 감사반장과 협조한다.

동원참모는 예비군 육성지원 중기계획 작성, 연도계획 종합, 육성지원 심의위원회 운용, 사업계획 추진상황 분석 및 보고, 예하부대 육성지원 사업 계획수립 및 사업시행 상태 지도 · 감독 등 예비군 육성지우언에 대한 전반적인 업무를 확인 및 감독한다. 또한 투명하고 효율적인 예비군 육성지원 사업을 위해 관련참모 및 지방자치단체와 협조한다.

동원참모는 예비군 교육훈련 무단불참자, 향방동원령 발령 시 정당한 사유 없이 불응한 자 등과 같이 향토예비군설치법 위규자 발생 시 이를 종합하고 처리하며, 위규자 처리에 대해 경찰관서와 협조한다.

동원참모는 예비군 감사반이 지역 및 직장예비군부대와 예비군 지휘관리부대, 예비군 관계기관에 대한 예비군 감사 시 감사방향 및 결과에 대해 상호 협조한다. 또한 예비군 감사반의 감사결과를 통해 예비군의 지휘, 관리, 운영, 향방작전태세 등 전반적인 업무를 확인 및 감독하고 예비군 지휘관 전보조치 등 인사관리에 반영한다.

수임군부대 중 동원참모가 미편성된 부대에서 동원 및 예비군업무를 수행할 경우에는 작전참모가 동원업무를 수행한다.

7. 화력참모

화력참모는 화력분야 전투수행을 평가 및 지도하고 통합화력 운용과 대화력전을 담당하는 주무참모이다. 적 중심파괴 및 화력우세를 달성하고 작전부대 화력지원을 통해 근접작전의 여건을 조성하며 적의 기동을 방해 및 저지하는 데 조언하고 협조한다. 장차전의 양상과 전투실상을 고려할 때 화력지원 소요는 더욱 증대될 것으로 예상된다. 따라서 화력참모는 작전형태별 특성과 화력운용 중점 등을 고려하여 다양한 상황 하에서 효과적으로 화력을 운용하여야 한다.

화력참모의 주요업무는 표적처리(지원), 주요자산 운용, 통합화력 운용, 대화력전, 적 방공제압, 화력지원협조수단 운용 등이 있다.

1) 표적처리(지원)

표적처리는 작전목적 달성을 위해 반드시 획득 및 타격하여야 할 적의 핵심요소를 도출하여 이를 표적으로 선정, 탐지 및 타격하는 연속적인 과정이다. 표적처리 주무참모는 작전참모이지만, 화력참모는 표적처리와 관련하여 표적처리 및 타격지침에 대해 조언 및 협조, 화력지원계획 및 통합화력운용도표 작성, 타격과 관련된 기술적 결정 등에 대한 책임이 있다. 또한 화력참모는 작전참모, 정보참모와 협조하여 계획수립, 작전준비, 작전실시간 표적처리절차와 작전수행 과정을 적절히 연계시켜야 하며, 육군전술지휘정보체계(ATCIS) 등 가용한 전장관리체계를 활용하여 실시간 표적처리가 가능하도록 해야 한다.

2) 주요자산 운용

화력운용 시 주요자산은 포병, 전술공군, 공격헬기, 해상화력자산 등이 있다. 화력참모는 METT+TC 요소를 고려하여 가용한 주요자산을 효과적으로 통합하여 운용해야 한다.

포병 화력에는 대포, 로켓 및 유도탄 등이 있으며, 화력의 핵심기능으로서 지휘 및 지원관계를 명확히 설정해 줌으로써 화력지원 여건을 조성할 수 있다. 전술공군은 공군의 항공자산 중에서 지상군 작전부대에 지원되는 전력을 말하며, 전장지역 및 임무성격에 따라 근접항공지원(CAS), 대화력전(ATK, X-ATK), 항공차단(INT, X-INT)으로 구분된다.

공격헬기는 기동력과 화력으로 지상작전을 지원하며, 항공타격작전을 위해 전술공군 및 지상화력과 통합하는 것이 효과적이나, 상황에 따라 단독임무를 수행하기도 가능하다.

해상화력자산에는 함포, 해군 항공기, 함대지 유도탄 등이 있으나, 지상군에 주로 지원되는 자산은 함포이다. 함포는 해안선과 근접해서 작전하는 전투부대에 대규모 화력을 제공할 수 있다.

3) 통합화력운용

통합화력운용은 가용한 타격자산을 요망하는 표적지역에 집중하기 위하여 시간적·공간적으로 각 기능별 노력을 통합하고, 운용을 조정하는 일련의 활동이다. 통합화력운용 방법에는 근접항공지원(CAS)과 곡사화기의 통합운용, 협동화력공격반(Fire-eagle), 합동공중공격반(JAAT : Joint Air Attack Team) 등이 있다.

4) 대화력전

대화력전은 적 화력체계를 타격하여 적의 화력자산 능력과 작전지속능력을 약화시키는 것으로 공세적 대화력전과 대응적 대화력전으로 구분된다. 대화력전 절차는 기계획표적처리 절차와 동일하며 결정, 탐지, 타격, 평가 순으로 진행된다. 대화력전을 수행하는 방법으로는 무인기와 연계하는 방법, 적지종심작전부대와 연계하는 방법, 표적탐지레이더와 연계하는 방법 등이 있다.

5) 적 방공제압(SEAD)

적 방공제압은 물리적 공격이나 전자전을 통하여 특정지역의 적 방공능력을 파괴 또는 무력화시켜 작전지역 내에서 아군 항공기의 자유로운 활동을 보장하기 위해 실시한다. 적 방공제압은 배치된 적 방공화기의 위치와 아군의 가용 타격자산을 고려하여 작전지역별로 운용한다. 따라서 화력참모는 비행회랑 및 항공기 운용지역에 대한 적 방공자산을 우선적으로 제압하여 임무수행 여건을 조성해야 한다.

6) 화력지원협조수단 운용

화력지원협조수단은 제화력자산들이 표적을 신속하게 타격하고, 아군부대 및 시설에 대한 안전을 제공하여 작전부대가 활동하는 데 용이하도록 계획하고 운용하는 것이다. 화력참모는 다양한 화력자산들이 제한사항을 극복하면서 신속하고 효율적으로 표적을 타격하며, 우군부대 간의 피해 방지 등의 상호 안전을 도모할 수 있는 가장 적합한 화력지원협조수단을 운용해야 한다. 전술제대에서 주로 운용하는 화력지원협조수단에는 전투지경선, 허용적 수단, 제한적 수단, 공역협조수단 등이 있다.

8. 관리참모

관리참모는 부대의 임무 또는 과업을 경제적이고 효율적으로 달성하기 위하여 부대의 가용자원(인원, 금전, 물자, 장비, 시설, 시간)을 기획, 조직, 지시, 통제, 조정하는 등 부대의 전반적인 관리업무에 관하여 지휘관을 보좌하는 주무참모이다. 타 참모가 수행하는 업무분야 중 관리분야에 관하여 조언하고 협조한다.

관리참모부가 감소 편성된 제대(군간)의 관리분야에 대해서는 관리참모가 관련 참모와 협조를 통해 업무를 수행하고, 관리참모가 편성되지 않은 사단급 이하 제대에서는 인사 · 작전 · 군수참모 등이 관리분야 업무를 수행한다.

관리참모의 주요 업무는 지휘의도 및 중점 종합관리, 사업계획 수립 · 조정 · 통제, 예산 및 경리근무, 재무관리 및 재주제표 작성, 심사평가(군사령부이상), 경제적 군 운영, 군사제안 업무, 소집 · 방문 · 검열 · 보고통제, 행정예규 관리 등이 있다.

제2절 특별 및 개인참모의 주요 책임분야

1. 특별참모

특별참모는 일반참모 업무분야에 관련된 기술적 · 행정적 사항 및 고유 업무분야라 할 수 있는 특정병과에 관한 업무에 대하여 지휘관을 보좌한다.

특별참모는 재정참모, 인사행정참모, 군종참모, 연락장교, 행정실장과 지휘관이자 참모인 포병, 공병, 정보통신, 화학, 방공, 정비, 보급수송, 헌병, 의무, 본부근무대장 등의 직할부대장, 기타 지원 및 배속부대장이 이에 해당된다. 특별참모는 관련 일반참모의 통제를 받아 업무를 수행한다. 따라서 지휘관에게 보고할 사항은 사전에 관련 일반참모에게 필히 보고해야 한다.

1) 재정참모

재정참모는 회계책임관 조언, 예산 및 자금의 집행과 결산, 예하부대에 대한 경리지원업무를 수행하며 주요 업무는 다음과 같다.

- 재정업무 수행을 위한 계획을 수립한다.
- 재정활동에 관한 방침 및 절차를 설정한다.
- 예산을 수령, 집행, 결산하고 예하부대를 감독한다.
- 급여정보체계를 통해 부대 및 중앙 지급급여 변동자료를 제출한다.
- 국방통합재정정보체계를 이용하여 관서운영경비를 출납하고, 연대급 이하 관서운영경비 지원 및 계약 업무를 수행한다.
- 국방통합재정정보체계에 급여 및 경리 DB를 입력하고 인력운영유지 분야의 원가 계산 및 유지비를 산출하여 경제적 군 운영에 기여한다.

2) 인사행정참모

인사행정참모는 인사관리, 기록관리, 우편근무, 발간물 관리 및 기타 인사행정업무를 수행하며 주요 업무는 다음과 같다.

- 국방인사정보체계를 이용해 준사관, 부사관, 군무원에 대한 인사관리와 병사자력관리시스템을 이용하여 병사 보직 및 보충 업무를 수행하고 인사참모에게 조언한다.
- 휴가, 포상, 의식행사 등 인사근무분야에 대한 행정업무를 실시한다.
- 문서통제 및 수발, 문서보존 등 사무관리 업무를 수행하고 발간 지원업무를 수행한다.
- 보충, 인쇄, 군악, 문서관리 등 병과부대와 전사망자 인사처리반, 종합간행물실, 군사우체국, 발간물보급소 등과 같은 시설을 운용하고 감독한다.
- 기타 참모부에 부여되지 않은 행정업무 및 제원처리 업무를 수행한다.

3) 군종참모

군종참모는 종교 · 교육 · 선도 · 대민업무 등의 업무를 수행하며 주요 업무는 다음과 같다.

- 부대사기에 관하여 종교적 측면에서 지휘관과 인사참모에게 조언하고 이에 관한 계획을 작성하고 건의한다.
- 종교활동에 관한 부대 방침의 시행으로 고도의 사기를 유지할 수 있도록 지휘관을 보좌한다.
- 종교활동을 통한 신앙심 고취로 장병들의 사생관(死生觀)을 확립하여 군의 무형전력을 증강한다.
- 선량한 시민의식을 함양하고 도덕적 행동규범을 습성화하기 위한 인격지도 업무를 수행한다.
- 상담, 위문 및 방문활동을 통하여 장병들의 사기를 진작시키고 부대의 사각지대를 해소하도록 지휘관에게 조언하여 각종 사고예방에 기여한다.
- 사상자, 수감자, 포로, 민간인 억류자 및 피난민에 대한 군종활동 계획을 작성하고 감독한다.
- 교파간의 마찰을 방지하기 위한 계획을 작성 및 시행하고 감독한다.
- 군종장교가 없는 배속부대를 위한 군종 업무를 지원한다.

4) 연락장교

연락장교는 파견 및 피파견부대 간의 협력 증진과 협조를 위하여 파견된 인원으로 주요 업무는 다음과 같다.

- 소속부대의 상황을 계속적으로 파악하여 파견되어 있는 지휘관과 참모에게 첩보 및 정보를 제공한다.
- 임무범위 내에서 파견된 부대의 상황에 관한 보고서를 작성하고 기록을 유지하며, 소속부대 지휘관 및 참모에게 보고한다.

5) 행정실장(행정지원관)

행정실장(행정지원관)은 군단, 사단 및 주요 지원사령부급 또는 장군이 지휘하는 부대에 편제되며 주요 업무는 다음과 같다.

- 지휘관, 부지휘관 및 참모장이 주관하는 회의를 계획하고 감독한다.
- 지휘관, 부지휘관 및 참모장과 관련된 모든 공식적인 행사를 준비, 실행, 감독한다.
- 기타 부여된 업무를 수행한다.

6) 포병부대장(군단 : 포병여단장)

화력참모가 편성되지 않은 군단의 포병여단장과 사단의 포병연대장은 화력지원 협조관 역할을 수행하며 주요 업무는 다음과 같다.

- 화력지원수단의 가용성 및 능력에 관한 첩보를 제공한다.
- 화력지원부대의 편성 및 운용에 대해 건의하고, 화력지원계획(명령)을 작성한다.
- 통합화력지원실을 편성하여 운용하고, 지휘관 작전개념을 기초로 화력운용개념을 설정하며 화력수단별 운용방법을 결정하여 통합화력운용도표를 작성한다.
- 화력지원 업무, 포병 표적획득, 레이더 운용, 대화력전, 포병에 의한 기만작전을 지휘관에게 조언한다.
- 포병의 탄약현황, 소요보급률을 작전참모에게 제공, 탄약 통제보급률의 적합성 판단 및 예하부대의 통제보급률을 건의한다.
- 포병에 의해 투발되는 특수탄약 보급을 건의한다.
- 포병 측지에 관하여 상급 및 인접부대와 협조한다.
- 포병에 의한 전단 살포 시 관련참모와 협조한다.
- 적 화력지원 능력에 관한 연구 및 평가와 이에 관한 정보참모의 활동을 조력한다.
- 화력지원 분야의 훈련계획을 작성하고 지휘관 및 관련참모에게 조언한다.
- 포병장비의 정비 상태를 점검하고 지휘관 및 관련참모에게 조언한다.

7) 공병부대장(군단 : 공병여단장)

공병부대장의 주요 업무는 다음과 같다.

- 공병부대의 소요결정과 운용에 대하여 관련참모와 협조하고 지휘관에게 건의한다.
- 공병부대 교육훈련에 관하여 관련참모와 협조한다.
- 공병물자 및 장비에 대한 보급, 정비, 수송, 기타 근무활동(부동산 획득 및 관리 등)에 대하여 군수참모와 협조한다.
- 도하능력 분석과 공병 준비태세 유지 및 공병기술 정보 등에 대해 지휘관 및 관련참모에게 조언한다.

8) 정보통신부대장(군단 : 정보통신단장)

정보통신부대장의 주요 업무는 다음과 같다.

- 지휘통신시설을 설치 · 운용 · 유지하고 지휘소와 통신시설의 위치 결정에 관해 지휘관 및 관련참모에게 조언한다.
- 계획 · 명령 · 예규의 통신부록, 통신전자운용지시의 지휘통신규정, 정보통신준칙(ICSI)을 작성한다.
- 전자보호(EP), 합동 및 제병협동작전 통신망에 관해 관련참모와 협조하고 시행을 감독한다.
- 정보통신보안 유지를 위한 보호대책을 수립하고 지휘관 및 관련참모에게 조언한다.
- 항공사진을 제외한 사진 업무를 담당한다.

9) 화학부대장(군단 : 화학대장)

화학부대장의 주요 업무는 다음과 같다.

- 화학부대의 소요와 운용에 관한 계획을 수립하고 건의한다.
- 계획(명령), 예규의 화생방 부록을 작성한다.

- 화생방 방어 및 연막운용에 관하여 지휘관 및 관련 참모에게 조언한다.
- WMD 제거작전과 대화생방 테러작전에 관하여 지휘관 및 관련참모에게 조언한다.
- 각종 화생방 관련 계획을 작성하고 감독한다.
- 화생방 분야의 훈련계획을 작성, 실시, 감독한다.

10) 방공부대장

방공부대장의 주요 업무는 다음과 같다.

- 방공부대의 운용과 방공 우선순위를 건의한다.
- 작전계획(명령)의 방공분야를 작성한다.
- 방공경보 수신 및 전파에 대해 관련참모와 협조한다.
- 작전참모에게 공역 사용에 관해 협조한다.
- 방공 분야의 훈련계획을 작성하고 감독하며 기술적인 조언을 한다.

11) 정비부대장

정비부대장의 주요 업무는 다음과 같다.

- 국방장비정보체계 운영을 통해 7, 9종의 보급소요 결정 · 청구 · 획득 · 저장 · 분배 등을 실시한다.
- 정비부대의 소요결정 및 운용에 관한 계획을 작성하고 건의한다.
- 총포 · 차량 · 궤도차량 및 중기 · 통신 및 일반장비에 대한 정비근무지원(의무장비 제외)을 제공한다.
- 주요장비 운용 및 정비에 관한 기술을 제공한다.
- 피지원부대의 작전지속능력 향상을 위하여 현장위주의 근접정비를 실시한다.

12) 보급수송부대장

보급수송부대장의 주요 업무는 다음과 같다.

- 주 · 부식의 소요판단 · 획득 · 저장 · 분배 및 결산 업무를 수행하며, 취사장운

용과 식중독 예방 관련 업무지원과 지휘조언을 한다.

- 국방물자정보체계 운영을 통해 2, 3, 4, 5종 보급품 소요집계 · 청구 · 수령 · 저장 · 분배 등을 실시한다.
- 보급, 수송부대의 소요 결정 및 운용계획을 작성 및 건의한다.
- 군수참모에 의해 결정된 수송소요에 대해 수송지원을 실시한다.
- 군사지도 청구 · 수령 · 저장 · 분배 등을 실시한다.
- 수송소요 결정 및 수송근무(사단)를 지원한다.
- 보급, 수송 분야의 훈련계획을 작성하고 감독한다.
- 보급, 수송업무에 대한 기술을 조언한다.
- 피지원부대에 대한 추진보급계획 수립 및 시행으로 작전지속능력 향상과 경제적 군 운용을 도모한다.

13) 헌병대장

각급 제대에 편성된 헌병부대장의 주요 업무는 다음과 같다.

- 지휘관이 설정한 우선순위, 타 참모 및 관련부대와 협조하여 헌병지원 소요를 결정한다.
- 사고 및 범죄예방계획 수립, 시행 감독과 사건 및 사고 발생 시 조사한다.
- 부대 군기 및 사기에 관하여 지휘관 및 인사참모에게 조언한다.
- 헌병 분야에 대한 계획, 명령 및 보고를 작성한다.
- 헌병 교육훈련계획을 작성하고 실시 및 감독한다.
- 부대 헌병활동 감독 및 유관기관과 협조한다.

한편 헌병대장은 전투, 전투지원 및 작전지속지원에 관한 운용계획 작성과 시행 감독을 위해 다음과 같은 임무를 수행한다.

- 전장순환통제(도로정찰과 감시, 주보급로 통제, 피난민 및 낙오자 통제, 인원 및 물자 호송 등) 관련업무 수행
- 적의 활동으로부터 아군 작전지역의 병력, 물자, 시설을 보호하기 위한 제한된 후방지역작전(지역정찰 및 감시, 지정된 중요시설 및 물자 경계, 초기대응 기동타격, 대테러작전, 지역피해통제, 5열 색출 및 검거, 주요 요인 경호 등) 수행

- 적 포로 및 민간인 억류자 수집, 후송, 수용 실시
- 법과 규정집행 및 사고 예방활동, 범죄수사, 군 죄수 수용, 계엄 시 치안업무 등 시행

14) 의무근무부대장

각급 제대에 편성된 의무부대장의 주요 업무는 다음과 같다.

- 의무지원에 관하여 지휘관 및 인사참모에게 조언한다.
- 의무부대의 편성과 부대운용 계획을 수립하고 인사 참모와 협조 및 건의한다.
- 의무장비 및 물자의 소요 결정, 청구, 획득, 저장, 분배, 기록 작성업무에 대한 기술적인 감독을 실시한다.
- 예하 부대의 군대위생, 구급법을 포함한 의무분야의 훈련계획을 작성하고 의무교육에 대한 기술적인 조언 및 감독을 실시한다.
- 의무근무에 관한 제반 보고서 및 통계를 작성 및 유지한다.
- 의무지원계획을 수립하고 시행을 감독한다.
- 입원(치료) 및 후송, 부대의 예방의무 활동 지원, 근접 진료 지원, 치무 및 수의 근무지원, 의무보급 및 의무장비 정비, 의무부대 창설, 동원시설 운용 및 민간의료자원 활용, 포로 및 민간인 억류자의 환자 치료, 의무부대 이동 및 전술적 운용 등의 업무를 수행한다.

15) 본부근무대장

각급제대에 편성된 본부근무대장은 본부에 예속되어 있으나 예하부대에는 예·배속되어 있지 않은 장병들까지도 작전통제를 실시하며 주요 업무는 다음과 같다.

- 사령부 병력에 대한 관리 및 통제를 한다.
- 사령부를 경계한다.
- 사령부의 배치와 이동에 대하여 관련참모와 협조한다.
- 사령부 인원과 대기병에 대한 급양근무, 막사준비 및 보급을 실시한다.
- 사령부 요원과 대기병을 위한 방호시설을 준비한다.
- 사령부 편제상 또는 할당된 장비의 정비에 대해 감독한다.

2. 개인참모

개인참모는 지휘관이 직접 통제하기를 요망하는 개인적인 업무 또는 특정분야에 관하여 지휘관을 보좌하는 참모로 감찰 · 정훈공보 · 법무참모 · 전속부관 · 주임원사가 해당된다. 개인참모라 할지라도 지휘관이 특별히 지시한 업무 외에는 관련참모와 필히 협조하여야 한다.

1) 감찰참모

감찰참모의 주요 업무는 다음과 같다.

- 지휘관의 지시 또는 법규에 따라 검열, 조사 및 예방 활동 등을 통해 임무수행, 훈련, 재정 등에 관한 회계감사 및 상태를 점검한다.
- 금전, 물자, 시설에 관한 손 · 망실 처리업무를 수행한다.
- 부대나 개인의 권익보호를 위한 소원을 접수하고 처리한다.
- 민원업무를 처리한다.
- 사고방지를 위한 예방활동을 실시한다.
- 자율기강 확립업무를 주관한다.
- 상급기관(부대)의 추분 요구지시에 따른 조치를 실시한다.

2) 정훈공보참모

정훈공보참모의 주요 업무는 다음과 같다.

- 장병 정신전력 강화를 위한 정훈교육계획을 수립하고 시행한다.
- 공보활동 계획을 수립 및 시행하고, 전시 정훈공보 활동 계획을 발전시킨다.
- 대군신뢰 증진을 위한 강한 군대상을 홍보 및 시행한다.
- 정훈교육의 보조재료를 획득, 개발, 보급 및 활용하고, 정훈교육의 실태분석 및 평가기법을 발전시킨다.
- 군인 · 군무원의 언론매체를 통한 대외 발표사항을 통제하고, 언론매체의 취재를 협조한다.

- 사이버 홍보 및 친군화 활동, 인터넷 검색 대응 및 언론피해 구제활동을 계획 및 시행한다.
- 공보상활 발생 시 작전상황 및 언론동향 등을 고려하여 공보대응체제를 유지하고, 부대 대변인 임무를 수행한다.
- 각종 문화 활동을 계획하고 시행한다.

3) 법무참모

법무참모의 주요 업무는 다음과 같다.

- 군법, 국내법, 외국법, 국제법 및 국제협약에 관한 모든 문제에 관하여 지휘관에게 조언한다.
- 군사재판에 관한 행정업무와 제반 법률업무에 대해 감독한다.
- 징계 개최 상신 및 지휘관의 징계권 행사를 보좌한다.
- 군사법원에서 치리될 조사내용 및 범죄 사실을 지휘관에게 보고하고, 군사법원에서 작성된 범죄사항을 검토하여 그에 대한 조치사항을 지휘관에게 건의하며 군사법원 기록을 보관한다.
- 민간 수사기관 및 사법기관과 협조체제를 유지한다.
- 감찰 및 참모보고서를 검토하여 적법성을 검토하고 지휘관에게 건의하며 필요한 상담을 실시한다.
- 군법교육을 계획, 실시, 감독한다.
- 군인, 군무원, 군인가족 등의 제반 법률문제에 관하여 조력한다.
- 민원에 관한 법률 관련 업무를 감독하고 처리한다.
- 조달 계약의 체결과 정부 재산의 사용 처리에 관한 법류문제에 관하여 조력한다.
- 정부기관 및 민간단체, 재난구조 및 민방위에 관한 군사 지원상의 법률문제에 관하여 조력한다.
- 필요시 부대 및 개인에게 군 인사업무(급여, 수당, 진급, 강등, 제적, 행정업무, 군법, 소원 등)에 관한 법률문제에 관하여 조언한다.

4) 전속부관

전속부관의 주요 업무는 다음과 같다.

- 지휘관에게 경호와 안전을 제공한다.
- 지휘관 부속실의 행정병, 운전병, 공관관리병 등의 업무를 감독하고 관리한다.
- 지휘관의 지시 및 명령을 접수 및 전파한다.
- 지휘관이 부여한 기타 업무를 수행한다.

5) 주임원사

주임원사의 주요 업무는 다음과 같으며 업무를 수행할 때는 필히 관련참모와 협조해야 한다.

- 지휘관을 중심으로 부대가 단결되도록 보좌한다.
- 부사관·병의 대변인 역할을 수행하고 선도 및 교육한다.
- 각종 훈련간 안전활동, 병기본훈련 실태점검, 부대환경, 병영생활, 군기 및 사고예방 활동을 지도한다.
- 하급제대 부사관의 수행 업무에 대해 지도 및 감독하고, 부사관과 병의 임무조정에 관하여 지휘관 및 관련참모에게 조언한다.
- 부대 전통의 계승 유지 및 발전업무를 수행한다.
- 지휘소 이동준비 및 설치, 지휘소 경계 및 전투준비 태세 유지에 대하여 지휘관 및 관련참모에게 확인하고 조언한다.
- 작전지속지원 분야에서 부사관의 임무 및 활동분야를 확인하고 지도한다.
- 전장군기 확립 및 사기앙양 유지를 위해 활동한다.
- 전시 군인가족 철수, 대민관계 협조를 지원한다.
- 전시 동원예비군 및 근로자의 임무수행관련 교육을 지원하고 지도한다.

제7장

전술이론

제7장

전술이론

제1절 전술이란?

전술이란 "부대가 전투목적을 달성할 수 있도록 전투력을 운용하는 전투기술이다." 전술은 용병체계(군사전략, 작전술, 전술)의 하위개념으로 무기체계, 부대구조 등과 밀접한 관계 속에서 시대에 따라 변화, 발전되어 왔다.

본 장에서는 역사적으로 유명한 군사이론가의 견해와 각국의 견해를 통하여 전술의 개념을 이해하고, 용병술 체계상에서 전술이 차지하고 있는 위치를 알아본다. 또한 역사적으로 많은 전쟁을 통하여 정립된 전쟁의 원칙을 사례를 통해 알아본다.[1)]

1. 전술의 일반 정의

전술(Tactics)이란 용어의 어원은 '규정되다'라는 의미의 TAKTIKOS라는 그리스 어에서 유래된 것으로 군사적으로는 '군대를 배열하는 기술'의 뜻을 지니고 있다고 한다. 『새 우리말 큰 사전』(삼성출판사, 1986)에서는 "전술이란 전투를 수행하는 방법으로서 최대한 전략차원의 성공에 기여하기 위한 구체적인 전투수행 방법이며, 특히 단기적·국부적인 전투의 진행 방법이다."라고 풀이하고 있고, 『브리태니커』(Britanica, 1969) 백과사전에 의하면 "전술이란 전투를 수행하기 위해 부대의 배

1) 전술개론, 육군사관학교, 1997.

치와 다양한 무기사용, 공격 혹은 방어준비를 위한 병력이동 등 전투에서 싸우는 기술 및 과학"이라고 정의하고 있다.

2. 군사이론가의 견해

역사상 뛰어났던 군사이론가들의 전술에 대한 견해를 비교·분석하여 전술의 개념을 유추해 본다.

클라우제비츠는 "전투에서 부대를 운용하는 기술"이라고 하였으며, 조미니는 "전투력 및 전투 중 병력운용의 술", 그리고 몰트케는 "임기응변을 위한 조직적 방법으로서 공격에 의해 적을 타격하는 기술", 리델하트는 "직접 전투행위를 위해 병력을 배치·운용하는 기술"이라고 전술을 정의했다.

이와 같이 주요 이론가들의 견해에 의하면 전술이 인과법칙에 지배되는 '과학'이라기보다는 반복행동에 의해 숙련되고, 상황에 따라 임기응변 할 수 있는 '기술' 분야임을 강조하고 있다. 또한 대부분의 이론가들이 전술의 목적은 전투에서 승리하기 위해 부대(병력 또는 전투력)를 배치, 운용하는데 있다고 하여 전술이 전투의 실행방법 또는 수단임을 암시하고 있다.

3. 주요 국가들의 견해

주요 국가의 공식 견해를 보면, 미국은 1994년도판 작전요무령(FM100- 5, 1994)에서 "전술이란 전투 및 교전에서 승리하기 위해 가용한 수단을 운용하는 술과 과학(art and science)"이라고 규정하고 있다. 여기서의 교전(engagements)은 통상 피·아 기동부대들 간의 소규모 분쟁 또는 소규모 부대 간의 접전(skirmishes)을 말하고, 전투(battles)란 일련의 연계된 교전들로 구성되어 교전보다 장기간 지속되고 대규모 부대들이 포함된 전역의 진행에 영향을 미치는 상황을 말한다.

소련은 "전술을 전투 승리를 위해 부대행동을 계획, 준비, 수행하는 방법과 기술"이라고 하여 전략 및 작전 차원보다 한 단계 낮은 수준의 전투 수행 방법과 기술이라고 풀이하고 있다.

일본은 『국방용어사전』(방위협회, 1980)에서 "전술이란 작전 및 전투를 가장 효과적으로 진행하기 위한 술"이라고 정의하면서 전술을 전략이 정한 구상에 따라 보다 현실적 수준에서 병력의 기능을 효과적으로 발휘하기 위한 방책을 고찰하는 방법이라고 하여 전략보다 낮은 수준의 전투수행 방법임을 암시하고 있다.

한국은 『안보관계 용어집』(국대원, 1983)에서 "전투 시 상황에 따라 임무달성에 가장 유리하도록 부대를 운용하는 술"이라고 정의하여 전술은 전투시의 부대 통솔력, 화력과 기동을 연결하기 위한 배치, 화력효과 증대를 위한 진지변환, 계속적인 부대운용 등을 망라하는 전투기술이라고 풀이하고 있다.

이상에서 제시한 주요 이론가의 견해나 주요 국가의 공식견해를 종합해 보면, 전술이란 통상 지휘관이나 부대가 그들의 전투임무를 수행하기 위해서 일반적이고 구체적인 수단과 방법을 사용하는 기술로서 아군 상호간 또는 부대의 질서 있는 배치(配置)나 기동(機動)이라고 할 수 있다. 즉 전투개시 전과 전투 간에 있어서의 전투계획 및 수행이며, 전장에 있어서 전투력의 사용을 의미한다. 이런 뜻에서 한 국가나 부대가 전쟁을 수행하기 위한 광범위한 계획인 전략과 상이하며, 부대의 비전투활동인 행정과도 구별된다.

이를 한 마디로 요약하면 "전술은 부대가 전투목적을 달성할 수 있도록 전투력을 운용하는 전투기술"이라고 할 수 있다.

제2절 전술의 위치 및 범위

우리는 군사이론가들과 주요 국가들이 정립한 전술의 개념을 통해 전술의 정의에 대해 알아보았다. 그러면 이렇게 정의한 전술이 군사이론체계에서 어떠한 위치에 속하며, 그 범위를 어떻게 규정해야 하는가에 대한 명확한 개념정립이 필요하다. 개념을 정확히 파악하지 않고서는 모든 상황에 공통적으로 적용할 수 있는 기준을 잃게 되어 혼란에 빠질 염려가 있으며, 이들 사이에 존재하는 내적 관련성을 규명할 수 없기 때문이다.

따라서 용병체계에서 군사전략, 작전술, 전술의 개념을 상호 비교하여 그 범위와 수준을 명확히 하는 것이 중요하다. 군사전략과 작전술, 전술은 공히 국가목표를 달성하기 위한 군사적 수단으로서 시간 및 공간적으로 용병체계 내에 서로 밀접한 관계를 맺고 있는 군사활동이지만, 본질적으로는 개념상의 차이가 있다.

이러한 차이에 대해 앙드레 보프는 "전략(戰略)이란 정책에 의해 설정된 목표를 달성하는 방향으로 가장 효과적인 공헌을 하도록 군사력을 운용하는 기술이고, 작전전략(작전술)은 개념과 시행이 만나는 수준이다. 작전전략의 목적은 전략에 의해 설정된 목표를 사용하고 있는 전술 및 전기의 능력과 조화시킬 뿐만 아니라 미래의 전략적 요구를 최대한 충족시킬 수 있도록 전술과 전기의 발전을 보장하는 데 있다."고 하였으며, 클라우제비츠는 "전략은 전쟁을 이기기 위한 계획이다."라고 하였는가 하면, 소련의 요세트 보단스키는 "전술은 전투에서 이기기 위한 계획이고, 작전술은 전역에서 이기기 위한 계획이다."라고 주장했다.

이들 군사이론가들의 주장으로 미루어 볼 때 군사전략이란 전쟁을 다루는 용병술의 최상위 개념으로서, 그 요체는 국가정책목표를 달성하기 위한 군사력을 조직하고 건설하며, 군사력 사용조건과 자산을 할당하고 전쟁을 지도하는 것으로 볼 수 있고, 작전술은 전략과 전술의 중간개념으로서 군사전략 목표를 달성하기 위해 어떻게 싸울 것인가(How to fight) 하는 개념을 창출하여 전술제대로 하여금 전투(fighting)를 하도록 전장으로 기동시켜 주는 역할을 한다.

한 마디로 요약하면 전역을 구상하고 수행하는 분야인 것이다.

이와 같은 군사전략, 작전술, 전술의 개념 차이를 아래 표에서와 같이 구분할 수 있으며, 이를 자세히 설명하면 [표 7-1]과 같다.

[표 7-1] 군사전략, 작전술, 전술의 상관관계

구 분	군 사 전 략	작 전 술	전 술
목 적	국가정책 목표 달성 (전쟁승리)	군사전략 목표 달성 (작전승리)	작전술 목표 달성 (전투승리)
목 표	무혈승리 (전쟁억제)	적 전투 의지 마비 (전투의 최소화)	적 전투력 격멸 (전적인 전투의존)
수 단	전쟁지도 군사력 건설 / 유지를 통한 전력 창출	전투력 기동 / 배비	전투력의 발휘 (사격 / 기동)
성 격	전국적 범위의 연합 및 합동작전	대규모 작전	전투
지 역	전쟁지역	작전지역	전장(Battlefield)
제 대	합참 / 연합사	야전군 / 군단	사단 이하

① **목적**: 정치, 경제, 사상, 군사 등 국가정책 목표를 달성하기 위한 국력의 모든 기능 중에서 군사전략의 목적은 군사부문에 있어서의 국가목표를 달성하는데 있다. 따라서 군사전략의 목적은 작전술이나 전술목적에 비해 포괄적이고 광범위하다.

이에 비해 작전술은 전역계획이나 대규모 작전을 계획, 편성하고 실시를 통하여 작전지역 내의 군사전략 목표를 달성하는데 있고, 전술은 작전술의 목표를 달성하는데 주목적을 두고 있다. 따라서 군사전략은 작전술에, 작전술은 전술에 그 임무와 지위를 부여할 수 있고, 작전술과 전술은 부여된 임무완수를 통해 군사전략의 목적 달성에 기여한다.

② **목표**: 목표적인 측면에서 군사전략은 모든 가능한 방법을 동원해 전쟁을 억제하거나, 전시에 가능한 한 피를 흘리지 않고 승리하기 위해 군사력 운용의 기본조건과 전쟁지역 및 작전구역의 목표를 설정한다. 또한 목표를 달성하기 위한 방책을 제시하여 가용한 수단인 군사력을 건설하고 부대를 할당하며 모든 자산을 제공하여 무력사용의 조건을 조정하는 등 모든 전쟁수행 조건을 결정한다. 전술은 전투력의 격멸이라는 유혈수단을 통해 승리를 꾀하는 직접적인 전투기술이라고 할 수 있다.

이에 비해 작전술은 전쟁 또는 전투에서 주도권 장악 또는 적의 의지를 마비시켜 전투를 최소화함으로써 전략 및 전술을 유리한 방향으로 이끄는데 그 목표를 두고 있다. 따라서 작전술은 전투수행의 시기 및 장소 그리고 전투수행 여부에 관한 기본적인 결정을 포함한다. 작전술 목표달성을 위해서는 적의 부대 중심－전력 및 균형의 중심－을 식별하여 그 지점에 우세한 전투력을 집중하여야 하며, 이를 위해 잘 협조된 육·해·공군의 합동작전 능력과 협동능력이 요구된다.

③ **수단**: 무혈승리라는 군사전략의 목표를 달성하기 위해서는 크게 양병과 용병이라는 두 가지 수단을 사용하게 된다. 즉 전쟁지도와 지속적 전력창출을 위한 전쟁·평화시의 군사력 건설 및 유지와, 전국적 범위에서 연합 및 합동작전으로 기동과 배비가 그 주요 수단인 것이다. 이에 비해 전술은 접적 이후의 행동지침이기 때문에 사격과 기동이라는 단순한 수단에 의해 그 목표를

달성할 수밖에 없다. 그러나 작전술은 군대를 전투에 가장 유리한 방향으로 개입시키는 대규모 작전으로 기동과 배비를 주요 수단으로 하여 그 목표를 달성할 수 있다. 이때 군사전략과 작전술 차원의 기동은 대부대의 진지변환 능력에 특징이 있으며, 기동을 예상하고 계획하는 것이 군사전략, 작전술의 과제이다. 이에 반해 전술차원의 기동은 전투를 실시한다는 것을 의미하는데, 군사전략과 작전술 차원의 지휘관은 전투 자체의 범위를 초월해서 생각할 수 있어야 한다.

④ **지역** : 공간적인 측면에서 군사전략은 광범위한 지역을 대상으로 장기적인 안목에 의해서 전투력의 조성과 배비를 다루고, 전술은 전장이라는 좁은 지역에서 단기적으로, 조성된 전투력을 사용하는 전투 실행 방법이다. 좀 더 구체적으로 말하면 군사전략은 전국토를 대상으로 하여 작전 기동 이전의 군사행동상의 계획 및 지침이고, 전술은 배비된 전투부대가 전장 내에서 최대의 충격효과를 발휘할 수 있도록 사용하는 적과 접촉된 이후의 군사행동 기술이다.

이에 비해 작전술은 전투가 벌어지고 있는 전장에 군대를 가장 유리하게 개입할 수 있도록 적과 접촉되기 이전에 이루어지는 전장까지의 기동을 말한다. 따라서 기동은 작전술에 있어 매우 중요하다. 이는 작전술의 목표가 적의 유형적 전투력의 파괴보다는 기술이나 기동에 의한 심리적 마비나 교전에 의해 적의 전투의지 격멸에 있다는 점에서도 입증된다.

⑤ **수행제대** : 이들을 지휘책임 및 제대별로 적용할 경우에는 합참 및 연합사의 최고지휘관이 책임을 지는 전쟁지도 분야가 군사전략이고, 야전군 및 군단급의 중간지휘관이 책임을 지는 전투지도 방법이 작전술의 분야인데 반해, 사단 이하의 지휘관이 책임을 지는 전투실행 기법은 전술이라 할 수 있다. 전술은 사단, 여단, 연대급이 실시하는 제병협동전투와 대대급 이하에서 실시하는 근접전투로 구분된다.

이상과 같이 군사전략, 작전술, 전술의 개념을 구분해 보았다. 그러나 이러한 개념상의 차이에도 불구하고, 실제로 이들의 명확한 구별은 어렵다. 군사전략, 작전술, 전술은 모두 전쟁을 효율적으로 수행하기 위한 군사활동 및 기능에 관련된 공통의 개념으로 각각의 관심 분야 및 적용수준에서 약간의 상이점은 있지만 어디까지나 하나의 용병체계에 포함되어 있는 것이다. 따라서 각 요소는 배타적이라기보다는 상호 보완적이며 필요적 요소인 것이다.

1950.9.15.~30.간 이루어진 인천상륙작전과 낙동강선 총반격전 사례를 통하여 군사전략, 작전술, 전술의 상관관계에 대해 알아본다.

인천상륙작전의 자체적인 작전은 작전술에 의해 이루어졌으나 그 예하의 사단 및 연대 또는 소규모 접촉 전투부대의 교전행위는 전술의 영역에 속한다.

낙동강선 총반격 과정에서 미 제1기병사단이 제777 특수임무부대(7기병연대의 1, 3대대 '린치 중령' 지휘)가 9월 22일 08:00에 다부동을 출발하여 오산 북쪽 51km 지점에서 미 제10군단 제7사단 31연대와 연결한 9월 26일 22:26까지의 작전행동은 작전술 차원에서 수행된 것이지만 제777 특수임무부대가 기간 중에 실시한 교전행위는 전술차원에서 수행된 것이다.

제3절 전쟁원칙

1. 전쟁원칙 일반론

1) 전쟁원칙의 의의

전쟁원칙은 "전쟁수행을 지배하는 기본적인 원리"이며, 이는 전쟁의 법칙과 원리에 기초를 두고 있으나, 경험요소에 의하여 산출된 것으로서 전쟁원칙의 적절한 적용은 지휘권 행사와 군사작전을 성공적으로 수행하는데 대단히 중요하다. 또한 이러한 원칙들은 상호 밀접한 관계를 갖고 있으며, 상황에 따라서 상호 보강되기도 하고 또는 상충되기도 한다.

전쟁원칙은 어느 특정인에 의해서라기보다 수많은 전쟁의 역사를 연구 분석하여 다듬어진 최선의 공약수로서 시대의 고금을 막론하고 공통적으로 적용될 수 있을 뿐 아니라 장차 예상되는 어떤 형태의 전쟁에서도 본질적인 변화는 없지만 각 국가는 자기 나라의 지리, 문화, 사회, 과학 및 국민성 등 고유의 특성에 의하여 나름대로의 전쟁원칙을 채택하고 있다. 그러나 근본사상이나 본질은 공통점을 갖고 있음을 알 수 있다.

2) 군사이론가의 견해

전쟁수행을 위한 기본적인 원리로서의 전쟁원칙을 규명하기 위하여 고대로부터 수많은 군사이론가 및 전략가들이 나름대로의 이론을 제창했다.

기원전 500년에 손자는 『손자병법』에 전장에서 지휘관의 나침반 역할을 하는 전쟁의 원칙인 기습의 원칙으로서 "적이 방비하고 있지 않은 곳을 공격하고, 적이 예측하지 못한 곳으로 나아가라." 하였고, 집중의 원칙으로서 "적군의 배치를 드러나게 하고 아군의 배치를 보이지 않게 하면 아군은 집중할 수 있고 적군은 분산하게 된다. 아군은 한 곳에 집중하고 적군은 열 곳에 분산하게 되면 이것은 10배의 병력으로 적을 공격하는 것과 같게 된다."고 하였다.

이와 반대로 프랑스의 삭스(Marshall Maurice de Saxe) 원수는 "전쟁은 암흑으로 덮인 과학이다. 그 속에서는 아무도 자신 있는 발자국을 옮겨 놓지 못한다. 모든 과학은 원칙을 가지고 있지만, 전쟁의 경우에만은 없다."고 하여 극단적 부정을 하였다.

그러나 조미니는 전쟁이라는 것은 지구상의 인간 활동의 한 형태로서 수긍할 만한 것이 반드시 있으리라는 확신을 가지고 전쟁을 연구했다. 그리하여 인간은 전쟁에서 전승을 가져올 수 있는 방법과 패전의 요인들을 체계적으로 구별하고 또 말할 수 있다는 것을 대 군사작전론 및 기타 저서에서 다음과 같이 주장하고 있다.

> "어느 시대를 막론하고 전쟁의 승패를 좌우하는 근본원칙이 반드시 존재하였다……. 그리고 이 원칙은 불변이며 무기의 종류와 역사적 시간 및 장소와는 아무런 관계가 없는 것이다. 전쟁의 모든 작전에 있어서 반드시 근본적인 원칙이 있다는 것, 즉 채택된 모든 방책을 통합하여 성공을 가져올 수 있게 하는 어떤 원칙이 있다는 것을 입증하고자 하는데 있었다."

그 후 많은 군사이론가 및 사상가들은 역사상 위대했던 지휘관들에 의해 성공적으로 수행되었던 작전을 연구, 분석함으로써 전쟁의 원칙을 추출하려는 노력을 계속하였다.

[표 7-2] 군사이론가 및 원칙

전략가 / 원 칙	클라우제비츠 (1830)	훗슈 (1899)	크린 (1912)	풀러 (1878~1966)	리델하트 (1895~1932)	몽고메리 (1945)
공격	O		O	O		O
집중	O		O	O		O
병력절약		O			O	
기동	O	O	O	O	O	
목표	O		O	O	O	
간명성						O
경계		O	O	O		
기습	O	O	O	O	O	O
협동						O
행정						O
제공권						O
전쟁무기						O
적회피시 돌진금지					O	
전과확대					O	
융통성					O	
부대의 자유배치		O				
실패를 증원하지 말 것					O	
여론	O					
추격	O					

3) 주요 국가들의 전쟁원칙

주요 국가들의 전쟁원칙은 자기 국가의 전장환경 특성에 따라 다음과 같이 각각 다른 원칙을 적용하고 있으나, 목표, 집중, 기동, 경계, 기습, 공격(공세) 등 주요 원칙은 거의 모든 국가가 공통적으로 적용하고 있다.

[표 7-3] 주요 국가들의 전쟁원칙

국명 / 순위	미 육군	미 해군	미 공군	러시아	일본	중국	영국	대만	북한
1	목표	목표	목표		목표	목표	목적의 선정	목표 원칙 중점	
2	공격	공격	공격	공격	주동	공격	공격 활동	주동 원칙과 탄성	공격
3	집중	집중	집중	집중	집중	기동 집중	병력 집중		집중
4	병력 절약		노력과 절약	병력 절약	경계		노력의 절약	기동 원칙과 속도	병력 정약
5	기동	기동성		기동 / 주도권	기동	기동전		통일원 칙과 합작	기동 / 주도권
6	지휘 통일		통제 합동	전진 / 통합	통일	통일	협동	기습 원칙과 기적	전진 / 통합
7	경계	경계	경계		보전		경계	조직 원칙과 직책	
8	기습	기습	기습	기습	기습	기습	기습	사기 원칙과 규율	기습 / 기만
9	간명	간명	융통성		간명		융통성		
10		사기		사기			사기		사기
11		전과 확대							
12		준비							
13				제병연 합부대			행정		제병연 합부대
14				적절한 예비					적절한 예비
15				섬멸		섬멸			섬멸
16						군대 정신 원칙			
17						자율			
18						공격 계속			

2. 목표의 원칙

모든 군사작전은 명확하고 달성가능한 목표에 지향되어야 한다.

요구되는 정치적 목적에 따라 전략적 목표는 상이하며, 정치적 목적이 적을 완전히 패배시키는 것을 요구할 경우, 전략적 목표는 적의 군대를 격멸시키고 그의 저항의지를 파쇄시키는 것이다. 각 작전의 목표는 이러한 궁극적인 목표달성에 기여해야 한다. 각 중간목표는 가장 직접적이며 신속하게 또한 경제적으로 이러한 작전목표에 기여할 수 있어야 한다. 목표는 임무, 적 및 작전지역, 가용부대 및 수단 등을 고려하여 선정되어야 한다. 모든 지휘관은 상급부대의 임무와 자신의 임무, 그리고 수행해야 할 과업과 그 이유를 명확하게 숙지하고, 이에 입각하여 예상되는 행동을 그려야 한다.

목표의 원칙과 다른 원칙과의 관계를 알아보면 목표의 원칙은 '왜' '무엇'의 요소를 제시하며, 다른 원칙은 이 목표달성을 위한 방법 및 요령, 즉 '어떻게'의 문제를 제시한다. 즉 집중, 기동, 통일, 기습 및 경계, 정보, 창의의 모든 원칙을 결합하여 공세행동으로서 선정한 목표를 확보하게 된다.

【사례연구 1】 북한군의 38선 돌파와 서울 진격

초기 38선 전투에서 북한군은 조공을 개성-문산-의정부 축선, 주공을 연천-동두천-의정부 및 철원-포천-의정부 축선을 통해 서울로 지향하며, 일점양면전을 구사함으로써 대부분의 한국군 주력을 한수 이남으로 격퇴시키고 개전 4일 만인 6월 28일에는 서울을 점령하여 서전을 승리로 장식할 수 있었다. 그런데 이와 같은 북한군의 초기 공격작전은 서울지역에서 국군의 주력을 포위, 섬멸하고 전과를 확대하여 남해안으로 진출한다는 작전개념을 설정하였던 것으로 보아, 서울의 확보에 주목표를 두지 않고 정치적 요지인 서울방위에 집중될 국군의 주력을 한수 이북에서 조기에 포착, 섬멸한다는데 작전목표를 두었기 때문에 북한군은 그들이 예상했던 대로 아군 주력인 야전병력의 대부분을 조기에 섬멸하고, 전선의 균형을 와해시킴으로써 일방적으로 전쟁의 주도권을 장악하였던 것이다.

【사례연구 2】유엔군의 인천상륙작전

1950년 8월 이후 낙동강 방어선에서 교두보 확보에 고전을 면치 못하고 있던 유엔군은 9월 16일 인천상륙작전을 계기로 본격적인 반격작전을 전개하였는데, 이 작전에서 경인지구를 탈환하여 적의 퇴로 및 병참선을 차단하였다. 그러나 인천상륙작전의 궁극적인 목표는 경인지구의 탈환에 있는 것이 아니라 어디까지나 낙동강선 정면에 집중된 북한군의 주력을 격멸하는데 주안을 두고 실시하였던 것이며, 계획대로 미8군의 낙동강선 돌파작전과 협동하여 불과 10일 만에 북한군의 주력을 완전히 격멸하고 소기의 작전목적을 성공적으로 달성하였다.

그리고 38도선을 돌파한 유엔군의 북진과정에서도 인천상륙작전에 투입되었던 미 제10군단을 재차 해상 우회기동으로 원산에 상륙시켜 패주하는 북한군의 퇴로를 차단함으로써 잔존병력을 완전섬멸하려 하였으나, 적의 신속한 철퇴로 호기를 상실하였던 점은 매우 아쉬운 일이 아닐 수 없다.

3. 공세의 원칙

공세란 군사작전 시 주도권을 장악하여 적을 격파하는 적극적인 공세행동으로 공세적인 행동은 결정적인 성과를 달성하고, 행동의 자유를 유지하는데 필요하다. 지휘관은 공세적인 행동에 의하여 주도권을 확보하고 그의 의지를 적에게 강요할 수 있으며, 전투의 조건과 장소를 선정하고 적의 약점을 이용하며, 급변하는 상황 및 사태발전에 대처할 수 있다.

상황에 따라 지휘관은 방어를 실시하게 되나, 그것은 공격작전을 위한 가용한 수단의 획득과 공격할 기회를 기다리는 동안 결정적인 작전이 기도되지 않은 정면에서 일시적인 방편으로 실시하여야 한다. 지휘관은 방어작전 시에도 공세행동으로 주도권을 탈취하고, 결정적인 성과를 달성하기 위하여 모든 기회를 추구하여야 한다. 공세행동은 주도권 장악에 기여하며, 주도권장악은 작전의 목적을 달성하는데 가장 효과적인 방법이다.

【사례연구】

1950년 6월 25일 선제 기습공격으로 인하여 38선 전투에서 패퇴한 국군은 개전 3일 만에 서울을 함락당하고 한수 이북에서 사실상 주력의 대부분이 궤멸되었으며, 6월 28일부터는 패주한 병력과 잔존병력을 끌어 모아 간신히 한강선 방어에 임하였다. 이와 같이 북한군은 공세행동으로 아군을 강타한 후 처음부터 전쟁의 주도권을 쥐고 부산을 향한 공세를 계속하였다. 이러한 북한군의 공세에 대해 미 극동군사령관 맥아더 장군의 긴급조치로 7월 2일 부산에 공수된 스미스 특수임무부대가 7월 5일 오산에 투입되어 방어전을 실시한 것을 시작으로 연이어 도착한 미군 증원부대들이 천안, 대전, 영동 등지에서 적의 공격을 저지해 보려고 시도하였으나 적의 공세를 감당하지 못하고 낙동강 방어선까지 철수하여 수세를 취하지 않으면 안 되었다. 하지만, 축차적으로 한반도에 전개한 유엔군 병력은 14만여 명으로 북한군의 10만여 명보다 수적으로 우세하였고, 8월 말에는 18만 명이나 되어 적보다 상대적 우위를 유지할 수 있게 되었다. 또한 제공권 및 제해권의 확보는 물론 장비도 절대 전투력 면에서 압도적 우세를 유지하고 있었다. 이와 같은 전투력의 우세에도 불구하고 유엔군은 1개월 이상이나 부산 교두보를 확보하기 위하여 낙동강 방어선에서 수세를 탈피하지 못한 채 고전한 사실을 감안해 볼 때, 초전에서 북한군이 공격의 결과로 획득한 전쟁의 주도권이 얼마나 큰 힘이 되었는가를 알 수 있다.

한편, 계속 낙동강 방어선에서 고전하던 유엔군도 방어에서 공격으로 전환하여 9월 16일 인천상륙작전을 실시함으로써 겨우 한숨을 돌리고 본격적인 반격작전을 개시할 수 있었다. 그러나 38선을 돌파한 유엔군이 무모한 추격 작전으로 공격만 시도한 결과, 중공군의 개입을 초래하여 부득이 후퇴작전을 감수해야만 했던 사실을 망각해서는 안 된다.

4. 집중의 원칙

집중은 결정적인 장소와 시간에 전투력의 상대적 우세를 달성하는 것으로서 작전의 목적을 달성하기 위해서는 우세한 전투력을 결정적인 장소와 시간에 집중해야 한다.

전투력의 우세는 전투력의 각 요소를 통합함으로써 획득된다. 집중의 원칙은 다른 원칙과 적절히 결합하여 적용하면 수적으로 열세한 부대일지라도 결정적인 성과를 획득할 수 있다. 전투력의 집중은 전장기능과 모든 작전 요소를 연계 및 통합 운용하여 결정적인 시간과 장소, 즉 아군이 공격 시에는 적의 방어체계를 와해시킬 수 있는 시간과 장소, 아군이 방어 시에는 적공격 체계를 와해시킬 수 있는 시간과 장소를 판단하고 판단된 결정적 시간과 장소에서 적의 전투력을 분산시키고 아군의 전투력을 집중하기 위하여 기동과 기습, 기만, 차단, 견제작전 등을 통합한 전투개념에 의해 전장기능과 제대별, 각 병과를 그리고 연합 및 합동 등의 모든 작전요소를 연계 통합하여 운용 시 전투력 발휘가 가능하며, 어느 일시점에서 상대적 우위를 달성, 주도권을 장악할 수 있는 것이다.

전투력의 집중이 중요한 이유는 전투력의 집중은 피아의 상대적 비율에서 전체적으로 아군이 열세할지라도 결정적인 시간과 장소, 즉 전장의 결정적인 국면에서는 상대적 우위를 달성할 수 있기 때문이다.

집중의 원칙에 대하여 프랑스의 나폴레옹은 "유럽에는 많은 훌륭한 장수들이 있다. 그러나 그들은 일시에 너무 많은 것을 생각한다. 나는 오직 하나만을 생각한다. 그것이 바로 집중이다.", "적에 도전하려 할 때 지휘관은 어떠한 부대도 남김없이 모든 부대를 집중하는 것이 하나의 일반적인 원칙이다. 한 방울의 물이 그릇의 물을 넘치게 하는 것처럼 때로는 1개 대대의 향배가 그 날의 승패를 결정하는 경우가 있기 때문이다.", "부대가 공격 최종단계인 돌격 시 한 지점에 전 화력을 집중시키는데 능숙하여야 한다. 작전이 개시되면 선정된 지점에 대하여 기습적 포화를 집중시킬 수 있다면 언제나 승리를 가져올 수 있을 것이다."라고 군사통칙에서 집중의 중요성을 설명하고 있다.

전투력을 집중하는 방법은 결정적인 목표를 부여하거나 협소한 전투정면의 부여, 우세한 전투력의 할당, 전술기만 등이 있다.

【사례연구】북한군 9월 공세

6·25전쟁 당시 전투력 집중에 관한 전례를 보면 북한군의 9월 공세를 들 수 있다. 당시 북한군은 가용한 모든 접근로에서 동시 전면 공격을 실시, 어느 곳이든지 일개 지역이 돌파되면 그곳에서 전과확대를 실시함으로써 유엔군의 최후 거점을 유린한다는 작전개념 하에 공격을 시도하였다. 그리하여 적은 제1공격집단이 마산-김해-부산, 제2공격집단이 창녕 및 영산-밀양, 제3공격집단이 대구, 제4공격집단이 영천-대구 또는 경주, 제5공격집단은 포항을 점령하고 경주 북방 5km 지점까지 진출함으로써 과연 유엔군이 부산 교두보를 지탱할 수 있을지 의심스러울 정도로 전세를 극도의 위기에 몰아넣었다.

기간 중 특히 제2공격집단은 영산지구에 돌파구를 형성하고 대구-부산 간의 도로를 직접 위협함으로써 미8군사령관 워커장군은 유일한 군 예비대인 미 제27연대를 이 지역에 투입하지 않을 수 없었으며, 인천상륙작전에 투입하려던 미 제5해병 연대까지도 추가적으로 투입해서 돌파구를 봉쇄해야 할 정도로 위기에 봉착하였다. 한편, 제3공격집단은 대구 근교까지 진출하여 시가지를 박격포의 사정권에 둠으로써 미8군 사령부의 부산 철수론까지 대두되었으며, 동부전선에서는 제4 및 제5공격집단이 영천과 포항을 점령하고 경주함락도 시간문제라 할 정도가 되었지만, 유엔군은 역습을 할 예비대도 없는 극한 상황 속에서 전투의지력으로 겨우 전선을 지탱하고 있었다. 이러한 위기에 적이 어느 방향에서든지 병력을 추가적으로 투입하여 집중공격을 감행하였다면 유엔군의 최종방어선도 붕괴되고 말았을 것이다. 그러나 당시 적은 현풍 정면에 대한 적극적인 공격작전도 실시하지 않음으로써 가용병력을 완전히 사장시켜 놓은 결과를 초래하고 말았던 것이다.

전투는 반드시 압도적으로 우세한 전투력이 집중되어야만 하는 것이 아니며, 결정적인 순간에 타격만 부여할 수 있을 만큼 소규모 부대가 추가되더라도 전세는 일시에 그 변화가 가속화되는 것이다. 북한군이 9월 공세에서 실패한 이유는 가용한 전 접근로에서 돌파해 보려고 전 전선에 걸쳐 분산공격을 시도한데 있지만 영산, 대구, 영천 및 포항과 경주 등지가 돌파되었을 때 1개 사단의 병력을 사장시킴으로써 병력의 집중을 가하지 못한데 주원인이 있다고 하겠으며, 적은 유엔군이 인천상륙작전으로 반격작전을 실시할 때까지만 해도 유휴병력인 제10사단을 사용할 호기를 간파하지 못했던 것이다.

전투력 집중은 통상 다른 지역에서 전투력을 절약함으로써 가능하다. 따라서 전투력을 효과적으로 집중하기 위해서는 시간과 장소, 방향 등이 잘 고려되어야 하겠으며 절약을 전제로 한 집중이 되어야 한다.

5. 기동의 원칙

전쟁의 궁극적인 목적인 전장에서는 승리를 달성하기 위해서는 우세한 전투력을 결정적인 시간과 장소에 집중시켜야 한다. 결정적인 시간과 장소에서의 우세한 전투력 집중을 위해서는 기동이란 수단에 의존하여야 한다.

기동은 적에 비하여 보다 유리한 위치에 부대, 물자, 화력을 이동시키는 것으로서, 이는 결정적인 시간과 장소에 우세한 전투력을 신속하게 집중 또는 분산시켜 상대적으로 전투력을 아군에게 유리하게 하고, 유리한 입장에서 충격을 가하기 위해 중요하다.

기동은 주도권을 유지하며, 전과를 확대하고, 행동의 자유를 보장하며, 취약성을 감소시키는데 실질적으로 기여하고, 기동함으로써 적의 취약성을 유도할 수 있다. 기동은 속도가 생명이며, 기동의 목적을 달성하기 위해서는 적의 취약한 곳으로 기동하여야 하고, 여기에 화력과 기동, 사고력 계획 및 작전의 융통성, 집중의 원칙을 적절하게 결합하였을 경우 그 효과가 더욱 증대된다.

전술적으로 적용되는 기동이란 통상화력과 관련하여 기동부대에 의하여 실시되는 이동현상으로 공격작전을 위해서는 주력부대의 기동방향에 따라 기동의 형태가 결정되기도 한다. 또한 기동은 방자나 공자가 공통적으로 적용되는 것이지만, 방어적인 성질보다는 오히려 공격적 성질을 많이 지니고 있다. 현대전은 전투력을 한 장소에서 다른 장소로 경제적으로 이동시키기 위해서는 보다 빠른 기동력을 필요로 하고 있다. 또한 변화하는 상황과 예기치 못한 사태에 신속히 적응하기 위해서는 융통성이 요구되며 융통성을 보장해 주는 열쇠가 곧 기동이다.

【사례연구】 워털루 전투(나폴레옹)

1815년 2월 26일 엘바섬을 탈출한 나폴레옹이 동년 3월 20일 파리에 입성하여 다시 황제가 되자 집권을 두려워한 주변 동맹국 등의 도전으로 인하여 전쟁이 불가피하게 되어 나폴레옹은 6월 18일 워털루에서 영국 및 프러시아 동맹국과 결전을 시도하였다. 그러나 완패함으로써 재집권은 백일천하의 꿈으로 사라지고 말았는데, 이 워털루 전투는 부대기동을 적시에 실시하지 못한 것이 결정적 패인이 되었던 것이다.

워털루 전투를 살펴보면 당시 나폴레옹의 군대는 신병으로 편성되고 유능한 지휘관 및 참모의 부족뿐만 아니라 전투력도 동맹국보다 열세에 놓여 있었다. 그러나 나폴레옹은 능력에 맞도록 1796년 초기 이탈리아 전역시와 같은 내선전략에 기초를 두고 우선 영국의 웰링턴군과 프러시아의 불루헤르군을 분리시킨 후 이들을 각개 격파하는 개념 하에 동맹군에 대한 선제공격을 감행하였다. 그리하여 네에군으로 하여금 카트라브라를 점령 웰링턴군을 고착 견제 및 동맹군의 중앙을 차단 분리한 후 주력은 나폴레옹의 직접 지휘 하에 리나 부근에 포진 1단계 돌파에는 성공하였다.

이와 같은 전황에서 불루헤르군은 나폴레옹과의 정면대결이 불리함을 판단, 16일 웰링턴군과 합류키 위하여 철수하였는데, 이 호기를 상실한 나폴레옹군은 추격전을 전개하였으나 불루헤르군의 주력은 워털루 방향으로 철수하고 말았다. 부대기동의 호기를 연속적으로 상실한 나폴레옹군은 17일 뒤늦게 웰링턴군에 대한 추격전을 전개하므로 워털루에서 웰링턴군과 대치하기에 이르렀다. 설상가상으로 17일 밤 폭우가 쏟아져 지면은 진흙탕으로 부대기동이 곤란하기 때문에 부득이 18일 12:00 공격을 개시하였다.

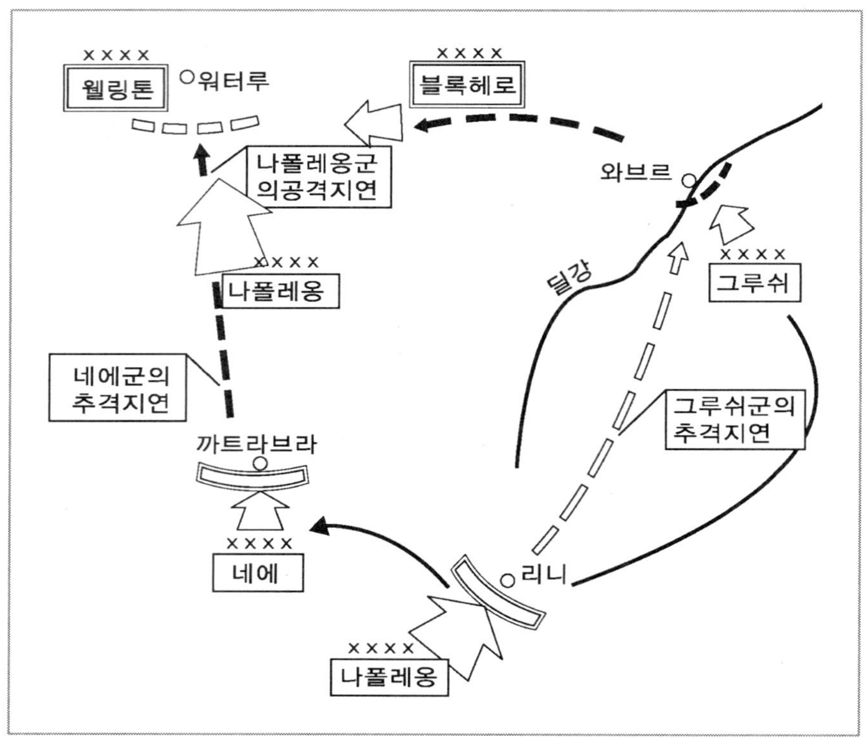

이러한 나폴레옹군의 공격은 초기에 웰링턴군을 제압하고 우세를 유지할 수 있었으나 곧이어 동쪽 방향에서 예상치 않은 불루헤르군의 주력이 웰링턴군과 합류함으로써 전세는 역전되고 나폴레옹군은 대패하였던 것이다.

워털루 전투에 임함에 있어 나폴레옹의 전략, 전술은 훌륭한 것이었다. 그러나 전투의 전개과정에서 그루쉬군의 추격이 1일간 지연되어 불루헤르군의 주력을 놓쳐 버린 점과 네에군의 추격이 지연되어 웰링턴군의 철수를 무난하게 한 점, 그리고 결정적 순간인 워털루의 최종공격 개시 시간이 악천우로 인하여 지연됨은 모두 적시에 부대기동을 실시하지 못함으로써 패전의 결정적인 요인이 되었다는 것은 간과할 수 없다.

기동이란 공세와 집중, 기습, 경계 등의 모든 군사활동을 성취하게 하는 전투력의 기본요소이다. 또한 기동은 전투의 동적 요소로서 기습, 심리적 충격, 배치 및 기세의 이점을 획득하고 사용하기 위하여 결정적인 지점으로 전투력을 집중시키는 수단이다. 따라서 기동력이란 단지 전투력을 이동시키는 것뿐만 아니라 가용한 전투력을 요망하는 시기에 적보다 더 신속하게 유리한 위치에 놓이게 하는 기능이 있음을 알아야 한다. 이러한 기동의 기능을 이용함으로써 전투력을 발휘할 수 있는 것이지, 아무리 강력한 기동력을 갖는다고 하여 이러한 기동력을 이용하지 못한다면 기동의 의지가 전혀 없게 된다. 결국 기동의 본질은 상대적이며 속도가 생명이다.

6. 통일의 원칙

모든 전투력을 최대로 발휘하고 결정적으로 운용하기 위해서는 지휘 및 노력의 통일이 이루어져야 한다. 지휘 및 노력의 통일은 전 부대의 협조된 활동에 의하여 공동목표를 지향하도록 단일 지휘관에게 필요한 권한을 부여함이 가장 효과적이다.

협조는 협동에 의하여 달성되며, 상호 깊은 신뢰와 확고한 신념으로 모든 역량을 통합 운용함으로써 여러 병과의 효능을 최대한 발휘하는 것이다. 군대가 전쟁을 통해 군사목표를 효과적으로 달성하기 위해서는 강력한 지휘통제가 요구되는 것이며, 지휘관의 비중이 높이 평가되는 것이다.

클라우제비츠는 "고급지휘관은 주력전에 관심을 가져야 하며, 소규모 전투는 예하지휘관에 위임하는 것을 강조하였고, 소규모 전투는 모여서 대규모 전투가 되고 대규모 전투만이 성과를 최대로 할 수 있다고 하였다." 『전쟁론』에서 "장사는 주력전에 있어서만 스스로 지휘한다. 그러나 많은 경우 그의 부하에게 지휘를 위임한다는 것은 당연한 일이다."라고 하였는데, 이는 지역적인 소규모 전투는 예하지휘관에게 지휘권을 위임 독단활용의 여지를 부여하자는 것이며, 전투의 승패를 좌우하는 주력전에 대해서는 반드시 최고지휘관이 관심을 가지고 추진하며, 단일지휘체계 하에서 지휘해야 한다는 뜻으로 지휘의 통일과 지휘권의 한계를 분명히 제시한 것이라 할 수 있다.

【사례연구】 대전협정(6 · 25전쟁)

6 · 25전쟁 발발직후('50.6.27.) 유엔안전보장이사회가 한국을 침략한 자들에 대하여 군사적으로 제재하도록 한 결의문을 통과시키자 이미 6 · 25전쟁에 개입하고 있던 미국을 비롯한 기타 우방국들은 파병을 제의해 오면서 이들을 맥아더장군 지휘 하에 두도록 하였으며, 동년 7월 7일 유엔안전보장이사회는 유엔군사령부를 설치하고 전 작전책임을 유엔군사령관 책임 하에 두도록 결의함으로써 6 · 25전쟁에 참전하였던 모든 연합군에 대하여 지휘의 통일을 도모하였던 것이다. 이와 같이 미군을 비롯한 연합군이 유엔의 깃발 아래에서 유엔군으로서 6 · 25전쟁에 참전하는 한편, 미8군이 대구에 사령부를 정하고 워커 장군이 지휘권을 발동하게 되자 개전 이후 개별 작전을 수행하여 오던 한국군도 7월 14일 당시 대통령이 한국군의 작전지휘권을 유엔군 맥아더 장군에게 이양한다는 서한을 보냄으로써 미8군의 작전지휘를 받게 되었는데, 이것이 이른바 대전협정이며, 그 내용은 다음과 같다.

> "대한민국을 위해 국제연합은 공동 군사노력을 하고 있습니다. 한국 내 혹은 근해에서 싸우고 있는 국제연합의 모든 육·해·공군은 귀하의 작전권 휘하에 있으며, 또한 귀하는 유엔군사령관에 임명되었습니다. 이러한 때에 본인은 현 전쟁상태가 계속되는 것을 기쁘게 생각하며, 동 지휘권은 귀하 단독으로 행사하든가 한국 내 혹은 한국 근해에서 행사하도록 위임한 기타 사령관이 행사하여야 할 것입니다.

그리하여 맥아더 장군은 7월 17일 워커 장군에게 한국군의 작전도 지휘하도록 함으로써 한국군도 유엔군 일원으로 통합작전을 수행할 수 있었으며, 이러한 대전협정은 현재까지도 한국군의 독자적 군사작전 수행(전시) 면에 많은 영향을 주고 있지만, 지휘통일을 위한 조치라는 데는 의심의 여지가 없다.

7. 기습의 원칙

기습은 모든 군사작전, 즉 공격뿐만 아니라 방어에 있어서도 필수적 요소이며,

이는 소부대로부터 대부대에 이르기까지 어느 제대에서도 실시할 수 있다. 따라서 기습은 어떠한 작전형태로도 전세를 역전하는데 기여하며, 적 부대의 격멸이나 적의 전투의지 파괴에 긴요한 요소이다.

기습은 적이 예기치 않은 시간, 장소, 방법, 수단으로 불의에 적을 타격하는 것으로 피·아 전투력의 균형을 결정적으로 아군에 유리하게 전환시키며, 제공된 노력 이상의 성과를 획득할 수 있게 된다.

또한 기습은 적이 모르도록 하는 것도 중요하지만, 적이 알았다 하더라도 효과적으로 대처하기에는 너무 늦도록 하는 것도 중요하다. 기습달성을 위하여 기습은 창조적 전법의 치밀한 계획과 대담성 있는 실천력만이 성공가능한 것이다. 기습에 기여하는 요소에는 민첩성, 예상치 않은 전투력의 사용, 각종 기만, 효과적인 정보·작전보안 그리고 전술과 전법의 변화 등도 있다.

【사례연구】인천상륙작전('50.9.15.~28.)

기습에 관한 전례는 이미 공세원칙에서도 언급되었지만 인천상륙작전을 빼놓을 수 없다. 이 작전은 당시 국군과 유엔군이 낙동강 방어선에서 북한군의 8, 9월 공세를 저지하고 반격으로 전환하여 전개한 작전으로서 적의 주력이 낙동강선에 집중되고 신장된 적의 후방 병참선을 차단 전쟁을 조기에 종결시키려 시도한 작전이었다.

최초 맥아더 사령관의 작전구상은 계획수립 최초부터 미합참을 비롯한 미 해군 상륙작전 전문가들의 완강한 반대에 부딪혀 논란을 거듭했다. 그러나 맥아더 사령관은 "여러분이 지적한 불가능한 주장이야 말로 기습 달성을 더욱 굳게 만들고 있다. 그 이유는 적 지휘관은 아군이 상륙에 대한 여러 가지 악조건을 무릅쓰고 모험을 감히 하지 않을 것이라고 판단할 것이기 때문이다." 라고 전제한 다음, '퀘백' 전투의 교훈을 상기시키면서 적이 방심한 '허'를 찌를 수 있다고 설득하였다. 또한 군산이나 남양만 상륙을 권하는 대안에 대해서는 낙동강 전선에서 대치한 적을 포위하는 것이 아니고 단순한 측방공격에 지나지 않게 되거나 적 후방을 차단하는 데에 적합하지 못하다는 점을 들어 이를 반박하고 인천을 상륙지점으로 하는 그의 작전구상을 관철시켰던 것이다. 이와 같이 인천상륙작전의 성패는 오직 기습달성과 적의 방어태세에 따라 결정될 만큼 위험한 모험이었다.

결국 인천상륙작전은 9월 15일 06:27에 함포사격으로 시작되었고, 작전결과는 성공했다. 이 지역은 지형적인 여건으로 상륙작전이 도저히 불가능하다고 피 · 아 공히 판단한 불리한 지형으로서 이 지역을 작전지역으로 선정함으로써 적이 예기치 않은 장소를 이용, 기습을 달성할 수 있었다.

그리고 이와 같은 지점을 적에게 기만하기 위해서 상륙부대원 교육 시 "상륙지점은 군산으로 결정하였다. 이것은 I급 비밀이니 보안에 유의하라."고 하여 허위정보가 적에게 입증되도록 노력했고, 전함 '미주리'호와 수척의 구축함을 9월 13일 동해안의 삼척 앞바다에 출현시켜 상륙준비 사격으로 오인토록 포격을 함으로써 양동작전을 실시하였으며, 또한 영국 항공모함 '도리므브'호와 순양함 '해리나'호는 평양 외항인 진남포 일대에 사격을 가했다. 그리고 9월 12일 야간 미육군 습격대는 영국의 해병부대와 같이 군산해안에 상륙하여 양공을 목적으로 위력 수색을 실시했다. 또한 동해안 영덕에는 한국군으로 편성된 부대를 양공하게 했다.

그런데 인천상륙작전은 공격 개시 2~3일 전에 적에게 누설되어 북한군은 인천 앞바다에 기뢰를 부설했으나 대처하기에는 너무나 늦게 알게 되어 기습은 성공했던 것이다.

특히 맥아더는 아군의 유리한 점을 잘 이용했다. 즉 제공권과 제해권이다. 기습을 감행하는 데에 있어서는 적의 약점을 최대로 이용할 것은 물론 아군의 장점도 잘 이용해야 한다. 이와 같이 인천상륙작전은 그 누구도 도저히 상륙작전이 불가능하다고 생각했던 바로 그 인천을 상륙지역으로 선정함으로써 장소 면에서 우선 기습을 달성했으며, 인천상륙작전을 위한 준비를 불과 1개월 만에 완료함으로써 시간적인 면에서도 기습달성이 가능했으며, 인천에 상륙을 위하여 군산지역에서 양공작전을 실시하고, 삼척과 진남포 등지에는 함포사격을 실시했으며, 신문과 방송 등 각종 매스컴을 통하여 상륙시기나 장소 등을 기만함으로써 방법 면에서도 기습을 달성했다.

8. 경계의 원칙

경계는 부대가 전투력을 보존하고, 절약하며, 기습을 방지하고 행동의 자유를 유지하며, 아군 부대에 관한 적의 정보 및 공격활동을 거부하기 위하여 취해지는 각종 활동이나 수단이다.

경계는 과감한 행동으로 기선을 제압하고 유지하며, 방호대책과 기만 작전을 실시하며, 적의 기도를 혼란시킴으로써 증진되고, 기선의 제압은 적의 정보활동을 감소시킨다. 전쟁이란 본질적으로 위험을 내포하고 있기 때문에 경계의 원칙을 적용함에 있어 너무 지나친 주의를 한다거나 계산된 모험을 회피하려고 해서는 안 된다.

지휘관은 적의 경계소홀을 최대로 이용하여 준비되지 않은 시간과 장소에 강타하여 작전성과를 달성할 수 있도록 하여야 한다.

【사례연구】 낙동강 돌출부 방어전투

6·25전쟁 당시(1950년 8월 초) 낙동강 남부지역에서 방어 중이던 미 제24사단은 창녕 정면에 제21연대, 영산에 제34연대를 배치하고 제19연대를 창녕부근에 집결 보유하는 기동방어 형태로 작전을 전개하고자 하였으나, 각 대대는 500명 미만의 병력에다가 전차도 없는 열세한 상태였다. 이러한 상황에서 영산 정면의 낙동강 돌출부를 방어하게 된 제34연대는 제3대대를 낙동강 차안을 연해서 전방에 배치하고 제1대대를 예비로 강리에 집결 보유하는 기동방어를 취하였는데, 제3대대는 예하 3개 중대를 일선으로 차안에 배치하였으나 중대 정면은 2~2.5km까지 신장되었고, 중대 간의 간격은 4~5km까지 되어 대대에서는 이 간격을 경계하기 위해서 차량화 척후조나 순찰조를 편성 운용해서 경계토록 하였으나 야간경계에는 어려움이 많았었다. 또한 8월 2일부터 3일까지 이틀 동안 방어진지를 구축하였으나 자재부족 등으로 철조망이나 지뢰가 매설된 곳은 창녕 정면의 일부에 불과하였으며, 작전지역 내의 주민들은 전부 소개시켜 피난민을 가장한 적의 침투기도에도 철저히 대비하였다.

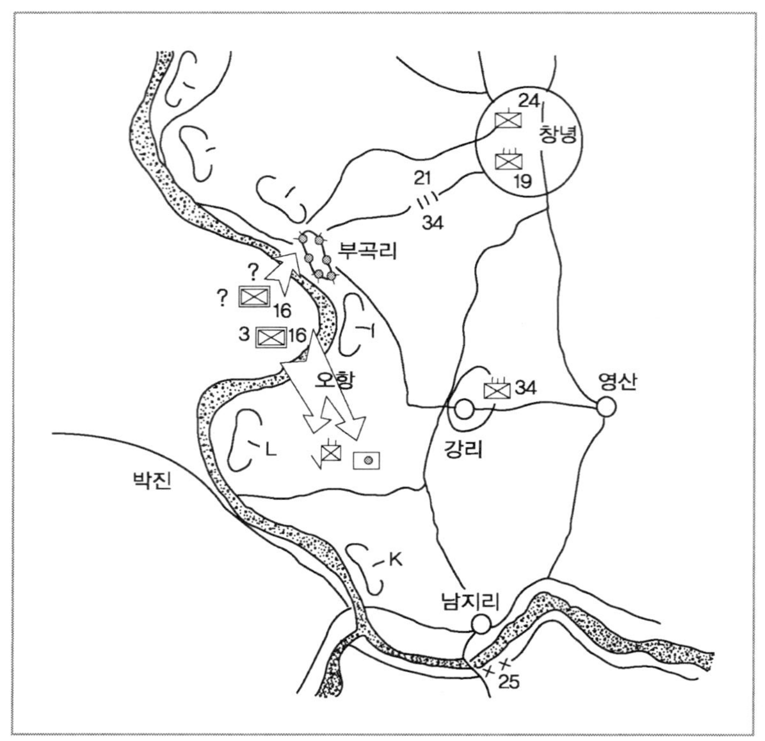

이와 같은 상황 하에서 8월 6일 0시를 기하여 북한군 제4사단 예하 제16연대가 부곡리 나루터와 오항 나루터로 야간 은밀 도하를 개시하였는데 제21연대와 제34연대 간의 간격인 부곡리에서는 아군의 포격 및 기관총의 집중사격과 장애물 지대에 봉착하여 적을 격퇴하였으나, 오항 나루터를 은밀 도하한 적은 아군에게 기도가 노출됨이 없이 무난히 도착하여 후방에 위치한 대대본부와 포진지부터 기습을 감행함으로써 부대는 혼란 속에 빠지게 된 것이다. 당시 오항 나루터를 담당하고 있던 제1중대는 야간이 되자 중대원을 표고 130m의 산정 준비된 진지에 배치하고 나루터에는 무방비상태로 경계대책을 강구하지 않아 적 1개 대대 병력이 도하를 감행하였던 것이다. 이와 같이 일부지역의 경계소홀로 인하여 적의 기습공격으로 방어부대는 와해되고 영산을 탈취당함으로써 낙동강 남부지역에 거대한 돌파구가 형성되었고 부산 교두보 전체의 확보가능 여부가 위태롭게 됨에 역습을 통하여 겨우 실지를 회복하고, 침투한 적을 격퇴 전선을 회복하였다.

과거 전쟁사에서 나폴레옹은 "병사 하나가 통과한 곳에는 전군이 통과할 수 있다."라고 하여 경계의 중요성을 역설한 바 있거니와 이 전례는 모두가 경계를 소홀히 한 것이 원인이 되어 1개 사단방어 정면에 돌파구가 형성되고, 결국에는 낙동강 방어선의 붕괴 위험에까지 대두되는 극한 상황이 빚어졌던 것이다.

9. 정보의 원칙

정보는 적 부대 또는 작전지역에 관한 모든 가용한 첩보의 수집, 평가, 분석, 통합 및 해석 결과로 획득된 자료로서 모든 작전에 있어서 필수적인 요소이며, 작전을 계획하고 실시함에 있어 결정적으로 기여한다.

정보의 획득과 운용은 지휘관의 책임이며, 적시 적절한 정보는 건전한 판단과 결심을 가능하게 한다. 적의 기도를 분쇄하고 승리하기 위해서 지휘관은 계속적으로 필요한 모든 정보를 획득하는데 노력해야 한다. 모든 부대는 효과적인 첩보수집을 위하여 통합된, 정보체계를 유지하고, 정확한 정보가 실시간에 지휘관 및 참모에게 제공되도록 해야 한다.

【사례연구】 중공군의 신정공세(1950.12.31.~1951.1.24.)

6·25전쟁 당시 중공군의 대규모 침공이 눈앞에서 전개되고 있었음에도 당시 유엔군 사령부에서는 끝까지 중공군의 침공가능성에 대하여 부정적이었다.

본래 중공군의 침공과 같은 전쟁 양상의 향방을 가늠하는 중요한 적의 동향에 관한 정보는 이를 수집, 평가함에 있어 고도의 정치적 판단을 요하는 것이었다. 그럼에도 불구하고 맥아더 원수는 이를 그의 직관력에 의하여 판단하려함으로써 중공군의 제1차 공세가 있은 직후까지도 중공군의 침공을 붕괴 직전에 있는 북한군을 증원하고자 잠입한 소수의 중공군 출신의 지원병에 불과한 것으로 오판하고 있었다. 이에 대해서 심지어는 그의 참모들까지도 중공군의 제1차 공세가 끝났을 때 북한에 잠입한 중공군의 병력은 고작 27,000명 정도로 판단되었다는데 이는 북한에 증원된 중공군의 실제 병력의 18%에 불과한 것이었다. 이와 같은 그릇된 정보판단의 결과는 엄청난 것이었다. 최후의 승리를 목전에 둔 유엔군의 북한 철수에 이어 어이없게도 유엔군의 한반도 철수론까지 낳게 하는 위기를 초래하였던 것이다.

10. 창의의 원칙

창의는 새로운 상황에 대처방안과 전투수행 기법을 스스로 찾아내는 사고력이다.

전쟁에서 승리하기 위해서는 예상하거나 예상하지 못한 각종 상황변화에 따라, 작전수행과 각종 전투수단의 운용을 적절히 발휘할 수 있는 사고력과 풍부한 예상력을 구사할 수 있고, 적을 기만하여 조종하며, 항상 새로운 전투기법으로 적과 대처할 수 있는 창의성이 있어야 한다.

전투력을 결정적인 시간과 장소에 집중하기 위해서 지휘관은 융통성을 발휘할 수 있는 창의력이 있어야 한다. 전쟁의 준비와 실시에 있어서 통상적이고, 모방된 기법을 지휘관은 물론 전 장병이 창의력을 발휘하여야 전투력의 극대화를 이룩할 수 있다.

11. 사기의 원칙

사기는 전투력의 내적 요소로서 부대임무를 완수함에 있어서 각 개인 및 집단이 가진 정신적 및 심리적 상태이다.

사기는 군복무에 대한 군인의 정신적 자세이며, 전투력의 효과를 극대화시켜 전승에 기여하는 필수적인 요소이다.

사기는 지휘관을 핵심으로 전 부대원이 합심하여 동일목표로 지향하려는 확고한 사명감으로 생사를 초월하여 부여된 임무를 완수하려는 전투의지로 나타난다. 사기가 저하된 군대는 전쟁에서 승리할 수 없으므로, 지휘관은 왕성한 사기를 유지할 수 있도록 개인 및 부대관리에 노력해야 하며, 아울러 적의 사기를 저하시키는 방법도 동시에 강구하여야 한다.

제8장

전술의 변천

제8장 전술의 변천

인류는 고대로부터 종속적인 입장에서보다도 지배적인 입장에서 그 위치를 유지하려 했다. 따라서 인간은 태초부터 개인에서 집단을 형성하여 전투를 해 왔으며, 전투에서 승리하기 위해 여러 방법을 연구하고 발전시켜 왔다.

하지만 전술은 시대별로 무기체계와 전력운용 방법에 따라 변화되어 왔으나, 전사를 통해 볼 때, 고대전쟁으로부터 현대전쟁에 이르기까지 전장에서 부대의 기동속도를 증가시키고, 전투대형에 의한 집단조직력을 결정적인 시간과 장소에 집중시켜 충격효과를 확대시키려는 기본원리는 변하지 않았음을 알 수 있다.

따라서 본 장에서는 이러한 기본 입장을 견지한 가운데 부대구조와 무기체계 발전에 따른 전술의 변천을 고찰해 본다.

제1절 고대시대

1. 전쟁의 기원과 무기의 출현

1) 전쟁의 기원

선사시대 자료를 보면 전투대형, 전략과 전술, 방어요새, 장거리·중거리·단거리에 사용되는 군사무기 기술의 발달 등의 근거를 찾아볼 수 있다.

전쟁은 신석기시대를 넘어 구석기시대 후기 이전에 시작되었다고 할 수 있다. 이는 초기 신석기시대 인간들이 강력한 공격무기인 창, 활, 돌팔매, 손도끼, 도끼, 단도 등의 병기창을 갖추고 있었다는 사실을 통해서 유추 할 수 있다. 비록 구석기시대 후기의 유적지를 제외하면 조직화된 전쟁에 관한 확실한 증거가 별로 없기는 하지만 그 무기들은 어떤 때인가 인간에 대해서도 사용되어졌으리라는 점은 확실하기 때문이다.

또한 전쟁사에 의하면 신석기시대가 시작될 무렵 전략과 전술, 즉 계획에 따라 조직화된 군대를 사용하는 기술에 관한 증거를 찾아볼 수 있다. 이러한 전략과 전술은 일반적으로 구석기시대 사냥으로부터 시작되었고, 신석기시대에 명령과 조직을 의미할 수 있는 종대(縱隊)와 횡대(橫隊)의 병력 배치 방법이 사용되었다.

그 후 초기 문명시대에 와서는 선사시대로부터 물려받은 무기발전의 유산과 공격 및 방어의 전략과 전술영역의 개념이 전수되었음을 알 수 있다.

2) 무기체계의 기원

무기체계의 기원을 알 수 있는 역사의 기록은 충분하지 않으며, 무기의 개발과 발전과정에 관한 정확한 기록은 남아 있지 않다. 그러나 분명한 것은 무기의 발전이 인간의 전투행위에 영향을 미쳐왔다는 사실이다.

선사시대부터 인간들은 조직화된 대형을 이루고 자신의 맨손, 몽둥이나 돌, 동물의 뼈와 같은 무기를 사용했다.

그 중에서도 마지막 빙하기인 약 70만 년 전 네안데르탈인이 넓은 지역에 번성하였을 때, 전쟁에 필요한 무기인 창(spear)이 발명되었는데, 그것은 현재까지도 대검의 형태로 사용되고 있다.

이 후 B.C. 12000년에서 8000년에 이르는 중석기시대와 초기의 신석기 시대(이 시기를 합쳐서 중석기시대라 부른다)에 무기기술의 혁명적인 발달－활, 돌팔매, 단검과 손도끼－이 있었다(무기기술의 혁명은 오늘날의 화약, 항공기, 탱크 그리고 원자탄의 발명에 필적하는 것이다). 이러한 네 가지 종류의 무기들은 구석기시대의 창과 더불어 오늘날에 이르기까지 전쟁을 지배한 무기가 되었다. 이와 같은 혁명적인 무기기술의 진보는 전술의 발전과 결합되었으며, 역사적인 관점에서 보았을 때 진정한 의미의 전쟁이 시작되었음을 알려준다.

금속의 발견은 무기의 변형을 가져왔는데, 자연상태로 존재하는 이 금속을 인공적으로 처음 가공하여 도구로써 사용하게 된 것이 언제인지를 정확히 밝히는 것은 거의 불가능하다.

역사의 기록으로부터 추측해 보면 크레타(Crete) 지역에서는 B.C. 3000년경부터, 이집트(Egypt)와 메소포타미아(Mesopotamia) 지역에서는 B.C. 2000년경부터 사용되기 시작한 것으로 보인다. 동시에 인더스 계곡에서는 B.C. 2500년경부터, 중국 황하강 유역에서는 그보다 몇 세기 지난 후부터 청동이 사용되었다. 청동은 그 전의 재료들에 비해 단단하고 거칠며, 내구성이 좋아 날카롭고 뾰족한 무기를 만드는데 이용되었다. 한편, 청동기 시대에 이루어진 바퀴(wheel)의 발명, 즉 전차의 사용은 새로운 무기개발에 커다란 진전을 가져왔다. 그것은 힉소스(Hyksos)인에 의해 이집트에 소개되기 약 1000년 전인 B.C. 3000년경에 메소포타미아에서 처음으로 등장하였다.

그러나 칼을 전투용으로 사용하기 위해서는 단단한 금속이 필요했다. 철기는 B.C. 1500년경에 처음으로 만들어졌는데, 약 1세기 후 아르메니안(Armenian) 산맥의 샬리바스(Chalybes) 종족은 철을 숯불에 가열했다 식히고, 다시 가열하여 망치질하는 일련의 과정을 통해 정련된 강철을 생산하였다. 이러한 새로운 기술은 B.C. 1200년 이전에 지중해 연안의 모든 국가에 전파되게 되었으며, 철의 발명은 고대의 무기체계 및 전쟁의 양상에 지대한 영향을 미치게 되었다. 그러나 초창기에 철기는 매우 비싸고 희귀한 물건이었으며, B.C. 1200년경이 되어서야 소아시아, 시리아, 이집트 등에서 철로 만들어진 날카로운 칼들이 만들어졌다. 이 칼들은 강도가 높아서 잘 부러지지 않았으며, 여러 가지 모양의 칼이 등장하게 되었다.

B.C. 1000년경 칼은 크게 두 가지 유형으로 변화 · 발전되었는데, 하나는 끝이 없이 길게 만들어진 것으로 후에 골족(Gauls)이나 켈트족(Celts)이 사용하였고, 또 하나는 단도에 가까운 짧은 칼로 그리스 장갑보병들이 사용하였다. 그리스 단검이 나중에 길이와 폭이 약간 큰 로마 단검의 원형이 되었다.

이와 같은 인류 초기의 무기들은 충격무기(shock weapon)와 투사무기(missile weapon) – 육박전(hand to hand)에서 때리고 찌르는 데 사용되는 충격무기와 적을 향해서 쏘거나 던지는 날아가는 투사무기 – 의 두 가지 형태로 구분될 수 있다. 고대의 전쟁은 사람이 직접 사람과 대항해서 철퇴나 큰 도끼(battle ax), 찌르는 창과 칼, 전차와 기병대로 공격하는 충격작전에 의해 승부가 결정되었다. 던지는 창(javelins), 활, 돌팔매와 석궁(catapults) 등과 같은 중거리나 장거리의 무기들은 통상 전쟁이 시작한 직후 소규모 접전의 목적으로 사용되어졌으나, 이러한 무기들은 싸움을 종결시키는 무기는 아니었다. 전투의 결과는 서로 충격(shock)으로 접전함으로써 이루어졌다.

방패와 갑옷 제조에도 많은 변화가 있었다. 원시인들은 싸울 때 자기를 방어하기 위하여 방패를 사용하였는데, 그것은 오른팔로 무기를 자유롭게 휘두르는 동안 왼손에 방패를 쥐고 있는 형상이다. 이러한 방패의 재료는 주로 동물의 가죽이 이용되었고, 어떤 방패는 완전히 나무로만 만들어졌으며, 아시아에서는 작은 가지로 만든 방패가 일반적이었고, 때론 나무로 만든 골조에 짐승의 가죽을 덮어씌운 것도 있었다. 머리와 몸, 다리의 보호를 위해서는 가죽이나 나무의 잔가지로 심을 넣어 누빈 옷 등을 사용했다.

무기류에 금속이 도입됨에 따라 때때로 방패에도 금속이 이용되긴 했지만, 방패용으로 가장 기초적이며 통상적인 재료는 여전히 가죽이었다. 갑옷(platear-mour)과 투구를 만들기 위해서는 장시간의 노력과 기술이 필요함에 따라 비용이 덜 드는 실질적인 대안책으로서 작은 판금조각을 비늘처럼 붙여 만든 갑옷이 만들어지게 되었다.

아시리아의 전사들은 새로운 금속기술을 도입하여 가죽바탕에 철비늘을 단 갑옷과 철로 된 장검을 만들어 사용하였고, 철이 도입된 이후 그리스 장갑보병은 창끝에 철을 씌우기도 하고, 벨트에 차는 단검을 철로 만들기도 했다. 그러나 갑옷이나 방패, 투구 등은 여전히 청동이 주재료였다. 고대 로마의 군단(region)병들은 가죽에 청동이나 철판을 휘감은 갑옷을 입기도 했다.

군사이론가 마한이 "병기(兵器)의 발전은 전법 및 전장에서 병력을 다루는 법을 필연적으로 변하게 한다."고 주장했듯이 위와 같은 무기의 변천은 전술상의 많은 변화를 초래했으며, 그 변화는 기원전 3, 4세기경부터 시작하여 오늘날에 이르기까지 오랜 세월을 통해 전쟁의 변화를 가져왔다.

2. 고대 이집트, 아시리아, 페르시아 전술

1) 고대 이집트(B.C. 3400~332)

고대 이집트는 민족성에 적합한 전투대형과 전술을 연구하였고, 주변 국가들을 정복함으로써 대제국을 건설하였다. 그들의 전투집단의 단위는 1만 명으로써 100명의 정면과 100명의 종심을 가진 대방진이었다. 이 대형은 평지의 운용에 적합한 대형으로 방대한 밀집집단력의 큰 충격력을 발휘할 수 있도록 하여 적진을 돌파 유린하였다. 밀집대형의 중량과 지구력의 싸움이었으므로 병사의 숫자가 중요시 되었다.

2) 아시리아(B.C. 1500~600)

로마 이전의 국가 중에서 '아시리아'의 왕은 통치자이면서 전쟁 시에는 선두에 나서 직접 군대를 지휘하는 강력히 중앙집권화된 군사국가의 대표적인 예라 볼 수 있다. 아시리아인들은 역사상 최초로 청동에 대한 철기의 강점을 충분히 인식하여 군대를 완전 철제무기, 전차, 방패 등으로 무장하였고, 무기체계 보강하고 강도 있는 훈련을 실시함으로써 기술적인 우월성을 유지시켰다.

아시리아는 군대가 곧 전 국민이었으며 상무적인 기질을 가졌고, 그 군대는 고도의 편성과 군기를 유지하였다. 군대는 보병대와 전차부대 그리고 기병대로 편성하였으며, 보병대는 많은 투창병 집단으로 구성되었으나, 이들의 기동성은 대체적으로 떨어지는 편이었다. 그러나 당대 다른 민족의 보병대에 비해 잘 훈련되었고, 기동력에 있어서도 상대적으로 뛰어났다. 전투를 끝까지 수행하는 의지는 전형적인 아시리아의 전투정신이었다.

아시리아군의 주력 기동부대는 2륜마차 군단, 즉 전차부대로 주된 임무는 적의 보병부대를 돌파하면서 분쇄시키는 것이었다. 당시의 다른 민족들과 마찬가지로 아시리아인들은 전차를 고도의 기동력을 지닌 돌파수단으로 이용하였다. 다만, 아시리아 전차부대는 병력수가 다른 부족의 전차부대에 비해 조금 많았으며, 궁술병, 투창병, 기병부대와의 유기적인 결합과 과감한 돌파력을 보유하고 있었다.

아시리아의 궁술병은 다른 민족의 궁술병보다 훨씬 체계적으로 조직화되었고, 활축이 철로 된 강력한 활을 보유하고 있었다. 궁술부대의 임무는 전차부대 및 기마부대의 돌격을 지원하기 위해 적의 전방대열을 혼란시키는 것이다.

기병대는 단위부대 조건으로 볼 때에는 가장 소규모였으나, 장비나 훈련은 최상을 유지하였고, 귀족들은 말을 타고 싸웠다. 아시리아의 초기 기병은 기마의 민첩한 운동력을 충분히 활용하기 위한 것이 아니라, 활과 단검, 투창, 방패 등으로 무장한 군사들을 적당한 전장까지 운반하는데 이용되었다. 즉 적과 싸울 때에는 일단 기병들은 말에서 내려 전열을 갖춘 다음에 적을 향하여 활을 쏘았고 백병전을 하였으나, 후기에는 궁기와 창기로 분리하여 교전 시에는 말에서 내리지 않고 전속력으로 질주하면서 활을 쏘고 또 창검을 사용하게끔 훈련되었다.

3) 고대 페르시아

페르시아인은 고대로부터 용감한 성격으로 중앙아시아 및 소아시아, 이집트, 발칸반도까지 유린하였다. 페르시아인은 공격용 병기로 궁, 투창, 검, 도끼, 투석기 등을 사용했고, 방어용 병기는 갑옷, 방패 등을 사용했다.

전투에 있어서의 특색은 전차의 운용이었다. 전차는 자체가 철갑이고 차체 주위에 큰 낫을 장치하였다. 전투 시 전차를 말이 끌고 전차 내의 투사들이 활과 투석기 등으로 적을 쏘아 쓰러뜨리고, 또 큰 낫은 적을 풀 베듯 찍어 넘겼다. 전차가 적진을 돌진하여 적의 진영을 교란시킨 후 보병대가 진입해서 투창과 검 등으로 적을 격멸하게 된다.

제일파의 돌격부대의 작전이 끝나면 창으로 무장한 제2파가 말을 타고 측방으로부터 적을 유인 분쇄한다.

페르시아인의 이 전법이야말로 현대적인 전격전의 개념과 유사하다. 즉 사전 교란행동을 통해서 적의 대열을 완전히 와해시켜 혼란 속에 몰아넣은 다음 강력한 충격행동으로 넘어져 정신을 차리지 못하도록 하고, 예기치 않은 방향에서 타격함으로써 적을 마비시키는 것이다.

3. 그리스 팔랑크스와 마케도니아의 전술(B.C 500~200)

1) 그리스

고대 그리스는 '아테네' 및 '스파르타'를 말하며 고대 그리스 전술의 기초는 투창보병으로 구성된 팔랑크스(Phalanx)로, B.C. 3000여 년경 수메르 지역의 전술대형이었다. 그리스는 북쪽을 제외하고 산이 많아 기병대의 기동에는 적합하지 않아 대개 B.C. 7세기부터 보통 6~9피트 길이의 창으로 무장한 보병 밀집부대인 팔랑크스를 사용하였고, 발전시켜 왔다.

팔랑크스는 역사상 최초의 전투대형으로 인간의 심리를 철저히 이해하여 조직의 힘으로 인간이 갖는 약점인 전투 때의 공포심을 극복해 낸 전투대형이다. 즉 예비대의 구분이 명확치 않을 정도로 밀집된 이 대형이 노린 것은 인간의 공포라는 약점을 극복하는 것으로써 각개 병사가 바로 자기의 전후에 동료가 있음을 느끼게 하였고, 좌우에는 동료가 지닌 창과 방패가 자신의 목숨을 충분히 보호해 주고 있다는 기분을 느끼게 하여 병사들의 두려움을 제거하였다. 또한 팔랑크스는 직사각형 모양의 대형으로서 중심보다는 정면이 넓으며, 보통 8개의 전오로 구성되었다. 이 대형은 상당히 밀집 편성된 조직체로서 종심의 깊이는 가변적이었다. 병력수, 지형, 상황, 의도 등의 고려요소에 따라 팔랑크스의 전투편성을 결정짓는 것이 야전지휘관의 주요 과업이었다. 각 전오 간의 종심거리는 깊게 또는 얕게 편성할 수 있었다(마라톤 전투에서의 아테네군의 전투대형).

팔랑크스의 유일한 전술은 둔중한 거상 전체를 한 덩어리로 기동할 수 있는 공간, 즉 시계가 좋은 평탄한 지형이면서 팔랑크스 측면을 방호해 주는 지형지물이 있는 곳을 고려했다.

『손자병법』 행군편에는 "평지에서는 평탄한 곳에 위치한다. 고지는 오른쪽에 배후에 두는 위치가 좋고, 앞은 험준한 지형, 뒤는 쉽게 벗어날 수 있는 트인 지형이 좋다."고 나와 있다.

다음으로 팔랑크스 지휘관이 판단해야 할 사항은 공격을 위하여 언제 이 조직체를 발진할 것이냐 하는 문제였다.

그 시기는 너무 일러도 안 되고 너무 늦어서도 안 되었다. 따라서 적 궁수의 사정권인 100보 내지 150보 되는 순간 공격을 개시했다. 즉 적 궁수 사정권 내는 최대한 신속하게 속보로 돌진하였다(우리는 이와 유사한 돌진거리와 시간에 관한 판단은 무기의 유효사정이 증대된 17, 18세기의 전술뿐만 아니고 현대 전술에서도 찾아볼 수 있다).

2) 마케도니아

B.C. 5세기 및 4세기 초, 마케도니아의 대부분 군사력은 귀족으로 구성된 기마병과 일부의 보병대였다. B.C. 359년, 필립(Philip) 2세는 마케도니아군을 전면 개편하

여 인간의 능력과 한계, 무기 및 당시의 장비를 세밀히 분석하여 과학적으로 군대를 재편성했다.

이를 이어받은 알렉산더(Alexander) 대왕은 오늘날 군대의 편성과 비슷한 전투편성을 구성하였는데, 이 당시 팔랑크스의 최소단위는 16명으로 구성된 분대(Lochos)로서 그 편성과 인원은 [표 8-1]과 같다.

[표 8-1] 팔랑크스 분대의 편성과 인원

구분	당시편성	편성	인원	비고
1개 소대	Tetrarchia	4개 분대	64명	Hoplite
1개 중대	Tetrarchia	2개 소대	128명	〃
1개 대대	Syntagma	2개 중대	256명	〃
1개 연대	Chiliarchia	4개 대대	1,024명	〃
1개 사단	Simple Phalanx	4개 연대	4,096명	〃

단일 팔랑크스는 독립전투가 가능한 제병과 협동부대로서 중보병에다 2,048명의 경창보병(Peltast) 1,024명의 경보병(Psiloi) 및 1개의 기병연대 1,024명을 합하여 총 8,192명이다. 대팔랑크스는 4개의 단일 팔랑크스로 구성 되었으며, 현대의 야전군과 같은 역할을 하는 것으로 병력이 약 32,000명이었다.

마케도니아군의 기병은 귀족으로 구성된 컴패니온즈(Companions) 기병대와 데살리안(Thessalian) 기병으로 전투 시 충격행동에 이용되었다. 기병의 주무기는 Pike(창의 일종)로서 던지거나 적병을 찌르기에 적절한 무기였다.

마케도니아 팔랑크스는 상황에 따라 변경되어 운용되었다. 중보병의 기본적인 무기는 최초 차에서 필립에 의해 사리사(Sarissa)라고 하는 13~14피트의 약간 긴창으로 변경되었는데, 짧은 창을 가진 그리스인에 비해 직접적이고 결정적인 장점을 갖게 되었다.

팔랑크스 대형에 있어서도 그리스 팔랑크스의 종심의 8명 내지는 12명, 혹은 16명이었으나(에파미논다스의 팔랑크스 종심 48명이 었음), 필립은 종심 16명의 팔랑크스를 채택했다. 또한 48명의 종심을 가진 팔랑크스의 돌격력에 대처하기 위해 장창 전술을 창안했다. 그러나 이 창은 알렉산더 통치기간 및 그 이 후 15~18피트의 길이를 가진 창을 보유함으로써 그리스 팔랑크스를 압도할 수 있는 이점이 있었다.

기원전 338년 '카이로네이아'의 혈전에서 마케도니아군이 테베 및 아테네의 연합군을 상대로 승리를 획득한 주요원인은 이 장창 전술 때문이었다. 에파미논다스가 죽은 후 약 30년 동안 그리스인은 재래의 전법을 형식적으로 고수하였을 뿐 시대의 전진에 따라 적절하게 개선, 발전시킬 줄 몰랐기 때문에 신진의 마케도니아의 장창 앞에 굴복하고 말았다.

그러나 이와 대조적으로 알렉산더 대왕의 경우는 부왕 필립이 창안한 장창 팔랑크스의 편성과 운용법을 더욱 연구, 개량하여 발전시킬 수 있었기 때문에 세계 제국을 건설할 수 있었던 것이다.

4. 로마의 투창전술과 레지온(B.C. 400~A.D. 300)

로마왕정 및 공화정 초기의 군대는 보통 시민계급에서 충원되었고, 부유한 계층인 기병대와 잘 무장된 중보병대, 투석병, 비무장 보조부대 등과 같이 장비를 제대로 갖추지 못한 보병 분견대로 구성되었다. 각 부대는 100명을 단위로 하는 센추리(century)로 조직되었다. 초기 로마의 전투대형은 중보병대를 선두로 하는 밀집대형이며, 경보병대는 주 부대의 앞쪽에서 작전을 수행하였고, 측면을 보호하였다.

로마는 많은 전쟁을 통하여 얻은 교훈으로 군대의 조직과 전술에 많은 변화를 가져오게 되었다. B.C. 300년경에 측면과 후위방호의 필요성 인식과 글라디우스(gladius : 로마 특유의 검)와 필럼(pilum : 로마 특유의 창)의 도입 및 발전으로 밀집대형의 변화를 가져온다.

그때까지 칼은 창이나 활을 주로 사용하는 기병대 및 보병대의 보조무기로서 이용되었다. B.C. 3세기말 로마는 자르는 칼 대신 글라디우스라는 찌르는 칼을 사용하게 되었는데, 글라디우스는 길이가 2피트 정도이고, 육중하고 끝이 날카로운 2인치 폭의 칼날로 이루어졌으며, 칼자루는 나무나 뼈, 상아, 금속 등으로 만들었다. 칼은 창에 비해 성능이 우수하며 다양한 용도로 사용되었는데 밀집부대의 창머리를 자르기도 하고, 베기만 하는 칼보다는 여러 가지 방법으로 적에게 부상을 입힐 수 있었다. 격전 중 약간의 상처를 내는 것으로도 치명적이었던 당시의 상황으로 볼 때 칼은 대단히 중요한 무기였다.

로마병사가 글라디우스를 휘두르기 위해서는 전방 우편에 약 6피트의 공간이 필요했으며, 적과 싸우기 위해서는 최대한 가까운 거리를 유지해야 했다. 로마 무기의 또 한 가지 중대한 발전은 B.C. 3세기에 나타난 창의 일종인 필럼(Pilum)이었다. 글라디우스와 같이 창은 구석기시대 때부터 잘 알려져 있는 무기로, 그리스와 마케도니아 군대에서는 전쟁이 시작될 무렵 보조보병대가 적의 사기를 저하시키고, 대열 간에 틈을 벌이고 측면을 공략하는데 사용한 무기였다.

필럼은 한 손으로 최대 60피트까지 던질 수 있었고, 심리적 효과를 극대화하기 위하여 전체가 동시에 던진 다음 글라디우스로 공격하여 적을 무력화시켰다. 이것은 손으로 들고 찌르는 짧은 창으로서도 아주 효과적이었다. B.C. 1세기경에는 칼의 보조물로 사용되었지만, 시간이 흐르면서 그 중요성을 칼과 똑같이 인정받음으로써 로마의 주무기가 되었다. 한편, 적으로부터 병사를 보호해 주는 방패에 있어서도 마케도니아 중보병의 방패보다 약간 가벼웠다.

로마인에 의해 개발된 군단형식의 '레지온(region)'은 원래 용맹스럽지 못한 로마인들이 당시 잔악하고 용맹을 떨치던 적군들에게 효과적으로 대항하기 위해 고안해 낸 전투대형으로 그리스의 팔랑크스에 비해 소개하여 움직임이 용이하고 비교적 자유로운 대형이었다.

레지온(region)은 보 · 기 양병으로 편성하였고, 개인의 능력과 체격을 고려하여 보병을 4계층, 즉 벨리테스, 하스타티, 프린티페스, 트리아리로 구분하였다. 그 최하계층을 벨리테스(Velites)라 하였는데, 이들은 주로 가벼운 갑옷을 입고, 무기는 활과 창과 투창 등으로 무장하였으며, 최전선에서 척후병의 임무를 수행하는 경보병으로서 1,000명으로 추산된다.

[그림 8-1] 로마의 Legion

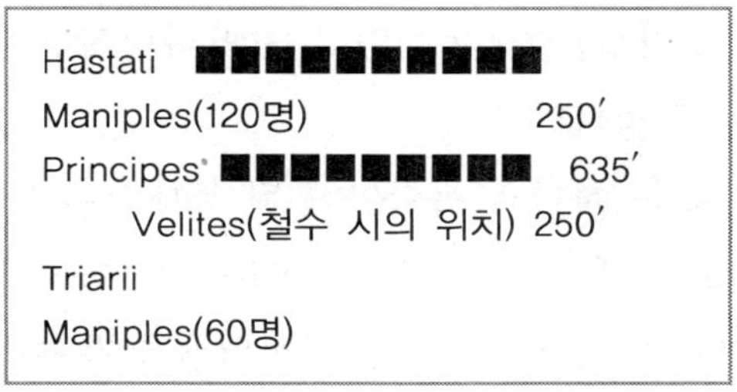

Hastati ■■■■■■■■■■■
Maniples(120명) 250′
Principes ■■■■■■■■■■ 635′
Velites(철수 시의 위치) 250′
Triarii
Maniples(60명)

레지온대의 제1전열은 하스타티(Hastati)로서 25세로부터 30세까지의 젊고 투지가 넘치는 병사로 2개의 투창과 단검을 소지한(전투 시 주로 투창 사용) 1,200명으로 구성되었다. 제2전열은 중보병으로서 무거운 갑옷을 입고 투창으로 무장한 경험이 풍부한 30세로부터 40세까지의 노련한 병사 프린치페스(Principes)로서 1,200명이었다. 끝으로 제3전열에서는 가장 나이 많은 노년자로서 트리아리(Triarii)라 불렀으며, 그 인원은 600명으로 편성하였고, 이들은 12피트의 장창을 사용하였다.

다니엘(Daniel)의 『군사의 역사』 제1권에 의하면 팔랑크스라는 고대의 전술대형에는 '예비대'의 개념이 없었다는 것이다(예비대는 야전사령관이 차후 상황 전개에 따라 투입을 결심하기 위하여 보유하는 전투력인 점에서 예나 지금이나 다름이 없다).

팔랑크스의 제2전열과 제3전열은 현대적 의미로 보면 예비대가 아니라 전체 팔랑크스 대형 속에 고정편성된 전투력이었으며, 이들 제2전열과 제3전열은 공격 시에도 뒤에 처져 있지 않았으며, 제1전열과 더불어 전체 팔랑크스 단일 대형 속에서 동시에 기동하였다.

포에니 전쟁 후 로마는 마리우스에 의한 육군의 개혁으로 육군의 조직과 전술이 절정에 이르게 된다. 당시 로마군단(Legion)은 하나의 전투편성된 제병협동 조직체로 볼 수 있다. 1개 로마군단(Legion)에는 약 600명의 중장병과 다른 민족으로 구성된 기마부대 및 경장병부대로 편성되었다.

1개 로마군단은 다시 30개의 마니펠(병력수 200명)로 분할 조직되었던 종전의(연령층을 기준으로 하던) 하스타텐, 프린스페, 트리아리어 등 3개 전열로 구분하여 차등을 두던 편성방식을 폐지하였다(지원한 직업군인으로 구성되며, 15년에서 17

년 간 의무 복무).

가장 획기적인 것은 새로운 전술부대 단위인 코호르테(Kohorte : 대대)의 편성으로 1개 코호르테 병력수는 600명이었고, 3개 마니펠로 구성되었으며, 각 마니펠은 2개의 첸투리에로 구성되었다.

이 코호르테(대대)는 하나의 복합편성 된 부대단위로 지휘관은 상황, 임무, 지형에 따라 전술적으로 더욱 기동성 있게 지휘할 수 있었다. 예컨대 하나 또는 두 개의 마니펠은 정면에 배치하고, 한 개의 마니펠은 측면이나 배변에 예비대로 배치하여 운용할 수 있었다. 또한 각 마니펠은 2개의 첸투리에로 구성되었으므로 전술적인 운용상의 융통성은 좀 더 보장받게 되었다. 특히 여기서 중요한 것은 전술조직체인 단위부대가 예하단위 조직이 없이 단일체로서 편성된 것보다는 전체규모는 동일하지만 3개 내지는 6개의 예하단위 부대로 편성된 전술조직체가 보다 효과적이고 원활하게 기동할 수 있다는 것이다.

이러한 로마군단은 명령에 따라 전체가 수월하게 집산할 수 있고, '임무형 전술'을 기조로 하여 다양하고 독립적인 임무를 개별 코호르테에게 부여할 수 있었다. 각각의 코호르테는 정면, 측면 또는 배면에 투입될 수 있었고, 포위와 우회기동 등의 다양한 전술적 운용이 가능하게 되었다.

야전지휘관은 수개의 전열을 앞뒤로 배치할 수 있었고, 의도하는 바에 따라 각 전열의 거리를 얼마든지 조정할 수 있었다. 무엇보다 야전사령관은 예비대 없이는 전투수행이 불가능하였기 때문에 예비대를 분리하여 운용하였다.

5. 기병대의 출현(A.D. 300~500)

B.C. 1000년경 기병대도 보병부대와 함께 전쟁에 참가했지만 규모로 볼 때 가장 작은 부대였으며, 전차를 타지 못하는 왕족이나 귀족이 말을 타고 전쟁에 참가하는 정도였다. 그러나 B.C. 600년경에는 기병대가 중앙 및 남서 아시아의 대평원에서 중요한 역할을 하게 되었으며, 페르시아와 중국도 주로 말에 의존하는 야만인들의 공격에 대한 방어를 위해 말을 사용하지 않을 수 없게 되었다.

필립과 알렉산더시대의 기병대는 보병부대와 함께 마케도니아 군대의 결정적인 역할을 하였다. 중기병대의 주요 무기인 Pike는 약 10피트 길이의 창이었으며, 허리에 단검을 찼고, 비늘로 된 머리받이와 가슴받이, 갑옷과 방패, 투구, 정강이받이를 착용하였고, 말에도 비늘로 된 머리받이와 가슴받이를 씌웠다. 창과 활로 무장한 중간경기병대는 견제, 정찰 및 측면보호의 기능을 수행하였다.

3세기 중반부터 5세기 중반까지의 기간은 로마제국의 군대사에 있어서 수세기 동안 로마 전투대형에 있어 핵심부를 차지했던 중무장 보병부대가 기병대 중심으로 변화되었다.

이 시기 로마인들은 스텝지역에서의 군사작전에서는 동원력(動員力, mobility), 속도(速度, speed), 기동성(機動性, menuverability)이 더욱더 요구된다는 것을 알았다.

특히 기습 때 기병대를 이용하게 되었는데, 중요한 이유는 첫째, 등자 가죽의 발명으로 기마병들은 말과 자신의 무게로 가속화되는 힘을 이용하여 팔 아래에 끼워둔 창을 강력한 힘으로 던질 수 있게 되었고, 둘째, 중앙아시아의 스텝지역에서 기습에 더욱 적합한 새로운 종자의 커다란 말이 나타난 것이다. A.D. 4세기까지 로마인들은 페르시아에서와 마찬가지로 이 말에 쇠사슬로 엮어 만든 갑옷을 씌워 전투 중 작은 투사체나 손무기들로부터 사람과 말을 비교적 안전하게 보호받을 수 있었다.

보병대를 능가한 중기병대의 위대한 최초의 승리는 동로마제국과 고트족 간의 전투인 아드리아노플 전투(A.D. 378)이다. 당시 전투에서 동로마제국은 발랜스 황제와 고급장교, 4만 명에 달하는 병사들이 전사하였다. 전투가 끝날 무렵까지 우편대와 중앙에 있었던 군사들 중 불과 수천 명의 병사와 전쟁에 참여하지 않은 로마 기병대만이 죽음을 피해 도망갈 수 있었고, 로마 군대는 전멸되었다.

당시 고트족은 새로운 무기를 사용하기 보다는 기존에 사용하던 창과 칼을 말의 기동성과 조화 있게 사용한 덕택에 결정적인 효과를 거둘 수 있었던 것이다.

로마인들에게 있어서 아드리아노플의 교훈은 레지온이 공격적인 도구로서의 역할이 끝났다는 것을 의미했으며, 군대의 주력부대가 중기병대(기마궁술병과 투창병)로 대체되었고, 적합한 무기의 변화가 초래 되었다.

기병대의 주무기 중에 하나는 창으로 그리스, 마케도니아, 로마의 기병대는 다양한 형태의 창을 발전시켜 이용하였다. A.D. 4세기까지 창의 자루 길이는 9~10피트였으며, 두께는 지름 2~3인치로 창 전체가 똑같은 두께였고, 끝에 작은 못이 달렸었다. 기병대에게 중요한 또 다른 무기는 칼이었다. 게르만의 많은 종족들이 칼을 가지고 있었지만 그것은 강도가 약한 무른 철로 된 빈약한 것으로 양날로 되어 있고, 자르거나 찌르는 데 이용되었으며, 길이가 25~32인치 가량의 끝이 뾰족한 칼날 모양을 했다. 샤를레망시대까지 칼은 많이 개선되고 발전되었는데, 칼날이 단단해지고, 길이는 거의 40인치에 이르렀으며 교차 보호자루(cross-guarded hilt)를 가지고 있었고, 기마병뿐 아니라 보병도 사용하였다. 이 칼을 효과적으로 사용하기 위해서는 기술과 훈련이 필요했으며, 이 훈련 정도와 군기강에 의해 기병대는 야만인과 구별되었다.

그러나 로마와 유럽에서는 중투창병과 검도병만으로는 오랫동안 활을 효과적으로 사용해 온 중국, 중앙아시아 민족의 경 · 중 궁술병과 투창병을 당해낼 수 없었다. 따라서 로마말기부터 활을 사용하게 되었는데, 활의 사용은 많은 연습이 필요함에 따라 전문가의 무기가 되었다.

5세기에 이르러서 동서 로마제국의 팽창으로 인해 용병들이 나타났다. 특히 용병들은 기병대의 중요성이 높아감에 따라 기마인 종족이 선호되었다. 시간이 흐를수록 로마기병대는 활은 물론 창과 칼, 방패로 중무장을 하게 되었다. 로마 중기병대의 궁술병은 화력, 기동성, 기습능력을 조화시켰으며 진정한 로마군단의 후예가 되었다.

제2절 중세시대

1. 전술의 암흑시대(A.D. 500~1000)

로마제국의 쇠퇴로 서구의 모든 요소가 와해되자, 군대에서도 리더십, 독창력, 전술, 기강에 있어서 똑같은 몰락현상이 일어났다. 로마는 기병대 위주의 발전으로 보병대를 기병대의 보조부대 및 기동전술(menuver)의 보조역할을 하도록 하였다. 즉 궁술병, 투창병은 기병대의 기습돌격을 보장하기 위해 적을 혼란시키고, 흩뜨리고 약화시키는 역할만을 수행했다.

그러나 중기병대 또한 체계적이고 조직화되지 못하였다. 이 후 중기병대는 봉건제도시대의 기사가 되었으며, 집단적 기동이 아닌 개인의 격투에 의존하는 체제로의 변화에 따라서 9세기말 로마의 군사조직은 완전히 사라지고 갑옷을 입고 말을 탄 기사로 그들은 왕이나 돈 많은 귀족들로 구성되었다. 기마병들이야말로 바이킹과 마자르족의 침공으로부터 서부 유럽을 지키는데 공헌한 사람들이었다. 이들의 승리로 봉건 기병대는 이 후의 400여 년 동안 계속 최상의 지위를 보장받았다. 봉건시대는 용병술과 전술에 있어 정체시기였다. 귀족가문의 기사들은 말을 타고 창과 활을 다루며 적에게 도전할 때 용기와 결단력을 보여주기 위해 군사훈련을 받은 것이 전부였다.

대부분의 봉건군대의 위계질서는 사회적 신분에 근거하였고, 전문적인 능력이나 경험과는 무관했다. 이러한 상황 하에서 전술은 기본적인 정찰이나 봉쇄, 측면공격 전술 같은 것도 없이, 적이 시야에 들어오면 무조건 공격하는 것이 전부였다.

2. 십자군 원정과 중기병(1100~1300)

모슬렘 셀주크 투르크가 맨지커르트(Manzidert)에서 비잔틴에게 승리를 거두고, 같은 해에 카이로의 명군 패트미트 칼리프와 싸워 예루살렘을 정복하자, 십자군전쟁을 일으킬 군대들이 하나씩 모여들기 시작했다. 셀주크가 비잔틴으로부터 실제적으로 모든 아나톨리아 지역을 차례로 정복하게 됨으로써, 기독교인의 예루살렘 순례가 박해 당하게 되었고, 이것은 전 기독교도를 흥분시켰다.

그 결과, 근동지역(近東地域)이라 알려진 서아시아 일부에서 거의 2세기 동안 지속된 종교전쟁이 일어났고, 십자군이라는 기독교 대원정대가 몇 차례 결성된 후에야 종식되었다. 이 원정의 처음 세 번은 역사적으로나 군사적으로 아주 중요한 것이었다. 1세기에 거쳐, 프랑스, 독일, 영국의 왕과 귀족이 이끄는 군대가 1096~1099, 1147~1149, 1189~1192년간에 원정을 수행하였다.

십자군전쟁은 기본적으로 서유럽인들의 종교적 목적에서, 그러나 더 중요하게 정치적 목적에서 일어났던 군사적 원정이었다. 유럽인의 군사적 기술이－구체적으로는 유럽의 중기병대－의심할 여지없이 모슬렘 투르크 것보다 우월했다 하더라도 전쟁을 일으키는 방법은 정말 보잘것없었다. 처음 십자군은 근동의 모슬렘이 내적 분열로 무기력하게 쓰러지지 않았더라면, 아마도 거의 확실히 패배하였을 것이다.

셀주크 투르크는 숫자도 많았고 그 능력도 가공할 만한 것이었다. 그들은 말을 타고 싸웠으며 주무기는 활이었다. 그들은 사납고, 부정형의 전법으로 페르시아 제국시대 이래 더욱 틀이 잡힌 서구군대를 뒤흔들면서 아시아 기병대의 히트 앤드 런(hit and run) 전술을 사용하였다.

가볍게 무장하고 말에 올라탄 투르크 기병대는 중무장하고 대적하기 어려운 십자군들에 대하여 직접적인 공격을 피하고 도망을 가장하여 개방된 평지 깊숙이 끌어들였다. 추격하는 동안에 십자군대가 흩뜨려지자, 셀주크는 선회하여 활을 쏘아대며 적을 사방에서, 특히 측면과 후위에서 공격하였다.

십자군시대 몇 세기 동안에 무기와 갑옷에 중요한 변화가 나타났다. 초기의 가장 중요한 무기는 석궁(cross bow)이었다. 실제적으로 이것은 고대무기의 재도입이라 할 수 있다. 왜냐하면 석궁은 B.C. 200년경 중국에서 널리 사용되다가 이 후 사라졌으며, 11세기 초에 그것은 다시 사용되었으나, 십자군이 중기병대와 전술적인 배치를 이루는 데 사용하기 전까지는 단지 진기한 물건으로서 남아 있었다. 시간이 흐르면서 보다 강력한 석궁이 다시 등장되어 16세기까지 유럽에서 사용되었다.

이 짧고 강력한 활은 굉장한 속도로 투사무기를 발사시켰으며, 보통 활보다 사정거리나 관통력이 더 컸다. 그 기계적인 팽창력은 보통 손이나 팔 힘으로 낼 수 없는 빠른 속력을 내었다. 처음의 투사무기는 짧은 나무손잡이와 잎 모양의 화살머리가 달린 활을 사용했으나, 1100년경에는 모난 화살촉이 달린 화살인 방전촉(quarreles)이 보편적으로 사용되었다.

장전이 활보다 느렸지만, 석궁병의 위력은 쇠 갑옷을 뚫고 치명적인 부상을 입힐 정도로 대단했다. 다만 사정거리가 짧아 가장 좋은 것도 약 150야드 정도밖에는 안 되었다. 위력 있는 무기이기는 했지만, 석궁의 투사력은 기본적으로 빈약했다. 왜냐하면 굵은 줄은 발사체만큼이나 무거워서 많은 에너지를 필요로 했기 때문이다.

서부 유럽에 있어서 또 다른 새로운 무기는 보병대 무기인 미늘창(helberd)으로, 끝에 도끼머리를 달아 찌르고 자르는 데에 사용할 수 있도록 된 창이었다. 석궁과 같은 새로운 보병대 무기의 등장은 보병의 중요성에 대한 재인식을 나타내는 것이었다.

무기발전의 또 다른 보기는 모슬렘의 신월도(scimitar)로서 가볍고 커브 있는 칼날의 모양의 변화보다는, 야금술의 질적 중요성을 찾아볼 수 있게 해 준다. 그것은 잘 길들여졌으며 강하고 단단했고, 날카로운 부분을 숫돌로 갈아 없앨 수 있었다.

중세 유럽의 야금술이 발전함에 따라 14세기 병기제조병들은 쇠사슬 갑옷 대신 완전한 판금갑옷을 만들었다. 노련한 유럽의 대장장이들은 13세기 초에 쇠사슬 벙어리 장갑(mail mittens)과 쇠사슬 장갑(mail gloves)을 만들었다.

이러한 발명품들은 기사가 지치거나 말에서 떨어지면, 도움이 없이는 일어설 수 없을 만큼, 갑옷의 무게를 증가시켰다. 이것으로 적의 중기병대를 충격하는 데 주력하게 되었고, 말에 갑옷을 입혀 충격효과를 더했다. 14세기말 중기병대의 말은 사람의 무게를 포함하여 최소한 150파운드의 갑옷과 장비를 지탱하고 다녔다. 이것 때문에 듬직하고 느린 말들이 중기병대에서 사용되었는데, 이는 총총걸음으로밖에는 돌격할 수 없다는 것을 의미한다. 안전을 위해서는 기병대의 본질적인 특징인 기동성이 희생되어야 했다. 갑옷의 발전으로 대부분 유럽 전쟁에서 살상률은 감소하였다.

십자군 이전부터 서부 유럽인들은 보병부대를 가지고 있는 군대는 기병대에 비해 유리한 점이 많다고 하는 사실을 알고 있었다. 보병대는 기병대가 기동할 수 있는 토대를 제공하고, 유리한 고지를 점령할 수도 있었다. 중세 보병부대의 상대적 효과성에 대한 이러한 직관적인 생각은 보병대의 발전을 가져오게 하였다.

십자군의 경험은 이러한 현상을 가속화시켰다. 기동력 있는 모슬렘과의 전투에서 십자군은 기병대의 돌격을 위해 보병대 기지를 확보하는 것이 중요하다는 것을 알게 되었다. 그리하여 3차 원정에서는 십자군의 표준전투대형으로서 기병대 앞에 견제부대로 보병 석궁병을 두었으며, 이 견제부대는 필요할 때 중기병대가 돌격해 나갈 수 있도록 대열의 공간을 형성했다.

보병대와 기병대의 협동작전이 중요함을 인식한 모슬렘은 십자군 기병대와 보병대를 분리시킨 다음 각개 격파하는 전술을 사용했다. 이러한 모슬렘의 작전에 대응하여 십자군은 보병대와 협동작전의 실제적인 효과성을 유지하려고 하였다.

십자군이 보병대를 늘려 가는데 영향을 미친 또 다른 요인은 전쟁과 자연적인 요인으로 인해 유럽의 말(馬) 숫자가 점점 감소함에 따라서 무기를 든 사람이나 기사들의 상당수가 보병이나 경기병대가 되어야 했다. 그러나 전투 시 결정적인 승리는 주로 기병대에 의존하였다.

보병과 기병대의 협동작전은 화력과 기동력의 개념에 집중되었다. 터키 기마궁술병의 화력을 상쇄시킬 대응화력의 필요성에 의해 십자군은 석궁을 사용하게 되었고, 석궁으로 일제사격을 적에게 가한 후에 중기병대를 돌격시켰다.

이 시기에 기병대는 크게 세 가지 유형이 있었다.

첫째, 비잔틴과 투르크 군대의 기마궁술병으로 좀 더 기강이 잡히고 중무장도 되어 있으며 능력도 있었다.

둘째, 기습돌격 작전의 중기병대로 서부유럽에서는 이러한 유형이 대부분으로 어떤 군대도 유럽의 쇠갑옷을 입은 기사와 무기를 든 병사로 구성된 부대만큼 강하지 못했다.

셋째, 경기병대로 보통 가볍게 무장하고 창이나 칼을 지녔다. 십자군은 비잔틴과 모슬렘으로부터 견제와 정찰을 위해 경기병대를 이용하는 법을 배웠다. 그들은 또 경기마 궁술병대도 사용하였다. 그러나 서부 유럽에 기마 궁술병을 도입하려는 노력은 성공을 거두지 못하였다. 십자군은 또 기마 석궁병을 실험적으로 사용해 보았으나, 추가된 기동성 때문에 정확성과 발포율만 떨어질 뿐이라는 것을 알았다.

십자군이 배운 전술적 교훈들 중에는 포위나 매복 시 기동의 사용, 정찰이나 견제를 위한 경기병대의 이용, 기마궁술병의 사용, 그리고 가장 중요한 교훈으로 자원이 풍부하고 기동성 있는 적에 대하여서는 보병대와 기병대, 투사무기와 기습돌격의 협동공격이 효과적이라는 것이다.

십자군의 동방원정경험 중 가장 분명한 군사적 성과는 유럽의 축성법에서 찾아볼 수 있다. 특히 서부 유럽인들은 거대한 선회포탑이 있는 이중, 삼중의 성벽으로 된 강력한 비잔틴의 성체나 요새에 큰 감동을 받아 12세기에 성의 건축과 도시방어법에 있어 거대한 변혁이 일어나게 되었다.

3. 몽고의 기병전술(1200~1300)

기마병의 한 가지 독특한 유형이 12세기 후반, 13세기 초에 중앙아시아 북쪽에서 칭기즈칸에 의해 발전되었고, 후계자들에 의해 계승되어 갔다. 유럽식 군대 전통의 선입관으로는 상상할 수도 없을 정도로 칭기즈칸과 그의 후예들은 여태껏 존재했던 군대 중에서 가장 잘 조직되고 훈련되었으며, 철저히 기율이 잡힌 군대로서 도저히 당시의 군대가 흉내낼 수 없는 군대를 만드는데 큰 업적을 남겼다.

몽고인의 승리는 양보다 질에 있었고, 조직의 단순성은 중요한 특징이었다. 몽고의 기본적인 야전군대는 현대의 기병사단과 비교될 수 있는 각각 10,000명의 기마병으로 된 토우만스(toumans)라 불리는 3개의 부대로 조직되었으며, 각 토우만은 1,000명으로 이루어진 연대 10개로 구성되었고, 각 연대는 100명의 대대(squadrons) 10개, 각 대대는 10명의 중대(troops) 10개로 이루어졌다. 보통은 모두 말을 타고 싸웠는데, 만약 말이 모자라게 되면 기마부대의 원조를 받으며 말 뒤에서서 사격하는 훈련을 받기도 했다. 몽고인이 만든 무기에 이렇다 할 변혁은 없었다. 중요한 것은 그들이 가진 무기의 사용법에 있었다.

전형적인 몽고 군대는 약 40퍼센트가 기습돌격을 위한 중기병대이며, 이 사람들은 보통 적으로부터 보호를 위해 가죽이나 쇠사슬로 된 완전한 갑옷을 입었고, 당시의 중국과 비잔틴 사람들이 사용했던 것과 마찬가지로 단순한 투구를 썼으며, 중기병대의 말들도 보통 가죽 갑옷을 걸쳤다. 중기병대의 주무기는 창이었지만, 각 사람 모두 허리나 안장에 신월도(scimitar)나 미늘창(mace)도 차고 다녔다.

약 60퍼센트를 이루고 있는 경기병대는 보통 투구 외에는 갑옷을 입지 않았으며, 임무는 정찰, 견제, 중기병대의 지원, 소탕작전, 추격 등이었다. 경기병대의 기초적인 무기는 활로서 최소한 166파운드를 당겨야 하는 매우 큰 것인데, 영국의 긴활보다 약간 더 무거우며, 사정거리가 200~300야드 가량 되었다. 보통은 두 종류의 활을 가지고 다녔는데, 하나는 작고 가벼운 것으로 끝이 뾰족하여 먼 거리를 쏠 때 이용되었으며, 하나는 크고 무거운 것으로 끝도 넓어 가까운 거리에서 사용하였다. 그들은 중기병대처럼 던지는 올가미(lasso)는 물론 신월도와 미늘창을 가지고 다녔으며, 때때로 끝에 갈고리가 달린 창도 가지고 다녔다.

기동성을 보장하기 위해 몽고 군대는 하나 이상 여분의 말을 보유하고 있었다. 이것들은 대열의 뒤를 따라 무리를 지어 다녔으며, 행군 중이나 전쟁 중에라도 말을 재빨리 교체하는데 유효했다. 할당된 임무를 수행하는데 있어 안전도를 높이고 방해요소를 극소화하기 위해 말의 교체가 필요했다.

말들도 매우 고도로 훈련되었다. 유럽의 말과는 달리 여름이나 겨울을 가리지 않고 필요하다면 며칠이고 음식물 없이 자기들끼리 살아 나갈 수 있었다. 그들은 아주 짧은 시간 동안에 최악의 지형에서 거의 믿을 수 없을 만큼의 먼 거리를 여행할 수 있었다.

말에게 먹일 식량은 필요치 않았고, 자신에게 꼭 필요한 식량과 장비만을 지고 다니는 것에 익숙했기 때문에, 몽고인들은 별도의 보급기지가 필요 없었다. 그래서 몽고 군대는 다른 어떤 군대도 따라올 수 없는 기동성을 가지게 되었다.

그리고 상당히 합리적인 체계를 통해서, 또 전투병력의 수백 마일 앞에 나가 있는 정찰 견제부대를 통해서 이러한 기동성의 대부분을 살려나갔다. 적이 발견되면 근처의 모든 몽고 부대의 목표는 바로 그것 하나뿐이었다. 적의 위치, 병력, 이동방향에 대한 정확한 정보가 중앙사령부에 전송되었고, 곧바로 토우만스(toumans)는 보통 주부대 간에 급사를 통한 접촉만을 유지하면서 선두대열을 극도로 확장시켜 신속하게 진군해 갔다.

적의 군대가 작으면, 가장 가까운 지휘관에 의해 신속히 해결되었고, 만약 그렇게 빨리 해치울 수 없을 만큼 군대가 너무 크면, 몽고군 주력부대가 활동적인 기마견제부대 뒤에 신속하게 집결하였다. 그리고 보통 완전히 집결하기도 전에 신속히 진군하여 적의 군대를 무찔렀다.

몽고의 표준 전투대형은 한 줄로 된 5개의 대열로 이루어졌으며, 대열간 간격이 넓었다. 중기병대는 처음 두 대열이었고, 나머지 셋은 경기병대이었다. 정찰과 견제는 이 대열 앞에 나가 있는 다른 경기병대 부대에 의해 수행되었다.

적이 점점 다가오면 후위 3열의 경기병대는 앞의 두 열 사이의 간격을 뚫고 진군하여 조준이 잘된 창과 치명적인 화살을 적을 향해 퍼부어댔다. 그리고는 전투에 휩쓸리지 않고 처음 대열이 퇴각하고, 이로 인해 적이 추격해 오면 유인 고착시킨 후 중기병이 적을 급습하였다.

강력한 예비화력은 아무리 강한 적이라도 흔들어 놓았다. 이러한 공격은 적을 흩뜨려 놓았으며 별도로 돌격작전을 시도할 필요도 없었다. 토우만스의 지휘관은 적이 예비단계로 충분히 혼란되어졌다고 생각하면, 경기병대의 후퇴를 명령하고, 필요하다면 중기병대에 돌격신호를 동시에 주었다. 명령은 낮에는 깃발이나 페넌트(pennants), 밤에는 램프나 불로 전달되었다.

칭기즈칸과 그의 유능한 부관들은 전투 시 고정적인 유형을 피하곤 하였다. 적의 위치가 확실히 정해지면, 그들은 군대를 이끌어 후위나 측면을 공격하였다. 때때로 그들은 후퇴를 가장하고 새로운 말들로 돌격을 시도하기도 했다.

그러나 보다 자주 몽고인들은 넓은 전면을 가로질러 몇 개의 평행대형으로 펼쳐진 경기병대 견제부대 뒤에서 진군을 하곤 했다. 적의 주력부대와 만난 대열은 상황에 따라 그 자리를 고수하거나 후퇴하였다. 그러는 동안에 다른 대열이 계속 진군해 와, 적의 측면이나 후위에 자리를 잡았다. 이때 자신들의 이동을 연기나 먼지구름으로 숨기거나 언덕이나 계곡 뒤쪽에 숨어서 대형을 확산시켰다.

이러한 움직임은 적으로 하여금 자신들의 통신망을 보호하기 위해 뒤로 물러나도록 만들었다. 그리고 사방에서 공격함으로써 혼란과 무질서를 가져와 위력을 극대화하고, 적이 패주토록 하였다. 이러한 포위공격은 기본적인 과정이었으며, 몽고인은 이 작전을 수행할 때 속임수를 이용하는 것이 능숙했다.

훈련과 기율을 통하여 몽고인들은 활과 말에 기초하여 강력한 군대조직을 발전시켜 갔다. 그들은 심리전과 기습과 기동성의 군사적 원리를 최대한 이해하여 개발하였다. 13세기의 유럽 군대들은 기동성 결여로 기동력 있는 몽고군과는 대적할 수도 없었다.

> 몽고군의 승리요인은 사전 철저한 첩보수집과 강력한 심리전 및 탁월한 기동으로 달성한 전략적 기습, 분진합격에 의한 적시적 집중, 강적과 조우했을 때는 주저없이 교전을 피하고 기마탑재의 각종 투척무기(활, 투창, 투척기 등)를 전면에 내세워 적의 대형을 충분히 교란한 다음 결정적 공격을 감행하는 기동성, 이러한 노력의 통합이 바로 승리의 원동력이었다.
>
> – 기동전, 어떻게 싸울 것인가? –

제3절 근대시대

1. 화승총과 대포의 출현(1400~1600)

1) 화약의 출현과 소화기의 발전

화약발명의 기원은 불분명하나 흑색 화약이 발명된 것은 13세기이다. 당시에 유럽에서는 화약을 위험한 폭발성 물질로만 알려져 있었으나, 15세기경 화약무기가 도입되어 군대에 새로운 현상이 나타나기 시작했으며, 치명적인 잠재력을 가진 무기체계의 근간이 되었다.

그러나 초기의 소화기들은 부정확성과 짧은 사정거리, 더딘 발화장치와 무게 때문에 실질적으로 장궁, 석궁 등보다도 덜 효과적이었다. 그러나 석궁을 효과적으로 사용하기 위해선 수개월간 훈련을 받아야 하고, 장궁을 잘 쏘기 위해서는 몇 년 동안 연습을 해야 하는 것과는 달리, 보병대 병사들이 화약무기를 사용하는 데는 아주 쉽게 배울 수 있는 장점이 있었다. 이러한 이유로 서서히 무기체계의 변환이 이루어졌다.

소화기가 전장에서 가장 탁월한 무기로써 창, 석궁, 장궁과 대치되기까지는 오랜 기간 동안 발전을 거듭한 후였다. 석궁은 1566년이 되어서야 프랑스에서 사라지기 시작했고, 영국은 1596년에 비로소 보병대 무기로 소화기를 공식적으로 채택함으로써, 석궁과 장궁은 17세기 말엽에 자취를 감추게 되었다.

화약무기의 발전을 가능케 한 가장 중요한 기술적 진보는 철을 주조하는 기술의 발명 때문이었다. 최초의 소화기는 철이나 청동으로 된 아주 짧은 것으로 길이가 10인치가 채 안 되었으며 구경은 25~45mm 정도였고 한 손에 들고 반대편 손으로 발화시켰다. 이런 작은 포는 작동하거나 조준하기가 극도로 어려웠으며, 몸체가 너무 빨리 뜨거워져 잡기가 힘들었다. 이러한 이유에서 그것들은 때때로 나무판자 위에 올려졌는데, 이런 무기들이 크레시(Crecy) 전투에서 사용되었던 것이 분명하다. 이런 초보적인 소화기에서부터 다양한 형태의 소화기들이 곧 나타나기 시작했다.

14세기 중엽 소화기의 몸체를 조정하기 위한 손잡이가 발명되었으나 정확도는 매우 빈약했다. 무기의 효과성은 화약의 질 때문에 더욱 떨어졌다. 따라서 초기의 소화기는 치명적이기보다는 폭발 시 소음, 연기 불 등으로 기병대의 말을 놀라게 하는데 주효한 심리적 무기였다고 하겠다.

그러나 15세기에 소금에 절인 화약이 발명되면서 균일한 형태의 폭발력을 제공해 주었다. 초기의 소화기에 있어서 효과적인 사정거리는 50야드 정도였지만, 새로운 화약 덕택으로 거의 200야드까지 그 잠재력을 높여갔다. 물론 활이 오랫동안 속력이나 화력의 크기, 정확도, 기동성에 있어서 우월한 지위를 차지하고 있었지만, 차츰 소화기들의 중요성이 인식되기 시작했다.

15세기에 화승총은 무기의 치명도를 높이면서 보다 안전한 발화와 정확한 조준이 가능해지도록 고안되었다. 그 중 가장 중요한 발전은 불심지와 그것을 보존시킬 수 있는 발명품의 도입이었다. 성냥은 새끼줄이나 단단히 꼰 천조각을 초석에 적셨다가 건조시켜 만들었다. 이러한 불심지를 이용하여 방아쇠를 당기면 꺽쇠가 화약접시에 불을 넣어주는 장치가 부착된 화승총(Hackbut : 독일식 명칭, Arquebus : 프랑스식 명칭)이 만들어져 한 명으로도 사격이 가능해졌다.

화승총이 능력을 발휘하게 된 것은 16세기부터였다. 그렇지만 이 당시 소화기가 전쟁에서 실제적으로 사용될 때에도 전장은 두 개의 경쟁적인 돌격체계－밀집 투창병과 중기병대－에 의해 주도되었다. 부정확성, 짧은 사정거리, 느린 발사속도, 중량 그리고 간편치 않은 조작 때문에 초기의 소화기는 장궁이나 석궁보다 덜 위협적이었다. 그렇지만 소화기는 화살과 비교할 때 강력한 효과(관통력을 포함하여)를 가졌으며, 많은 훈련시간이 필요 없었다.

16세기에 소화기는 당시의 군비나 전술에 있어 종속적이고 보조적인 역할 때문에 사용의 제한을 받았다. 16세기에는 창에 대한 포의 사용비율이 점차 늘어가고 소화기의 점진적인 개선이 이루어졌음에도 불구하고 대부분의 전투는 백병전의 양상을 보였다. 그래서 가장 치명적인 무기라고 하는 것은 새로 태어난 소화기가 아니라 구식의 창과 활이었다. 그러나 포격력은 전투에 있어서 필수불가결한 것으로서 16세기의 어떤 군대도 감히 그것을 가진 군대와 싸우려 하지 않았다. 따라서 포와 창을 어떻게 하나의 무기체계로 조화시키느냐 하는 것이 가장 중요하고도 해결되지 않는 문제로서 대두되었다.

이것을 어느 정도 해결해 나간 것이 프랑스의 루이 14세이다. "짐이 곧 국가이다."라고 호언한 프랑스의 왕 루이 14세는 정치 · 문화 등은 물론 군사상으로도 크게 명성을 드높였다. 군사상에 있어서 화포를 개량했고, 공병을 신설했으며, 군인의 군복을 제정하고, 총검을 통합하는 등 여러 가지 업적을 남기었다. 이 중에서도 중요한 것은 보병전법으로 총병과 창병을 하나로 하였다는 것이다. 이전까지의 보병들은 순전히 창을 가지고 싸웠는데 루이 14세는 소총과 창을 통합시킨 총검을 착안함으로써 총병과 창병을 겸할 수 있었던 것이다.

프랑스의 경우, 16세기까지 주 병종은 창병이었으나, 점차적으로 화력 중시와 더불어 창병의 비율이 감소하여 처음에는 1/2, 1651년에는 1/3, 1677년에는 1/4로 줄어들었다가 1703년에는 완전히 사라졌다.

총검은 17세기에 도입된 무기 중 가장 효율적인 살상도구로서 사격과 척살을 동시에 할 수 있게 해 주어 더 이상 창병과 총병으로 나눌 필요가 없었으며, 또한 종래 이들 간의 보조차로 인한 상호 제한도 없어지게 되었다. 따라서 대규모 군대가 일제히 사격한 후 총검으로 적진에 맹렬히 돌진할 수 있게 되었던 것이다.

2) 포병의 발전

일반적으로 전장에서 처음으로 포가 결정적으로 사용된 것은 크레시(Crecy) 전투로 본다. 초기의 대포는 사정거리나 명중률에 있어 보잘것없었다. 이 후 30년전쟁과 7년전쟁을 통해서 급격히 발달되었으며, 특히 기동력을 증대시키기 위해 경포가 개발되었고, 이에 따라 포병 편제도 발달하게 되었다. 정련 및 주조 금속을 만드는 새로운 기술이 도입되면서, 포의 변화는 점점 더 중요한 것이 되었다. 14세기 초 사용되기 시작한 포는 14세기 말경에 이르러 전쟁의 양상을 바꿔 놓기 시작했다.

대포는 역할이나 잠재력 영향력이 처음부터 거의 알려졌기 때문에 효과가 확실했다. 그러나 전장에서 그 가공할 만한 능력에도 불구하고 대포는 오랫동안 그 역할이 보잘것없었다. 서부 유럽에서 야전포를 가장 최초로 사용한 것은 백년전쟁의 마지막 무렵이었다. 그러나 이 당시에도 포는 미리 포위작전을 위해 설치해 두었다가 방향만 바꾸는 수준이었으며, 야전에서의 기동성은 없었다.

진정한 의미의 야전포는 15세기 말엽 프랑스에서 비교적 가벼운 주조 청동포를 말이 끄는 2륜마차 위에 올려놓으면서 출현하였다. 기동성 있는 프랑스의 새로운 야전포는 재빨리 장구를 풀어 발포준비를 할 수 있었으며, 포를 영구적으로 수레바퀴차에 올려놓아 비교적 정확한 조준과 사정거리의 확장을 가능케 했다.

그러나 16세기 대포무기의 발전은 포병들의 기동성과 발포 사정거리를 조화시키는 문제를 해결하지 못한 까닭으로 작은 무기들의 발전속도를 따라잡을 수 없었다. 그 결과 대포는 요새의 공격과 방어를 제외하고는 그 기간 중에 사양길에 접어들었다. 대포가 사용되지 않은 전쟁은 하나도 없었으나, 일반적으로 작은 무기들이 보다 결정적인 역할을 하게 되었다.

2. 보방의 축성술과 전술(1400~1700)

15세기 화약을 사용한 포위용 대포는 화약 이전의 공성무기에 비해 강력하긴 했으나 치명적인 무기이기보다는 사기를 진작시키는 것에 불과했었다. 이 후 포의 성능이 향상되고 화약의 성능이 향상됨에 따라 포위공격용 대포는 점차 대구경화, 장거리화되어 성벽을 공격하는 반면에, 이에 대응하는 방어용 대포는 성벽 위에 올려놓을 수 있을 정도로 가벼워야 했기 때문에 사정거리를 감당할 수 없었다. 따라서 성벽에 대구경포를 올려놓는 것이 가능하도록 성의 축성술을 개량해야만 했다.

17세기 프랑스의 보방(Vauban)은 공성과 축성의 두 가지 대립된 기능을 최고도로 발전시켰다. 그의 노력 덕택에 대립되는 두 가지 기능은 당시의 무기와 화약에 제한된 군사력으로서는 최고의 수준으로까지 접근해 갔다. 보방은 중세의 성곽을 개량하고 이에 따른 공성전술을 개발하였는데, 중세의 성곽은 대체로 급한 경사를 이룬 낭떠러지에 구축하거나 그렇지 않고 평지에 구축할 경우에는 성곽 주위에 깊은 호를 파서 도랑을 만들고 방어를 하였으며, 그 성곽을 공격하기 위해서 투석기를 사용하여 돌을 성곽 내로 투척하거나 성벽을 파괴하였으며, 사다리를 사용하여 성 위로 기어 올라가기도 하였던 것이다. 이러한 중세 성곽의 방어 및 공격전술에 있어서 보방은 우선 루(樓)를 개량하여 일종의 능보를 만들어 측면사격에 의한 살상효과를 최대로 하였고, 적의 포탄에 대한 저항력을 크게 하는 등 갖가지 방어축성법을 발전시켰다. 특히 화포가 출현한 이후에는 공격하여야 할 성곽에 대해 횡대로 판 교통호를 연결한 전광형의 대호와 종대로 접근할 수 있는 병행호들을 만들어 상호 작전행동을 지속하면서 축차적으로 성곽에 접근하여 공격하는 중세 공성전술의 기본방향을 제시하였다. 즉 성을 공격할 때 일종의 횡적 교통호와 종적 교통호를 구축하여 성벽으로 접근하여 성벽을 폭파한 후 성곽 내로 돌격하자는 개념이었다. 이러한 보방의 방어축성법과 공성전술의 개념은 나중에 공격 간 참호를 파고 공격을 대비하는 근대적 전술개념의 발전에 기초적 영향을 미쳤다고 볼 수 있다.

18세기에는 진지전(wars of position)이 대부분이었다. 유럽의 모든 지역에서 요새가 속출했고, 작전은 대부분 요새화된 진지, 탄약고, 주요기지 등을 의식하고 짜여졌다. 15세기 말엽 주조 청동포의 발명에서부터 19세기 총신 내부에 총선이 없는 전장총(smoothbore muzzle-loading gun)의 퇴조가 있기까지 포의 모양에 있어서 급격한 변화는 일어나지 않았다. 그리고 축성과 포위공격에 대한 보방의 전술들은 19세기 중엽까지 계속적으로 사용되었다.

3. 구스타프 아돌프 시대의 전술(1600~1700)

1) 17세기의 전투

중세에서 현대로의 군사적 전환은 17세기에 이루어졌다. 창은 소총(musket)으로 대치되고 중무장한 기병대는 스타일을 바꿔 마침내 그 틀을 완전히 벗어났다. 기본적인 전투대형은 선형이었으며, 기동성이 적은 포병은 기동적인 밀집포병으로 바뀌었는데 이는 포병과 기병의 연합부대로서 주 전투에서 주로 이용되었다.

이 시대에 소규모 무기분야에 장약과 점화장치의 발명 및 여러 가지 변화가 있었다. 이 중 화승총(matchlock musket)의 변화는 중요한 것이었다. 스웨덴의 구스타프 아돌프 대왕은 화승총의 무게를 11파운드까지 줄여 발사 장치를 따로 만들 필요가 없게 하였다. 그는 종이 탄약통(paper cartridge)도 만들었는데, 그것은 탄도의 균일성을 위해 주의 깊게 화약을 측정하여 탄환을 부착시킨 장약이었다. 이 변화의 결과로 총은 보다 가벼워졌고 다루기 쉬워졌다. 이것은 아주 강력한 무기였다.

또한 쇠에다 부싯돌을 비벼 스파크를 만들어 내는 발화장치가 16세기에 발명됨에 따라 17세기 초에 점화장치가 발명되어 소총이 휴대용으로 사용되기 시작했다.

이 점화장치는 괘종시계의 원리를 이용한 것으로 방아쇠를 당기면 격침이 부싯돌을 때려 불꽃을 일으켜 화약에 연결된 심지에 불을 붙게 하는 장치였다. 이 장치가 발명됨으로써 사수는 자기가 원하는 때 사격할 수 있게 되었고, 사격속도도 1분간 1~2발로 늘어났다.

한편, 프랑스에서 1615년 수발총(flintlock musket of fusil musket)이 고안되어 1630년경에는 인기 있는 운동무기로 완성되었다. 그러나 군사무기로의 전환은 높은 제조원가 및 화승총을 좋아하는 군 지도자들의 보수성 등의 이유에서 서서히 이루어졌다. 수발총은 개선된 화승총보다 부정확하고 발사율도 느렸지만, 이런 단점을 상쇄할 만한 유리한 점도 지니고 있었다. 이는 보병들이 서로 모여 전투할 수 있게 해 주었으며, 주어진 공간에서 사람 수와 발사량을 증가시킬 수 있게 되었다. 그리하여 1699년 수발총은 유럽 군대의 기본적인 무기가 되었다.

그 후 보다 정확한 라이플 소총(rifled musket)이 나와 제한적이나마 여러 군대에서 사용되었다. 카빈소총(rifled carbine)이 몇몇 기병대에 의해 칼과 함께 사용되었다. 총구에 장치되는 플러그 총검(plug bayonet)창이 부분적으로 대치되면서 17세기 중엽에 널리 사용되었다. 이것을 장치했을 때는 총을 발사무기로서 사용할 수 없었기 때문에, 투창병은 보병이 발사를 계속할 수 있도록 하기 위해 같이 움직여야 했다. 그러나 1680년경 보방이 둥근고리 창검(ring bayonet)을 발명함으로써 발사구멍을 계속 이용할 수 있게 되었다. 그 세기말에는 모든 유럽 군대에서 그것을 이용했다. 소총수(musketeer)는 투창병의 역할도 하여, 투창병은 곧 무대에서 사라져 갔다.

2) 구스타프 아돌프(Goustavus Adolphus)의 출현

스웨덴은 1523년 덴마크에서 독립한 이래 자유를 쟁취하기 위한 프로테스탄트 정신과 구스타프 아돌프 대왕(1611~1630)의 능력이 결합되어 강력한 국가를 이룩하였다. 스웨덴의 군사제도는 30년 종교전쟁(1618~1648) 동안에 유럽에서 가장 강력한 국가를 형성하였다.

구스타프 아돌프 대왕이 군사제도 상에 남긴 업적은 다음과 같다.

첫째, 국민에 의한 상비군을 편성하였다. 병력 충원문제에 있어서 징집군대에서 출발하여 병역을 국민에게 의무화시켜 직업적으로 계열화시켰었다. 이 국민징병에서 부족한 인원은 스코트인이나 독일의 용병을 기용하였다. 이때의 용병은 직업적인 용병대장에 의하여 기용된 게 아니라 각 병사 개인자격으로 기용되었었다.

그리하여 스웨덴은 태어난 고장이나 지역과는 관계없이 직업적 상비군을 창설할 수 있었다. 따라서 17세기경의 30년 전쟁에 있어서도 각국은 용병제도로 전쟁을 하였으나 아돌프 대왕은 자기 나라 병력으로 군대를 편성하는 상비적 군주제 군대를 통해 근대적 군대의 시초를 확립하였다.

둘째, 화승총의 장진법을 개량하여 보병부대에 기동성을 증대시키고, 포의 무게를 가볍게 하기 위해서 포열 벽을 깎아내고, 말이 끌 수 있게 경포를 창설하였으며, 보호장비를 개량화하여 화기의 효력을 증대시켰다. 당시 총포의 발달이 현저하기는 했으나 아직 발사속도가 느려 정오에서 일몰시까지에 겨우 7발을 발사하면 그것도 빠른 편이었다.

더구나 적의 기병 공격 시에 신속한 대응이 이루어질 수 없었다. 즉 소총수 제1열이 1발을 발사하고 나면 소총수는 방호를 받을 수 없으므로, 장창부대 측방이나 후방으로 물러나고, 다음 제2열이 전선을 교대하여 제2발을 발사해야만 했다. 여기서 아돌프 대왕은 우선 총포의 개량에 전력을 기울였다. 그 결과 소총의 총곽부터 폐지하였다. 그리고 화승총을 개량했고 거기에 탄약함과 종이탄약통 등을 발명함으로써 소총의 일대 혁신을 기하였다.

셋째, 종래의 전투대형을 변경하여 10개 전열을 3개 전열로 바꾸어 동시사격이 가능케 하여 일제사격의 효과를 높이고 대형변화의 융통성을 살림으로 400~500명 단위의 단위대별로 분산화를 가능케 하여 기동의 자유를 확보하고 적의 포병화력으로부터 취약성을 감소시키려 했다.

즉, 근세화력의 진보에 따라 총병이 점차 창병을 압도하기에 이르자 종대전술에서 횡대전술로 이행하는 경향이 나타났다. 그러나 아돌프 대왕은 창병을 무시하지는 않았다. 다만, 총병에 중점을 두었다는 것인데, 즉 보병 1개 중대를 150명으로 하고 그 중 총병을 75명, 창병을 59명, 나머지 16명은 장교와 부사관이었다.

아돌프 대왕은 군대의 배치를 통상 2선식으로 하였다. 제1선의 중앙에는 보병을, 그리고 그 양익에는 기병을 배치했는데 제1선의 전방에는 포병을 배열시켰다. 제2선에는 왕의 직접 지휘 하에 기병과 예비대를 두었다. 후일 프레드릭 대왕이 채용한 횡대전술은 이 아돌프 대왕의 2선식 배치의 영향이라 한다.

넷째, 보병, 포병, 기병의 협동작전에 의한 3병전술을 창시하였다. 아돌프 대왕의 전술은 사격과 돌격을 주로 하는 것이었으나, 그 중에서 총포의 사격에 특히 배려하였다. 가령 구경이 작고 운동이 용이한 야포의 사격을 통해 아군 소총병의 전진을 엄호하고, 계속해서 총병의 사격으로 창병과 기병의 전진을 엄호하여 그 돌격을 돕는 전법이었다. 이때 기병은 가벼운 무장으로 소집단을 이루어 대개 1, 2발의 사격이 끝나면 질풍처럼 적진에 돌진하였다. 즉 종래에는 각 병과가 개별적인 작전을 하던 것을 처음으로 협동작전케 하였다.

다섯째, 공학의 도입을 통해 공병을 신설하고 야전축성, 참호, 포진지 등의 기술을 발전시켰다. 즉 포병의 발전으로 성곽은 요새로 변하고, 땅 위보다는 땅 속으로 보호를 구하게 된 것이다.

여섯째, 참모제도를 발전시켰다. 고대에도 참모제도는 없지 않았으나, 이는 지휘자에 대한 조언자적 역할에 불과하였고, 전술단위 조직과 관련되는 근대의 참모제도는 절대왕정의 상비군 확립 후기부터 싹트기 시작하였다.

4. 프레드릭 대왕의 횡대전술(1700~1800)

18세기는 16,17세기에 시작된 여러 분야의 발전들이 최고조에 달하게 되는 시기였으며, 무기와 전술에 있어서도 많은 변화가 일어났다. 화승총은 이제 완전히 수발총(flintlock musket)으로 대치되었고, 총검(bayonet)이 결정적인 무기가 되어감에 따라, 창은 점차 사라지게 되었고, 거의 모든 군대의 성은 요새화되었다. 작전상, 병참학상 군대는 축성술에 더 의존하게 되었고, 기동성이 떨어지기는 했지만 전쟁은 더 주의 깊게 수행되었으며, 차차 일정한 형태를 갖추어갔다.

18세기 유럽의 대부분 군대는 무기, 전술, 보급체제 등에서 거의 비슷한 유형을 보이고 있었다. 그런데 북방의 신소국 프러시아에서는 1740년 프레드릭이 왕위에 오른 후 상당한 정도로 군대의 발전이 이루어졌다. 프레드릭 대왕은 적으나마 자기 나라의 군대를 모집하여 훈련시키고 우수한 부대를 만들었다. 프레드릭 대왕은 그 자신 스스로 경험의 결과에 의해서 독특한 횡대전법을 채택했다. 1741년 당시의 강대국 오스트리아와 싸울 때 대왕은 구식의 횡대전술로서 싸웠다.

그러나 프러시아의 보병들은 군기를 잘 지켜서 마치 연병장에서 하듯 침착한 동작으로 적에게 일제사격을 가했다. 그리고 단호히 돌격전진을 감행하여 승리를 획득했던 것이다. 프레드릭 대왕은 이 전쟁을 통해서 비로소 귀중한 경험을 얻었고, 이때부터 자신을 갖게 되었다.

여기서 대왕은 그 귀중한 교훈에 입각하여 신조전을 편찬하여 횡대의 운용과 전투방법을 규정하여 자신의 독특한 횡대전술을 창안하게 되었던 것이다. 그는 군대를 횡대로 배열하여 맹렬한 총창공격을 시도하여 도처에서 혁혁한 무훈을 올렸다. 그리고 또 기병의 대집단에 포병을 배속시켰고, 그 자신이 군진의 선두에서 지휘했으므로 자못 그 위풍이 당당하였다. 프레드릭 대왕은 기동만으로서는 결정적인 결과를 낳지 못한다고 믿고, 전쟁은 직접적인 전투로 결정된다고 하여 유리할 때는 모험을 걸고 백병전투를 실시하였다.

이와 같은 직접 전투도 프러시아의 군대가 기타 국가의 군대보다도 열등했다면 실패했겠으나, 제식훈련, 내무규율의 강조 그리고 강력한 훈련을 통해 병사는 원활히 행진할 수 있었고, 종대로부터 횡대 대형으로 전환을 빠르게 할 수 있었으며, 더 빠르게 효과적으로 장전하고 사격할 수 있었던 것이다.

그의 횡대가 다른 나라의 그것에 비하면 횡대 그 자체의 형태보다도 그 운용의 묘가 승리의 원인이었던 것이다. 프러시아군의 훈련에 있어서 병사들은 전쟁에서의 위협보다도 장교의 매를 더 무서워하였고, 그들은 사고하는 인간으로 취급받지 못했다. 자동적인 기계와 같은 복종과 소속부대의 명예를 최고로 알게 하였다. 계속적인 훈련으로 병사들은 1분간에 5발을 사격할 수 있음에 반하여 다른 나라는 2~3발이었다. 프러시아 병사들은 철로 된 장약 삽입기를 사용함으로써 나무로 된 기구를 사용하는 다른 나라에 비해 장전에 더 효과적이었다.

보병연대는 2개 대대였으며, 각 대대는 8개 중대로 구성되었고, 그 중 1개 중대는 수류탄 투척중대였다. 사격은 열 단위가 아닌 중대단위로 실시되었으며, 측방으로부터 중앙으로 사격해 갔다. 프레드릭 대왕은 수적 열세에도 불구하고 항상 선제권을 장악하였고, 사선 전진법을 완성하였다. 그러나 그는 나폴레옹과 같은 섬멸전은 하지 못했다. 전쟁과 경제력의 균형을 취했으며, 공격을 하는 것처럼 했으나 실제는 방어전쟁을 도모했다. 전투의 목적은 적을 쫓아버리는 것이 많았다.

이 외에도 18세기에 접어들어 구라파 군대는 편제상으로 많은 발전을 하였다.

프랑스의 경우를 예를 들면 가장 괄목할 것은 사단편제의 출현으로써 2개 연대가 1개 여단을 구성했으며, 그렇게 하여 52개의 보병여단과 32개의 기병여단을 편성했다. 이와 같이 편성된 여단은 수의 차이는 약간 있으나 보병여단과 기병여단을 합하여 1개 사단이라는 편제를 완성했고, 포병은 군의 한 요소로 남게 되었다. 이와 같은 편제를 갖추자 전투에 있어서 군대는 독립적인 부대로 나누어지고 따라서 독자적인 기동이 가능하게 됨으로써 확실히 사단편제야말로 근대적 군대의 기초를 제공하였다고 볼 수 있을 것이다.

5. 전쟁의 혁명을 일으킨 나폴레옹(1795~1815)

1) 나폴레옹의 등장

칭기즈칸 이래 전쟁에 있어 새로운 개념을 발전시킨 최초의 사람은 나폴레옹으로 그는 새로운 개념으로 19세기 초반의 약 50여 년 동안 전쟁을 장악하였고, 상당기간 영향력을 행사했다. 나폴레옹은 18세기 후반부터 발전되어 왔던 군대제도, 규율, 특히 포병체제 등을 바탕으로 19세기 초 10여 년간 프랑스 군대를 개혁하였고, 전술 및 전략분야에 혁명적인 변화를 가져왔다.

2) 국민군의 형성

18세기말 프랑스 대혁명은 국민국가, 주권국민 자각의 혁명적 열기에서 비롯된 것으로서 군사분야 전반에도 영향을 가져왔다.

프랑스혁명 이후 프랑스 국민들은 “전쟁이란 국가를 보위하고 민족의 생존을 보장받기 위한 투쟁”이라고 인식하게 되었고, 국민군 형성의 필요성이 대두되었다.

1792년 프랑스 혁명정부는 발미전투에서 제1차 대불동맹군을 격퇴함으로써 프랑스 국민의 국가적 애국심에 불을 질렀고, 또 이 승리에 자신을 얻은 혁명정부는 1793년 8월 국민을 총동원할 수 있는 강제동원 법령을 선포하였다. 이렇게 하여 사상 최초로 근대적 의미의 국민군이 형성되었던 것이다.

국민군의 출현은 왕조시대의 사상적 · 현실적 기반을 근원적으로 붕괴시켰고, 몇 가지 새로운 가능성을 제시했다.

첫째, 국민전쟁시대 전쟁양상의 대표적 특성인 섬멸전 사상의 형성이다. 전쟁이 군주들만의 이해관계에서 국민과 국민 간의 투쟁으로서 필연적으로 국민 상호간의 적개심이 형성되어질 수밖에 없었고, 이런 상황하에서 적의 저항능력을 분쇄하고, 적 전투력을 격멸함으로써 승리를 추구하는 섬멸전을 개념으로 발전하게 되었다.

둘째, 국민개병제도의 시초인 징병제도(徵兵制度)이다.

혁명 초기에는 시민의 혁명적 정열과 애국심으로 국민군대(levee en masse)를 조직할 수 있었으나 전쟁의 장기화됨에 따라 1798년 프랑스 시민 중 20세에서 25세의 장정들에게 병역의무를 부여하여 징집을 실시하여 대량동원과 대규모의 군사력을 형성하였다.

이를 뒷받침할 수 있었던 것은 혁명 이전 루브스(Louvois)에 의해 군의 지휘통일이 확립되었고, 보방(Vouban)의 군 과학화, 보체트(Bourcet)의 사단편제 아이디어와 일반참모제도 확립 등을 통해 대규모의 병력을 동원하여 과거에 비해 상대적으로 적은 훈련을 받고서도 전투에 투입할 수 있었기 때문이다. 또한 대규모의 병력을 사단화, 군단화(혁명 후 혁명정부 및 나폴레옹에 의해서 발전, 정착되었다)를 통해 효과적으로 조직, 편성할 수 있었다.

셋째, 부대 운용에 있어서 대규모 부대의 과감하고 적극적인 작전전개이다. 국민군으로서의 사명감과 사기를 가지고 있는 군대이기 때문에 혼잡한 지형에서 혈전을 전개한다고 해서 군기유지에 특별히 더 고심할 필요가 없었고, 또 다소 보급이 나쁘고 지원이 부족하다고 해서 도망하는 일도 적었으며, 고통을 감내하고 생명의 위협을 극복하고 주어진 사명을 완수하는 군인적 자세가 점차 자리잡아가고 있었던 것이다.

이러한 국민군의 사상적 기저는 당시 나폴레옹의 군사적 성공을 보장해 주었고, 현대군대 군사사상의 근저를 이루었다. 흔히들 나폴레옹을 그의 개인적 명성에서부터 군사적 성공의 근원을 찾아내려고 하는 경향이 있으나, 이러한 국민군의 바탕 위에서 그의 군사적 천재성이 빛을 발하였던 것이다.

나폴레옹전쟁 이후, 사상적 특성은 클라우제비츠(Clausewitz), 조미니(Jomini) 등의 군사이론적 천재들에 의해 정립되어 유럽 전 지역의 군사사상을 지배하게 되었고, 그 이후 지금에 이르기까지의 군사사상의 근저를 형성하고 있다.

3) 나폴레옹의 전술

나폴레옹시대는 더 이상 전쟁양상이 왕조 간의 사소한 분쟁을 해결하기 위한 일종의 유혈 스포츠가 될 수 없었으며, 정치적·물리적 독립을 쟁취하기 위한 전 국민들 간의 선구적 충돌시대라 볼 수 있다. 이 시대를 통하여 주목할 사항은 프랑스혁명에 의한 민주주의 사상과 군사적 천재인 나폴레옹이 합치됨으로써 전쟁이 새로운 양상으로 발전하게 되었던 점이다.

이 당시 주요 발전사항으로서,

첫째, 기동속도의 급격한 증대를 들 수 있다. 18세기의 군대는 병력의 3분의 1 또는 반수나 되는 말을 탄약, 식량, 막사 등 치중물자 운반용으로 주로 사용함으로써 기동은 병력이 적은 데도 불구하고 매우 느렸던 것이다. 그런데 프랑스 혁명군은 식량을 현지에서 조달하고, 최소한도의 필요에 응하여 군대의 휴대품을 경감하였으며, 무거운 막사는 얇은 휴대천막으로 대치함으로써 군의 기동력과 전투력을 크게 향상시켰다.

둘째, 독립 전투능력을 가진 사단의 편성을 들 수 있다. 즉 포병, 보병, 기병의 각기 독립된 병과부대를 전투시마다 적당히 조합시켜 사용했던 근세의 3병 전술은 보, 포, 기를 혼합 편성한 사단이 편성되면서 제병 협동전술의 발전을 가져왔다.

셋째, 독특한 기동력을 통한 집중을 자유자제로 구사하였다.

나폴레옹은 전선에 이를 때까지는 병력을 분진시키다가 적의 주력을 발견하게 되면 그 어느 일점(一點)을 향하여 신속히 전 병력을 집결시키는데 천재적 소질을 발휘하였는데, 당시는 오늘날과 같이 전신, 전화 등의 통신망이 없었으므로 나폴레옹은 일단 적과 조우하여 공격할 가능성을 발견하게 되면 전령을 운용하여 일시에 필요한 각 방면으로 집결신호를 보냈다.

넷째, 산병 전술과 밀집종대 전술의 통합활용을 들 수 있다.

나폴레옹은 결전에 앞서 교묘히 일부 병력을 산병 산개대형으로 전진시켜 적의 병력을 분산시키고, 유리한 기회를 포착하면 종대대형으로 질풍처럼 중앙돌파를 감행하여 적의 대열을 사분오열로 분산시킨 후 각개돌파를 하였다. 즉 나폴레옹의 전술은 산병전술에 의하여 사격의 효능을 더욱 증강하는 동시에 밀집종대의 집단 충격력을 최대로 활용하여 전투력을 일점에 집중(集中)시켰다. 또한 그는 전투의 여러 단계에서 대포를 집중적으로 활용했는데, 특히 공격준비 사격 시에는 포병이 보병보다 훨씬 전방으로 전진해서 집중화력을 제공한 후 보병이 추월 전진하여 공격을 하였다.

이 같은 군사적 천재인 나폴레옹은 다음과 같은 5대 작전 원칙에 따라 전투를 수행했다.

첫째, 단일전선을 갖는 원칙으로써 항상 결정적 지점이라고 생각되는 1개 방향에 전 병력을 집중하였으며, 둘째, 적의 주력을 공격목표로 삼았고, 셋째, 군의 주력을 적의 한 측면 또는 후방에 위치시켜 적의 병참선을 차단할 수 있도록 하였으며, 넷째, 군의 주력을 우회시키는 우회의 원칙을 적용하였고, 다섯째, 병참선은 언제나 확보해 놓고 작전하는 병참선 확보의 원칙을 채택했다.

4) 나폴레옹의 내선 작전

내선상(內線上)의 위치란 상대적으로 중앙 위치를 말한다. 어느 1개 부대가 2개 부대 이상의 적과 대치하고 있거나 또는 포위되었을 때 포위하고 있는 모든 적을 상대하여 동시에 싸울 수는 없다. 이러한 상황에서 승리할 수 있는 방법은 오직 힘을 모아 각개격파의 길을 찾는 것이다.

즉 내선작전의 기본개념이란 내선의 이점을 최대로 활용하여 비결정적인 정면에 경미한 부대를 배치하고, 잔여 병력의 전부 또는 일부를 연속적으로 적 정면에 투입하여 적을 각개격파하는 것이다.

나폴레옹은 포위 및 우회 기동이 불가능시 또는 강력한 전투력을 갖지 않았거나 필요한 전력을 증강할 수 없을 때에는 항상 고정배치에 의한 순수한 방어전투로 물러서지 않고 내선작전에 의한 공세적 방어의 길을 택하였다.

나폴레옹의 내선작전은 최초공격으로써 적을 분할시키거나 또는 최초 분할된 상태에서 적의 접합부 사이로 기동하여 일부러 내선의 위치로 들어가 적을 각개격파하였다.

[그림 8-2] 내 · 외선작전

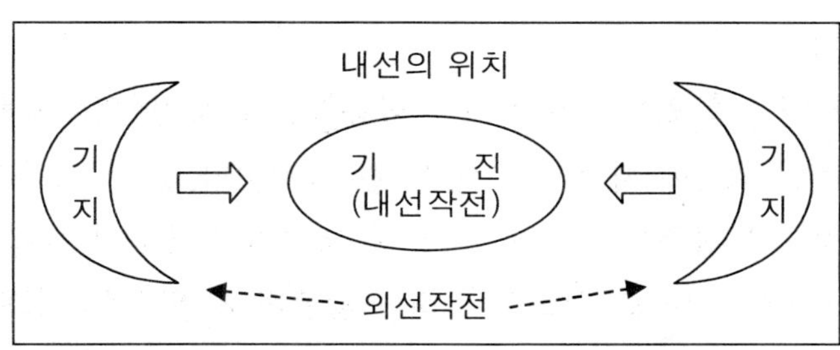

5) 大 몰트케(Moltke)의 외선작전

독일의 통일은 1866년 보 · 오전쟁과 1870년의 보 · 불전쟁으로 이룩되었다. 보 · 오전쟁과 보 · 불전쟁에서는 쌍방 공히 전략적 철도수송을 실시하였다. 이들 전쟁에서 중대한 역할을 한 것은 철도였다. 한편, 산업혁명 결과 기관차가 등장한 이래 전쟁에 철도를 이용한 것은 1859년 이탈리아 전쟁에서 프랑스군이 처음으로 병력 일부를 철도로 수송한 데에서 시작되었다.

보 · 불전쟁 시 나폴레옹은 전투개시 전에 부대를 전장으로 이동시켰다. 그렇지만 이 방법은 부대를 미리 집결시켜 다시 종대를 편성하여 부대를 이동시킴으로써 많은 시간이 소요되어 적으로부터 위협을 받았기 때문에 몰트케는 전장 내에서 부대를 신속히 집중시켜서 하나의 구심점으로 기동시키는 전법을 발전시켰다. 이는 전신이 작전에 이용됨으로써 더욱 실효를 거두었다.

[그림 8-3] 전장에서 전투력을 집중

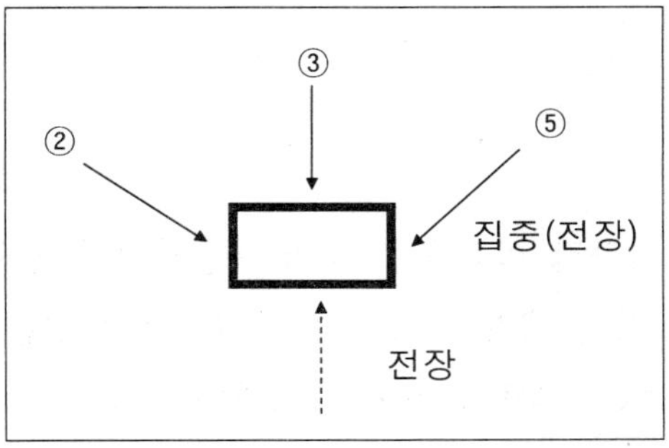

③
②
⑤
집중(전장)
전장

이러한 작전, 즉 외선작전이란 내부에서 외부를 향해 작전하는 적에 대하여 병참선을 외부에 유지하면서 여러 방향으로부터 구심점(求心點)으로 이루어지는 작전을 말한다.

즉 외선작전은 최초부터 포위 또는 협공적인 관계 및 위치에서 작전하는 것이며, 작전선을 적의 외측에 확보하고 실시하는 작전이다. 또한 외선작전은 분리된 전투력을 구심점으로 집중시키는 작전으로서 그 전투력의 효과를 공통의 한 지점에 집중시키는 것이며, 구심의 원리를 최대한 활용한 작전이다. 이와 같이 분리된 전투력을 작전을 위하여 적시에 전장에서 집중시키는 몰트케식 집중방법이라 한다.

제4절 기술의 변혁과 제1, 2차 세계대전

1. 산업혁명과 현대무기의 발달

1815년 나폴레옹의 패배로 정치, 경제, 사회의 세 요인에 의하여 전쟁양상의 변화가 일어나게 되었고, 산업혁명으로 야금술, 화학, 탄도학, 전자공학과 같이 군사 관련 분야의 현저한 발전으로 무기류의 대량 생산이 가능했다.

산업혁명은 18세기 영국에서 시작되어 약 100년간에 걸쳐 독일, 프랑스, 미국으로 파급되어 금속 및 기계와 기술의 향상을 가져왔으며, 이에 따라 무기분야인 소총, 권총, 대포 등이 대량생산되게 되었다. 19세기에 과학기술은 군사적 요구와 더불어 발전했는데, 특히 금속공업이 발달함으로써 야포나 각종 소화기의 위력은 점점 증대되었다.

1) 소화기

19세기 중요한 기술적 발전으로 뇌관, 즉 격발식 발화장치의 도입으로 수세기 동안 소화기 사용 시 문제가 되었던 발사의 불확실성은 거의 해결되었다. 화승총은 약 7발에 1발 정도의 불발탄율에서 뇌관(percussion cap)의 도입으로 약 200발에

1발 정도로 감소되었고, 총신에 강선을 만듦으로써 사거리와 명중률을 크게 향상시킬 수 있었다. 그러나 보다 혁명적인 것은 원추형 소총탄(cylindro-conoidalbullet)으로 부정확하고 사정거리가 짧은 화승총을 정확도와 사정거리가 높은 라이플총으로 대치시키는데 실제적인 역할을 했으며, 그로 인해 라이플총은 보병대의 기본적인 무기가 되었다.

초기 소화기의 또 다른 특징은 후장(breech-loading)이었다. 그것은 오랫동안 이용되지 않다가 19세기 과학과 기술의 발달로 다시 발전되기 시작했으며, 후장식 무기의 발전과 함께 발사물, 화약, 뇌관을 하나의 캡슐에 결합시킨 금속탄약통 등이 개발됨으로써 무기의 재장전 시간도 단축되었다. 이 밖에 발포공격에 있어 중요한 그리고 실제적으로 가장 기본적인 발전은 반복의 원리, 즉 19세기 후반과 20세기에 걸쳐 광범위한 영역에서 응용되기 시작한 자동발사의 원리였다. 이 자동무기는 기계학적 발명에서 연유한 것이었다.

2) 기관총

제1차 세계대전 때 마른(marne) 전투에서 참호전으로 전선이 교착되자, 방어화력이 증가되었으며, 또 이를 능가하는 공격수단의 필요성 때문에 신무기와 장비가 등장하게 되었다.

연발무기를 개발하려는 노력은 15세기 이전부터 있어 왔으나, 현대적인 기관총이 도입된 것은 19세기 후반(1885~1900)이었다. 그러나 자동기관총의 탄생이 있기 위해서는 금속탄피의 완성이 먼저 이루어져야 했다. 최초의 효과적인 기관총은 남북전쟁 시 북군(Union Army)에 의해 사용된 총강이 여럿 달린 개틀링 기관총(Gatling gun)으로 수동식 크랭크에 의해 작동되기는 했지만, 장전과 탄피의 배출이 자동적이었으므로 이 총은 반자동이라고 볼 수 있다.

그 후 현대적인 전자동기관총은 총의 반동 시 나오는 에너지(Maxim : 1885년)나 화약연소 시 나오는 가스에너지(hotchkiss : 1897년)를 이용하여 발사뿐만 아니라 재장전까지도 자동으로 되게끔 만들어졌다. 이렇게 발전한 기관총은 제1차 세계대전 시 참호전에서 대단한 위력을 발휘하였다. 그러나 개전 초기의 기관총은 무게가 무거워서 진지를 따라 이동하거나 즉각 사용하기에 오랜 시간이 소요되었다. 그 후 1916년 봄에 경기관총이 개발됨으로써 한 사람이 휴대하고 다닐 수 있을 정도로 가벼워졌으며, 최전방 공격군과 함께 행동하면서 분당 80 내지 100발을 사격할 수 있게 되었다.

3) 대포

나폴레옹전쟁 후에 포병대는 야금학의 발전, 공작기계의 진보와 화포 제조에 탄도학의 적용 등으로 혁명전 진보기로 접어들었다. 즉 포신 제조에 강철이 이용되고, 포신 내벽에 강선을 만들고, 포탄의 형을 길게 하였으며, 사격 시 포의 위치가 변화하지 않도록 포신 밑에 일종의 반동 제거 장치를 부착하여 명중률과 사격속도를 현저히 증가시킴으로써 포병은 그 후 수년간 강력한 화력을 발휘하는 병과로 된 것이다.

대포의 발전, 특히 대형무기류의 발전은 19세기에 새로운 야금술, 화약, 탄도학 등이 막강한 영향력을 행사한 덕택이었다. 1846년 이탈리아에서 최초의 성공적인 후장포를 만들었는데 이것은 2개의 나선홈이 패여 있고, 타원추형 탄환을 사용하는 것이었다. 얼마 후 영국에서는 나선홈 대신 6각형 구멍을 사용한 포가 만들어졌다.

1859년 이탈리아 전쟁에서 나폴레옹 3세의 후장 라이플 대포는 정확도와 사정거리에 있어 오스트리아의 활강포보다 훨씬 우수함이 입증되었으며, 1866년 이후 서부 유럽에서는 대포에도 후장과 강선(rifling)이 나타나기 시작하였다. 그러나 2세기가 거의 지나도록 대부분의 군대에서는 활강포가 훨씬 싼데다가 새로운 실험적 대포보다 더 믿을 수 있었기 때문에 활강포를 고지받고 있었다. 사실 전쟁터에서의 효과적인 사정거리는 시야의 한계에 의해 제한을 받기 때문에 그 새로운 대포는 시야의 범위가 실제적으로 증강되기 전에는 효과적인 것이 될 수 없었다.

고성능대포 포탄은 1886년 처음 소개되었는데, 이는 이전의 흑색 화약 포탄에 비해 효과적이고 치명적인 성과를 가져왔다. 대포가 야전에서 중요한 무기로 발전된 데에는 통신기술의 발달에 그 중 원인이 있었다. 이무렵 야전전화의 도입으로 전쟁기술의 혁명은 논리적 결실을 맺게 되었다.

정찰병은 더 이상 목표물과 포 둘 다 볼 수 있는 위치에 꼭 있어야 할 필요가 없었다. 최상의 유리한 지점에 주둔한 정찰병으로부터 직접적인 보고를 들으면서, 포병부대는 새로운 포가 가진 포물선 탄도의 증강된 사정거리를 이용하여 전열에서 뒤쪽으로 후퇴하여 언덕이나 나무에 가려진 방호된 위치에서 보병대 앞쪽에 간접 발사함으로써 보병대를 지원하는 역할을 수행했다.

더욱이 여러 포와 포병중대가 한 목표물에 집중되어질 수가 있었다. 이 새로운 발사의 지휘통제 때의 융통성은 대포나 탄약의 많은 발전과 더불어 대포를 제1차 세계대전 중에 훨씬 강력한 무기로 사용되어질 수 있도록 만들었다. 그리고 이러한 무기들은 제2차 세계대전 중에 놀라운 발명과 기술의 증진이 이루어졌다.

그 중에는 시한폭발장치, 추진장약, 로켓트, 그리고 대포발사의 지휘와 통제에 있어 부수적인 개선안 등이 포함되어 있었다. 미군은 구스타프 아돌프 시대 이래 대포의 발사력 분야에서 가장 중요한 발전을 이룩하였다. 양 대전 중에 미국 야전포병 학교에서는 한 곳의 포병지휘 본부가 많은 포병부대의 포격을 신속하고 정확하게 이동시키면서 그 효과를 몇 배로 증강시키는 밀집발사, 집중화력 기술을 개발시켰다.

이러한 능력, 특히 파괴력을 점점 가중시켜 가면서 하나의 목표지점을 향해 수많은 포들이 밀집포격을 가하는 time-on-target 기술은 미국으로 하여금 다른 나라가 도저히 흉내낼 수 없을 만큼 우수한 발포력을 보유할 수 있도록 해 주었다. 또한 박격포가 등장하면서 근거리에서도 사격효과를 발휘할 수 있게 되어 참호 속의 병력을 제압할 수 있게 되었다.

4) 로켓

19세기 중에 로켓은 육지전이나 해전 모두에서 사용되었다. 그러나 그 효과는 치명적인 것이라기보다는 시각적이고 심리적인 것이었다. 제2차 세계대전이 되어서야 비로소 로켓형 미사일이 군사무기로서 효과적으로 사용되기 시작했으며, 1945년 이후 이러한 유형의 무기들이 급속한 속도로 발전을 이루게 되었다.

제1차 세계대전 직후 미국에서는 보다 높은 추진력과 최종속력을 얻기 위해서 액체화합 혼합물을 연소하는 방법을 개발하였다. 이러한 발전의 중요성은 독일에서 먼저 인식되어 히틀러의 적극적인 후원 아래 비밀무기로 개발되었다. 그 결과 노르망디 침공이 1944년에 있은 직후 아음속(亞音速) 제트 독일형 v-1이 처음으로 사용되었다. 그러나 그것은 부정확할 뿐 아니라 항공기나 방공용 무기에 의해 쉽게 탐지, 격추당하였다.

전투에 사용된 최초의 탄도미사일은 v-2였다. 이는 액체수소와 알코올의 연소로 인해 고성능 폭발물 탄두를 200마일 이상 날려 보낼 수 있게 되어 1944년 9월 이후 영국의 각 지역과 해협 항구를 공격하여 생명과 재산상의 엄청난 피해를 입히는 결과를 초래하였다. 이러한 로켓 무기는 추진장치와 유도장치의 발전, 폭발력의 증가와 함께 현대전 기술과 결합하여 핵무기의 투발수단으로서, 그리고 현대전의 최첨단 유도무기로서 발전되었다.

5) 전차

제1차 세계대전을 통하여 가장 획기적인 사실은 무엇보다도 무기체계면에서 전차의 등장이다. 전차는 영국과 프랑스에서 거의 동시에 하나의 특정한 목적을 위해 개발되었다. 그것은 보병대가 정면공격을 해올 때 강선 소화기와 기관총에 대항할 목적으로 고안된 것이다. 당시 많은 장병들은 참호전에 있어서 기관총을 제압할 수 있는 새로운 무기를 희구하고 있었다. 그리하여 전차는 오로지 파괴의 도구로서 개발, 사용되었다.

영국 공병의 스윈튼(Swinton) 장군은 미국의 무한궤도식 트랙터와 유사한 차량을 적절히 개발할 것을 제안하여 당시 해군상인 처칠의 지원에 힘입어 1916년 이색무기를 전쟁에 처음 도입하게 되었다. 이때 등장한 전차는 중량이 27톤, 승무원 7명, 시속 6km로서 연료의 재보급 없이 40km를 달릴 수 있었으며, 2.5m의 넓은 참호를 건널 수 있었고, 0.7kg의 포 2문을 장치한 남성형과 4정의 기관총을 장치한 여성형이 있었다. 이 새로운 돌파형 무기인 전차는 1916년 솜(Somme) 전투에서 처음으로 등장하여 독일군에게 피해를 입힘으로써 그 효과를 발휘하였으나, 화력이 약하고 기계적인 신뢰성이 결여되고 속도가 느려 결정적인 효과를 획득하지 못했다.

제1차 세계대전에서 사용된 탱크는 작전을 수행하기에는 기계적으로 불완전한 점이 많았다. 그것은 깊은 침투공작에 필요한 순항거리와 속도를 낼 수 없었고, 가시적인 통신수단 외에 다른 것이 없었기 때문에, 계획되지 않은 전쟁에서의 밀집기동전술(mass maneuver)은 불가능하였다.

제1차 세계대전 후 서부 유럽 국가들 사이에는 군사적으로 전차에 대해 이중적인 경향을 보여주고 있었다. 즉 풀러, 리델하트, 에스터엥 등이 전차운용 이론을 발전시켰지만, 상급자들은 전차의 잠재적인 역량을 과소평가하였다. 그러나 더욱 중요한 사실은 군사지도자들이 이미 증명된 무기와 전술을 아직 실험단계에 있는 것들로 대치하는 것에 대해 꺼려하고 있었다는 점이다.

서구의 주요국 가운데 어떤 군대에서도 전차는 폐기시키려고 생각한 적은 없었다. 그러나 그것은 보병대의 보조적인 역할을 하는 파괴의 수단으로만 간주되어졌다. 이러한 개념은 제1차 세계대전의 경험에 의해서뿐 아니라 전쟁 이후 수천의 전차가 잔여물로 남아 있었다는 사실이 뒷받침되고 있다. 전차는 느린 속력(시속 4~8마일), 제한된 기동거리(12~25마일), 기계 상의 불안정성, 부적합한 장갑 및 군비 등 때문에 보병대의 전술변화에는 별다른 영향을 미치지 못했다.

이 후 전차의 모양과 기능에 있어 많은 개선이 이루어졌으며, 1930년대에는 그것들을 구현할 수 있는 새로운 전차가 만들어지게 되었다. 가장 중요한 변화들은 차대받이 장치, 장갑, 동력장치, 전동장치 그리고 차량 간의 통신수단에 있었다. 이러한 혁신들 가운데는 반동을 더 길게 하지 않고도 더 강력한 포의 사용을 가능하게 하는 기계장치와 이동 시 효과적인 포격을 용이하게 하는 장치 및 무선통신체계 등이 포함되어 있었다.

즉 1918년대의 조잡한 전차에 비해 많은 진전을 경험하고 있었다. 그 결과 속도, 기동거리, 기동력, 기계적 강도, 기동전술 등이 훨씬 증강된 전차가 나타나게 되었다. 그럼에도 불구하고 전차는 보병대의 지원무기라는 인식의 경직성으로 말미암아 전차는 소구경 대포 정도로 계속 제한되고 있었다.

제2차 세계대전이 발발하자 전차를 지지하는 주창자들에 의해 전술이론은 필연적으로 전차 대 전차(tank-versus-tank) 전투를 야기하긴 했지만, 어떤 군대도 대전차전에 적합한 전차를 가지고 있지 않았다. 그러한 가능성은 프랑스의 중장갑과 영국의 높은 기동성에 의해 막연하고도 매우 일반적인 의미로 나타났을 뿐이다. 즉 모든 서방국가에서는 전차를 보병대의 지원무기로만 사용하였다.

반면에 독일의 관심은 주로 베르사유 조약에서 규제받은 인력을 대신할 기계화에 집중되어졌다. 독일군은 러시아군과 비밀협동체제를 이루어 기동력 있는 기계화 보병 및 공병부대와 함께 기갑사단을 발전시켜 갔다. 사정거리가 짧은 보병무기를 제외한 자주포와 같은 무기류의 발전은 대단히 느렸다. 독일군은 제1차 세계대전으로부터 특정한 전차운용 전술이론을 물려받지는 못했다. 그러나 독일은 러시아와의 훈련과 이론의 개발에 힘입어 기갑작전 시의 기습과 속도를 적절히 배합하는 전술을 발전시켜 놓을 수 있게 되었다.

독일군이 전차를 제조할 수 있게 되었을 때 그것은 새롭게 발전된 이론에 상응하여 디자인과 능력이 크게 신장된 것이었다. 연합군이 전차를 보병대의 부가물로 사용하는 반면 독일은 신속히 움직이는 전차에 의한 기갑 사단·군단이 기계화 보병사단과 함께 사용될 때 최상의 효과를 얻을 수 있다고 확신했다. 기동성 있는 자주포가 없었기 때문에 독일 공군은 신속히 이동하는 전차를 지원하기 위해 대포에 상응할 만한 급강하 폭격기를 주요한 무기로 편입하였다.

1930년대 초엽, 독일군은 비밀리에 37mm 포를 장비한 경전차와 75mm 포를 장비한 중전차를 경도가 높은 강철을 이용하여 제작하였다. 구데리안의 주도 아래 기갑병력은 형태를 갖춰가기 시작했다. 히틀러가 수상이 되자 기갑군단의 계획을 승인, 지지하는 것은 물론 1934년 새로운 전술적 요구에 알맞게 고안된 완전 장갑차의 제작을 인가했다. 이 결과 1935년 10월 15일 독일 최초의 3개 기갑사단이 탄생되기에 이르렀다.

6) 항공기

최초의 항공기는 통신임무와 기병의 정찰임무를 목적으로 만들어졌으며, 그 후 제1차 세계대전 시에 기관총이 부착되면서 전투기로써 제공권 장악에 중요한 역할을 수행했다.

1917년 영국에서 개발한 연합전투폭격기는 군용기 발전의 진일보였으며, 가벼운 (25파운드) 폭탄을 4개까지 탑재할 수 있도록 개조되어 지상작전지원을 가능토록 하였다.

1920년대 및 1930년대에는 미래 전투에서의 공군역할에 대한 군사이론가들의 이론이 주장되기 시작했다. 초기 공군의 선구자인 이탈리아의 비행사 두헤는 장차 전쟁의 양상이 공군에 의해 크게 좌우될 것이라고 예측하고 지상의 전선이나 국경 후방의 중요시설을 공격하여 전투수행 능력을 파괴시키고 공포에 몰아넣음으로써 전투의지를 상실시킬 수 있다고 주장하였다.

제1, 2차 세계대전 중에 추진장치와 기체분야의 진전으로 속도, 항속거리, 적재용량 등에서 커다란 개선이 있었고, 현대적인 고속전투기와 단거리, 장거리 폭격기의 원형이 출현하기도 했다.

양 대전 중 영국과 독일은 날개에 6~8개의 기관총을 장착하고, 가벼운 폭탄을 운반할 수 있도록 비행기를 개조했으며, 엔진이 2개인 경·중폭격기가 등장했고, 1935년 미국에서는 두헤와 미첼이 예견한 대로 전쟁수행목적으로 전략폭격기가 개발되었다. 이러한 군용기는 제2차 세계대전 말기와 그 후에 주변기술의 발전에 힘입어 놀라운 발전을 하였다.

독일은 최초의 현대적인 전술공군을 창설하였고, 기갑사단 및 보병사단과 연합하여 전격전의 개념 하에 전투비행기, 급강하폭격기, 중폭격기 등을 하나의 전술적인 무기체계로 결합시켰다.

7) 독가스와 철도

제1차 세계대전에 새로이 등장한 신무기 중의 하나는 화학탄과 같은 독가스의 사용이었다. 독가스가 개발됨으로써 적에게 치명적인 타격을 입히게 되었는데, 독일은 이프르(Ypres) 전투에서 염소가스를 사용하여 전선을 돌파하였으며, 영국과 미국도 새로운 독가스를 개발하여 이에 대응하였다.

한편, 산업혁명의 결과로 등장한 철도는 1859년 이탈리아 전쟁에서 프랑스군이 처음으로 병력을 철도로 수송한 이래, 보·오전쟁과 보·불전쟁 시 전략적으로 철도를 이용함으로써 철도의 역할이 전쟁수행에 중요한 비중을 차지하게 되었다. 즉 19세기 철도는 새로운 무기와 더불어 병참학적 동반자로서 출현하게 되었다. 19세기 이후 군대는 철도 없이 이동, 기동전술, 보급품 조달을 할 수 없을 정도가 되었다.

8) 전기통신의 출현

전자제품은 역사상 다른 유형의 무기의 치명도를 높이는 군사적 기능을 수행해 왔다. 그 최초의 발명은 1830년경 유럽과 미국에서 상업적 용도로 동시에 쓰이기 시작한 전신기였다. 전신기가 군사적으로 이용된 것은 최초 크리미아 전쟁이었으며, 남북전쟁 때 널리 사용되었다. 이 후 전화와 라디오의 발명으로 전신기 대신 군사적 용도로 사용되었다.

2. 후티어(Hutier)의 돌파전술

제1차 세계대전 이전에는 일반적으로 방자는 전선 최전방의 적과 접촉하는 제1전선에 대부분의 병력을 배치하고 후방에 제2전선을 구축하는 주 저항선 개념의 진지방어 형태를 취했으며, 공자는 이러한 방어전선을 돌파하는데 막대한 물자와 인명을 소모하였음에도 불구하고 별다른 성과를 거두지 못하였다.

이러한 문제점을 극복하기 위해 제1차 세계대전 당시 독일군 제18군 사령관인 후티어 장군은 새로운 공격전술을 개발하였다. 그의 공격전술은 철저한 사전준비와 기습의 달성, 그리고 기도비닉 및 보·포협동 돌파전술로서 요약될 수 있다.

즉 지금까지의 장시간의 공격준비 포격 대신에 후티어는 다량의 가스와 계획된 탄막에 대한 단기간의 공격준비 사격으로 적의 각종 화기 및 산병호 그리고 지휘소와 관측소 등을 침묵시키고, 공격준비 사격개시 약 5분 후에 보병이 공격을 개시하였다. 포병은 공격준비 사격을 완료한 후 전방으로 추진되고, 사전에 정해진 비율로 탄막사격을 연신하였으며, 보병은 전방으로 이동하는 탄막 뒤에서 전진하였다. 탄막을 연신시키는 속도는 지형과 적 상황에 따라 일정치 않았으나 매 시간당 1km씩 앞으로 연신시키는 것이 보통이었다.

이러한 포병의 공격준비 사격을 효과적으로 실시하기 위하여 사전에 치밀한 계획과 준비가 필요했다.

제1단계 : 공격부대는 탄막 바로 뒤를 따라 전진한다. 이 단계에 있어서의 작전은 상급사령부에서 세밀히 계획하고 통제하며, 그 계획의 중점은 적 저항선의 중앙부를 돌파하는데 두었다.

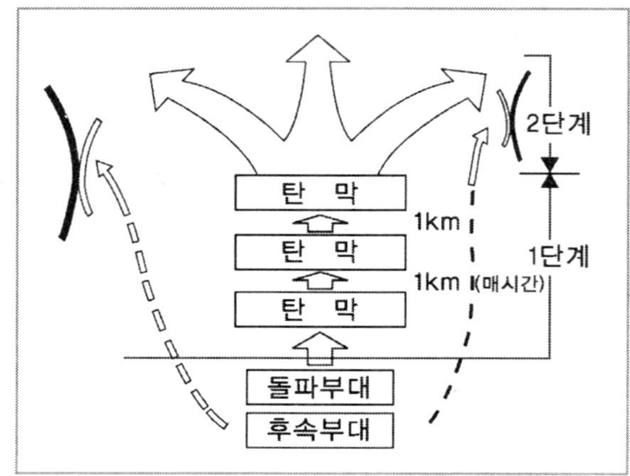

제2단계 : 탄막사격이 그 사정거리 한계에 도달하였을 때 제2단계 작전이 개시되며, 이 단계에서 예하지휘관은 부대의 지휘권을 인계받아 신속히 종심 깊게 진출위치를 선정하여 계획된 방향으로 최고의 속도로 전진하며, 전진간 측방의 공격을 받더라도 이를 무시하고 전진하고 측방으로부터의 적의 저항은 후속부대가 이를 견제한다. 공격부대 정면의 적 저항은 공격 부대장이 무력화시켜야 하며, 이를 위하여 각 공격부대에게는 경야포가 배속된다. 보병중대는 소규모의 전투단위로 분할되며, 각 대는 기관총을 중심으로 전투대형을 편성하여 작전을 실시한다.

이러한 후티어의 전술은 적의 방어진지를 돌파하고 신속한 전과확대로써 적을 포위 섬멸하려는 현대전의 기본개념을 확립한 반면에 이러한 전술을 뒷받침할 수 있는 후속 예비의 부족과 기동력의 부족 그리고 보급 지원에 필요한 수송력의 부족으로 인해 궁극적인 승리는 가져오지 못하였다.

3. 쿠로의 종심방어 전술

후티어의 돌파전술에 대응하기 위하여 프랑스의 제4군 사령관 쿠로 장군에 의해서 종심방어 전술이 개발되었다. 당시의 방어개념은 방어진지를 요새화하여 돌파를 방지하는데 주안을 두고 돌파당한 후의 방어대책에는 등한시하는 경향이 있었다. 따라서 후티어 전술로 은밀한 기도비닉에 의하여 기습적인 공격을 가함으로써 최초의 방어진지가 돌파당하면 이에 대비할 만한 시간적인 여유조차 가질 수 없었다.

이러한 전술에 대비키 위해서는 공자로부터 기습을 받지 않고 방자도 공격군을 기만할 필요가 있었으며, 또한 사전에 적의 공격기도를 간파하는 것이 무엇보다도 긴요한 문제였다. 이 종심배치는 공격 측이 실시하는 공격준비 사격의 효과를 감소시키며, 방어부대에서 적 보병공격에 대비할 시간적 여유를 주었다.

쿠로 장군은 전선의 최전방을 주진지로 사용해서 적의 집중공격 준비 사격에 의해 막대한 피해를 입었던 종전의 방어개념을 탈피하고, 최전선을 전초선으로 변경시킴으로써 적의 공격준비 사격에 의한 병력손실을 줄였다. 그리고 전초선에는 관측임무와 적의 습격을 저지할 만한 최소한의 병력만을 배치하고 전초선으로부터 적의 사정거리를 고려하여 1,800 ~ 2,700m 후방에 주진지를 설치하도록 하는 방어 개념을 구상했다. 또는 이 전초선과 주진지 사이에는 소수의 요새지대를 설치하여 적을 최대한 약화시키도록 한 것이다. 포병은 전초선과 주진지를 모두 사격할 수 있도록 종심으로 배치하였으며, 또 예비대를 주진지 후방에 위치시켜 주진지가 돌파되는 경우 역습을 준비하도록 하였다. 쿠로는 이 종심방어 전술을 개발하여 후티어의 돌파전술을 저지할 수 있었다.

[그림 8-4] 쿠로의 종심방어 전술

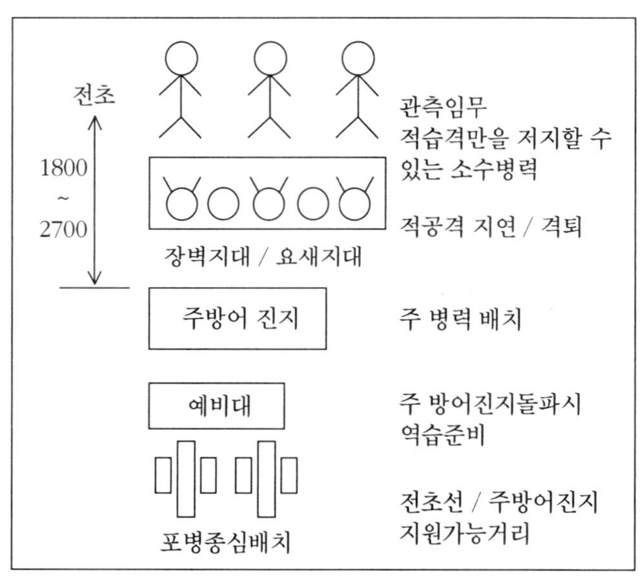

4. 독일의 전격전 전술

1) 전격전의 태동

전격전(Blitzkrieg)은 예상되지 않았던 새로운 무기장비 혹은 새로운 기동수단과 새로운 전술을 사용하거나, 예상하지 않았던 시간과 방향으로 공격을 실시하여 기습을 달성함으로써 압도적인 승리가 확실한 경우를 말한다. 전격전에 대해서는 『

손자병법』 병세편에 "세차게 흐르는 물이 돌을 뜨게 하는 것은 기세가 맹렬하기 때문이다. 독수리가 질풍과 같이 짐승을 급습하여 그 뼈를 부수고 날개를 먹는 것은 그 겨냥과 기세가 절도에 맞기 때문이다. 따라서 싸움을 잘하는 자는 그의 기세가 맹렬하고 그의 절도는 신속하다. 기세는 활의 시위를 힘껏 당겨 놓은 것 같고, 절도는 날아가는 화살과 같다."고 하여 기습을 동반한 속전속결의 전격전 원리가 강조되고 있다. 따라서 이러한 전격전의 구현은 전장에 임하는 장수들이 한결같이 희구하는 이상이었다.

[그림 8-5] 전격전의 출현 배경

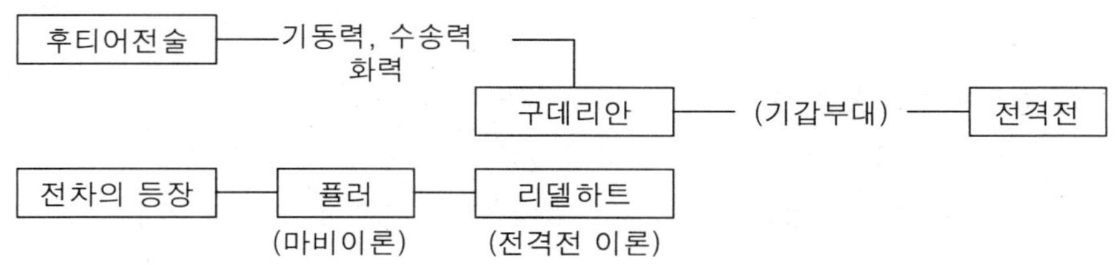

13세기 칭기즈칸은 이러한 꿈을 기마병력으로 구현하였고, 유럽에서 근대 이전에 화력이 그다지 위력을 발휘하지 못했던 시대에도 기병이 기동전의 주역이 되었다. 그러나 현대적 의미의 전격전은 제2차 세계대전 당시 독일의 폴란드 침공과 대불 작전에서 그 모습을 드러냈다.

현대적 의미의 전격전은 제1차 세계대전에서의 전차출현과 고착된 전선돌파를 시도한 후티어 전술로부터 시작하여 풀러(J. F. C. Fuller)와 리델하트(B.H. Liddell Hart)의 이론적 접근과 독일의 5대 공세실패 경험을 종합한 구데리안(Guderian)의 이론적 뒷받침으로 기갑사단이 창설됨으로써 현실로 나타났다.

후티어 전술은 루덴돌프 5대 공세 시 그 효과가 크게 입증되었으나 최초의 돌파 성공을 전과확대로 연결할 수 있는 기동력, 화력, 수송력의 부족으로 전략적인 성공을 기대할 수 없었다. 이러한 문제점들을 풀러의 마비이론과 리델하트의 타격이론으로 보완하여 이론적으로 체계화한 것이 전격전 전술이라 할 수 있다. 풀러는 영국 사람으로서 1918년 「마비공격」이라는 논문을 발표했다.

그에 의하면 전쟁을 소모전과 마비전으로 구분하고 단기결전을 위하여는 마비전이 중요하다고 강조했다. 마비란 중추기관이 되는 지휘부가 마비되는 상태를 말하며, 중추기능의 무력화와 함께 심리적인 와해를 달성함으로써 조직적인 저항능력을 말살하여 쉽사리 적을 격멸할 수 있다는 것이다. 이와 같은 마비전을 위해서는 신속히 기동가능한 전차부대의 독립적인 운용과 공지 합동작전을 강조했으며, 이는 고대 전쟁의 기병운용에서 착상했다 한다.

리델하트 역시 영국인으로서 그는 1920년대에 미국의 남북전쟁 당시의 셔먼 장군과 몽고의 칭기즈칸에 대한 연구를 하던 중 영감을 얻어 기갑부대에 의한 깊숙한 타격을 이론적으로 발전시켜 오늘날의 전격전 이론을 제시하였다. 그의 이론에 의하면 공군은 적의 공군력, 지휘시설, 병참선 및 전술적 목표 등을 공격하고 지상부대는 공격지점을 여러 곳으로 하여 적의 약한 부분을 기습으로 돌파해야 한다는 것이다.

또한 돌파지점에서는 공군의 지원을 받는 기갑부대를 운용, 적의 최소 예상선과 최소저항선을 따라 주야로 계속 공격기세를 유지하면서 적의 병참선 또는 퇴로를 차단하기 위한 깊숙한 타격을 가하며, 공격 간 지휘관의 독창적 지휘, 수일분의 수리부속 및 보급품(유류, 식량 등)의 휴대, 적 내부 붕괴를 위한 제5열 및 공수부대를 타격부대와 결합 운용할 것 등을 강조하였다.

이러한 이론들의 영향으로 새로운 형태의 전쟁방식에 대한 인식이 구체화될 무렵에 구데리안에 의하여 전격전술이 이론적으로 체계화되었다. 1919년 베르사유조약으로 독일의 군비가 극도로 제한되자 참모총장으로 임명된 젝트(Hans Von Seeckt) 장군은 소규모의 제한된 군대로서 주위 대규모의 적과 교전함에 있어서 섬멸전보다는 마비에 주안을 두어야 하며, 이러한 마비는 고도의 기동화된 정예부대에 의한 신속한 기동으로서만 가능한 것으로 판단하였다.

이러한 이론적 배경과 환경적 요인에 의해 독일에서는 새로운 무기체계와 전략, 전술을 바탕으로 한 신전술이 태동하였다.

■ **전차 및 항공기의 운용**: 독일은 제1차 세계대전의 패인을 분석한 결과 전선의 유동적 상황에서 전투를 신속히 결정짓기 위해서는 기갑부대의 집중적 운용과 독립 운용의 필요성을 깊이 인식하고, 이에 따라 전차의 속도, 주행거리, 화포의 위력 등을 개선시켜 나갔다. 사실 최초의 전차 파괴력이나 속도 면에 있어서 전술적 가치를 높이 평가받지 못함으로써, 프랑스의 경우에는 전차를 단순히 보병

의 보조무기 정도로만 운용할 정도였다. 그러나 캄브레(Cambari) 전투에서 전차의 전술적 효과를 깨달은 독일의 군사이론가들은 전쟁에 있어서 전차의 중요성을 인식하고, 전차에 대하여 연구·개발하기 시작함으로써 독일군 전차의 주행거리는 약 200km 정도로 비교적 멀리 기동할 수 있었으며, 속도도 빨라지게 되어 기동력이 증가하게 되었다.

여기서 군사이론가인 풀러는 "전차로 군의 신경을 공격한다는 것, 그리고 그 신경을 통하여 지휘관의 의지를 공격한다는 것이 그의 휘하 병사들의 신체를 가루로 만드는 것보다 더욱 유리하다."라고 말하여 전차의 심리적 마비효과를 강조하였으며, 이 후 독일에 있어서 전차는 전쟁에 있어 핵심적 무기로 등장하게 되었다.

이러한 전차의 역할에 대하여 롬멜은 다음과 같이 말하고 있다. "기갑은 차량화된 군의 핵으로서 모든 것은 기갑부대 위주로 담당하여야 한다. 기갑부대 운용은 공격 시에는 일단 적에게 철저한 타격을 가하고 난 뒤에 와해된 적 부대의 주력을 공략하고 격멸하는데 전 역량을 경주함으로써 전과를 더욱 확대토록 해야 하며, 방어시의 적 기갑부대에 대한 소모전에는 될 수 있는 한 대전차 파괴부대를 운용하고, 방자 자신의 기갑부대는 최후의 일격을 가할 때에만 사용해야 한다. 여기에서 가장 중요한 것은 속도로써, 적에게 재편성할 시간적 여유를 결코 주어서는 안 되며, 추격작전을 위한 전격적인 부대 재편성, 그리고 추격부대를 위한 보급지원 태세의 확립이 절대 필요하다"고 강조하였다.

또한 독일은 신속히 전진하는 기계화부대를 포병이 적시에 지원하지 못하게 되자 항공기에 의하여 급강하폭격을 함으로써, 효과적으로 기계화부대를 지원할 수 있도록 하였는데, 풀러는 이러한 항공기의 역할에 대하여 항공기가 전투에 있어서 비록 직접적으로 근접지원을 하지 않더라도 적군의 목표물을 공격하고, 군의 배후에 있는 정치적 의지와 국가의 의지를 마비시키는데 매우 중요한 역할을 수행한다고 하였다.

■ **기갑사단(Panzer)의 편성** : 독일은 1918년 루덴돌프 대공세 시 사용한 후티어 전술이 돌파에는 성공하였으면서도 돌파구 확대나 그 이상의 전과확대에 빈번히 실패한 이유를 분석, 검토한 결과 공격부대의 화력, 기동력, 수송력의 부족에

기인하였다는 결론을 얻고, 전차부대를 중심으로 새로운 대규모 부대를 편성하고자 하였다. 이에 따라 독일군은 차량화부대의 활용방법과 전차부대의 운용방안 등을 연구함으로써 기갑사단을 편성하게 되었으며, 여기에 급강하폭격기와의 합동작전을 함으로써 전차중심의 기계화부대와 전술항공대가 협동된 경이적인 공격력을 갖추게 된 것이다.

【사례연구】 1939년 9월 1일 04시 45분에 개시된 폴란드 침공작전을 지상작전에 앞서 공군이 폴란드 영내의 비행장, 철도, 군대 주둔지에 대해 괴멸적인 공격을 가함으로써 최초부터 완전한 제공권을 장악했고, 폴란드 지상전력의 전개를 결정적으로 방해하였다.

'구데리안' 장군이 이끄는 제19기갑군단은 불과 4.5km 좁은 정면에 전차를 종으로 7개의 제대로 편성하여 막강한 충격력으로 단숨에 폴란드 진지를 돌파하였으며, 그 뒤를 차량화된 보병부대가 따랐다. '구데리안'은 작전 초기부터 전위부대와 같이 행동하였다. 이것이 바로 기갑부대의 지휘관이 최전선에서 부대를 지휘하는 효시가 되었다. 그것은 확실히 부대의 행동에 활력을 부여하였다. 또한 구데리안은 전차부대 기동에 알맞은 평야지대를 의도적으로 피하고 삼림지대를 통과케 함으로써 적의 강력한 방어지대를 우회하여 기습효과를 최대한 달성하고 전진속도를 증가시켰다.

이에 폴란드군은 계획된 방어선에 병력을 배치할 틈도 없이 연속적으로 돌파를 당하여 부대는 도처에서 분단 고립되어 폴란드군의 저항은 실질적으로 9월 14일 끝나고 말았다.

독일 기갑사단의 활동은 그야 말로 경탄할 만하였다. 단시일 내에 최소의 희생으로 그렇게도 큰 성과를 획득한 것은 과거의 역사에서 그 유래를 찾아볼 수 없었다. 당시 세계가 이 전쟁을 '세기의 전격전'이라고 부른 것은 결코 과장된 표현은 아니었다.

2) 전격전 이론

전격전 이론은 이와 같이 제1차 세계대전의 경험을 바탕으로 하여, 루덴돌프의 총력전 이론, 풀러의 기계화전 이론, 두헤의 항공전 이론 등의 모든 군사이론을 독일의 군사적 전통과 당시의 전략적인 상황에 투영시켜 형성해 놓은 제2차 세계대전 최고의 군사적 걸작품이었으니 실로 이것이야말로 무적 독일 국방군의 신화를 창조한 근원이었던 것이다.

이러한 전격전의 기본목표는 적의 지휘체계를 마비시켜 적의 조직과 전투의지를 말살시키는데 있었기 때문에 전격전은 '3S', 즉 기습(Surprise), 속도(Speed), 화력의 우위(Superiority)라고 하는 세 가지 요결을 요구하고 있다. 기습은 적에게 심리적 충격을 가하여 합리적 대응행동을 교란시키는 핵심적 요소로서 여기에는 예기치 않은 시간과 방향으로 공격하는 전략적 기습(Strategical Surprise), 기갑부대와 급강하폭격기 간의 협조된 공격전술 등 종전과는 전혀 다른 전술적 기습(Tactical Surprise), 그리고 새로운 무기나 기동수단을 사용함으로써 획득할 수 있는 기술적 기습(Technical Surprise)이 포함된다.

속도란 기계화부대가 신속하게 깊숙이 전진함으로써 적으로 하여금 재편성 및 적절한 대응 조치를 취할 여유를 박탈하는 것으로서, 풀러는 속도야말로 대표적인 심리적 공격무기라고 강조하였다. 또한 화력의 우세는 항공, 야포 등 모든 지원화력의 우세를 의미하는데 이 역시 전격전의 수행에 있어서 중요한 비중을 차지한다.

이와 같이 3대 요결을 갖춘 전격전은 한 마디로 적을 섬멸하는 것이 아니라 적을 마비시키는 특징을 가지고 있다. 슐리펜식 섬멸전이 적을 장벽에 몰아붙인 다음 망치로 머리를 쳐서 분쇄하는 것이라고 한다면, 전격전이란 창이나 칼로 재빠르게 적의 중추신경을 찔러 적의 조직력을 마비, 와해시키고 저항력을 박탈한 뒤에 무력화된 적의 병력을 소탕하는 것이라고 할 수 있다.

이 전격전의 수행과정을 알아보면,

첫째, 적의 후방에서 첩보활동을 전개하여 정보를 수집하고 민심을 교란하며, 모든 선전매체를 활용하여 적국민의 전투의지를 약화시킨다.

둘째, 공군은 기습적 일격으로 적의 공군력을 분쇄함으로써 제공권을 장악하고, 아울러 적 후방의 도시, 부대집결지, 지휘소, 통신시설 및 교통시설 등을 폭격하여 지휘조직과 예비력 동원체제를 마비시키고, 동시에 심리적 충격을 가한다.

셋째, 전차, 자주포, 차량화된 보병, 공병 및 병참지원 부대가 하나의 팀을 이루어 적의 방어가 약한 전선의 좁은 정면에 대해 기습적으로 집중 공격함으로써 돌파구를 형성하는데, 이때 돌파부대의 최첨단에는 보병이 위치하게 되어 돌파를 담당하게 된다.

넷째, 기갑부대가 이 돌파구를 신속하고도 깊숙이 침투하여 적의 주력을 차단 포위함으로써 적으로 하여금 재편성할 시간적 여유를 주지 않도록 하는데, 이때 포병지원이 신속히 전진하는 기갑부대를 따라가지 못할 경우에는 급강하폭격기가 화력증원을 담당한다.

다섯째, 포병의 지원을 받는 보병이 기갑부대를 후속 전진하면서 차단 포위된 적을 소탕한다는 것이다. 따라서 이와 같은 전격전 수행방식으로 말미암아 전차의 주행거리는 증대되어졌으며, 전차포의 위력이 향상되어졌고, 포병은 자주화되었으며, 보병은 차량화 보병으로 개선되는 등 기동력과 화력 면에서의 발전을 가져오게 되었다.

5. 프랑스의 방어전술

독일에서의 전격전 이론이 정립되어 가고 있는 동안 프랑스에서는 그와는 대조적으로 방어이론의 함정에 빠져들고 있었다. 이와 같은 현상의 근본원인은 제1차 세계대전 시 프랑스군이 참호전을 통하여 철저히 진지를 사수함으로써 승리를 획득한 경험에서 비롯된 것이겠지만, 특히 베르됭(Verdun) 전투에서 콘크리트 방어 요새로 인하여 독일군의 공격을 잘 견뎌냈던 점과, 이에 따라 페탱(Pétain) 원수가 화력 위주의 방어사상을 정립한 데 있다고 보겠다.

1) 포병 및 전차의 운용

프랑스군 포병이 1916년 베르됭 전투에서 중포병의 화력으로 독일군을 격퇴함에 따라, 이 후 모든 무기는 포병의 화력을 중심으로 운용되었다. 즉 페탱 원수의 화력살상(Fire Kills) 개념에 따라 전차는 포병화력의 사정거리 밖에서는 활동할 수 없었으며, 항공기는 포병의 보조물에 불과하였고, 수송 및 기동수단도 전부 탄약과 물자를 운반하는데 사용되었다. 따라서 기동에 의한 공격이나 방어개념은 생각할 수 없었으며, 오로지 화력에만 의존함으로써 보병은 강력한 포병화력에 의하여 적의 모든 방어조직이 파괴된 후에 전선을 돌파하였던 것이다.

또한 프랑스는 전차의 운용에 있어서도 앞서 설명한 것과 같이 화력 위주의 개념에 의하여 포병화력의 사정거리 내에서 단지 보병의 보조무기로서만 운용함으로써 전차를 주축으로 하는 기동부대 운용은 부적합하다고 판단하였으며, 1936년에 독일이 기갑사단을 편성한 후에야 프랑스도 기갑사단을 편성하기 시작함으로써 독일과의 전쟁 시에는 약 2,500여 대의 전차를 준비하여 1,000여 대는 기갑 및 기계화 사단에 편성하고 나머지 1,500여 대는 일선 보병사단에 분산, 배치하였다.

따라서 제2차 세계대전을 통하여 독일군은 전차를 사단급 내지 군단급의 대규모 독립부대로 집중 운용함으로써 가공할 만한 위력을 보인 반면, 프랑스를 비롯한 연합군은 전차를 보병의 보조물로만 인식한 나머지 이를 분산 운용하였기 때문에 숫자 면에서 오히려 우세하였음에도 불구하고 위력을 발휘하지 못하였다.

이러한 점은 전차의 성능 면에서도 차이가 나타났는데, 독일군의 전차는 독립운용 관계로 속도가 빨랐으며, 연합군의 전차는 대부분이 보병지원 화기로 생산된 관계로 장갑의 두께가 두껍고, 강력한 화포를 갖추었으나 속도나 항속거리는 독일군에 비해 매우 뒤떨어졌으며, 더욱이 무선장비가 갖추어지지 않음으로써 독일군처럼 효과적으로 집중운용하기가 곤란하였던 것이다.

2) 마지노선(Mazinnot line)

프랑스는 베르됭 전투를 통하여 화력 위주의 군사이론을 정립하였을 뿐 아니라, 베르됭의 튼튼한 콘크리트 요새로 인하여 독일군의 공격을 격퇴할 수 있었던 경험을 통해 마지노선이란 하나의 영구적인 국경요새를 구축하게 되었던 것이다. 즉 페탱 원수에 의해 등장한 베르됭의 신화는 프랑스 국민들로 하여금 방어사상에 젖도록 함으로써, 프랑스 국민은 그들의 안전을 위해서 대규모의 예산을 방어요새 구축에 투입함으로써 마지노선을 형성하였던 것이다.

요컨대, 이들의 생각은 앞으로의 전쟁도 제1차 세계대전과 같이 동일하게 진보될 것인바, 일단 유사시 방어요새선에 의지하여 화력만 퍼부어대면 마침내 적은 또다시 패전을 자인하게 될 것이라는 것이었다. 그러나 제2차 세계대전 시 독일군은 전격적 개념에 따라 프랑스의 마지노방벽을 우회하여 폴란드를 통해 대기동을 실시함으로써 그들이 믿고 있던 방어요새 진지는 하나의 콘크리트 덩어리에 불과하게 되었던 것이다.

제5절 제2차 세계대전 이후 전법

제2차 세계대전 동안에 주요 전쟁 당사국들은 신무기개발과 기술발전을 위해 노력했으며, 그 중에서도 신무기개발체계의 첨단수준은 유도탄 무기인 자체 추진식 로켓 병기와 파괴력의 혁명을 가져 온 핵무기의 등장이었다.

특히 핵무기는 하나의 신무기혁명이었으며, 화약, 폭약, 다이너마이트, TNT 등과는 비교가 안될 만큼 그 폭발위력, 파괴력, 대량 살상력에 있어서 상상을 초월하였다.

1. 핵무기의 유도무기 등장과 변화

1) 핵무기 등장

핵무기에 대한 논쟁은 1945년 8월 6일과 9일 일본에 투하된 원자탄으로부터 시작되었고, 핵시대의 전쟁에 대한 전망과 문제점은 주요국의 중요한 정치, 군사, 경제정책에 영향을 미치거나 그것을 관장하는 국민 및 정부에 대한 집중적 관심의 형태로 나타나기 시작했다.

그러나 이러한 무기의 전술적 사용에 대한 개념의 발전을 제한하는 몇 가지 요소로서 당시의 상황은 제2차 세계대전 중 전략폭격(strategic bombing)에 대한 강조, 대형 폭격항공기가 아니면 안 되는 초기 폭탄의 무게와 크기, 그리고 폭탄은 소량밖에 제조될 수 없으며, 그것은 결정적인 공격목표물을 위하여 예비해 두어야 한다는 보편론적인 가정 등이었다.

1950년경 핵무기는 미 공군의 제트항공기 출현으로 그 효과가 몇 배로 증가되었고, 외양도 슬림형(slim)으로 바뀌면서 보다 신속하고 작은 비행기에 의해서도 발사될 수 있었다. 이때부터 전술적 핵무기에 대한 진지한 의견들이 개진되기 시작했다.

전술적 무기를 위한 발사장치에 대한 연구의 결과 미 육군에서는 280밀리 포의 생산을 결정하였다. 포신 및 포가는 재래의 대포 모양으로 고안되었지만, 핵탄두가 달린 발사물을 발사할 수 있도록 특별히 설계되었고, 현대식의 핵탄두와 재래식 포탄의 변용이 가능한 대포가 개방되었다. 이에 대응하여 소련에서도 1949년과 1951년 2번의 핵실험으로 핵폭탄을 보유하게 되었다.

원자핵의 분열보다 융합에 근거를 둔 보다 치명적인 장치를 개발하기 위한 연구가 착수되었다. 미국은 트루먼 대통령 시절인 1952년 11월 에니워톡에서 최초의 수소폭탄에 대한 실험이 행해졌는데, 위력은 에니워톡 근처의 한 작은 섬이 대양 바닥에 지름 1마일, 깊이 175피트의 구멍을 남기고 사라졌다는 사실로 충분히 설명될 수 있을 것이다. 1953년 여름 소련은 핵융합 폭탄의 폭파실험을 성공시켰다. 이로써 두 초강대국은 TNT 1백만 톤의 폭발력에 상당하는 성능을 갖춘 무기, 이른바 메가톤무기(Megaton weapons)를 보유하게 되었다.

핵무기시대에 발맞추어 지상군의 조직 및 전술적 개편 움직임이 일어났고, 이에 따라서 많은 정치적 · 경제적인 측면에서의 입장들이 뒤엎히기 시작했다. 핵무기가 앞으로의 전쟁에 쓰이게 될 가능성을 인식하고, 군대는 전술적으로나 교리에 있어서나 – 재래의 전쟁과 핵무기 전쟁에 알맞은 – 이중 역량체제를 추구하기 시작했다.

미국에서는 이를 위해 "분산의 확대(greater dispersion), 기동성 제고(more mobility), 병참학적 긴축(logistic austerity), 소부대에의 의존성(small-unit dependence)" 등이 요구된다고 결정내리고 이러한 목적을 달성하기 위해 몇몇 사단을 재조직하였다.

그러나 핵무기가 범람하는 상황(nuclear circumstances) 속에서 전투가 가능하겠는가의 문제와 전쟁 중 한편의 전술적 핵무기 사용은 대결전으로 확전되지 않겠는가의 문제 등이 제기되었다.

'일반전(general war)'이라는 용어는 핵탄두가 있는 대륙간 탄도미사일(ICBMs) 혹은 장거리폭격기로 투하되는 폭탄 등, 핵과 같은 의미로 사용된다. 핵교환의 결과는 상상할 수 없을 정도로 무시무시한 것임에도 불구하고 미국과 소련은 핵에 대한 역량을 발전시켜 갔다. 뒤이어 영국, 프랑스, 그리고 중국의 핵무기 발전은 이러한 상황을 더 복잡하게 만들었다. 그러나 미국과 소련과의 양극적인 핵 대결관계를 근본적으로 바꾸어 놓지는 못하였다. 이 후 소련의 멸망에 따른 러시아의 등장은 이러한 역학관계에 변화를 가져왔다.

2) 유도무기 개발과 배치

핵무기만이 제2차 세계대전 이후 새로이 발전된 유일한 것은 아니다. 부분적으로는 소련과 미국의 우주계획(space programs)에 힘입어 기술적으로 많은 발전을 가져왔다. 구식무기들은 크게 개선되었으며, 새로운 무기와 장비는 전쟁의 양상에 큰 영향을 미쳤다. 놀라운 변화속도로 인해, 어떤 무기들은 조작할 수 있게 되자마자 구식이 되어버렸다.

신무기는 여러 유형의 로켓들이 있었다. 핵무기 혹은 고성능 폭발성 탄두를 쏘아올릴 로켓 발사물은 세계적 규모의 대형 ICBM으로부터 보병이 사용하는 대전차무기 바주카포(bazooka)에 이르기까지 실로 다양했다. 유도장치 및 자동유도 장치의 개발로서 '스마트 폭탄(smart bomb)'이라 묘사되는 무기의 명중률을 크게 높여주었다. 보다 큰 에너지, 보다 안정된 추진체를 추구하려는 노력은 사정거리를 확장시키는데 중요한 역할을 하였으며, 이론적으로 보다 많은 목표물에 대한 공격이 가능하게 되었다.

로켓 미사일은 4가지 일반적인 작전 카테고리, 즉 지대지(지하대지를 포함함), 지대공, 공대지 및 공대공에 사용된다. 전후 미국에 나타난 고체 추진체(a solid-propel-lant booster) 및 액체 자가추진 모터(a liquid propellant sustaining motor)가 부착된 최초의 부력비행 로켓 모델은 미국의 WAC 코포럴이었다. 1946년과 1950년 사이에 이 방공용 무기에 터미널 유도장치가 부착된 대형 변형물이 개발되었다. 그것은 비행 중에 탄도를 유지하였으며, 점차 육군의 장거리 전술무기가 되어갔다.

기동성 · 신뢰도 · 정확도에 있어 많은 개선이 이루어진 견고한 추진 탄도 유도미사일 서전트(The Sergeant)는 곧 코포럴(The Corporal)을 대치하게 되었고, 다른 무기들－레드스톤(Redstone), 어니스트 존(Honest John), 랜스(Lance) 및 재래 탄두와의 병용이 가능한 모든 무기들－의 개발이 이루어졌다.

또한 제트 항공기와의 교전을 위해 로켓형 방공 미사일인 나이키 아작스(Nike Ajax) 유도미사일이 개발되어 1953년경에 실전 배치되었다.

1945년 이래 여러 유형의 고체추진 방공 및 대전차 로켓과 로켓 발사대가 개발되었다. 미군의 TOW는 지대지(地對地) 대전차미사일로 고안된 것이었으며, 프랑스에서 개발된 디자인을 개선한 '제2세대 무기'였다. 일단 그것이 발사되면, 두 개의 가느다란 철사(wire)가 풀려 그 비행을 유도하는 추진력(impulse)을 지탱해 주었다. 베트남 전쟁 중에는 헬리콥터가 TOW 포좌(Tow platform)로서 이용되어 큰 성공을 거두었으나, 헬리콥터는 발사 시 정지상태에 있어야 했기 때문에 지상포격으로부터 공격당하기가 매우 쉬웠다. 1973년 10월전쟁 중에 이집트는 개선된 바주카형 무기 RPG-7뿐만 아니라 같은 종류의 소련산 와이어 가디드(wire-guarded)대전차 미사일 새거(Sagger)를 사용하였다

두 개의 공대지(空對地) 자동유도폭탄 체제가 베트남에서 미국에 의해 사용되었다. 이 '스마트 폭탄(smart bombs)' 중의 하나는 비행기가 사정거리 안에 들어오면, 폭탄이 목표물에 조준되어 자동으로 발사되는 소형 컴퓨터와 전기 광학체제를 이용한 것이었다. 폭탄이 중력에 의해 떨어지게 되면, 그 기억정보는 폭탄을 목표물에 유도시키는 수직 안정판을 작동시켰다.

다른 하나의 유도체제는 비행기로부터 목표물에 발사되는 레이저 광선을 이용한 것이었다. 폭탄은 광선을 따라 땅 위까지 내려오도록 되어 있었다. 이 두 체제는 고공비행 항공기로 하여금 작은 공격목표물에 대해서도 소수의 대형비행기만으로 이전의 정확도가 낮은 산포폭격(scatter bombing)보다 훨씬 정확한 조준·폭격을 가능하게 해 주었다.

1950년대 및 1960년대에 소련과 미국은 대륙간 탄도미사일(ICBM)과 중거리 탄도미사일(IRBM)을 개발하였다. 그것은 아주 먼 거리에서도 높은 정확성을 가진 무기들로서 미국은 초기의 액체 추진제 대륙간미사일 아틀라스와 타이탄 시리즈, 중거리미사일인 주피터와 쏘르 등을 보유하고 있었다. 이 후 고체 추진체를 이용한 보다 현대적 감각의 미니트맨 ICBM이 개발되어 아틀라스와 타이탄을 대치하여 실전배치되었다.

1970년대 말에 미국과 소련은 다탄두(multiple-warhead) 미사일을 보유하였다. 이는 초기의 전략 미사일에 대한 중요한 변형으로서 처음 것은 미사일이 목표지점에 거의 접근하면 탄두가 분리되도록 되어 다탄두가 분산, 폭발하게 되면 하나의 큰 탄두가 낼 수 있는 폭발력보다 훨씬 큰 위력을 발휘할 수 있었고, 적의 레이더가 실제 탄두와 허위탄두를 구분하지 못하도록 되어 있었다.

두 번째 유형의 다탄두는 독립적인 여러 개의 재돌입장치(MIRV: the multiple

independently targetable reentry vehicle)로서 증속 로켓으로부터 분리된 후 자신의 수정된 탄도를 찾아가도록 설계되었으며, 각각의 수정을 거친 후, 재돌입장치를 이용한 탄두는 제각각 분산하여 목표지점을 향해 날아가도록 만들어졌다.

수중발사 탄도미사일(SLBM)－미국은 폴라리스(Polaris)와 포세이돈(Poseidons)이 있음－은 미국의 중요한 억지전력을 이루게 되었다. SLBM은 오랜 시간에 걸쳐서 세계 전역으로 분산, 배치되어 있는 원자력 잠수함(SSBN)에 탑재되었다. 그 잠수함은 몇 달씩 수중 잠항이 가능하였으며, 수면 밑으로부터 미사일의 수직발사가 언제든지 가능하도록 설계되었다.

3) 현대 무기 발전 영향

현 단계의 무기혁명이 가져 온 몇 가지의 발전수준을 네 가지 분야로 종합해 볼 수 있다.

첫째, 열 핵폭발력으로 지칭되는 핵무기 일반의 '파괴력'의 혁명이다.

둘째, 핵무기의 '운반 수단'의 혁명이다. 이것은 각종 대륙간 탄도탄과 장 · 단거리 탄도 유도탄 무기체계를 통틀어 말한다. 또한 이 운반수단에는 핵병기의 탑재가 가능한 초음속 대형전폭기 등 각종 항공기, 핵항모, 핵잠수함, 함정 그리고 군사목적의 인공위성 등도 포함된다.

셋째, '통신 · 전자 유도 무기체계'의 혁명적 발전이다. 이는 각종 레이더 무기를 비롯한 고도의 전파 · 음파 · 광파 무기, 고도의 정밀 첩보 · 탐지 · 감시 무기, 그리고 이른바 레이저 등 광열입자 무기 등이 이에 속한다.

넷째, 인명과 동식물의 대량살상은 말할 것도 없고, 자연과 산야를 초토화함과 동시에 모든 동식물을 고 · 소사 전멸시킬 수 있는 세균 · 화학 · 방사능 무기의 혁명적 변화와 발전을 들 수 있다. 이 같은 무기체계를 화생방 무기체계라고 일컫는다. 위와 같은 현대 무기혁명은 결국 파괴력에 있어 상상을 초월한 화력 · 화기 · 혁명이었으며, 운반수단에 있어서는 속도, 거리, 그리고 시간 · 공간상의 혁명적 변혁을 가져다주었다. 이와 아울러 전쟁, 전략, 전술개념은 말할 것도 없지만, 군사일반의 총체적 개념체계를 뒤흔들어 놓는 결과를 낳기도 한 것이다. 운반수단의 혁명적 반전은 곧 대량의 인력과 물량을 신속하게 수송 · 보급 · 이동해 줄 수 있는 운송 · 병참 혁명까지도 동시에 이룩해 준 셈이 되었다.

이러한 파괴력이나 운반수단의 혁명적 발전에 못지않게 중요한 것이 바로 전자통신 유도무기의 혁명적 개발과 발전이다.

전자통신 무기체계의 혁명은 곧 전쟁수행에 있어서의 소요인력이 크게 필요로 하지 않는 기계작동 전쟁, 단추누르기 전쟁, 그리고 정보전쟁 등의 혁명을 가져다주었다. 말하자면 무인조종 유도 무기체계는 말할 것도 없고, 인공 통신위성이라든가 군사첩보 위성 및 각종의 고공 정찰항공기 등의 정찰활동을 통해 얻어지는 무한대의 전략 정보 · 자료들은 그야말로 전략정보 혁명을 가져다주었다.

2. 제2차 세계대전 이후 전술의 변천

제2차 세계대전 이후 용병술의 발전은 NATO군과 바르샤바군에 의해 발전되었다. 먼저 NATO군의 미군은 제2차 세계대전 시의 핵의 위력을 실감하고, 핵전략과 핵전술에 치중함으로써 재래식 전쟁의 전술발전에는 소홀하였다. 그러나 1976년 제4차 중동전의 전훈을 분석하면서 핵전략 하에서의 재래전 발발가능성을 인식하고 소련의 집중강압 전법(종심공격 전법이 보완 발전된 전법)에 대응하기 위하여 '적극방어' 개념을 발전시켰다. 이 전법은 각종 화력의 집중운용과 특히 대전차 화기의 최대사거리를 고려하여 적의 전차가 주방어 진지에 도달하기 전에 원거리에서 격파하는데 주안을 둔 전법이다. 이 전법의 특징은 공간적 요소와 전투력을 통합시켜 전투력 발휘효과를 증진시킨 전법이라 할 수 있다.

그러나 '적극방어' 개념은 전 후속 제대에 대한 차단대책이 미흡하고, 전술적 예비대 부족 및 전술적 차원의 화력위주 소모전의 영역을 벗어나지 못하며, 작전의 주도권이 적에게 허용된 상태에서 전투를 해야 한다는 문제점이 지적되었다.

따라서 이러한 취약점을 보완하여 1979년 발전된 전법이 '통합전투' 개념이다. 이 전법은 재래식 무기와 전술 핵 및 화력지원 수단의 통합과 전자전 무기 등을 시 · 공간적 요소와 통합하여 운용하는 전법이다. 1980년도에는 시 · 공간에서의 전술핵 및 화학무기의 선택적 사용과 더불어 종심공격이 강조되어 전장을 적 지역으로 과감히 확대하는 '확대전장' 개념이 발전되었다.

한편, 바르샤바군의 소련군은 NATO군의 '적극방어' 개념에 대응하기 위해서

1980년대에 '대담한 돌진전법'을 창안, 계속 보완시켜 현재의 'OMG전법'으로 발전시켰다. 이 전법은 ① 적이 전투태세를 갖추기 전에 불의에 급습하여 최소한의 전술적 기습이 보장된 가운데, 소규모의 분권화된 제병연합부대(BMP부대)로 다정면을 돌파하여 적의 예비대 및 화력지원 수단의 운용을 제한하는 등 OMG(종심기동부대) 투입여건을 조성한 다음, ② 종심기동부대(OMG)를 제2제대와는 별도로 중심 깊은 후방지역으로 투입하여 중요 목표를 습격하는 등 피아(彼我)가 혼재된 상황을 조성하여 NATO군이 전술핵 사용을 불가능하게 하고, 기동에 의한 심리적 마비를 달성하여 주공작전에 기여함은 물론 ③ 전선군의 작전 기동단과 협동하여 2개 축선상에서 작전적, 전략적 목표를 협공하여 속전속결하는 전법이다. 이 전법의 특징은 전투의 구성 3요소 중 시간의 요소인 속도와 공간의 요소인 전장지역의 확대 및 무형 전투력 요소인 전투의지의 마비에 주안을 둔 전법이다.

한편, 소련의 '대담한 돌진전법'에 대응하고 NATO지역 및 한반도 그리고 중동지역에서 소련과 그 위성국가들의 위협에 대응하기 위해 1982년 발전된 전법이 'Air-land-battle' 개념이다. 이 전법은 앞서 설명한 '통합전장' 및 '확대전방'의 개념을 통합한 개념으로 전장지역이 적지 종심까지 확대되어 적용되며, 이때 종심전투는 주로 화력과 특수전 부대에 의해 실시된다. 그리고 제대별로는 작전지역이 구분되어 입체적으로 동시 실시되는 전법이다.

이 전법의 특징은 시간적 측면에서 속도와 동시성이, 공간적 측면에서는 전장지역 확대를, 그리고 전투력 운용 면에서는 시간 및 공간요소와 수단의 요소를 통합운용하여, 전투효율성을 극대화하려는 입체기동 전법으로 적의 전투의지를 조기에 마비시키는데 주안점을 두고 있다.

3. 장차전의 일반 양상

과학기술 및 무기체계의 발전, 군사전략, 작전, 전술의 발전추세, 적의 기도, 사회발전 추세 등을 고려하여 볼 때 장차전은 다음과 같이 예측할 수 있다.

장차전의 일반적 특징은 전쟁을 보는 시각과 어디에 중점을 두느냐의 관점에 따라 여러 가지로 말할 수 있겠지만, 과학의 발달 추세에 따라 전장 감시능력, 종심

기동능력, 대량살상능력, 원거리 통신능력 등이 향상되었고, 이들이 전장환경에 영향을 미쳐 앞으로의 전장에서는 적지종심 전투, 동시전투, 입체전투, 공세전투, 통합전투가 불가피할 것으로 전망되며, 이러한 전쟁 양상은 전술사상과 교리, 편제, 훈련에 영향을 미칠 것이다.

1) 적지종심 전투

앞으로의 전장은 무기체계의 발달에 비례하여 광역화될 것으로 보아 적지종심(deep), 근접(close), 후방(rear) 지역이 이루고 있는 작전지역은 점차 확대될 것이다. 그런데 적이 선정한 특정 지역에 적의 전투력이 집중하는 것을 거부하고 주도권을 장악하여 근접전투에서 승리를 보장하기 위해서는 적지종심상의 적의 후속제대를 조기에 포착하여 차단 및 무력화시켜야 한다. 이러한 적지종심 전투는 공격 또는 공격의 위협을 통해서 그 성과를 달성할 수 있다.

적지종심 전투는 계획단계에서 구상되어야 하며, 이때 어떻게 발견할 것인가, 어떻게 기동할 것인가, 어떻게 때릴 것인가, 무엇으로 때릴 것인가 등의 요소를 고려하면서 적의 화력을 무력화시키고 적의 지휘통제체계(C2)를 와해시키며, 적의 전투근무지원 능력을 파괴하고 동시에 적 전투부대를 격멸함으로써 적의 사기를 저하시키도록 계획되어져야 한다. 이렇게 잘 계획되고 협조된 적지종심 전투는 적을 철저히 격멸하는 것을 도울 수도 있고 혹은 적이 의도하는 목표를 달성하지 못하도록 방해할 수도 있다.

결국 적지종심 전투는 결정적인 전투가 이루어지는 근접전투에서 승리하기 위해 사전에 적지종심상의 주요 전투력을 탐지하여 타격하는 것으로써 근접전투 시에는 보다 약화된 적과 싸울 수 있도록 여건을 마련해 주며, 이를 통해 궁극적으로 아군은 전장에서 승리를 보장받을 수 있게 된다.

2) 동시전투

전장에서 적보다 상대적으로 우세를 달성하기 위해서는 가용한 전투력을 한 지점에 집중하여 통합된 힘을 발휘하는 것도 중요하나, 요구되는 시간과 공간상에서 부대의 전반적인 노력을 일치시켜 동시에 전투력을 발휘하는 것도 중요하다. 예를 들어 적지종심 전투를 하지 않고 근접전투에 부대의 역량을 집중하다 보면 적의 적지종심상의 부대가 근접전투 지역에 증원되어 근접전투 지역이 무너진다. 적지종심전투에만 주력하다 보면 적지종심 전투에 투입된 아군 부대가 포위된다. 그러나 동시 전투를 실시하면 적이 분산되거나 적지종심상의 부대가 고착되어 전방 증원을 못하고 근접전투에 투입된 적 부대는 시간이 흐를수록 약화된다.

따라서 지휘관은 그들이 부여받은 명령에 부합되게 그리고 최소한의 희생으로 임무를 달성할 수 있는 방법으로 적지종심, 근접, 후방전투를 준비하여 전 종심에 걸친 동시적인 공격을 실시하여야 한다. 이러한 전 종심에 걸친 동시적인 적 부대 공격은 적 전투능력을 지연, 전환 또는 저하시키고 적의 패배를 앞당길 수 있는 것이다. 즉 적은 근접 및 적지종심전투를 동시에 하도록 강요당함으로써 가장 잘 격파될 수 있다.

따라서 적지종심 및 근접전투의 계획과 실시는 같이 하여야 하며, 적 후속 제대의 근접전투 지역 증원을 허용하지 않도록 적지종심전투를 시행하여야 한다. 이를 위해서 전장 감시와 표적 획득, 통신수단의 학보 등이 보장되어야 하며, 야전지휘관은 전장기능을 유기적으로 통합하여야 한다.

동시전투의 개념은 적지종심, 근접, 후방전투를 항상 같은 시간에 한다는 개념이 아니라 계획과 지휘통제 면에서 동시성을 강조함으로써 노력을 통합하여 요구되는 시간과 공간에서 효율적으로 전투력을 운용해야 한다는 개념이다. 즉 적지종심전투와 근접전투를 같은 시간에 실시하는 것이 어떤 작전에서는 결정적일 수도 있으나, 반면에 또 다른 작전에서는 적지종심전투가 앞으로의 결정적인 전투를 위한 조건을 조성하는 경우도 있기 때문에, 이러한 경우에는 전체적인 계획과 지휘통제 면에서 동시성을 강조하여 각각의 전투별로 적에 대하여 취한 행동결과들이 일관된 작전목표를 달성하도록 하는 것도 동시전투의 개념인 것이다.

3) 입체전투

장차전에서 작전의 주안은 지역확보보다도 적 부대 격멸에 두고 평면적인 전투보다는 입체전투가 강조될 것이다.

더욱이 전 종심 상에서의 전투 성공을 보장하기 위해서도 화력과 통합된 입체기동이 절실히 요구되는데 전 종심 상에서 전장의 주도권을 확보하여 아군의 의도대로 전투를 이끌어 가기 위해선 효율적인 합동작전 능력을 갖춰야 한다.

4) 공세전투

전장의 주도권을 잡고 전투를 의도대로 이끌어 가기 위해서는 전장을 적 지역으로 확대해 나가야 한다. 특히 양보할 공간이 없는 상태 하에서 수세에 몰리면 주도권을 상실할 뿐만 아니라 스스로 대량 피해를 감수해야 한다. 현대전에서 특정 지역의 고수로는 결코 결정적인 승리를 획득할 수 없다. 방어는 공격을 전제로 한 일시적인 수단으로써 짧을수록 좋다. 비록 방어를 하고 있는 상황 하에서도 적극적으로 기동하여 적의 후속 제대를 쓸모없는 전투력으로 만들고 공세 이전의 여건을 조성하여야 한다.

5) 통합전투

전장기능의 유기적인 통합이야 말로 입체 기동전의 필수조건이라 할 수 있다. 즉 첫째, 원거리에서도 적을 먼저 보고 결심하기 위한 정보, 통신, 전자전의 통합운용, 둘째, 적 후방을 차단하고 공격하기 위한 입체기동 수단의 통합, 셋째, 전투, 전투지원, 전투근무 지원수단의 통합 등 효율적인 협동, 합동, 연합작전 체제를 갖춤으로써 전투력의 효율성을 극대화시켜야 하며, 여기에 정공과 기공을 잘 통합하면 이겨놓고 싸우는 결과가 될 것이다.

4. 사례연구 : 걸프전(1991.1.)

걸프(Gulf)전은 지 · 해 · 공 합동작전, 영 · 불 · 사우디의 연합작전, 공 · 방 동시전투, 화력, 기동, 정보, 전투근무지원 등 여러 전장기능이 가장 잘 조화된 입체기동전의 표본이다. 여기에서는 제18군단에 의해 실시된 기계화부대의 전술적 운용사례를 예로 하겠다.

걸프전 당시 제18군단의 작전목표는 이라크의 북서측으로 우회기동하여 후방중심에 위치한 바스라로 진격, 이라크군의 주력인 공화국 수비대를 포위, 격멸하는데 있었다. 제18군단은 프랑스 제6경기갑사단을 서, 미 제101공정사단을 중앙, 미 제24보병사단을 등으로 하여 동시에 공격하고, 미 제82공정사단은 '살만' 기지를 확보하여 다국적군의 북서측을 엄호하는 작전을 전개하였다.

공격개시와 함께 미 제82공정사단은 170km 종심에 위치한 '살만' 비행장을 점령하고, 미 제101공정사단은 폭풍우가 몰아치는 악천후를 무릅쓰고 아파치, 코브라 등 공격헬기의 엄호 하에 2천여 명의 공정대를 시누크와 블랙호크에 탑승시킨 헬리본(Heliborne) 작전에 의해 399km 종심에 위치한 '나시리아'에 교두보를 확보하는데 성공하였다.

한편, 주력인 미 제24기계화 보병사단은 아파치 헬기의 엄호 하에 도로를 연해 시속 50km의 경이적인 속도로 종심기동을 실시하여 이라크군이 미처 대비할 수 없는 공황(Panic)상태를 유발하고, 최종목표인 바스라 서쪽 80km 지점에서 헬기, 미사일 등에 의한 합동작전으로 단 1시간 만에 300여 대의 이라크 전차를 파괴하고, 이튿날에는 바스라 전방 30km 지점에서 250여 대의 전차를 궤멸하였다.

이 전투에서 다국적군은 1일 평균 90km, 지상전 개시 이래 413km라는 놀라운 고속기동과 기갑 및 기계화부대 주축의 충격력으로 이라크공화국 수비대를 무력화함으로써 신속한 기동에 의해 최소의 희생으로 전투에서 승리한 입체기동전의 표본을 보여 주었던 것이다.

이 전투를 통해서 얻을 수 있는 교훈으로는,

첫째, 다국적군은 제7군단과 제18공정군단 등 군단급 제대로 내·외환을 형성, 도로를 연한 종심 깊은 고속 입체기동전을 펼치고, 사단급 이하 전술 제대는 기계화부대와 지상기동부대를 결합하여 도로를 연한 입체기동을 실시함으로써 전략 및 전술적 기동을 통합하여 충격효과를 배가하였다.

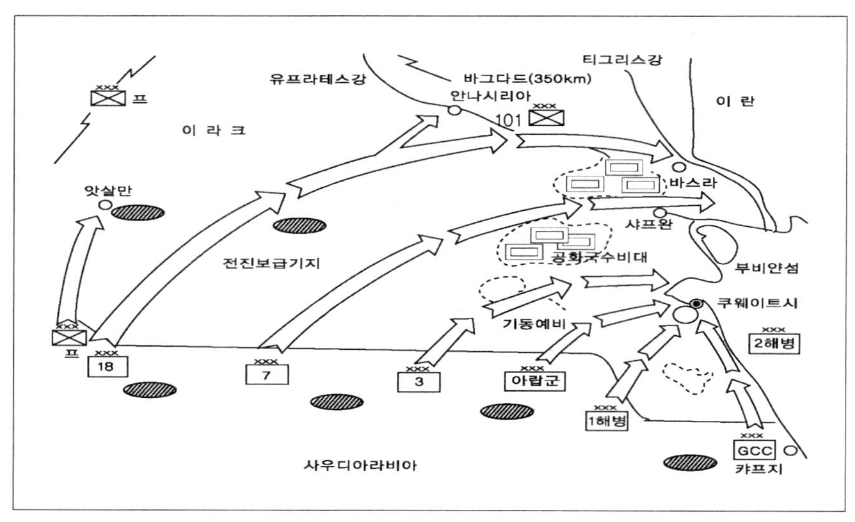

둘째, 정보 및 전자전 수단을 통합하여 이라크군의 눈과 귀를 멀게 하고, 첨단장비를 이용하여 이라크군의 공중 및 지상표적을 동시에 탐지 및 식별하였으며, 전자교란장비를 이용하여 공격개시 수시간 전부터 이라크군의 지휘통제체계를 마비시켰다.

셋째, 다국적군은 지휘, 통제, 통신, 정보의 자동화로 요망하는 시간과 장소에 가용전투력을 집중하고 기동시킬 수 있었다. 당시 미군은 백악관 및 합참으로부터 막후 전투중대까지 지휘통제체계가 자동화되어 지휘반응 시간을 단축하고 표적획득체계와 포병, 항공기, 미사일 등의 화력지원 수단을 통합하여 동시타격할 수 있었다.

넷째, 합동전술 정보지원체계를 구축하여 실시간에 표적정보를 제공함으로써 전술공군, 함포, 포병, 방공, 미사일의 화력을 통합하여 조기에 이라크군을 격멸하였다.

다섯째, 다국적군은 전투부대를 지원하기 위해 보급, 정비, 수송, 인사, 근무지원 기능을 Package화하여 100% 추진보급과 현장정비를 원칙으로 함으로써 전투 지속성을 증대시킬 수 있었다.

제9장

전투의 이론적 고찰

제9장

전투의 이론적 고찰

전투는 전술적인 차원의 싸움으로 비교적 소규모 부대에서 이루어지는 교전행위로써 인간의 의지와 힘에 의해 수행되는 순수한 군사활동으로 적대하는 양 세력이 주체가 된다.

전투에서의 승리는 모든 지휘관과 부대가 동경하고 추구하는 것이지만 월등한 실력을 보유했다고 언제나 승자가 되는 것은 아니며, 때로는 동등하거나 열세한 상황에서도 승리할 수 있다. 승리와 패배의 구분은 진지의 상실이나 퇴각에 의해 나타나며, 보통 패자 편에 현저하게 발생하는 각종 화포, 장비의 손실과 포로 등 물리적 파괴에 의한 심리적 마비의 정도에 따라 결정된다. 또한 전투는 적은 피해로 적에게 치명적인 타격을 가하거나 또는 소수병력으로 다수병력을 격파하는 것이 바람직하다. 그러기 위해서는 적의 물리적 파괴 이외에도 심리적 혼란을 통해 물리적 마비 내지 무력화를 꾀해야 한다. 따라서 전투는 공격과 방어라는 형태로 표현되지만 적의 취약점에 아군 전투력을 신속하게 대량으로 집중하는 양상을 띠게 된다.

본 장에서는 전투에 대한 일반적인 이론으로서 전투의 본질, 전투의 영구불변의 진리와 전투 구성요소에 대해 알아본다.

제1절 전투의 본질 및 의의

전투는 대전투로부터 소전투에 이르기까지 참가부대의 규모와 전장의 크기, 전투양상 및 사용수단에 따라 다양하지만, 그 대소를 막론하고 전체에 종속되는 특징을 가진다. 즉 전쟁을 하나의 대규모 전투로 보든지 일반적인 전투의 개념으로 보든지 간에 개별적 성과는 전략적 성과의 용인이 되어 종국적으로는 국가목표 달성에 기여하게 된다.

이렇게 볼 때 전투는 적을 격멸하거나 굴복시키기 위해 적과 직접 싸우는 본래의 군사행동이라고 할 수 있다. 그러나 전투를 단순하게 "적을 격멸하여 승리를 획득하기 위한 직접적인 군사행동 또는 작전을 성공으로 이끌기 위한 작전행동의 한 수단"이라고 표현한다면 이는 다분히 개괄적이어서 그 뜻이 분명하지 못하다.

클라우제비츠는 『전쟁론』에서 전투를 "전쟁에 있어서 유일하고 효과적인 수단은 오직 전투뿐이다. 전투라는 수단을 통하여 우리는 적 전투력의 격멸이라는 전쟁목적을 달성할 수 있다. 전투만이 본래의 군사행동이며, 여타의 모든 것은 다만 전투를 성립시키는 요소에 불과하다. 전투 이외의 전쟁상태로서는 평시의 군대편성과 근무상의 질서가 있고, 또 하나는 전투를 개시하기 직전의 전술적 · 전략적 배비가 있다."고 하여 전투가 전쟁의 영역 내에서 행해지는 모든 군사활동임을 명백히 하면서 전투의 목적은 적을 격멸, 분쇄하는데 있다고 강조하고 있다.

이에 대하여 리델하트는 "지난 반세기 동안의 군인들은 클라우제비츠의 새빨간 술에 도취되어 있었다."고 하면서 대규모 전투에 의해 전쟁의 목적을 달성하려는 클라우제비츠의 유혈섬멸전 사상을 비난하였다. 그러나 지금까지 클라우제비츠처럼 전투의 본질을 적나라하게 파헤친 사람도 드물다. 따라서 여기에서는 클라우제비츠의 주장을 중심으로 전투의 개념을 정립하기로 한다.

클라우제비츠는 "전투란 본래의 군사적 행동으로서 그것은 적대하는 양측의 힘의 충돌이라는 유혈적 수단에 의해 종결짓는 투쟁"이라고 하였다. 따라서 전투의 목적은 적을 분쇄, 격멸하는데 있으며, 전투의 사명은 적 전투력을 격멸하거나, 한 지역 또는 목표물을 탈취하기 위해 공격과 방어를 실시하는데 있다고 강조하고 있다. 결국 전투란 "적을 격멸하거나 한 지역 또는 목표물을 공격, 탈취, 방어하기 위하여 적과 직접 싸우는 본래의 군사행동"이라고 정의할 수 있다.

제2절 전투의 특성 및 전장마찰

전쟁이 적을 굴복시켜 자국의 의지를 실현하기 위해 사용하는 무력행위라면 전투는 본래의 군사적 행동으로서 적대하는 양 세력 간의 힘의 충돌이자 투쟁이며, 전쟁목적을 달성하기 위한 유일한 직접적 무력수단이다. 이와 같이 전투가 무력행위를 전제로 하는 한, 전투가 행해지는 장소인 전장은 힘의 우위가 지배하는 양육강식의 터전이요, 적자생존의 원칙이 철저하게 적용되는 생존경쟁의 치열한 각축장이다.

전장에는 상대, 즉 적이 있고, 피·아 공히 자유의지를 가지고 있으며, 자기 의지를 강요할 수 있는 힘인 무력이 존재한다.

이로 인해 전투는 끝없이 인간의 생명을 위협하고, 간단없이 인간의지를 시험하기 때문에 비참과 피로가 그 속에 내재한다. 여기서 자연조건, 적의 의도와 활동, 그리고 아군 내의 요인 등 각종 전투환경이 빚어내는 역기능이 가세하여 상황을 더욱 복잡하게 만든다.

1. 전투의 일반 특성

일반적으로 전투의 특성은 불확실성, 마찰, 육체적 피로, 우연성의 4가지로 요약된다. 전투원이 전투에 임하게 되면 모든 상황이 불확실한 가운데 상황파악에 고심하지 않으면 안 된다. 이는 수시로 변화하는 자연조건뿐만 아니라 피아 다 같이 자신의 의도를 은폐, 기만하면서 자신의 의지를 관철하려 하기 때문에 완전무결한 정보에 의하여 확실한 상황판단을 할 수 있는 전투상황은 거의 찾아볼 수 없기 때문이다.

불확실성을 클라우제비츠는 "전투 중에 지휘관이 취하는 행동근거는 그 3/4이 불확실의 안개에 잠겨 있다. 전투는 진실을 찾기 위해서 날카로운 지성이 요구되는 영역이다."라고 말했으며, 孫子가 "知彼知己면 百戰不殆"라고 한 것도 전투가 얼마나 불확실하며, 확실한 것을 파악하는 것이 얼마나 중요한가를 말해 주고 있다.

역사적으로 볼 때, 이 불확실의 안개를 걷어내지 못하여 패배한 사례는 얼마든지 있으며, 오늘날 고도로 정밀한 전자정보장비가 개발되고 있다 하더라도 전투의 불확실성을 완전히 제거하기는 어렵다.

그러면 전투를 불확실하게 만드는 요인은 무엇일까?

첫째, 자연환경의 영향을 고려해 볼 수 있다. 지형의 기복은 천차만별이라서 새로운 지역에서 지형을 정확하게 판단한다는 것은 매우 어렵다. 물론 지도가 커다란 도움을 준다고는 하지만 평면의 지도를 가지고 입체적인 지형을 판단하기는 어렵다. 특히 최신의 장비와 기술로 정확하게 제작된 지도가 아니라면 지형의 기복 속에 전개되어 있는 시설의 위치나 각종 인공축성물 등을 파악하기 어렵다. 또한 야음이나 심한 안개는 모든 상황을 은폐시키며, 심한 비바람도 시야를 제한시킨다.

둘째, 적이 의도를 감추기 위해 사용하는 위장과 기만, 그리고 기도비닉이 전장상황을 불확실하게 만든다. 『6·25전쟁 시 불법개입했던 중공군들은 공격 초기에 별칭을 사용함으로써 단대호를 식별하지 못하도록 은폐했는데 처음에는 커다란 성공을 거두었다. 그 예로서, 포로심문 결과 나타난 제54부대가 제38군임을 알지 못하게 하였고, 사단을 대대로 불렀으며, 한국에 와 있는 중공군을 의용군이라고 부름으로써 정규군이라는 것을 판단하기 어렵게 만들었다. 또한 홍남철수 작전을 통해서 중공군의 설상위장기술이 얼마나 아군의 상황판단에 차질을 가져오도록 하였는가는 잘 알려진 사실이다.

이러한 것들은 동양 고대병법을 통해 잘 알려진 기만술이다. 태공망이 저술했다는 『육도』에도 적장이 현명하여 아군의 정세를 잘 판단하고 기습이나 복병을 잘 알 때에는 매일 적극적 공세를 취하고 각종 신경전을 부단히 실시하여 양동, 양공 등 기만전술로서 적장의 생각을 어지럽히고 적군을 피로하게 하라고 가르치고 있으며, 제갈공명의 '허허실실법'도 이와 같은 기만술이다

셋째, 아군의 불확실한 상황판단이나 태만 또는 오만한 마음도 상황을 불확실하게 한다. 6·25전쟁이 일어나기 직전까지도 우리의 국방책임자는 "전쟁이 개시되

기만 하면 우리 국군은 평양에서 점심을 먹고 신의주에서 저녁을 먹겠다."고 호언장담했었는데, 물론 국민을 안심시키는 데 근본적인 의도가 있었다지만 너무도 적을 모르고 했던 이야기일 수도 있다. 선조 때에도 일본의 능력을 과소평가하고 일본을 업신여기기만 하면서 율곡의 10만 양병 주장을 무시하였다가 외침의 수모를 겪고, 국왕이 의주로 도망치는 액난을 면치 못하였었다.

자기의 책임을 회피하기 위한 허위보고와 전달과정에서의 왜곡도 전투의 불확실성을 심화시킨다. 군대조직은 방대하므로 최고사령관으로부터 말단 병사들에까지의 의사전달과정은 여러 단계를 거치게 된다. 이러한 단계를 거치는 동안 상급자의 지시가 부하들에게 다른 내용으로 이해될 수 있고, 말단 병사로부터의 보고가 상급부대에 도달했을 때에는 엉뚱한 내용으로 바뀌어 있을 수도 있다. 게다가 자기도 확실하게 알지 못하는 사항을 무책임하게 그럴 듯이 꾸며 허위보고를 한다면 그 여파는 심각해진다.

이와 같이 여러 가지 요인에 의하여 전투는 불확실해지기 마련이다. 따라서 전투 지휘자는 불확실성이라는 전투의 속성을 근본적으로 이해하고 불확실한 가운데서도 현명한 결단이 이루어질 수 있도록 평소 상황판단 훈련을 철저히 해 두어야 한다. 전장에서는 마찰에 의해 병력과 장비가 파괴되고 계획과 의지가 좌절당한다. 전장마찰에는 기동마찰과 화력마찰 이외에 기상조건, 지형의 원근이나 험준 등에 의한 저항마찰 등이 있다. 기동마찰은 적을 공격하기 위하여 이동 또는 기동하는 부대가 겪게 되는 적의 사격, 장애물, 공중공격 등을 말한다. 기동마찰은 어느 정도로 최소화할 수 있느냐 하는 것은 목적하는 시간과 장소에서 전투력을 보존·발휘하는 최대의 관건이다. 이를 위해 위장, 방호, 소산, 지형지물의 이용에 의해 적의 사격효과를 최대한 줄여 목적을 달성할 수 있는 사격과 기동을 연결하게 된다.

화력마찰은 적의 각종 화포에 의한 마찰을 말한다. 적 1개 사단이 아군 1개 연대의 방어 정면을 공격할 경우 적의 가용화력은 사단편제 화력과 군단 화력이 될 것이며, 여기에 적의 방사포, 예비사단 및 포병사단이 가세하고 다시 여기에 적의 공중공격까지 감안할 경우 화력마찰은 더욱 늘어나게 될 것이다. 저항마찰은 주로 공격 측이 부대이동이나 기동 시에 받게 되는 마찰을 말한다. 군장과 탄약의 무게, 지형과 기상, 지뢰지대, 돌진으로 인한 체력소모, 식량보급의 두절, 심리적 압박감 등이 이에 속한다. 저항마찰이 단기간에 해소되지 못할 때에는 부대의 기동지연이나 방해를 받게 되어 패배의 원인이 되기도 한다. 통상 경험이 부족하거나 성급한 지휘관은 당장의 임무에 급급하여 저항마찰 정도는 무시하기 쉽다.

나폴레옹의 모스크바 원정 실패원인 중에는 저항마찰이 상당히 큰 비중을 차지하고 있다. 45만의 프랑스 대군은 보무도 당당하게 개선문을 출발했지만, 작전 초기부터 낙오병과 일사병 환자가 속출하고, 복통으로 인하여 군량수송용 군마의 거의 전부를 상실하였으며, 설한동토에서 굶주림과 혹한으로 죽어가는 수많은 아사자와 동사자들 앞에서는 역전의 영웅 나폴레옹도 어쩔 수 없이 두 손을 들어야 했던 것이다.

육체적 비참과 피로는 전투에 임하는 모든 인원이 받게 되는 고통을 말하는데, 장기간의 행군과 경계, 식량과 물자의 결핍, 수면부족, 긴장, 죽음에 대한 심리적 압박감으로 조성되는 이 육체적 피로를 얼마나 상대적으로 줄일 수 있느냐 또는 감내할 수 있느냐에 따라 전투의 향방이 좌우된다. 전투는 필연적으로 수면부족을 동반하게 된다. 제1차 세계대전 중 어느 공격전투에 참가한 영국병사는 그의 옆 전우가 전진하여 땅에 엎드리면 잠들어 버려서 지휘관의 전진신호가 있을 때마다 그 전우를 소총 개머리판으로 깨우지 않으면 안 되었다. 이와 같은 현상은 6·25전쟁에서도 있었다.

미 제27보병연대의 러브 중대가 440고지를 탈취한 때의 일이었다. 중대원들은 모두 건강하였으며, 목표는 집결지로부터의 1,100야드 거리에 있었다. 중대는 공격개시 3시간 후인 11:00에 적의 소화기 및 박격포의 집중사격을 받게 되었으나 중대장교와 부사관은 그들의 가장 큰 당면과제는 중대원들이 잠들지 않도록 하는 것임을 알게 되었다.

심지어 심각한 위험 속에서도 잠에 빠져 버리는 경향을 공격부대원, 특히 특수공수부대나 상륙부대원들처럼 항공기나 함선으로 비교적 안전한 곳으로부터 매우 위험한 환경으로 이동할 때도 관찰되었다. 예컨대, 그들이 땅을 딛자마자 잠들어 버리는 것이다. 결국, 피로는 통상 심한 정신장애, 열량섭취부족, 격렬한 체력소모, 기후불순 등에서 오지만, 그 중에서도 수면부족이 가장 큰 원인임을 알 수 있다.

이상과 같은 전투가 주는 고통 때문에 클라우제비츠는 "전투는 육체적 피로와 고통의 영역이다. 만약에 지휘관이 이러한 전투의 특성에 압도되지 않으려면 선천적이든 후천적이든 육체적·정신적으로 강인함을 갖추어야 한다."고 말하고 있다.

우연성과 불확실성은 밀접히 관계된다. 불확실성을 해소하지 못한 전투 집단은 우연과 조우할 수 있기 때문이다. 이 요소들은 지휘관들이 시급히 해결 또는 조치해야 할 주된 문제 중의 하나이다. 적의 작전 기도와 전투력, 전투지대 등의 불확실성은 우선적으로 해결을 요하는 문제점들이며, 언제 어떤 장소에서 어떠한 적과 맞부딪칠 것인가 하는 우연성은 지휘관의 탁월한 지혜의 발휘와 기선을 제압하는 행동을 통해서만 해결할 수 있는 난제들이다.

전장에서 상대적으로 불확실성을 먼저 최소화하고 마찰로 인한 피해와 피로를 적게 하고, 육체적 노고를 적게 하거나 끈질기게 고통을 감내하며 우연성을 명쾌하게 극복하는 측에 전투승리는 보장된다.

2. 전투의 영구불변 진리

트레버 두푸이는 수세기를 통해 나타난 전투의 기본적 성격을 분석한 결과로써 13가지의 '전투의 영구불변 진리'를 제시하고 있다.

① 공세적 전투는 긍정적인 전투결과를 얻는데 필수적이다. 공격이야말로 궁극적으로 전투에 승리를 가져올 수 있는 그 어느 것보다도 가장 본질적인 것이다. 생각건대 방어가 유리한 전쟁 성과를 보장해 주는 경우에라도 전략적 방자(防者)가 전쟁에서 승리를 달성할 기회를 갖고자 원한다면 공격작전과 전술의 선별적 사용은 필연적 요구사항이 된다.

② 방어는 공격보다 훨씬 강력하다. 클라우제비츠는 『전쟁론』에서 "방어는 보다 강력한 전투형태"라고 주장했다. 클라우제비츠의 말이 사실이며, 그러한 태세는 지형이나 성채 등을 이용함으로써 군대의 전투력을 배 이상으로 증강시킬 수 있다는 것은 많은 전투의 질적인 비교에 의해 증명이 가능하다.

③ 성공적인 공격이 불가능하면, 방어하는 것이 상책이다. 공격작전이 전투의 궁극적 승리를 위해 필수적인 것은 사실이지만, 보다 강력한 적을 만난 전투 지휘관에게 방어태세를 취하는 것 외에 다른 선택의 여지란 있을 수 없다. 또한 방어태세는 자동적으로 부대 전투력을 증가시키기 때문에 방어 측 지휘관은 적어도 부분적으로나마 병력의 불균형을 교정할 수 있다.

④ 측·후방 공격이 정면 공격보다 성공확률이 높다. 이에 대한 이유는 다음과 같다. 공자(攻者)에게는 기습의 기회가 많다. 방자는 모든 방어선에서 똑같이 강할 수가 없으며, 전면이 방어부대의 전투력이 집중되어 있는 곳이며, 방자의 사기는 완전포위의 위험이 명백할 때 흔들리기 쉽다.

⑤ 주도권 장악은 우세한 전투력 발휘를 가능하게 한다. 주도권을 획득하고 유지하는 것의 중요성은 현대에 있어서 쇠퇴하지 않았으며, 미래에도 그럴 것이다.

⑥ 방어 성공확률은 방어진지의 강도에 비례한다. 방어진지공사는 항상 전투력을 증강시켰다. 최소한 축성은 공자(攻者)를 지연시키고 그들의 피해를 증가시킨다. 모든 축성진지는 방자로 하여금 새로운 배치를 하고, 예비대를 구성하고, 동원을 할 수 있도록 시간을 주었다.

⑦ 아무리 강한 방어선도 희생을 각오한 공격에는 돌파된다. 방자가 아무리 주의를 기울여도, 또 배치가 기습의 효과나 측면, 후위공격의 효과를 상쇄 기피할 수 있는 능력을 얼마나 갖추고 있는지에 상관없이, 유능한 공자는 항상 자신이 선택한 장소에서 최소한 얼마 동안 유리한 위치를 차지할 수 있다.

⑧ 방어에 성공하려면 종심과 예비대가 필요하다. 병력수가 적은 군대는 작전 시 귀중한 화력을 유보시킬 수 없고, 예비태세로 한가롭게 놓아둘 수도 없다는 주장이 있어 왔다. 이것은 잘못되고 외양만 그럴듯한 논리이며, 선형방어는 엄청난 취약점을 가지고 있다는 사실이 역사적으로 증명되고 있다. 또한 전투의 승패를 판가름할 수 있는 가용한 예비대의 보유는 매우 중요하다.

⑨ 우세한 전투력을 가진 자가 항상 승리한다. 군사는 언제나 수적으로 압도적인 군이 승리하였으며, 승자의 전투력은 패자의 전투력보다 강하였음을 보여준다.

⑩ 기습은 실제적으로 전투력을 증강시킨다. 전투 시 기습의 획득은 항상 중요했다. 그것은 예전에 비해 오늘날 더욱 중요할 것이다.

⑪ 적을 살상, 격멸, 제압, 분산시키는 것은 화력이다. 오늘날 전쟁에 대한 기술의 영향력을 인식하고 있는 어떤 사람도 이에 대해 의식적으로 반대의견을 제시할 자는 없을 것이다.

⑫ 모든 전투는 예상보다 느리고, 저생산적이며, 비능률적으로 진행된다. 훈련과

연습은 실전 시에만 볼 수 있는 치명적 환경과 공포가 나타나지 않으므로 전투를 실제로 묘사할 수는 없다. 평시의 훈련은 전시의 실수나 와해, 혼란을 조성하면서 마찰의 효과를 충분히 묘사하도록 계획하고 반영해야 한다.

⑬ 전투는 매우 복잡하여 한 개의 또는 단일 경구로 표현할 수 없다. 군사분석에 있어 전투의 특정 측면에 초점을 맞추는 일이 종종 필요할 때가 있다. 그러나 그런 식으로 초점을 두고 연구한 분석결과는 잔인하고 복잡다단하며 혼란스러운 전투의 실제상황 안에서 평가되어야 한다.

전투에 있어 이 13개의 '영구불변의 진리'는 나폴레옹시대에서와 마찬가지로 최근 150년 동안의 전쟁에도 적용될 수 있으며, 또한 우리가 미래전의 방법, 양상, 실행될 개별적 전투, 또는 새로운 기술이나 군사장비가 그것에 미칠 영향 따위들을 예측할 수는 없다 하더라도 이 '영구불변의 진리'는 적용될 수 있을 것이다.

제3절 전투의 3요소

전투는 전술의 행동 내용이고, 전술은 전투를 운용하는 기술이다. 따라서 뛰어난 전술을 구사하기 위해서는 전투에 대한 철저한 분석과 인식이 필요하다. 전투는 항상 생동하는 두 힘과 의지 간의 충돌현상이다. 이 힘이 작용하는 '장(場)'의 상태와 작용하는 '시기 및 상황'에 따라 그 역학작용은 달라진다. 이 세 가지 요소, 즉 공간, 시간, 힘을 전투의 3요소라 한다.

첫째, 공간적 요소를 살펴보면 전투가 입체화되고 최신무기가 놀랄 만큼 발전했음에도 불구하고 지형적 여건은 전투에 막대한 영향을 미친다. 특히 아측이 선택한 장소로 적을 유인하여 타격하는 것은 바로 공간적 이점을 최대한 활용하는 길임을 인식할 때 전투 시 공간의 중요성은 거의 절대적이라 해도 과언이 아니다.

둘째, 언제 싸울 것이냐 하는 시간적 요소는 시간의 가용성뿐 아니라 한서(寒暑), 청우(淸雨) 등의 기상조건과, 낮과 밤, 명과 암, 그리고 천변만화하는 불확실한 전투상황 속에서 예리하게 시기를 포착하는 전기상의 문제 등이 포함된다.

전투의 3요소 중 '힘'이 적과 싸우는 동력으로 작용할 때 전투력이라 하는데, 전투력은 크게 무형적 요소와 유형적 요소로 나누어진다. 유형적 요소란 병력의 많고 적음, 물자나 장비의 질과 양을 말하는 것으로 편성, 장비, 무기의 성능과 위력, 그리고 수량 등의 우열에 따라 살상력, 파괴력, 기동력 등의 물리적인 힘으로 구체화된다. 물리적 힘은 전투력의 기초를 형성하며, 그 규모를 산술적 계산으로 산출할 수 있다.

이에 비해 무형적 요소는 전투원의 정신력과 기술, 전기 등으로서 유형 전력을 더욱 활성화하고 효율성을 높여주는 원천이 된다. 전투력은 시대적 상황에 따라 유·무형 전력의 비중이 달라지지만, 현대 무기의 놀랄 만한 파괴력과 살상효과는 급속하게 전투력을 무력화시키고, 이로 인한 사기저하로 인해 쉽사리 반격불능에 빠지게 될 가능성이 많아졌다.

따라서 현재 및 장차전에 있어서 무형 전력, 그 중에서도 정신전력의 중요성이 더욱 절실히 요청되고 있으며, 지휘방법과 적절성, 사기와 군기상태, 부대 단결과 부대원의 응집성의 정도, 훈련의 정예도와 숙달도, 그리고 이념과 신념의 정도 등이 중요시되고 있다. 그러나 여기서 우리가 명심할 것은 무형전력이 유형전력을 보완하고 향상시킬 수는 있지만, 유형전력이 현격한 차이를 보일 때에는 무형전력으로 이를 극복하기 어렵다는 것이다.

이들 3요소를 어떻게 상호 결합하고 분리시키느냐에 따라 전투의 본질인 '힘'이 증대되기도 하고 약화되기도 하는데, 이들의 상호 작용을 이해하여 전투능력을 최대화하는 길이야말로 전술이론의 요체라 할 수 있다.

[그림 9-1] 전투의 3요소

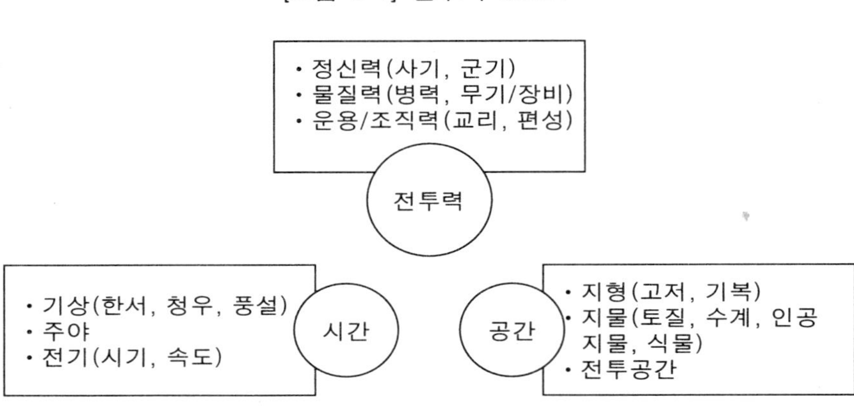

제10장

전투력의 의의와 원리

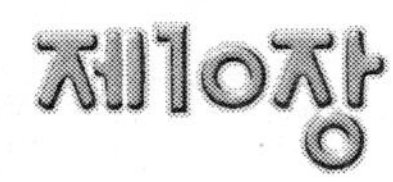

전투력의 의의와 원리

전투는 자유의사를 가진 피아간의 분쟁으로 격렬한 투쟁에 의하여 상대방을 굴복시켜 자기의 의지를 실현하기 위해 사용되는 폭력행위이다. 전투의 직접적인 수단은 '힘'이다. 이 전투를 위한 힘, 즉 적과 싸워서 내 의지를 실현할 수 있는 '힘'을 전투력이라고 한다.

본 장에서는 전투력의 의의와 원리에 대해 설명하고자 한다.

제1절 전투력의 의의

1. 전투력의 개념

전투력이란 전투의 직접수단인 가용한 물질적 요소와 이 물질적 요소의 효율성을 제공해 주는 무형의 정신적 요소가 결합된 총체로서의 전투역량을 말한다.

전투력은 크게 유형전투력과 무형 전투력으로 구분된다.

유형전투력이란 병력의 많고 적음, 무기·장비 및 물자의 성능과 위력, 수량을 말하며, 이는 편성, 장비, 무기의 성능과 위력, 수량으로써 살상력, 파괴력, 기동력 등과 같은 물리적 전투능력으로 나타난다. 물질적인 수단은 전투력의 기초를 형성하며, 그 규모를 산술적 계산으로 산출할 수 있다.

무형전투력이라 함은 부대를 구성하는 개인과 조직의 심신양면에 걸친 능력을 말하며, 부대의 정신역량이 그 바탕이 된다. 그 주된 요소는 사기, 군기, 단결, 신념과 같은 부대의 정신력을 말한다. 무형전투력은 인내, 투지력과 같은 전투의지로 구체화된다.

무형전투력의 특징은,

첫째, 그 힘의 정도를 계량하기는 어렵지만 실전의 효과로서 계측할 수는 있다.

둘째, 사람과 상황에 따라 변동의 폭이 크다. 즉 주의 깊게 양성된 무형전투력은 상승적인 위력을 발휘하지만, 이것이 결여되거나 역기능으로 작용하게 되면 걷잡을 수 없는 전투공황(panic)의 원인이 되기도 한다.

셋째, 유형전투력과 밀접한 관계에 있으며, 전투승패를 지배하는 근본요인이다. 예컨대 총과 탄약이 있고 총을 효과적으로 다룰 수 있는 전투원의 기술이 있어도 그 총으로 적을 반드시 무찌르고 말겠다는 강인한 의지가 없으면 총은 고철에 불과한 것이다.

넷째, 무형전투력은 지휘관의 통솔능력에 따라 그 영향의 정도가 크게 다르다. 유형전력과 무형전력을 가장 합리적으로 조직, 결합하여 전투역량을 극대화할 수 있는 매개적 요소로 교리, 편성, 훈련, 통솔과 같은 것들이 있다.

2. 전투력의 결정요소

전투력을 결정하는데 비교분석의 초점이 되는 것은 전투력의 질과 양, 그리고 술(art)에 대한 것이다.

1) 전투력의 질(質)

전투력의 질은 전투의 효율성에 관계되는 중요 요인이다. 부대 및 병과 등 전투력의 구성과 전투원의 훈련정도 및 전투경험, 그리고 사기, 군기, 단결 등 정신적 요소가 전투력의 질을 결정하는 요인이다.

전투력의 구성에 있어서 단일병과로부터 수개 병과의 집합체로 구성된 복합전투력이 단일병과로부터 미미한 병과의 집합체로 구성된 단순전투력에 비해 강력한 것은 확실하며, 전투장비가 상대측보다 우수하고 보급이 순조로운 측이 그렇지 못한 편에 비해 월등할 것이며, 부대원의 훈련정도 및 전투경험, 사기가 왕성한 부대가 그렇지 못한 상대측보다 강할 것은 의심할 나위가 없다.

어느 편이 정예부대냐 하는 문제는 전반적인 전투에 미치는 영향이 크고, 전투 이전에 벌써 승리하고 들어가는 정신적 우위를 달성할 수 있는 부대를 말한다.

2) 전투력의 양(量)

양적인 요소는 병력의 많고 적음, 즉 병력과 장비의 수적 우열에 관한 요소인데, 여러 전사에서 증명하듯이 병력과 장비의 우열은 전투의 승패에 결정적인 영향을 미친다.

일반적으로 전투부대는 1개 중대가 1개 대대와 대적하기가 곤란하다든가, 1개 연대가 1개 사단과 전투하기에 힘들 것이라는 막연한 선입견 하에 정확한 적의 규모와 병력을 완전하게 알지도 못하면서 멋모르고 도전하기 쉽고, 큰 부대 또한 적이 자기들과 대등하거나 더 큰 부대의 일부일지 모른다는 의구심 아래 교전하기 쉽다. 때문에 현저히 약소하거나 뒤떨어진 군대라고 전투가 불가능한 것은 아니며, 또한 강력하게 우세한 적이 반드시 승리한다는 원칙이 깨어질 수도 있다.

전투력의 우열에 있어서 몇 배의 전투력이 가장 효율적이냐 하는 문제를 일률적으로 정하기는 곤란하며, 공격과 방어태세, 상황에 따라 융통성을 가져야 할 것이다. 전투력의 양적인 면을 다루게 될 때 논의의 초점이 되는 것은 절대적 전투력 우위의 유지이다.

절대적 전투력의 우위는 국력과 국가정책, 전략·작전술의 영향에서 비롯되는 근원적 절대량에 속하므로 전술이론에서 다룰 문제가 아니므로, 여기에서는 주로 상대적 전투력의 우위 유지에 대하여 기술하겠다. 전투력은 각종 요소의 상승효과로서 발휘된다. 따라서 전장에서 실제로 발휘되는 힘은 그 부대가 지닌 고유의 전투력과는 달리 실질적인 차이를 발생케 한다는 것은 자명한 이치이다. 전투는 상대적인 것이어서 피아가 제각기 이처럼 실질적으로 발휘되는 힘에 의해서 전투를 하게 된다. 이와 같이 쌍방이 제각기 실제로 발휘하는 힘을 상대적 전투력이라고 한다.

상대적 전투력의 우위란 당면한 전투환경에서 대적하고 있는 적 부대보다 부분적으로 우세를 달성하는 것을 말하는데, 전투력은 적의 전투력과 관련시켜야만 그 취약성과 강점, 운용의 중점 및 중요성이 드러나기 때문에 부대, 지원화력, 기동성,

협조 및 통제, 배치 등이 전투력 비교의 요인이 된다. 방어부대가 가용전투력을 전 정면에 걸쳐 공평하게 깔아 놓을 수 없는 것과 마찬가지로 공격부대 또한 균등한 전투력으로 전 정면을 공격할 수 없는 것은 전술의 기본상식이다. 전술의 요결은 한 마디로 결정적인 시간과 장소에 상대적으로 우세한 전투력을 집중, 운용하는데 있다.

전투의 승패는 이 같은 상대적 전투력에 따라서 결정된다. 불확실성의 연속인 전장에서 적 전투력의 규모를 정확히 꿰뚫어 보고 피·아 배치의 유·불리를 통찰하여 상대적 우위를 달성하는 일이야말로 지휘관의 책임이며 전투승패의 관건이다. 이때 보다 우세한 상대적 전투력을 확보하기 위하여 지형과 기상의 이용, 유리한 태세의 확보, 적절한 정보의 수집, 효과적인 병참지원의 제공 등 각종 노력이 절실히 요구된다.

3) 전투력의 운용기술

전투력의 질이 전투의 효율성을 결정하는 요인이고, 전투력의 양이 전투승패를 결정하는 요인이라면 전투기술(art)은 질과 양이 대등할 때 전투의 향배를 결정하는 결정표(casting vote) 역할을 한다.

따라서 피아가 동일한 종류 및 규모, 동일량(대등량), 기타 동일하거나 비등한 조건 아래서 조우전을 전개한다고 가정할 때 전투의 승패는 전적으로 술(art)에 의해 결정되리라는 것은 자명하다.

술(art)이란 재주를 말하며, 재주란 교묘한 기술을 말한다. 술은, 즉 전술을 말하며, 전술이란 전투 시 부대를 운용하는 기술로서 아군의 상황과 적의 상황을 고려하여 최소의 피해와 노력으로 최대한 적을 격멸하도록 취하는 모든 배치와 기동, 화력 사용방법을 포함한다.

술은 기본적인 전술원칙 외에 지휘관의 창의성에 의한 기계(奇計)와 부대훈련의 정도에 의한 숙련도, 상대 전투력을 파괴하고 감소시키기 위해 취해지는 역대책 등이 망라되며, 술은 지휘관의 지식과 두뇌, 기발한 실천력, 지휘통제력, 협동의 달성 정도에 따라 전투에 영향을 미치게 된다.

제2절 전투력의 원리

1. 전투력의 본질

인간의 생활환경인 자연계가 시간과 공간의 연속상태 속에서 물질의 상호 관계에 의해 유지되듯이 전투도 주어진 시간과 공간 속에서 전투에 참여하는 모든 요소간의 상호 역학 작용에 따라 그 승패가 달라진다.

전투요소 간의 역학작용은 시간과 공간, 전투력의 상태에 따라 변화하는데 전투력의 효과를 결정하는 요인을 전투력의 본질이라고 한다. 전투력은 그 본질상 진(集), 산(散), 동(動), 정(靜)의 네 가지 성질을 가지고 있다.

1) 집(集), 산(散)의 원리

힘은 집중하면 강해지지만 분산하면 약해진다. '힘'의 집중은 구심력이 작용하는 영역으로 회오리바람이 물체를 공중으로 떠올리거나 소용돌이가 큰 배를 침몰시키는 원리와 비슷하다.

그러나 '힘'의 분산은 원심력이 작용하는 영역으로 우산 위에 떨어진 빗방울은 우산을 돌리면 원심력에 의해 사방으로 흩어져 아무런 힘의 효과를 발휘할 수 없다. 전투력도 병력, 화력, 노력, 정신력을 집중·통합하면 막대한 상승적 효과를 나타낼 수 있지만, 이들을 분산·고립시키면 그 자체가 보유한 힘도 제대로 발휘할 수 없게 된다. 여기에서 전투력은 분산되면 약해지고 집중하면 강해진다는 전투원리가 나온다(집중〉분산).

그러나 단순하게 힘을 집중하는 것만이 효과적인 것은 아니다.

첫째, 집중은 적의 취약점에 대한 집중이어야 한다. 적의 취약점은 스스로 노출되기도 하지만 일단 적을 분산시킬 때 가장 많이 나타난다. 따라서 적을 최대한 분산시킨 뒤 아군의 우세한 병력을 신속히 집중하는 것이 필요하다.

둘째, 분산을 전제로 한 집중이어야 한다. 오늘날 대량 살상무기의 등장과 핵전쟁의 위험은 분산(소산)에 의한 부대운용을 필요로 하고 있다. 무조건 병력을 집중하다 보면 전술 핵무기의 좋은 표적이 될 수 있다. 따라서 아분산⇒적분산⇒아 집중의 연쇄관계로 수행될 때 가장 효과적이다.

셋째, 집중의 시기, 지역, 방향이 잘 고려되어야 하고, 지휘관의 정확한 판단과 확고부동한 결심, 대담한 실행력이 뒷받침되어야 한다.

孫子는 "적에게 우리의 경계태세를 모르게 하면 우리는 집중할 수 있고 적은 분산하게 된다. 우리의 병력은 한 장소에 집중하고, 적은 10개 처에 분산시키면 우리는 적보다 10배의 힘으로 적의 '하나'를 공격하는 셈이다(形人而我無形 卽我轉而敵分 我專爲一 敵分爲十 是以十攻其一也)."라고 하였다. 집중의 원리를 잘 파악한 명언이다.

2) 동(動), 정(靜)의 원리

힘은 이동하면 강해지지만 정지되면 약해진다. 힘의 동적 상태는 속력에 의한 가속도가 작용하는 영역으로 이동에 의해 충격효과가 생기지만, 정적 상태는 항력에 의해 현상유지 내지는 본래의 힘마저 상실하게 된다. 즉 전투력의 효과는 '정지'되어 있을 때보다는 '이동'할 때 더 커지는 것이다(기동〉정지).

일반적으로 전투력이 이동(動)할 때에는 힘의 극대화를 꾀할 수 있고, 적에게 발견되어도 은닉하기 용이하며, 적의 화력 표적에서 벗어날 수 있어 분산과 집중에 의해 힘의 효과를 증진할 수 있다. 기동에 의해 유리한 위치에 설 수 있는 장점이 있으나, 지형의 이용이 어렵고, 적에게 위치를 폭로당하기 쉬운 결점도 있다.

전투력이 정지(靜)되었을 경우에는 지형의 이용, 전투력의 누전, 은닉의 용이, 지휘, 통제의 용이로 전투력 발휘, 고도의 분산가능성 등의 장점이 있으나, 일단 발견당하면 은닉하기 어렵고, 적의 표적이 되기 쉬우며, 상황변화에 신속히 적응하기가 곤란하다는 단점도 있다.

3) 4성(性)의 활용과 통합

전투력은 集, 散, 動, 靜의 4가지 특성을 어떻게 결합시켜 활용하느냐에 따라 크게 달라진다. 아무리 우수한 전투력을 보유하고 있다 하더라도 이를 분산시키거나 정지상태에 두면 효과가 없지만 이를 집중하고 기동하면 전투력이 최고도로 발휘된다.

물리학에 $E=MC^2$(E=에너지, M=질량, C=속도)이란 공식이 있다. 전투력 운용에 이 공식을 대입하면 $F=MC^2$(F=힘, M=병력의 양, C=가동속도)이 된다. 이 공식에 의하면 힘은 병력의 양에 비례하고, 기동속도의 제곱에 비례한다. 다시 말하면 전투력은 병력의 절대량이 증가할수록 산술급수적으로 증대되고, 속도가 빨라질수록 기하급수적으로 증대된다는 것이다.

따라서 집중과 기동은 분산과 정지에 비해 효과적인 전투력 발휘의 방법이 될 수 있는 것이다(집 · 동 〉 산 · 정).

2. 전투력 발휘상의 특성

전투력을 발휘하고 이를 더욱 증진시키기 위하여 착안할 사항으로서 전투의 3요소와 전투력의 본질을 생각할 때 다음과 같은 특성이 발생한다.

1) 상승성(相乘性)

전투력은 각종 요소의 상승효과로 적에게 작용하고 발휘된다. 즉 전투력은 전투력의 본질인 4가지 성질을 적절히 선택 결합하고 또한 시간성(기후, 기상의 이용, 전기의 포착 등)과 공간성(지형의 이용, 유리한 태세 등)의 이점에 상승될 때 비로소 우세한 상대적 전투력으로 발휘되는 것이다. 이 상승효과는 술(術)에 의하여 전투력이 증대되는 것으로 다음과 같은 공식이 성립될 수 있다.

$$\text{전투력의 발휘} = \frac{(\text{기본전투력})\times(\text{4성의 선택과 결합})\times(\text{시간})\times(\text{공간})}{\text{術}}$$

2) 상대성(相對性)

전투에는 항상 상대가 있기 마련이므로 전투력의 발휘도 적의 전투력과 상대적인 것이다. 따라서 이만하면 충분하다는 전투력의 기준이나 한도를 명시할 수 있는 것은 아니다. 아군이 최선의 전투력이라고 판단한 전투력 이상으로 적은 보다 큰 힘을 발휘할 수도 있는 것이다. 따라서 전투력 발휘에 영향을 주는 모든 요소 하나하나를 충실하게 결속시키는 것이 중요한 일이다.

3) 절대성(絶對性)

전투력 발휘에 관계되는 모든 요소가 피아간 거의 동등하게 작용하는 경우 승패는 유형적 전투력의 절대치에 비례한다. 앞에서 언급한 바와 같이 전투력은 유형, 무형의 각 요소의 상승효과로 나타나지만, 무형적 요소(부대의 정신력)로서 유형적 전투력(물적 전투력)의 부족을 보완하는 데는 한계가 있는 것이다. 즉 물적 전투력이 어떤 한도 이상으로 격차가 있을 때에는 정신력이나 술을 가지고 부족을 보완하기는 어려운 것이다. 여기에 전투력 발휘 상 유형적 전투력의 절대성의 원리가 존재한다.

【사례연구】 태평양 전쟁 시 일본군은 정신전력으로 미국을 압도하려 했으나 미국의 엄청난 물질전략에 패한 것은 유형적 전투력의 절대성을 입증했다.

4) 입체성(立體性)

전투력은 지상, 공중, 해상의 3개 방향으로부터 입체화하여 발휘될 때 가장 강하게 나타나고 안전하다. 전투력의 입체성은 전 종심 동시제압 또는 방어를 가능케 한다. 육·해·공의 힘은 상황에 적응한 균형을 가지고 발휘될 때에 가장 강력한 것인데 이때 공군력의 우위는 지상세력권 및 제해권을 더욱 유리하게 한다.

【사례연구】 제2차 세계대전 당시 공중전력을 상실한 일본군은 제해권을 상실하고 남방 각 도서에 진출한 지상군이 미군에게 각개격파되어 패전에 이르렀다. 또한 걸프전에서 미국은 동시다발적 항공타격을 기본으로 하고, 공지전투 개념에 의한 정면 지상공격과 공중기동의 통합, 기갑, 헬기, 항공전력의 통합을 통해 최소전투로 최대성과를 달성할 수 있었다.

5) 쇠약성(衰弱性)

운동 중에 있는 힘은 마찰에 의해서 점차 쇠약해지며, 마침내는 정지하게 된다. 이 원리와 마찬가지로 전투력도 운동에 의해서 점차 쇠약해진다.

- 전투력은 공격돌진과 더불어 약화되기 시작하여 전투력의 전환점에 도달하면 마침내 정지한다.
- 최초의 타격효과는 초기에 가장 강력하고, 시간의 경과에 따라 감소되며, 놀라움도 시간의 경과에 따라 저하된다.
- 공자의 사기는 최초에는 강력하나 적의 저항에 따라 점차 쇠약해진다.

이상의 특징을 고려할 때 전투력은 가속도를 갖도록 추진시켜야 하며, 이를 위해서는 종심에 걸친 전투력의 배비가 필요하게 된다.

【사례연구】 제1차 세계대전 시 유럽 서부전선에서 독일군의 공세가 실패한 원인 중에는 중점 정면에서의 공격지속 능력의 부족에 있었다.

6) 방향성

힘은 직각으로 가할 때 물리적으로 가장 강하다. 그러나 사각으로 가할 때에는 힘이 분산되고 약해진다. 따라서 전투력의 지향은 적에 대하여 직각으로 지향되도록 함이 필요하다.

전투력의 지향지점은 적의 힘이 우월하거나 또는 피아간에 세력이 팽팽한 곳에서는 성공을 기대할 수 없다. 오직 적의 힘이 약한 곳, 즉 적이 힘을 강하게 하기 위해서(집중×기동) 많은 시간이 소요되는 지점에 지향하여야 한다. 따라서 모든 공격은 첫째, 적의 배후, 둘째, 적의 측방 순으로 선정하여야 하며, 부득이한 경우에 한하여 정면을 선정하여야 한다.

7) 창조성(創造性)

전투력은 인간에 의해서 창조되고 적과 싸우는 전장에서 발휘되는 것이다. 즉 시간과 공간의 작용 하에 창조되고 육성되어 마침내 적과 승패를 겨룰 전장에서 발휘하게 되는 것이다. 지휘관이 전투력을 창조해 가는 길은 하나의 예술적 범주에 속한다. 지휘관은 전투력의 창조에 대하여 위대한 예술가이어야 하는 것이다.

【사례연구】 제2차 세계대전 초기 독일군은 공군과 기갑부대의 효율적인 편조로 힘의 집중방식을 개발하여 전격전을 수행하였음은 전투력의 창조인 것이다.

8) 시간성(時間性)

작전은 일반적으로 피아 공히 운동성을 갖고 있다. 이 운동은 靜에서 動으로 집중으로부터 분산으로 혹은 그 반대로 변화한다. 이 운동의 변화하는 시기를 약점이라 하며, 이 약점은 시간의 경과에 따라 점차 강점으로 변화하는 것이다.

제3절 전투력의 조직과 조성

1. 전투력 조직화 개념

1) 조직의 특성

인간은 태어나면서부터 조직의 구성원이 되며, 하루라도 조직으로부터 벗어나서 생활하지 못한다.

조직이라는 용어를 좀 더 명확하게 정의하여 보면 '과정'과 '구조'의 양자를 동시에 뜻한다. 조직이란 구성원의 행위를 예측할 수 있도록 만드는 '과정'이며, 집단목적을 달성하기 위하여 이루어진 가장 합리적인 '구조적인 배열'을 뜻한다.

이런 뜻에서 조직은 일반적으로 다음과 같은 특성을 가진다.

① 어떤 특정한 목적이나 목표를 가지고 있다.

② 인적 · 물적 요소 등 여러 부분적 요소로 구성되어 있으며, 각 부분적 요소는 전체적 요소에 의해 상호 의존적으로 작용함으로써 조직의 목적 또는 목표 달성에 기여한다.

③ 자체의 효율성 제고에 노력함은 물론 외부환경에 적용함으로써 자체의 안정

과 성장발전을 꾀한다.

이렇게 볼 때 조직은 "집단이 공동목표를 달성하기 위하여 인적 및 물적 자원을 유기적으로 결합하여 조화시키는 것"이라고 정의할 수 있다.

전투력의 조직화란 전투력을 조직하고 조정하는 것을 말하며, 전투력의 효율적인 발휘를 위하여 온갖 힘을 하나로 통합시키는 것으로, 이는 전투력 발휘를 위한 필수적인 수단이다. 다시 말해서, 전투력은 유효하게 조직되고 조정함으로써 비로소 통합된 충분한 힘을 발휘할 수 있는 것이다.

근대전에 있어서는 전투력을 구성하는 여러 요소의 증가 및 과학기술의 발달에 따라 전투력의 조직화를 위한 노력의 필요성은 더욱 증대하고 있다.

2) 구성요소

조직은 다음과 같은 세 가지 요소로 구성되어 있다.

첫째, 조직은 달성하고자 하는 목적 또는 목표를 가진다. 모든 조직은 성장, 발전, 현상 및 안정유지, 상호 작용을 도모하기 위한 목적을 가지며, 이 목적은 조직이 추구하는 이미지(image)에 지나지 않지만, 현재의 조직행동과 반응에 영향을 미치는 매우 현실적인 사회적 힘(sociological force)의 원천이다. 목적은 보통 조직의 안팎에 존재하여 조직원의 행동을 환기하고 선택하며, 행동을 방향 짓게 하는 유무형의 표적인 것이다.

둘째, 조직은 인적 및 물적 요소로 구성되어 있다. 목적이나 목표는 조직이 지향해야 할 궁극적 방향이지만, 이에 도달하기 위해서는 구체적 수단이 존재해야 한다. 목표지점에 도달하기 위해서는 걸을 수 있는 다리나 수송수단이 있어야 하는 것과 마찬가지다.

셋째, 조직은 구성원 상호간의 노력과 협동 없이 본래의 목적을 달성할 수 없다. 따라서 여러 인적·물적 수단들이 논리적이며, 체계적으로 연결되고 조정되어야 한다.

우리의 군조직도 국방이라는 특수목적과 전쟁승리라는 군 본연의 임무를 수행하기 위해 말단의 분대로부터 야전군에 이르기까지 광범위한 제대에 걸친 합리적 편성체를 보유하고 있으며, 지휘관에 의해 가장 효율적으로 부대원을 결속시켜 최고의 충성심을 발휘할 수 있도록 조정, 통제된다.

따라서 군의 조직은 인원과 장비, 계급에 따른 직책과 권한, 임무와 기능이 법령으로 명시되는 강력한 지휘구조의 체제(Command Structural System)로 구성되어 있다고 볼 수 있다. 그래서 자노비츠(Janowitz) 교수는 군 조직을 "계급과 직책, 권위를 바탕으로 하는 위계적 전투집단" 이라고 하였는데 '위계적'이라 함은 절대적 권위에 의해 편성된 관료제적 규율조직체계를 말한다.

3) 조직의 원칙과 군 특수성

조직의 원칙이란 일정한 임무를 어떻게 하면 가장 능률적이고 합리적으로 수행할 수 있는가 하는 주로 조직의 관리기법적 측면에서 제기된 문제점들이다. 조직의 원칙은 모든 조직에 보편적으로 타당한 원칙이 존재하는 것을 전제로 하여 설정된 것으로 오늘날에는 그 효용성이 의심되고 있기는 하지만 여전히 조직하는데 하나의 지침이 될 수 있는 것으로 믿고 있다.

(1) 전문화

개인의 독자적 소질과 전문적 지식 및 기술정도에 따라 전담업무를 부여하는 것으로 분업과 밀접한 관계가 있다. 군대는 병과, 병종, 계급, 직책 등 전문화의 원리에 최대한 봉사할 수 있도록 조직되어 있다.

(2) 조정

구성원 상호간에 일어나는 조직적인 마찰을 최소화하여 공통의 목표달성을 위해 노력을 통합하고 촉진하기 위한 모든 노력을 말한다. 최고의 위기관리집단인 군대는 엄격한 상명하복이 요구되고 있어서 업무적 협조와 통합에 소홀하기 쉽다. 조정방법으로는 계층제에 의한 권한과 책임의 명확화, 참모의 활용, 상위의 통합조정기구 설치, 규율 및 징벌제도의 활용 등이 있다.

(3) 책임과 권한

책임과 권한은 형평을 이루어야 한다. 즉 직무를 수행해야 할 책임을 가진 자는 직무수행에 필요한 권한을 가져야 한다. 그러나 반복적인 일상업무는 과감하게 부하에게 위임하여 본래의 고유임무 수행에 전념할 수 있어야 한다. 이렇게 함으로써 각 계층 간의 명령복종 관계를 명확히 하고 명령이 조직의 정점으로부터 하부에 이르기까지 신속히 도달하는 일사불란한 체계를 갖출 수 있다.

(4) 지휘의 한계

상관이 부하를 효과적으로 지휘하는데 가장 적절한 인원이 몇 명인가 하는 지휘통솔의 범위를 말한다.

그레이쿠나스(V. A. Graicunas) 같은 사람은 수학적 공식까지 제시하여 6명을 적정수로 보았다. 그러나 지휘의 한계는 지휘자의 능력, 피지휘자의 질, 임무의 성질, 분산의 정도, 시간적 요인, 지휘술에 따라 신축성 있게 적용되어야 한다.

(5) 명령의 통일

누구나 한 사람의 상관에게만 보고하고 명령을 받아야 한다는 것으로 피라미드형의 조직을 상징하는 것이다. 명령의 통일은 명령계통의 이원화로 인한 조직 내의 혼란을 방지하고 책임의 소재를 분명히 하는데 있다. 특히 이 원칙은 고도의 위기관리 집단인 군대조직이 유의해야 할 원칙이다.

이상으로 일반적인 조직이론을 살펴보았다. 그러나 우리 군은 국방이라는 특수목적과 전투를 통하여 전승이라는 특수임무를 수행해 나가는 조직적 집단이기 때문에 사회집단과는 다른 특수성을 갖고 있다.

첫째, 기능적 측면에서 군은 국가목적의 수행 및 실현집단으로서 그 책임은 막중하고 무제한의 명령복종을 기대하고 있다.

둘째, 조직적 측면에서 엄격한 계급구조에 의한 수직적 상하관계로 이루어져 있어 이에 위반될 때에는 군기, 군법 등에 의해 강력한 제재를 받는다.

셋째, 정신적 측면에서 고도의 충성심과 애국심을 전제로 하여 지휘관을 중심으로 생사고락을 같이 하는 공동운명체적 유대감이 강하다.

넷째, 통솔적 측면에서 성장환경, 생활배경, 가치관이 각기 다른 다양한 구성원을 군의 요구에 충족할 수 있도록 적응시켜야 되는 사명적 조직이다. 결국 전투란 군조직이 갖는 상기의 여러 특성을 감안하여 전승이라는 공통의 목표달성을 위해 전체 조직원의 모든 능력을 총결집하는 과정의 집합이라고 보아야 한다.

2. 전투력 조직방법과 고려사항

전투력은 일반적으로 주어진 임무를 가장 효과적으로 달성하기 위해 가용한 인적·물적 자원을 유기적으로 결합하여 가장 합리적인 구조(지휘계통, 협조계통, 통제계통 등 계선구조와 참모구조)에 의해 기술성(전법, 무기와 장비의 생산·운용기술, 지휘통솔법, 의사결정 방법 등)을 최고도로 발휘할 수 있도록 조직되어야 한다. 이외에도 환경적 요인으로 적의 위협, 과학기술 발전추세, 국토와 지형, 군의 전통을 바탕으로 기술한 조직의 원칙을 적용하여 전투목적 달성에 가장 유효하도록 조직되어야 함은 두말할 필요가 없다.

군조직 방법으로는 편성(Organization)과 편조(Task Organization) 개념이 있다. '편성'이란 군의 단위부대로서 편성표에 의거, 합리적 구성에 의해서 만들어진 한정적 조직을 말하는데 전술부대의 편성에 영향을 미치는 요소로는 기동력, 화력, 통신수단, 감시능력, 작전양상, 전술개념, 전투지역, 지휘의 폭 등이 있다. '편조'란 특정 임무를 달성하기 위하여 기존의 편성을 임시로 변경하여 특별 집단을 구성하거나 지휘관계를 변경시킨 것으로 '전투편성'과 동일한 개념이라고 보면 된다.

전투력 조직 시 고려할 사항으로는 다음과 같은 것들이 있다.

첫째, 통합전투력 발휘를 위한 조건을 충족시킬 수 있어야 한다. 전투력의 조직화란 효율적인 전투력 발휘를 위한 힘의 통합이므로 목표가 분명치 않거나 여러 개일 때 힘이 분산되는 것은 당연하다. 하나의 목표를 향해 모든 능력을 집중하는 노력이 중요한 것이다.

둘째, 방침 또는 사상의 통일이다. 그때그때의 상황에 적응할 수 있는 융통성은 절대 필요하지만, 일관된 방침이 서 있지 않거나 이심전심의 공감대가 형성되어 있지 않으면 상황변화에 따라 조직은 와해되고 만다.

셋째, 정확한 전투력의 파악이 중요하다. 전투력의 조직이란 다양한 전투력 요소들을 통합한 것이므로 자칫하면 어느 하나의 잘못이 전투력 전체를 위태롭게 할 수도 있기 때문에 개개부대 및 병과가 갖는 특성을 정확하게 인식하여 소망하는 목표에 귀일시킬 수 있어야 한다.

넷째, 풍부한 창조성으로 의표를 찔러야 한다. 전투력 조직에는 원칙이 있다지만 그 양식은 무궁무진하다.

다섯째, 탄력성이 있어야 한다. 천태만상의 전장에서 운용되는 전투력의 조직화에 있어서 무엇보다 경직성이 배제되어야 한다. 탄력성 있는 사고에 이어서 전투력의 유연한 조직과 조정으로 임기응변함은 지휘의 묘체이며 성공의 기초이다. 이를 위해서 항상 예비계획을 사전준비하거나 부차적인 수단을 강구해 두는 등 상황의 변화에 즉응할 수 있는 대책이 필요하다. 조정은 면밀하여야 하는 것이지만, 그것은 연속과정이므로 한번 계획하면 그것으로 끝나는 것은 아니다.

여섯째, 적이 이용할 수 있는 기회를 주지 말아야 한다. 빈틈이 없다는 것은 전투력 조직이 합리적이고 능률적임과 동시에 적의 반격에 대하여 강력하다는 것을 뜻한다.

일곱째, 상황에 따라 요망되는 시간에 부합되어야 한다. 소요되는 '힘'의 결정과 요망되는 시기는 가장 합리적으로 조절되어야 한다. 이때 전기를 위해 불충분한 전투력으로 공격을 할 것인가, 아니면 충분한 전투력의 비축을 위해 전기를 놓쳐야 할 것인가가 주요 고려요소가 된다.

이러한 모든 노력은 결국 전투력의 효율적인 발휘를 위하여 모든 힘을 하나로 결집하여 통합된 힘으로 전투력의 비율을 어떻게 정해서 전투에서 승리할 것인가로 귀결된다고 하겠다.

【사례연구】

1. 전투력의 조직화에 성공한 전례로 노르망디 상륙작전과 인천 상륙 작전을 들 수 있다.
2. 전투력의 조직화에 실패한 전례로 의정부회랑에서 한국군의 증원군 투입과 6·25전쟁 초기 미지상군 투입

3. 전투력 비율

전투에 임하여 전투력의 비율을 어떻게 구성하고 또 변환하느냐 하는 것은 전투의 승패와 직결되는 중요한 문제이다. 전투력의 비율에서 다루어야 할 문제는 병과구성의 비율, 공방의 비율, 전투근무 지원의 비율 등이 있다.

전투력의 비율결정은 언제나 적 부대의 능력을 기초로 한 상대적 입장에서 전투편성을 결정하고 필요할 때에는 상황에 적응할 수 있도록 편조시켜야 하므로, 항

상 知彼知己가 기본요건이다. 적 부대의 사정에 어두워 적을 과대 또는 과소평가하거나 아군 부대의 실정을 잘 모르는 상태에서 결정한다면 결심하는 그 순간부터 오류는 시작되는 것이다.

그러나 전투력이 적보다 약하다고 해서 항상 적과 싸워서는 안 된다는 것은 아니다. 대소부대를 막론하고 현저하게 약화된 상태에서도 전투를 해야 하는 것이 군대의 숙명이며, 이럴 때에는 오히려 작전행동의 기민성과 탁월한 전술, 유리한 지형의 이용 등으로 전투력의 부족을 보충해야 한다. 현격하게 불충분한 전투력을 이유로 하여 전투를 회피해야 하는가의 여부는 전적으로 상황판단에 따라야 될 것이다.

1) 전투병과 구성비율

전투병과는 실제 전투에 투입되는 병종으로서 보병과 기갑, 포병, 육군항공, 공병, 정보통신병과 등이 이에 속한다. 전투 참가병과의 구성은 전투편성 시 고려되는 임무, 적상황, 지형 및 기상, 가용부대, 지휘통제 등 여러 요소에 의해 결정된다.

각 병과의 혼성편성은 원래 독립작전을 하는 부대 또는 본대로부터 멀리 떨어져 배치된 부대에 필요한 것이나, 근래에 와서는 모든 공격과 방어, 기타 작전에서 제병과의 협동작전이 필수적이고, 병력의 우세는 물론 적보다 포병화력, 기갑부대, 육군 항공전력의 우세 달성과 공병 및 정보통신의 과학화가 전투의 승패를 결정하게 되었다.

각 병과의 구성을 위해서 각각 병과의 특성을 고려하는 것은 너무나 당연하다. 즉 기갑은 기동과 충격의 원리를, 포병은 화력공격, 육군항공은 신속성과 파괴력, 보병은 완강성, 기동 및 사격, 자립성 등의 특징을 최대한 살려 전투상황과 지형에 알맞게 전투할 수 있도록 편성되어야 한다.

전투수행상 필요한 병과의 구성에 있어서 어떤 표준적 · 수치적 비율을 공식화할 수는 없으며, 어디까지나 가용부대와 지형 및 기상, 임무에 의한 상황판단에 의하여 적절하게 편성할 수밖에 없다. 이때 각 병과의 독특한 특성발휘와 전투영역에서의 자립성 및 취약점 등이 고려되어야 한다.

병과비율의 효율성을 대표하는 것이 제병협동이다. 제병협동은 효과적인 지상전투 수행을 위한 제병과의 협동을 말한다. 제병협동을 위한 협조(coordination)는 시간, 공간, 질과 양적으로 구성원의 능력을 조화시켜 공통의 목표달성에 기여할 수 있도록 통일된 행동을 취하는 것을 말하며, 협동(cooperation)은 협조를 위한 협력의 과정을 말한다.

제병협동은 적을 제압, 구축 또는 격퇴하기 위하여 이동과 사격에 의해 전투하는 과정에서 각 제대의 독특한 능력을 발휘하여 최소의 노력으로 최대의 효과를 얻을 수 있도록 한다. 어떠한 전투에서도 단일무기, 단일병과만으로 승리할 수 없으며, 대소의 전투에서 제병협동의 편성과 운용이 긴요하다.

제병협동부대는 한 유능한 전투병과 지휘관 아래 결속된 전술적 결합체로서 지속적으로 전장을 관찰하며 필요한 명령을 내리고, 결단성 있는 이동을 단행하여 사격의 분배, 지원의 통합, 취약성의 감소, 통로개척 등 일련의 효율성 있는 전투행동으로 이끈다.

제병협동에서 가장 중요한 문제는 혼연일체의 협동이다. 개별적인 특성에 이유제기는 협동을 저해하고 임무달성을 위태롭게 하므로 소아병적인 병과의 옹호는 지양되어야 한다. 제병협동은 보병과 기갑, 야전포병, 근접항공지원, 육군항공, 방공, 공병, 정보통신, 전자전 부대의 밀접한 협동으로 달성된다.

원활한 제병협동을 위해서는 무엇보다 제병과의 강약점을 이해하는 것이 무지와 몰이해로 인해 야기될 수 있는 오류와 차질을 방지하는데 긴요하다. 자기 임무분야에 대한 전문성은 흔히 다른 병과에 대한 결핍이나 이해의 부족을 가져와서 전투가 한창 숨 가쁜 와중에서 그 병폐가 나타나기 쉬우므로 지휘관은 이러한 문제에 유념하여야 한다.

(1) 보병

보병은 도보로 전투하도록 편성 · 장비되고 훈련된 병과이다. 보병은 소화기 및 총검 등에 의한 근접전투를 주임무로 하고, 공격 시 적에 접근하여 이를 섬멸, 포획, 구축하며 방어 시에는 화력으로 적을 저지 또는 백병전으로 구축, 역습하여 격퇴한다.

산악보병, 공수보병, 기계화 보병 등 보병이 못갈 곳은 아무데도 없다. 보병의 우월성은 직접 적을 정복하고 항복을 받는 전투의 확정력을 보유하는데 있다. 보병이야 말로 자립할 수 있고, 모든 난관을 극복하면서 승리의 고지를 향하여 외로운 투쟁을 하는 군의 주력이다.

제병협동부대 편성 시 대부분의 경우 다른 병과는 보병에 종속되어 보병의 주도하에 전투를 전개한다. 그러나 예외의 경우 보병이 다른 병과에 종속될 수도 있다.

(2) 기갑

전장에서 기갑은 보병과 함께 전투부대의 주종을 이룬다. 신속한 기동력, 강력한 화력, 두터운 장갑보호의 장점은 선망의 대상이며, 적 전차의 파괴, 보병 사살, 충격과 공포 조성을 통해 그 위력을 유감없이 발휘한다.

전차의 운용은 일반지원, 직접지원, 배속, 작전통제 등의 방법으로 운용되며 개활지는 전차의 주무대가 되겠지만, 험한 산악지대에서는 전차의 위력이 반감될 것이다.

전차는 시계의 제한, 근접방호의 필요성, 표적으로서의 취약성, 재보급 등의 제한사항이 문제시되고 있으나, 돌파 후의 신속한 전과확대, 핵무기의 효과확대 등의 능력은 다른 병과의 추종을 불허한다. 전투 중의 보병과 전차의 협동을 통해 보병은 전차의 시력을 보충하며, 근접방호를 제공하고, 반면에 전차는 보병의 표적을 사격하고 유린하는 데 기여한다.

(3) 야전포병

포병을 활용할 수 없는 군대는 비참하다. 전투의 최선두에 나서는 보병과 기갑은 항상 포병의 지속적이고 밀접한 근접지원을 필요로 하며, 그 지원이 적절할 때 보·전·포 협동의 효과는 증대된다.

야전포병의 사격 지휘절차 및 탄종개발, 유효사거리는 점차 향상되고 있다. 보병과 기갑이 필요로 하는 제1선에서의 포병은 사단 포병 또는 비(非)사단 포병에 의해 직접지원, 화력증원, 일반지원 및 화력증원, 일반지원 등의 임무를 수행하며 보병과 기갑지원, 대포병전, 종심파쇄 전투를 감행하여 전투를 유리하게 이끈다. 요망하는 화력의 적절한 집중은 결전의 향방에 막대한 영향을 미치므로 포병소요의 확대는 필수적이며, 이는 곧바로 성공적인 근접전투와 연결된다.

화력의 우세는 전투부대의 한결같은 소망이며, 적을 제압하기보다는 무력화를, 무력화보다는 표적의 파괴를 희망한다. 제2차 세계대전 중 사상자의 반 이상이 포병사격에 의해 발생했다는 사실을 보아도 포병의 중요성을 알 수 있다.

적의 침투전술, 전 종심에 걸친 동시전투는 포병의 자립성을 위협하고 있다. 그러나 포병의 자립성과 기동성 향상은 계속적으로 추구되어야 하며, 그것이 달성될 때 포병의 임무수행, 즉 제병협동, 화력통합은 일층 효율성을 갖게 될 것이다.

핵 및 비핵 포병탄약의 개발은 살상률을 월등하게 향상시킬 것이나, 근접한 보병의 안전을 보장할 수 있도록 개선되어야 하며, 지휘의 통일과 적절한 사격통제, 긴밀한 협조로 오차에 의한 피해는 방지되어야 한다.

(4) 근접항공지원

전술항공기는 제병협동을 위해 극히 중요한다. 전술항공기가 장비한 재래식 폭탄 또는 미사일과 같은 무기는 높은 명중률과 무서운 파괴력을 가지며, 특히 적의 탱크 공격과 벙커 공격에 뛰어나다.

근접항공지원은 지상화력 수단에 의해 제압할 수 없는 적의 전차 및 기동부대, 화력부대, 특화점, 철교 및 교량 등의 목표에 대하여 지향되며, 전술항공 통제반과의 긴밀한 협조는 매우 중요하다. 근접항공지원은 기계획된 요청, 긴급요청, 비상요청으로 구분되며, 비상요청은 전술항공 통제반이 파견되지 않은 부대의 지휘관에 의해서 지휘계통으로 요청되어 긴급요청에 버금가는 우선순위를 가지고 지원되어야 한다.

(5) 육군항공

최근 공격용 헬리콥터는 강력한 화력과 기동성으로 인해 제병협동의 중요한 부분을 차지하게 되었으며, 수송용 헬리콥터는 지상부대(특히 보병과 포병)의 기동력을 향상시킴으로써 사격과 기동의 전투영역을 확대하였다.

공격용 헬리콥터는 차장, 지형, 후방의 공중에서 사격이 가능하므로 종래에 제한되던 사거리를 연장시켰으며, 특히 대전차 공격능력이 우수하다. 육군항공기는 중요한 첩보출처가 되어 공중정찰 및 감시활동에 의하여 전투첩보 및 정보의 활용 및 확인, 지형정보의 수집 및 사용을 한층 신빙성 있게 한다.

육군항공기의 취약성은 모든 화기로부터 사격에 무력하다는 점인데 이러한 약점은 개선되어야 하며, 지휘관은 육군항공을 운용하는데 있어서 이런 점에 관심을 가져야 할 것이다

(6) 방공포병

대공방어는 제병협동팀이 해결하여야 할 중요한 과제이다. 적의 공군능력은 점차 향상되고 있으며, 이들이 향상된 만큼 위험부담도 증대될 것이므로 통합된 대공방어 능력의 유지는 지상전투 임무수행에 필수적이다. 방공포병은 보병 및 기타 병과 그리고 지대공 미사일 등과 함께 증가되어야 하며, 대공방어 사격은 직사화기 사격을 포함하여 협조, 통합되어야 한다.

(7) 공병

공병은 아군의 기동을 용이하게 하고, 적의 기동을 방해함으로써 아군의 지상기동력을 증진시키는 지원을 하며, 이를 위해 기동로 개척 및 유지, 장애물 설치 및 제거, 교량가설, 도하지원 등의 임무를 독립 또는 피지원부대와 협동으로 수행한다. 공병지원은 기동계획, 화력지원 계획과 상호 통합 및 협조되어야 하며, 상황변화에 효과적으로 대처할 수 있도록 충분한 융통성이 있어야 한다. 공병은 일반지원, 직접지원, 배속으로 운용된다.

(8) 정보통신

통신이란 각종 첩보를 직접대화를 제외한 각 개인이 타인에게 또는 한 위치로부터 다른 위치로 전달하는 방법이나 수단을 뜻하며, 부대를 지휘 및 통제, 협조시키는 필수요소로서 정보수집과 전파, 화력과 기동의 협조 등을 용이하게 하며, 부대의 전투력을 결정적인 시간과 장소에 집중시키게 하는 기본적인 수단이다.

신뢰할 수 있는 통신은, 명령 및 보고, 핵 투발 경고, 방공경고 등 모든 정보의 신속한 전파를 가능하게 한다. 따라서 통신계획은 작전의 요구에 최대한 충족시킬 수 있어야 하며, 가용한 통신수단을 사용하여 효과적인 통신망을 구성 유지하여야 한다.

통신망의 구성유지 책임은 상급부대에서 하급부대로, 지원부대에서 피지원부대로 좌측부대에서 우측부대로, 능력 있는 부대에서 능력 없는 부대로 설치, 유지할 책임이 있다. 지휘관과 참모는 가용한 통신방식과 우선순위를 이해하고 있어야 한다. 일반적인 통신의 우선순위는 지휘 및 통제, 화력지원, 전투첩보, 전투근무 지원 순이다.

효과적인 작전수행을 위해서는 통합된 지휘 통제, 통신, 정보의 연계로 실시간에 지휘가 보장되어야 한다. 통신은 지형, 대기조건, 적의 전자전 및 핵 투발에 따른 악조건 하에서도 통신체계가 계속 운용될 수 있어야 한다.

한편, 과거 독립되어 있던 전산병과는 통신병과로 흡수되었으며, 이로써 통신병과는 정보통신병과로 명칭을 변경하고 통신 고유의 임무와 더불어 네트워크 관련 임무를 함께 수행하고 있다. 특히, 전술정보체계(ATCIS), 합동지휘통제체제(KJCCS) 등을 통해 실시간 전장정보의 순환과 지휘 및 통제가 가능토록 하는 역할을 담당하고 있다.

(9) 전자전 부대

전자전 부대는 필요할 때 전자전 정보를 예하부대에 제공하며, 적의 지휘통제, 통신을 방해 또는 파괴한다. 전자전은 전투력의 한 형태가 되어야 한다.

제병협동은 필요한 첩보 및 정보를 수시로 교환 전파하여 표적을 식별하고, 각각 무기효과를 최대로 활용하며 전장에서의 기동, 은폐, 엄폐, 제압 및 파괴사격을 효과적으로 통합하여 임무를 달성하는데 있다. 제병협동시 자기 자신, 자기 병과의 안위에 대해 지나치게 신경을 써서는 안 되며, 이때야말로 전체적 조화와 임무완수에 전력해야 할 시기이다. 제병협동 시에는 다른 병과의 이해 및 운용의 묘 발휘, 고도의 단일체 협동정신 발휘, 다른 병과의 지원노력의 중복 회피, 협조통신의 유지 등이 지켜져야 한다. 전장의 꽃은 제병협동의 완성이다. 단일 병과에 의한 완승은 기대하기 어려우므로 모든 병과 및 전투팀은 제병협동의 완성을 위해 계속 노력하여야 한다.

제병협동부대는 강력한 적정 수준의 보병, 지형에 적합한 기갑편성, 지속적이고 긴밀한 근접항공 지원보장, 가용한 최대한의 포병지원, 필수적 육군항공 및 공병지원, 적절한 방공지원으로 구성되어야 한다.

전투력의 가용성은 일반적으로 상급부대의 능력 및 계획에 의존하게 되므로 지휘관의 재량권은 자대 책임지역 내의 전투력 할당 및 운용에 국한되기 때문이다. 제병협동부대 구성에서 가장 금기할 사항은 지휘관의 편협성, 보편타당성의 결여, 융통성의 결핍 등이다.

2) 공방비율(병력의 비율)

병력수의 우월은 전술과 작전술, 전략적 승리를 보장하는 가장 보편적인 원리이다.

전투를 위한 대적 전투력 비율을 일률적으로 규정할 수는 없으며, 설사 그렇게 규정할 수 있다 하더라도 그 비율대로 전투력을 배치하기란 거의 불가능하다.

첫째, 전투력이 국력을 바탕으로 경제력과 과학기술의 격차에 따라 보유하는 군대의 편성과 장비 규모가 각기 다르기 때문이다.

둘째, 적국과 똑같은 규모와 편성을 가진 군대를 보유했다 해도 적이 전쟁에 뛰어들 때 전투력의 균형은 깨어지게 된다.

셋째, 똑같은 적 부대와 전투를 한다 하더라도 시간적 · 공간적 배치의 차이에서 가용성이 달라지거나 적으로부터 입은 피해의 정도와 범위에 따라 전투편성에 차이가 난다.

넷째, 전투상황의 유 · 불리에 따라 공격이냐, 방어냐, 기타 작전이냐가 결정되고, 이용하는 지형의 차이와 지휘관의 전술적 사고 및 독창력의 차이에 의해 달라지는 등 가변성의 여지는 이루다 말할 수 없다.

따라서 이보다 세밀한 이론의 전개는 한갓 쓸모없는 이론의 장난일 뿐이다. 따라서 현실적으로 범위를 좁혀서 각 나라들이 적용하고 있는 공방비율, 전투지대의 편성, 공방손실 비율을 고찰해 봄으로써 어떤 공통분모를 찾아보기로 하겠다.

(1) 주요 국가의 적용비율

일반적으로 공자(攻者)가 전투에서 승리하기 위하여 방자(防者)보다 3배 정도의 힘의 우세가 필요하다는 이론은 아브라함 링컨의 편지 속에서 최초로 사용되었다. 링컨의 주장은 경험법칙으로써 실제로 전투의 기초이론이 되었고, 광범위하게 적용되었던 것이다.

미국은 공격 시 결정적인 장소에서 최소한 6 : 1의 우세를 유지할 수 있어야 한다고 한다. 방어하는 측은 전장의 선택권보유, 양호하게 배치된 화기, 은폐 · 엄폐의 이용, 장애물로 강화된 지형, 초탄 발사의 선택권 보유 등 이점이 있는데 반하여, 공자는 노출되어서 방자가 선택한 전장에서 전투, 적의 사격 하에 기동, 화기제압의 곤란성 등의 불리점이 있다고 한다.

[표 10-1] 주요국가의 전투력 적용비율

국 가	적용비율(아 : 적)	비 고
미 국	·공격 시 6 : 1 ·방어 시 1 : 3	•방어 유리 시(지형, 화력) 1 : 5 당분간 지탱
소 련	·공격 시 최소 3 : 1 ·주공지역 4 : 1 또는 5 : 1 이상	•방어는 공격의 반대에 준함
중 국	·압도적 우세 달성 2～6배 ·전략 : 일당십 ·전술(전투) : 십당일	•주공 7/9～8/9 •조공 1/9～2/9 할당
서 독	·공격 시 : 적절한 우세 ·방어 시 : 상대적 우세	•병력과 화력의 정도
일 본	·주정면 : 우세한 집중 ·기타 정면 : 최소한의 전투력	
북 괴	·3배 이상	

방어 시에는 가급적 1 : 3이 되도록 노력하고 방어에 유리한 지형이나 강력한 포병 및 항공지원 아래에서는 1 : 5의 열세 속에서도 당분간은 지탱해야 된다는 기준 아래 아군이 선택한 시간과 장소에서 결정적으로 병력의 비율을 변경할 수 있는 수단과 방법을 보유해야 하는 것이 중요하다고 강조하고 있다.

소련군은 공격 시 최소한 3 : 1 이상은 유지하되, 주공지역에서는 4~5 : 1 이상 유지해야 한다고 하여 미국군과 유사하지만 특기할 만한 것으로 그들은 항상 전차와 기계화 보병 위주로 대담한 돌진전술을 구사하고, 능동적 방어 전투를 강조하는데 유념해야 할 것이다.

중공군의 인해전술은 6 · 25전쟁 시 충분히 경험한 바 있으므로 기술을 피하고, 다만 전략적 부대운용에서는 소수로써 다수를 이기고, 전술적 부대운용에서는 항상 다수로서 소수를 제압한다는 것이 다른 나라와 특이하다.

북한군의 전술원칙은 소련군 전술을 바탕으로 하고 있으나 그 세부적 시행에서는 구 일본군의 교리를 다분히 수용하고 있는 것이 사실이다. 공격ㅠ 시에는 3배의 전투력으로 하고 방어 시에는 그 반대의 입장에서 전투한다는 비교적 보편화되어 있는 3 : 1 비율을 적용하고 있는 것으로 추정되는 그 근원은 아직 확실하지 않다.

서독군과 일본의 경우, 이들은 전투력 비율을 적용함에 있어서 수치적 개념에서 탈피하여 '우세한 전투력 집중'이라는 포괄적 개념으로 사용하고 있다.

6·25전쟁 시 북한군은 지상군 병력이 18만(182,680명)여 명으로 아군 지상군 병력 9만여 명(94,974명 - 전국에 산재 또는 공비토벌, 외출)에 비해 2:1이라는 절대적 우세를 유지했으며, 화력도 전차(T-34)는 242:0, 곡사포는 552문:88문, 박격포는 1,728문:960문으로 약 2.5:1이라는 우세를 점하고 있었다. 북한군은 이와 같이 우세한 전력으로 초전에 국군을 몰아붙이며 전세 전반을 석권했다.

이와 같은 각국의 전술적 원칙과 6·25전쟁 사례를 종합적으로 고려할 때, 대체적으로 2배 내지 4배의 전투력은 상대측을 곤경에 몰아넣을 수 있고, 그 이상의 전투력 우세는 전투에서 결정적 승리를 안겨 줌을 알 수 있다.

(2) 공방손실 비율

6·25전쟁의 경험과 이 후 전쟁에서 나타난 수치들을 고려할 때, 접적사단의 공방 전투 손실률은 대략 3.2~3.3:1 비율로 나타난다.

[표 10-2] 공방손실 비율

공격전투 손실률(%)	방어전투손실률(%)	비 고
축성지대공격 6.3 제 1 일	준비된 진지 1.9 방어 제1일	33:1
계속일 3.2	계속일 1.0	3.2:1

위 [표 10-2]는 비전투 손실률 0.3이 포함되지 않았으나 0.3 비율은 공방 간에 같이 적용하도록 되어 있어 생략하였다. 위의 수치는 앞에서도 언급한 바 있지만, 공격을 취하는 측은 3:1 이상으로 손실을 입게 된다는 것이니 충분한 병력과 화력, 기습과 기만, 기동, 우수한 전투기술로 보완되어야 함은 당연하다.

특히, 위 제원이 6·25 이후의 경험요소에 의했다고는 하나 그 후 피아간의 막강한 화력 증강요소가 고려되지 않았다는 점에 특히 유념하여 공자가 비록 장갑화, 방탄화되어 무해기동이 부분적으로 가능하다 하더라도 3.3:1 비율은 현저하게 초과할 것이 확실하다.

(3) 화력지수

일반적으로 방자와 공자의 전투력 비율 1 : 3 의 수치는 전력의 질적인 면에서 차이가 있을 때 그대로 적용하기에는 부적절하다. 화력지수가 전투력 비율 결정에 중대한 영향을 미치는 것은 말할 나위가 없다.

화력지수를 계산 비교한다는 것은 실로 어려운 문제이며, 비록 컴퓨터에 의해 계산한다고 해도 가용화기의 위치와 사거리 및 지형조건, 표적탐지능력 및 정확성 여부, 각 총포의 실탄사격 훈련의 정도 및 시계조건 등이 세밀 · 정확하게 입력되지 않는다면 한낱 수치적 유희에 지나지 않는다.

방자에 있어서 전투력 비율은 최악의 경우에도 1(+) : 3 이하의 열세는 절대 곤란하며, 특히 적의 제2제대 투입 시에도 1(+) : 3이 유지되어야 한다는 데는 의심의 여지가 없다.

孫子는 "5배가 되면 공격하라(五則功之)."고 했다. 결국 방어 시에는 적의 제2제대 공격을 격퇴 또는 지탱할 수 있도록 1(+) : 3 이상의 유리한 전투력 유지에 노력하여야 하며, 공격 시에는 적을 섬멸적 위기로 몰아 부칠 수 있도록 5~6배의 전투력 집중이 되어야 할 것이다.

결론적으로 기본적인 공방비율은 최소한 3 : 1 이상의 우세를 유지하는 것이 중요하며, 특히 공방무기체계의 발달에 따라 공격 시는 5~6 : 1, 방어 시에는 1(+) : 3 이상이 유지되어야 하며, 상황이 유리하거나 주도권을 장악했을 때에는 공방비율에 상관없이 공격할 수도 있다.

3) 전투근무 지원 비율

전투근무 지원은 전투, 전투지원 및 전투근무부대에 대하여 임무수행에 필요한 자원 및 근무를 제공하는 모든 활동을 말하며, 군수 · 인사 · 민사 등의 활동으로 구분된다. 전투근무 지원의 목표는 전투 및 전투근무 지원부대가 최대의 전투력을 발휘하고, 유지하도록 자원 및 근무를 적시 적절하게 지원하는데 있다.

이러한 전투근무 지원의 목표를 달성하기 위하여 전투근무 지원이 작용할 수 있는 능력 또는 분야별 활동을 전투근무 지원기능이라 하며, 크게 군수지원 · 인사지원 · 민사지원 등으로 구분한다. 따라서 METT-TC 요소분석 결과에 따라 각 기능별 비율을 조정함으로써 효과적이고 적극적인 전투근무 지원을 이루어야 하겠다.

(1) 군수

군사목표를 달성하기 위하여 무기체계를 포함한 물자, 정비의 연구개발 소요판단, 생산 및 조달, 보급, 정비, 수송, 시설, 근무분야에 걸쳐 인원, 장비, 물자 자금 및 용역 등 모든 가용자원을 효과적 · 경제적 · 능률적으로 관리하여 군사작전을 지원하는 활동으로서, 전투부대, 전투지원부대, 전투근무지원부대를 지원하는 주요기능은 보급, 정비, 수송 및 시설, 근무지원이다.

군수지원을 보장하기 위하여 군수지원부대는 소요되는 자원을 충분히 준비하여 기동성 있게 운용하고 가용수송수단을 통합 및 협조하여야 하며, 군수지원은 지역지원 개념이 원칙이나 상황에 따라 변경될 수 있다.

(2) 인사

인사지원 목적은 부대의 인적 전투력을 유지 및 관리하여 작전을 지원하는데 있다. 지휘관은 부대 전투력의 유지를 위하여 부대병력을 유지, 사기앙양 및 유지, 의무근무, 군기 군법 및 질서유지에 관심을 가져야 한다.

(3) 민사

민사업무는 점령지역이나 자유화(수복)지역에서 軍 · 官 · 民 사이에 발생되는 모든 활동을 말한다. 민사작전의 형태에는 군사작전 지원 민사업무와 정부 행정지원 민사업무로 구분되며, 특히 군사작전이 실시되는 동안 지휘관 및 모든 민사요원은 지역 내 주민을 보호하고 민간분야의 지원과 자원을 획득하여 군사작전의 성공에 기여하고, 작전지역의 정부행정기능을 지원하여 정부의 통치능력을 강화하는데 기여할 수 있도록 해야 한다.

제4절 전투력의 한계

1. 전투력의 전환

아무리 우세한 전투력도 운동에 의한 마찰과 시간의 경과에 따른 이완으로 점차 소모되어 마침내는 그 한계점에 이르게 된다. 전투력의 소모현상은 다음과 같은 특징을 갖는다.

첫째, 공자는 방자보다 소모의 정도가 빠르다. 공자는 방자에 비해 행동범위가 넓고(전선의 분산 및 확대, 육체적 피로) 노출된 상태로 전진(피해 누증)하며, 불리한 지형극복에 따라 전투력의 소모가 크고 빠르다. 특히 피아 간의 전투력이 동등할 때 적의 저항도 그만큼 커지므로 전투력의 소모도 증대될 수밖에 없다. 따라서 최초의 전투력이 균형을 이루고 있을 때에는 소모의 정도가 전투의 향방을 결정한다.

둘째, 전투력 발휘는 초기에 가장 높지만 여러 가지 마찰요인에 의해 점차 감소되다가 적의 타격에 의해 결정적으로 약화된다. 따라서 마찰요인을 최소화하는 것이 전투력 발휘의 요체이다.

셋째, 기동속도가 빠를수록 전투력의 소모는 적고, 느릴수록 커진다. 따라서 전투력을 보존하기 위해서는 가속도를 유지하는 것이 중요하다.

상기의 여러 특징에 따라 공자의 전투력은 점차 감소하다가 전선의 확대, 병참선의 신장, 병력과 자원의 결핍에 빠져 마침내 공세능력의 한계에 도달하게 되는데, 이러한 상태를 공세종말점이라고 한다. 공세종말점에 도달했는데도 이것을 인식하지 못한 채 계속 공격을 강행하다 보면 오히려 피아간의 전투태세 및 전투력이 역전되는 상태에 이르게 되는데 이 시점을 전투전환점이라고 한다.

[그림 10-1] 공방 간의 전투력 소모

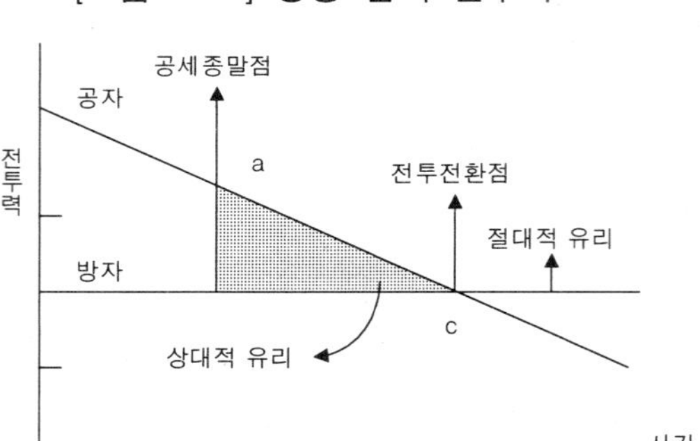

[그림 10-1]에서 보는 것처럼 공자는 3배 이상의 전투력으로 공격을 개시하지만 마찰의 증대와 시간의 경과에 따라 점차 전투력이 감소하다가 마침내 공세종말점(a)에 도달하게 된다. 공세종말점에 이르게 되면 아직까지 방자에 비해 상대적으로 우세한 전투력을 보유하고 있지만, 계속적으로 공격을 강행하다 보면 증원된 적 부대에 의해 격파당하거나 여건에 따라서는 방자 자체의 보유전투력에 의해 패배할 수도 있게 된다. 공세종말점을 지나면 마침내 전투력의 우세가 역전되어 절대적으로 불리한 상황인 전투전환점(c)에 이르게 되는데, 이렇게 되면 적에게 주도권을 빼앗겨 오히려 공격을 허용하게 된다.

이렇게 볼 때 전투전환점이란 시간 및 마찰의 증대에 따라 피아의 태세 및 전투력에 변화를 초래하여 상대적 전투력 비율이 역전상태에 이른 한계점 또는 작전의 전환이 요구되는 분기점을 말한다. 전투전환점은 전투승패의 분수령이다. 통상 이 전환점 이전에는 공자에게 주도권이 있지만 이 전환점을 지나면 방자에게 주도권을 빼앗겨 전투에 패배하게 된다. 따라서 이 전환점에 이르기 전에 어떻게 전투력을 계속 보존하여 공격기세를 유지하느냐가 전승의 관건이다.

한편, 마찰에 의한 전투력의 소모 측면에서 볼 때 방자 역시 전투력이 일정수준 이상으로 계속 유지될 수는 없다. 즉 적의 공격을 저지 격퇴해야할 방자의 방어체계 안정성이 붕괴되는 상태가 언젠가는 도래하기 마련이다. 바로 이렇게 방어능력의 한계에 빠지는 상태를 방어한계점이라고 한다.

따라서 방어의 요체는 이러한 방어한계점에 도달하기 이전에 공자의 공세종말점을 유도할 수 있도록, 방어의 안정성을 유지하면서 적의 전투력 집중점을 조기에 파괴시키는 노력의 통합이 긴요하다. 방자가 공자로 하여금 공세종말점을 초월하여 전투전환점으로 이끌어 들이기 위해서는 다음과 같은 방법이 있다.

첫째, 지형을 이용하여 적의 전투력을 횡 또는 종으로 이동시킨다.

둘째, 적의 공격태세를 분리시키고 보급 등을 봉쇄 차단한다.

셋째, 적의 지휘시설 등을 파괴시킨다.

전술한 바와 같이 공세종말점이 공자·방자 모두에게 중요하다는 것은 자명한 사실이다. 계획수립 측면에서 보자면 공자는 공세종말점에 봉착하기 전에 결정적인 목표를 달성해야 한다. 만일 이것이 여의치 못하다면 계획수립 시 전투력을 재보충하는 기간을 설정하고, 작전을 단계화하여야 한다.

왜냐 하면 공세종말점에 봉착한 이후에 방어로 전환하여 작전하는 문제는 여러 가지 이유로 인하여 대단히 어렵다. 우선 방어준비가 졸속해지고 부대도 충분히 배치되지 못한다. 재편성은 시간이 매우 촉박하다. 통상 공자는 분산되어 있고 종심을 따라 늘어져 있으며, 취약한 조건이 많다. 더구나 방어로의 전환은 심리적 조정을 필요로 한다. 전진과 승리에만 익숙해있던 병사들은 적진 깊숙한 곳에서 정지하여 새롭고 불리한 처지에서 수세적으로 싸우지 않으면 안 된다.

결국 공격은 방어하기에 아주 이상적으로 적합한 장소에서 공세종말점을 맞이하는 것은 아니다. 더 방어하기에 좋은 지형으로 후퇴한다고 결심했을 때 병사들은 심한 심리적 딜레마에 빠지게 되는 것이다.

방자의 입장에서는 공자가 결정적인 목표를 탈취하기 이전에 공세종말점에 봉착하도록 힘써야 한다. 이렇게 하려면 방자는 공자의 직접적인 부대뿐만 아니라 전투근무지원 체제까지 염두에 두고 작전을 해야 한다.

일단 작전이 개시되면 공격부대 지휘관은 자기가 원하든 원하지 않든, 언제 공세종말점에 봉착했는지 또는 봉착할 것인지를 잘 알아야 하며, 자기가 선택한 시간과 장소에서 방어로 전환할 수 있어야 한다. 방자의 입장에서는 항상 공자가 언제부터 힘이 부치기 시작하였는가를 잘 인식하여야 하고, 공자가 전투력을 다시 회복하기 이전에 반격으로 전환할 준비가 되어 있어야 한다.

2. 전환점의 극복

공자는 우세한 전투력으로 공격을 개시하지만 여러 가지 마찰요인에 의해 공세종말점에 이르러 더 이상 공격할 능력을 상실하고 마침내 전투전환점에 도달하게 되어 주도권을 방자에게 넘겨주게 된다. 따라서 공자는 공세종말점에 이르기 전에 계속 공격기세를 유지하는 것이 무엇보다 중요하다. 공격기세를 유지하는 방법으로 다음과 같은 것들이 있다.

1) 활력소의 주입

전투력이 팽팽하게 균형을 유지하고 있거나 전투력의 소모가 극심하여 전투의 향방이 의심스러울 때에는 새로운 활력소의 투입과 같은 조그만 계기가 전세를 역전시킬 수도 있다.

2) 적 후방에 기습부대 투입

결정적 순간에 침투부대 또는 특공부대와 같은 기습부대를 적의 후방에 투입시켜 적을 혼란에 빠뜨림으로써 적의 전투의지를 분쇄하는 것도 전환점을 극복하는 한 방법이다.

3) 전투력의 증강

새로운 전투력을 투입하여 공격기세를 유지하는 것은 전환점을 극복하는 가장 고전적인 방법이다. 예컨대 준비된 예비대의 투입, 조공의 주공화로 결정적 지점에서의 우세 달성, 포진지의 변환을 통한 화력의 증강, 신속한 기동을 통해 유리한 위치를 선점함으로써 상대적인 우세를 달성하는 것 등이다.

[그림 10-2] 전투 전환점 극복

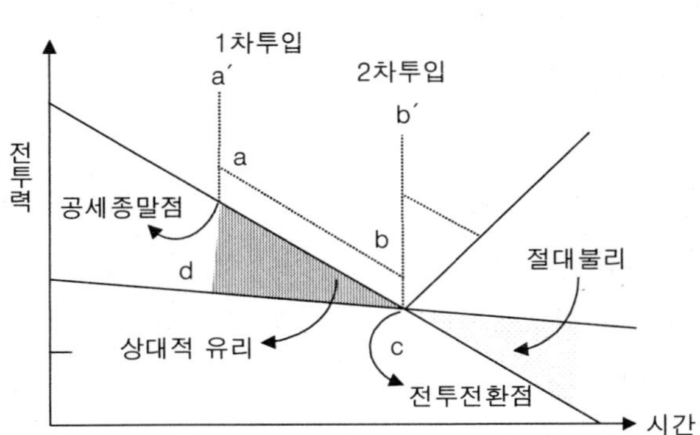

전투력을 증강하여 공격기세를 유지하기 위해서는 그 시기를 잘 선택하는 것이 중요하다. [그림 10-2]에서 보듯이 ad선은 공자가 상대적으로 유리하기는 하지만 공격을 계속할 만큼 전투력이 충분하지 않은 공세종말점이다. 공격기세를 계속 유지하기 위해서는 일차적으로 병력을 투입하여 공세종말점을 극복해야 한다.(a′d)공격을 계속하다가 일정한 시간이 경과하면 마찰에 의해 다시 공세종말점(cd)에 도달하게 되는데, 이때 공자는 재차 병력을 증강하여 절대적 우세(cd′)를 달성해야 공격을 계속할 수 있게 되는 것이다.

4) 계속적 압박

전투전환점에서는 공방 상호간에 심리 및 육체적 피로가 가중되어 자포자기(自暴自棄)하기 쉽다. 전투에서 패배한 부대의 병력이나 무기 · 장비 물자가 70%이상 온전하게 남아 있는 경우가 많다는 전례로 미루어 볼 때 물질적 파괴보다는 정신적 좌절감이 오히려 패배를 자인하게 만든다. 그래서 때때로 승리자는 패배자보다 사상자가 더 많은 경우도 있게 된다. 위기는 피아가 공히 느끼고 있지만 어느 측이 현실의 위기를 호기로 전환할 수 있느냐 하는 능력에 따라 전투승패는 좌우되는 것이다.

5) 공격기세의 좌절

방어 측에서 공격 측의 공격기세를 와해시키는 것도 전투전환점을 극복하는 한

가지 방법이 된다. 유형전투력을 약화시키는 방법으로는 아군이 준비한 강력한 살상지대에 공자를 유도하여 섬멸하거나 기도비닉을 용이한 전술적 요충지에 소수 병력을 매복시켜 유인된 적의 배후를 공격함으로써 적의 전 공격제대를 와해시킬 수도 있다.

무형전투력을 소모하기 위해서는 우선 적의 지휘관으로 하여금 더 이상 전투를 지속할 수 없도록 심리적 압박을 가하는 방법이 있다. 양공(feint)과 양동(demonstration)에 의해 적의 심리적 피로를 가중시켜 실제 방어를 소홀히 하는 틈을 이용하여 급습하는 방법이 그것이다.

이 외에도 방자가 공자로 하여금 전투전환점으로 이끌어 들이는 방법으로는 유리한 지형을 이용하여 공자의 전투력을 종(縱) 또는 횡(橫)으로 최대한 분산케 하거나, 적의 태세를 혼란시키거나 보급선을 차단하는 방법, 기타 적의 보급기지를 강타하여 더 이상의 병력 · 물자의 지원이 불가능하도록 하는 방법 등이 있다.

3. 관련전사 : 독일군 최후공격과 연합군 반격작전
(알단느, 1944.12.16.~1945.1.16.)

1) 독일군의 기도

독일군은 노르망디 전투 이후 많은 손실을 보았으나, 동부전선이 비스트라선(線)에서 소강상태에 있고, 서부에서는 연합군이 병참지원의 곤란으로 정군하고 있는 기간을 이용하여 국내의 전 자원을 총동원하여 새로이 제6기갑군을 편성하였고, '히틀러'는 신편(新編) 제6기갑군을 서부전선에 투입하여 알단느 서방에서 돌파하고 바스토뉴(Bastogne), 브뤼셀(Brussels), 앤트워프를 연결하는 선 이북의 연합군을 차단 섬멸함으로써 전세를 역전시키려는 모험적인 반격을 시도하였다. 그리하여 제6기갑군이 주공부대가 되어 알단느 방면에서 돌파하고 앤트워프로 직행하며 제5기갑군은 그 남방에서 병행 전진하여 제6기갑군의 남측방을 보호케 하고 제15군과 제7군이 기갑부대의 양 측방을 보호케 하였다.

2) 알단느 지방

독일군이 알단느 지방으로 공격한 이유는 이 지역의 미군이 극히 경미하게 배치되어 있다는 것을 잘 알고 있으며, 뿐만 아니라 독일군이 알단느 정면으로 병력을 집중하는 동안 연합군에 의한 치명적(致命的)인 타격은 없으리라고 보았기 때문이다. 왜냐 하면, 아헨(Aachen) 지방은 슈미트시(Schumid市) 부근의 댐을 확보하고 있음으로써 연합군을 저지시킬 수 있고, 지루 지방은 가장 강력한 요새기지이기 때문에 충분히 연합군을 저지시킬 수 있다고 보았기 때문이다. 또한 알단느 지방의 지형은 비록 험하지만 기갑전(機甲戰)이 가능하다는 것을 1940년 전역에서 입증되었고, 특히 무성한 삼림과 기복이 심한 지형은 가장 두려운 존재인 연합군 공군으로부터 엄폐가 가능했기 때문이다

3) 준비 및 기습

11월 중으로 독일군은 알단느 동쪽 아이펠(Eifel) 삼림지역에 비밀리에 병력을 집중시켰고, 공격부대를 강화하기 위하여 수리 후 동부전선으로 복귀하려던 모든 전차를 공격부대로 보내었으며, 완전편성의 인원과 장비를 갖추게 되었다. 뿐만 아니라 기습달성을 위하여 작전준비는 극비밀리에 진행되었으며, 군사령관 이상만이 공격계획을 알고 있었다. 그리고 연합군 공군력의 효과를 감소시키기 위하여 일기가 불순한 날을 택하여 공격하기로 하였다.

독일은 이 공격에 그들의 운명을 걸었고, 따라서 그들이 동원할 수 있던 전역량(全力量)을 이 공격에 경주하였다. 그러나 공격부대의 보병 및 기갑부대는 충분한 병력이었으나, 그들의 대부분은 10주 미만의 훈련을 받은 보충병이었고, 전차도 부속품이 대단히 부족하였으며, 특히 수리공의 부족은 치명적인 약점이었던 것이다. 뿐만 아니라 보급품, 특히 연료가 대단히 부족하였고, 제공권(制空權)의 상실은 처음부터 성공의 가능성을 희박하게 하였던 것이다.

4) 독일군의 공격과 연합군의 반응

짙은 안개가 낀 12월 16일 새벽에 독일군은 공격을 개시했다. 독일군은 완전한

기습에 성공하였고, 제5기갑군은 순조롭게 진격을 계속했다. 그러나 주공부대(主攻部隊)인 제6기갑군은 아이젠보른 능선에서 의외로 강력한 저항을 받아 진격이 부진하였다.

한편, 연합군은 독일군의 공격을 위력정찰(威力偵察) 정도로 생각했었으나, 16일 하오에 비로소 독일군의 대규모적 반격인 것을 인식하고 SHAEF 예하 유일한 예비대인 제18공수사단을 즉시 투입하고 '패튼'군의 공격계획을 즉시 중지하는 동시에 알단느 지방으로 병력을 급파케 하였다.

5) 바스토뉴과 생 비스

기습을 받은 연합군은 대혼란상태에 빠졌다. 그러나 교통의 요지인 바스토뉴(Bastogne)와 생 비스(St. Vith)에서는 완강한 저항을 하였기 때문에 독일군은 이들을 방치한 채 서방으로서의 진격을 계속하였다. 12월 22일에 이르러 연합군은 생 비트를 포기하였지만, 바스토뉴는 여전히 확보하고 있었고, 보급지원은 난관에 빠졌고, 더욱이 일기가 청명해진 후 연합군 공군의 활약이 다시 활발해지자 독일군의 진격은 부진해지기 시작했다. 특히 아이젠보른 능선의 고수(固守)는 앤트워프로의 진격을 불가능케 하였기 때문에 독일 제6기갑군은 서북방으로 진격을 할 수 밖에 없었고, 이것은 독일군의 전반적인 계획의 균형을 잃게 하였다.

6) 독일군의 공세종말점(攻勢終末點)

이와 같이 주공(主攻)인 제6기갑군의 진격이 부진함에 비하여 제5기갑군의 진격은 순조롭게 되자 '룬드슈탯드'는 예비대를 제5기갑군 방면에 투입하기를 원했다. 그러나 히틀러는 초기계획을 고집하여 유일한 예비대인 제2SS기갑군을 제6기갑군에 투입하였고, 따라서 약간의 희망을 보여주던 제5기갑군도 진격이 부진해지기 시작하더니 뫼즈(Meuse)강 약 5km 전방에서 드디어 진격이 좌절되고 말았다.

공격의 실패로 룬드슈탯드는 즉시 돌출부로부터 철수할 것을 건의하였다. 그러나 돌출부를 유지함으로써 다른 지방에서의 연합군공세를 저지할 수 있다고 생각한 히틀러는 철수를 불허하였고, 따라서 돌출부를 유지하기 위하여서는 바스토뉴의 점령이 무엇보다도 필요하게 되었다. 그러나 이미 패튼군은 바스토뉴시(市)를 구출하는데 노력을 집중하여, 12월 26일에 마침내 포위된 부대와 연결하는데 성공하였고, 그리하여 독일군이 만든 돌출부 내의 조그마한 미군의 돌출부를 형성하였던 것이다.

독일군은 돌출부의 유지를 위하여 미군이 만든 바스토뉴 돌출부를 제거하는 데 총력을 경주하였다. 그리하여 바스토뉴 공방전(攻防戰)이 치열하게 전개되었으며, 12월 31일 하루만 해도 무려 17회의 독일군 공격이 있었던 것이다. 그러나 패튼군은 바스토뉴를 끝까지 사수하는데 성공하였고, 공격이 실패로 돌아가자 히틀러는 돌출부의 유지가 불가능하다고 생각하여 1월 8일부터 철수를 명령하였다.

7) 연합군의 공세이전(攻勢移轉)

독일군은 1월 16일까지 바스토뉴 동방으로 철수하였고, 동부전선이 다시 위급해지자 제6기갑군을 동부로 이동시켰기 때문에 연합군의 위기는 사라졌던 것이며, 연합군은 2월 7일까지 돌출부를 완전히 제거하였던 것이다. 그리하여 독일이 운명을 걸었던 최후의 대공세(大攻勢)는 완전히 실패하였고, 차후 연합군의 공격에 대비한 예비대는 완전히 소진되었던 것이다. 그러나 무엇보다도 중요한 것은 독일군의 사기가 크게 저하되었고, 전쟁의 승리에 대하여는 완전히 체념하기 시작했다는 점이다. 결국 이 공격은 연합군의 공세를 약 6주간 지연시켰을 뿐이고 다만 절망적인 최후의 몸부림에 지나지 않았던 것이다.

8) 연합군의 성공요인

견부(아이젠보른 능선) 및 요지(생 비스, 바스토뉴)를 확보하여 공격력을 약화시키면서 돌파구 첨단을 봉쇄하여 공격기세를 차단, 공세종말점(攻勢終末點)을 포착하여 즉각적인 공세이전 및 과감한 공세행동(측면공격)으로 돌파구 내 독일군을 격멸하였다.

9) 독일군의 초기 성공요인

연합군의 공세종말점을 포착하여 반격을 실시, 기습을 달성했다. 즉 연합군이 노르망디 상륙 후 공세종말점에 도달하자, 독일군은 이를 이용하여 공세이전했던 것이다. 그 결과는 기습달성이었다.

10) 독일군의 알단느 반격 실패요인

생 비스 혈전으로 시간의 차질을 가져왔고, 바스토뉴 점령 실패로 보급이 곤란하였으며, 연합군은 신속히 예비대(18공수사단)를 투입한 반면, 독일군은 고전하는 주공방향에 부적절한 예비대 투입을 들 수 있다.

공격부대의 공격기세는 도도히 흐르는 물과 같다. 이를 저지하기 위해서는 견부(肩部)를 고수하고, 요지를 지켜주며, 돌파구 첨단을 봉쇄하는 저지부대(沮止部隊)들이다. 천연적인 방어력과 더불어 이러한 부대들에 의해서 공격력은 감퇴되어 드디어는 공세종말점에 도달하는 것이다.

공세이전은 이러한 공세종말점을 이용하여 과감한 공세활동을 전개시켜 나가는 작전이다. 다시 말해서 주머니 속에 들어 온 물고기를 요소요소를 막고서 잡는 것이다. 연합군은 견부를 고수하면서 바스토뉴를 사수하여 돌파구 첨단을 봉쇄할 수 있었고, 바스토뉴와 연결함으로써 돌파구의 측방을 공격하여, 지대 내의 적을 격멸할 수 있었다.

제11장

공격 및 방어 이론

제11장

공격 및 방어 이론

무릇 군대의 형은 물을 닮는다. 물의 형은 높은 곳을 피해 낮은 곳으로 흐르며, 군대의 형은 실을 피해 허를 친다. 물은 땅의 형태로 인해 흐름을 제어받고, 군대는 적의 형태로 인해 승리여건을 만든다. 그러므로 군대의 세도 항상 일정한 것이 아니고 물의 형도 항상 일정한 것이 아니다. 적으로 인해 능히 변화하여 승리를 취하는 자를 용병의 신이라 칭한다. 그러므로 오행(五行)도 항상 서로를 이길 수 없고, 사계절도 언제나 변하며, 해도 길고 짧음이 있고, 달도 차고 기움이 있는 법이다.

– 『손자병법』 허실편 –

물은 높은 곳에서 낮은 곳으로 흐르고, 강한 곳은 회피하고 약한 곳으로 흐른다. 이처럼 전투력도 강한 곳에서 약한 곳으로 지향된다. 보통 전투력이 강할 때, 공격형태를 취하고, 약할 때에는 방어형태를 취한다. 공격과 방어는 숙명적으로 대립관계에 있는 대결의 명제이다. 따라서 이 두 주체는 상대를 패퇴시키기 위하여 끊임없이 그 특성을 첨예화하고, 가다듬으면서 상대방의 강점을 약화시키며 취약점을 확대시키기 위해 노력한다.

본 장에서는 공격과 방어의 상호관계를 알아보고, 공격 및 방어의 본질과 개념 그리고 수행과정을 알아본다.

제1절 공격 및 방어의 상호관계

1. 공격 및 방어의 일반 특성

전투는 양군이 동시에 진격하거나 또는 한쪽은 공격을 취하고 다른 한쪽은 방어하는 공격과 방어라는 두 가지 형태의 대립되는 개념으로 집약된다. 어느 한쪽이 역부족하여 일시 물러난다 해도 그것은 방어의 범주에 속할 뿐 공격과 방어형태 이외의 다른 전투형태는 있을 수 없다. 공격이 승리하느냐, 방어가 승리하느냐에 대한 정설은 없으며, 승패는 다만 부여된 상황에서 적보다 우세한 사기, 탁월한 전투력 운용을 통해 나타나는 전투력 손실의 다과(多寡), 지역의 탈취와 상실, 전투 직후 부대능력의 유무(有無) 등의 상태에 따라 결정된다.

일반적으로 공격은 공격의 시기, 공격장소, 공격방향의 선택 등 의지의 자유에 의한 구심력이 작용하는 영역으로 기동과 집중에 의해 주도권을 획득, 유지함으로써 전투목적을 가장 확실하게 달성할 수 있는 적극적 전술행동이다. 반면에 방어는 지형의 이점(利), 준비의 이점을 보유하고 있지만, 공자의 행동에 전적으로 의존하는 의지의 자유상실에 따라 전투력의 효율성이 저하되어 주도권을 상실하기 쉽기 때문에 어떻게 적의 공격을 저지, 격퇴하여 최초에 상실된 주도권을 획득하느냐에 주안을 두는 수세적 전술행동이라고 할 수 있다.

요컨대 공격의 특성은 운동에 있는 반면, 방어의 특성은 정지에 있으며, 공격은 돌진으로 대표된다. 따라서 공격은 적측으로 진격, 적 부대를 격멸하며, 중요지역을 탈취, 석권하는 정신적 · 물리적 우월감에 충만한 능동적 전투로 일관하는데 반하여, 방어는 적을 저지하면서 주도권의 탈취를 기도하는 정신적 · 물리적 약세에 있는 수동적 전투로 특징지을 수 있다.

2. 전투방식 이해

클라우제비츠는 『전쟁론』에서 전쟁은 방어에서 시작하여 공격으로 끝나는 것이라 했고, 방어는 공격보다 쉽고, 방어체제는 공격체제보다 강하다고 했으나, 현대의 전투에서 이를 전면적으로 수용할 수만은 없다. 공격은 적의 공격이나 방어를 물리치기 위하여 수행되며, 방어는 적의 공격을 막아내기 위해 수행되는 것이 확실하나, 전투는 언제나 방어에서 시작되어 공격으로 끝나는 것이 아니고 공격으로 시작하여 방어로 끝날 수도 있다. 근래에 와서 방어간 '종심공격'의 필요성이 증대되고 있는 것은 이 때문인데 '공방의 동시화'는 더욱 활용되어야 한다.

공방의 특성 가운데 공격이 수단의 집중을 요하는데 반하여 방어는 여러 방면으로부터의 공격을 고려하여 수단을 분산, 배치해야 되기 때문에 상호 모순성이 존재한다. 집중은 파괴당할 위험이 높고, 분산은 집중에 약하다는 것이 공지(公知)의 사실이지만 집중 없이는 강한 벽을 뚫을 수 없고, 분산배치 없이는 방법형성이 곤란하기 때문에 마치 공해의 특성을 알면서도 공업을 계속 발전시킬 수밖에 없는 것과 같이 집중과 분산의 모순을 적절히 이용하는 것이 필요하다.

[그림 11-1] 공 · 방 상호관계

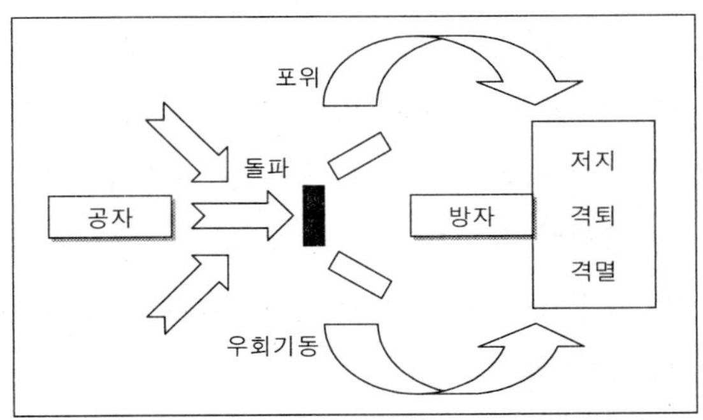

요컨대 집중은 강력하면서도 짧은 시간 내에 이루어져야 하고, 분산은 필요할 때 즉각 집중할 수 있는 융통성의 발휘가 중요하며, 방자의 분산은 약점노출의 최소화와 유휴전투력의 활용방책이 마련되어야 한다. 일반적으로 공격은 적의 강점은 회피하면서 약점은 강타하는 강수약타의 원리에 의해 요망되는 시기와 장소,

방향에 모든 전투력을 집중하여 타격함으로써 전장의 주도권을 장악, 적 주력의 격멸 또는 전투의지를 분쇄하여 승리를 추구하게 된다.

그러나 방자는 공자의 이점을 박탈하고 약점을 확대하는 동시에 자신의 약점은 최소화하면서 준비의 이점(利) 등 방자의 이점을 활용하여 저지, 격퇴, 지연전에 의해 공자의 출혈을 최대한 강요하다가 전투전환점에 이르면 신속하게 공세로 이전하여 전투를 승리로 이끌어야 한다.

3. 공격 및 방어의 효과

공격은 전투력을 집중하는 시간과 장소의 선택권을 보유하기 때문에 기습의 이점을 향유할 수 있다. 공격은 보통 전투력의 우세, 작전목적, 약점의 포착, 호기 간파 시 실시하게 된다.

첫째, 전투력이 우세할 때 공격을 취하는 것은 당연하다. 때에 따라서는 명령에 의해 열세한 전투력으로도 공격을 감행할 수 있다.

둘째, 전반적인 전략 · 전술의 목적에 따라 공격이 감행된다.

셋째, 약점을 포착했거나 상황이 공격하기에 적당하다고 판단되었을 때는 상기 두 가지 여건이 충족되지 않았어도 주저 없이 공격이 실시된다. 주도권을 장악했을 때 등이다.

공격에 비해 방어는 보통 전장의 선택권을 보유하기 때문에 지형의 이점을 최대한 활용할 수 있다. 방어실시 조건은 공격과 대조적이다.

첫째, 전투력이 열세하면 방어할 수밖에 없고,

둘째, 의도적인 작전목적이 있을 때 또는 위력이 큰 무기의 사용으로 공격군을 섬멸하고자 할 때 실시되며,

셋째, 현재의 상황으로 미루어 볼 때 방어가 유리할 때 실시하게 된다.

클라우제비츠는 공격은 방어보다 항상 우세한 전투방식이라는 견해는 배제되어야 한다고 했다. 공방의 성과를 따져볼 때 공격이 수세보다 우위에 있음이 분명하다. 공격의 목적이 적극적 목적, 즉 '탈취 · 획득'에 있는 반면, 방어의 목적은 소극적 목적, 즉 '현상확보'에 있는 만큼 공격은 결정적 승리를 기할 수 있는 '최선의 전

투방식'이며, 방어는 현 진지를 유지하는데 만족해야 되는 '차선의 전투방식'임이 분명하다. 공격 없이 승리는 기약할 수 없다. 공격형 지휘관이 이끄는 부대가 패전한 경우는 드물며, 공격이 결정적 승리를 안겨준 빛나는 전례는 나폴레옹의 제작전, 독일의 전격전, 노르망디 상륙작전, 인천상륙작전 등 수없이 많다.

그렇지만 공격과 방어를 결합하는 공방일심(攻防一心) 개념이 무엇보다 중요하다. 제1차 세계대전 초기 프랑스는 기관총의 위력을 무시한 채 공격일변도에 치중하다가 초기 전투에서 대패하였다. 공격 중에도 방어, 방어 중에는 공격을 항상 염두에 두는 공·방 동시 전투야말로 가장 이상적인 공·방의 효과를 살리는 길인 것이다.

제2절 공격

공격작전은 공자가 적 부대를 포획, 격멸하기 위해 가용한 수단과 방법을 사용하여 전투를 적 방향으로 이끌어 나가는 결정적인 작전형태로서, 주도권을 유리하게 행사할 수 있다. 작전 시 공자는 주력을 지향하는 주공지역에서 국지적 전투력의 우세를 달성하기 위하여 기타 지역에서 병력을 절약하여야 한다.

공자는 방자의 균형을 와해시키기 위하여, 방자가 예상치 못한 시간이나 장소에 신속히 전투력을 집중하여, 강력한 공격을 기습적으로 실시하여야 한다. 일단 공격이 개시되면 공자는 적 부대를 격멸하거나, 또는 적이 조직적인 방어작전을 수행할 수 없도록 적의 약점과 국지적인 성공을 최대한 확대하여야 한다.

작전을 수행 중 일시적인 방어를 실시하여야 할 경우에도 각급 제대는 주도권을 상실하지 않도록 공격작전으로 전환을 시도하여야 하고, 방어작전시에도 주도권을 획득하고 유지하기 위하여 공세행동이나 공세이전을 실시할 수 있도록 최대한의 노력을 경주하여야 한다.

1. 공격의 개념

1) 본질

공격의 본질은 진격에 있으며, 진격은 전진하거나 정지 또는 후퇴하는 적을 향하여 주도권을 가지고 왕성한 충력(衝力)을 발휘하여 적의 격멸을 위해 전진하는 것이다. 충력이란 공세적 전진력을 말하는 것으로서 공세전진의 의지와 힘, 행동양상을 총칭한다. 충력의 발휘는 공격의 승패에 절대적 영향을 미친다. 양호한 접근로 상에서 전진하는 전차를 앞세운 보병사단 또는 전차여단이나 기계화사단, 증강된 연대전투단의 충력은 최초에는 미미한 소집단들의 이동개시와 전차 및 차량들의 고르지 못한 시동으로 시작된다.

그러나 보병과 전차, 전투차량들이 점차 열기를 더하고 끊어질 수 없는 힘찬 맥박으로 이어질 때에는 대단한 역량으로 집대성되어 개개의 충력이 전체의 충력으로 확산되고 여기에 탄력이 가해지면 마치 터진 봇물과 같이 노도와 같은 기세로 변하여 아무도 가로막을 수 없게 된다. 충력의 기세에서 우리가 간과할 수 없는 사실은 적은 전투력에 의한 충력도 중요하다는 사실이다. 소부대에 의한 제한된 공격이나 습격과 같은 전투에서도 최초의 충력은 예리해서 적이 예기치 못하여 대비가 미흡했거나, 어느 정도 예기는 했을망정 끝내 효과적인 대비를 할 수 없을 경우 그 효과는 대단하다.

공격은 움직이고 있는 추(錐)와 같다. 추는 싱싱한 원동력을 필요로 하고 힘찬 진폭과 탄력성을 가져야 한다. 한편, 공격은 기동의 이점(利)을 갖는 반면 지형의 이점(利)을 이용하는데 제약을 받으며, 또한 작전지휘에 적절성이 결여될 경우 각개격파당하기 쉬운 한편, 작전이 장기화될수록 전략 및 전술적 환경의 변화에 따라 피아의 전세가 역전되는 불리한 상황에 빠져들 위험이 많다.

이러한 약점 때문에 공격을 실시함에 있어서는 결정적인 시기와 장소에 상대적으로 절대우위의 전투력을 집중하여 신속히 적을 격멸시켜야 한다. 특히 우세한 적에 대한 공격은 적에게 결정적인 피해를 강요할 수 있거나 혹은 상급부대의 작전에 결정적으로 기여할 수 있는 경우에 한하여 실시하여야 한다.

2) 공격의 특성

공격은 강력한 전투방식이지만 언젠가는 쇠진해야 되는 자기모순을 갖고 있다. 공격은 시간에 쫓기는 전투이다. 공격의 요체는 신속성에 있다. 한 지역에서 공격시간이 길어지면 그만큼 공자는 불리하고, 방자는 유리하다. 공격의 힘이 충만하고 생생할 때 그 힘이 다하기 전에 질풍과 같이 대담하고 신속하게 진격해야 한다.

선택권은 공자에게 있다. 전투장소와 시간 수단과 방법의 결정은 임무를 조기에 완결할 수 있도록 전투력 발휘의 용이성, 신속한 기동 및 타격, 적에게 불리한 시기와 조건 등 여러 요소를 고려하여 유리한 선택권을 구사함으로써 적으로 하여금 항상 잘 알지 못하는 새로운 상대와 악전고투해야 하는 고충을 안겨 주어야 한다. 구심의 이점(利), 기동의 이점(利)을 최대한 활용하여 결정적 시기와 장소에 전투력을 집중함으로써 주도권을 장악하여 아 의지를 강요하여 결정적 성과를 획득하는 것은 공격만이 갖는 특성이다.

3) 공격의 기능

적을 공격하여 이를 격멸하기 위해서는 적 의지의 자유를 구속하여 공자가 원하는 시기와 장소에 적을 고착시키고 공격부대는 이 적을 타격하는데 유리한 위치로 기동함으로써 결정적인 시기와 장소에 전투력을 집중 발휘하여 적에게 철저한 타격을 가하여야 한다. 이와 같이 공격의 기능은 이론적으로 고착, 기동 및 타격의 3개 기능으로 분류되나, 그 실시는 주공, 조공 및 예비의 3개 전술기능에 의해서 발휘된다.

주공은 공격의 주체가 되어 전투목적을 달성하는 전술기능이며, 조공은 주공의 공격을 용이하게 하기 위한 전술기능이고, 예비는 상황의 변화 또는 예상하지 못한 사태에 대응하는 전술기능이다. 이러한 전술기능을 수행하는 것이 주공부대, 조공부대 및 예비대로서 주공부대는 물론 조공부대나 예비대도 각각 적을 고착시키고 기동하여 타격함으로써 이들이 달성한 성과의 누적에 의해서 공격의 목적이 달성되는 것이다. 즉 주공은 타격, 조공은 고착, 예비는 기동 등 공격기능의 하나씩을 각각 수행한다는 단순한 성격의 것이 아니라, 각 전술기능 집단은 각각 고착, 기동 및 타격의 3개 기능을 모두 충분히 발휘하지 않으면 안 된다.

고착시킨다 함은 적으로 하여금 그 부대의 일부 또는 전부가 다른 곳에 사용되는 것을 방해하는 것이며, 고착견제는 견제공격과 같은 개념으로 적을 꼼짝 못하게 현진지에 고착시키거나 조공에 의해 주공을 기만, 주공 지역에 대한 적의 증원을 방해하고, 적으로 하여금 예비대를 조기에 비결정적인 전투에 투입토록 하는 공격을 말한다. 고착은 조공만의 능사가 아니며, 적을 타격하기에 적합한 위치에 묶어두기 위하여 모든 전술집단은 자체의 목적과 인접전술집단의 목적을 위해 적을 고착시킨다.

기동이라 함은 기술한 바와 같이 적보다 유리한 위치에 병력 및 화력, 물자를 이동시키는 것이며, 전술적으로 적용되는 기동이란 언제나 화력(사격)과 관련된 개념이 포함된다. 기동은 주공과 조공, 예비대 기타 부대 등 전술집단이나 부대를 위해 필요하며 그 효과는 기습과 심리적 충격, 진지점령, 후방차단, 공격기세 달성 등으로 적 부대의 격파를 용이하게 한다. 기동에는 병력 및 부대 기동은 물론 화력의 기동, 군수시설의 이동 등이 포함되며, 기동을 적용함에 있어서는 시간과 거리, 수단을 고려하여야 한다. 기동은 결국 적진지를 점령하거나 적을 타격하기에 가장 용이 또는 효과적인 지역으로 진출하는데 그 목적이 있는바, 기동성의 발휘는 공격력의 안정성을 높이기 위해 지형과 기상의 이점을 활용하고 기습달성이 가능하도록 하여야 한다.

타격한다 함은 각종 화력과 수류탄전 및 총검 격투에 의해 적을 파괴, 살상, 무력화 내지 제압하는 일련의 과정이며, 타격의 주종은 화력으로 이루어진다. 적을 압도하는 대량의 화력지향은 전투의 승패에 직결되지만, 화력은 화력만으로, 기동은 기동만으로 전투하는 것이 아니며, 양 요소는 불가분의 관계에 있다. 기동이 끝나야 타격의 차례가 되는 것이 아니라 기동과 타격기능은 기동하면서 타격하고 타격하면서 기동하는 관계를 유지하여야 한다.

무기체계의 발전은 화력의 위력을 일층 광역화 · 첨예화시키고 있으나, 그렇다고 기동과 타격의 관계가 소원해지는 것은 아니다. 무기가 발달될수록 기동과 타격의 관계를 일층 밀접히 하고 조화시키며, 협동시킬 필요성이 증대된다. 현행 이론에 의하면 전술기능은 분명히 주공, 조공, 예비대로 한정되고 있으나, 종심전투의 대두에 따라 주 · 조공보다 더 먼 거리에 투입할 수 있는 강습부대(특공, 침투부대)의 필요성이 절실해지고 있다.

4) 공격의 목적

공격은 전장에서 적을 포착하여 격멸하는데 목적을 둔다. 이를 위해 화력과 기동을 적절히 운용하여 결정적인 시기와 장소에서 전투력을 집중하여 전투의 주도권을 장악하고 능동적으로 결전을 강요함으로써 신속히 공격의 목적을 달성하지 않으면 안 된다. 또한 공격은 적 기만 및 주의 전환, 중요지형 확보, 첩보획득, 유리한 상황설정, 적 자원의 탈취라는 기타 목적 달성을 통해 공격의 궁극적 목적인 적 부대 격멸을 이루기도 한다.

5) 공격의 한계

공격의 성공은 전투력의 우세에 의해 획득된다. 그러나 공자는 상대적으로 우세한 전투력을 무한정하게 유지할 수는 없으며, 각종의 마찰, 전선의 확대, 병참선의 신장 및 보급의 결핍 등으로 언젠가는 공격능력이 한계에 달하게 된다. 이 한계점을 넘어선 무리한 공격은 방자의 반격을 받게 되며, 이 반격의 강도는 통상 공자의 충격력보다 훨씬 강력하다.

공격은 작전의 진전에 따라 기상 및 지형의 영향, 기동에 따른 부대의 피로, 적을 고착시키기 위한 전선의 확대, 병참선의 신장 등에 의해서 방자보다도 빨리 전투력이 약화되고 작전이 장기화될 경우 언젠가는 공격을 지속할 수 없는 상황에 직면하게 된다. 이 시점을 공세종말점이라고 한다.

공세종말점은 여하한 전쟁의 경우에 있어서도 무리한 공격을 지속할 경우 당면하게 되는 마의 선이다. 따라서 공격하는 지휘관은 자기 부대가 어느 시점에서 방어로 전환해야 하는가를 미리 판단할 필요가 있다. 그것이 만일 고조되어 있는 공격정신과 기세를 저하시킬 우려가 있다면 지휘관은 자기 마음속으로 계획해 둘 필요가 있다.

공세종말점 도달, 즉 공격의 한계에 도달하여 방어로 전환한다는 사실이 꼭 사양의 길을 의미하는 것은 아니다. 그것은 어디까지나 거센 반발(반격)이 있다면 거기에 알차게 대비하자는 것이며, 또한 내일의 공격을 재개할 밑거름을 쌓자는 것 뿐이다.

2. 공격작전의 준칙

공격작전은 주도권을 확보 및 유지할 수 있도록 계획 및 실시되어야 하며, 이는 가용전투력의 과감하고 공세적인 집중운용, 기습달성, 적의 과오 또는 약점 최대 이용, 공격기세 유지 등에 의해 달성될 수 있다.

이러한 주도권의 확보 및 유지를 위해 공격작전을 계획 및 실시하는데 있어서 기본적으로 고려하여야 할 지침인 공격작전 준칙은 다음과 같다.

1) 전장관찰

전장관찰이란 적과 작전지역에 대한 조직적이고 지속적인 감시활동을 의미하는 것으로서, 여타 준칙구현의 전제조건적 성격을 갖는다. 지휘관은 전 작전지역에 대한 공중, 지상, 해상에서의 부단한 전장관찰을 통하여 적과 지형 및 기상에 관한 사항을 탐지해야 하며, 특히 적의 중심식별과 주요 부대와 주요 화기의 위치, 취약점과 취약해질 가능성이 있는 부분 등 전반적인 적의 방어대책을 탐지하여 공격작전의 성공가능성이 가장 많은 지역을 선정하고 목표에 이르는 가장 유리한 공격방향을 발견해야 한다.

또한 적의 전장 관찰능력을 무력화시키는 활동이 병행해야 한다. 전장을 잘 관찰하는 지휘관일수록 결정적인 시기와 장소에 상대적인 전투력을 집중하여 승리할 수 있고, 적의 위협에 효과적으로 대처함으로써 아군의 위험성도 감소시킬 수 있다.

걸프전 시 다국적군은 월등한 전장 관찰능력을 보유한 가운데, 이라크군의 전장 관찰능력을 조기에 무력화시킴으로써 작전을 주도적으로 이끌어 승리할 수 있었다.

2) 기습달성

공자는 원하는 시간과 장소에 가용한 전투력을 집중하고 기동할 수 있다는 이점을 가지고 있으며, 이와 같은 이점은 기습에 의해서 더욱 극대화할 수 있다. 기습은 적에 대해서 물리적·심리적으로 예상하지 못한 시간, 장소, 방법 또는 수단으로 타격함으로써 달성된다. 따라서 적 지휘관의 의도를 아는 것과, 그들의 작전 기도 및 적시적인 첩보자산을 거부하는 것은 기습에 대단히 중요하다. 기습은 적의 대응을 불가능하게 하거나 지연시키고, 지휘통제체계를 혼란시키며, 심리적인 충격을 유발시켜 조직적인 방어력 발휘를 곤란하게 함으로써 기습을 하지 않은 경우보다 적은 전투력으로 큰 성과를 거둘 수 있다.

현대전은 감시 및 경보체제의 발달과 세계적인 대중매체의 등장으로 완전한 기습달성은 어려우나 아직도 적이 예상하지 못한 방법으로 작전을 실시함으로써 기습을 달성할 수 있다. 즉 적이 공격을 예측하고 있더라도 작전의 방법 및 시기와 부대규모 등에 있어서는 적을 속일 수 있는 여지가 있는 것이다.

6·25전쟁 시 인천상륙작전, 제4차 중동전의 이집트군의 바레브선의 반복적인 공격 예행연습, 걸프전쟁 시 다국적군의 작전템포변화 등은 이러한 예가 성공한 대표적인 경우이다.

3) 중요지형 조기통제

중요지형은 피아 확보 및 통제함으로써 현저한 이익을 주는 지형 또는 국지로, 이를 조기에 통제하여 그 이점을 최대로 이용하여야 한다. 중요지형의 효과적인 이용은 관측과 사계, 은폐와 엄폐, 기동, 각종 지원 등 작전에 유리한 영향을 미치며, 경계소요를 감소시키고 적의 도주나 증원을 방지하여 적을 격멸하는데 기여함으로, 공격 시 대부분의 작전은 중요지형을 조기에 통제하려는데 지향된다.

이러한 중요지형은 병력, 화력, 장벽, 연막, 화생제, 기타 수단 등에 의하여 통제함으로써 적의 사용을 거부하거나, 소수병력에 의한 견제 또는 주력의 우회 등으로 적의 이점을 감소시켜야 한다. 그러나 공격 시 필히 확보하지 않으면 안 되는 중요지형은 어느 정도 피해를 감수하면서라도 가용한 모든 수단을 이용하여 적을 제압하여야 하나, 이는 전체적인 기동과 지원에 방해가 되는 최소지형에 국한시켜야 한다.

4) 전투력 집중

방자는 공자가 선택한 시간과 장소에 전투력의 신속한 전환이 곤란하기 때문에 공자가 방자의 취약한 지점에 결정적인 전투력을 기습적으로 집중할 수 있는 능력은 공격작전의 성공에 필수적인 요소가 된다.

현대 과학기술의 발달과 무기의 치명성 증대로 집중은 더욱 어렵고 위험이 수반되지만, 이러한 취약점은 분산과 집중, 기만과 공격을 적절히 결합함으로써 극복할 수 있다. 특히 선정된 장소와 시간에 대규모 부대의 집결에 의한 집중은 기도노출에 의한 대량피해의 위험성이 크므로 전투력의 효과를 집중하는데 주력해야 한다. 공격실시간 지휘관은 효과의 동시적인 통합성을 저해하지 않으면서 신속하게 주공을 전환할 수 있는 대책을 강구해야 한다. 즉 실시 전에 주공에 충분한 전투력을 할당함으로써 재편성을 위한 시간낭비와 상황변화에 혼란 없이 대처할 수 있어야 한다.

또한 사단급 이상 지휘관은 특히 집중에 대한 적의 효과적인 대응을 지연시킬 수 있도록 집중을 은폐할 수 있는 대책을 강구해야 하며, 따라서 공격방향이나 공격시간을 노출시킬 수 있는 부대 이동이나 준비활동을 최소화하기 위해 각종 군수시설의 이동, 정찰활동, 통신, 간접사격 등의 통제는 중요한 활동이 된다. 공격 시 성공적인 집중을 위해서는 속도, 기만, 작전보안이 필수적이다.

5) 종심 깊은 적 후방 공격

공격작전은 적의 강점을 피하고 적을 준비된 방어진지에서 끌어내어 적으로 하여금 준비하지 않은 지역에서 불리한 전투를 강요해야 한다. 후방지역은 대부분 지휘소, 전투지원 및 전투근무지원 시설 등이 배치되어 있으므로 공격에 취약하다. 따라서 지휘관은 화력과 기동으로 종심 깊은 적의 후방을 공격함으로써 임무를 성공적으로 수행할 수 있다. 특전부대, 특공 및 수색부대 등 다양한 적지 종심작전 부대와 종심화력 등을 통합운용하여 자체방어 능력이 미약한 적의 지휘 및 통제시설과 전투지원 및 전투근무지원 부대를 습격, 파괴, 교란하고 적의 후속부대 및 예비대를 유인 또는 고착시키며, 적의 방어력을 파괴하고 방어부대 간 연결을 차단하여 적 부대를 고립시키며 결정적인 목표를 확보하기 위해 종심 깊은 공격을 실시함으로써 큰 성과를 획득할 수 있다.

6) 공격기세 유지

공격기세 유지는 적으로 대응할 수 있는 여유를 사전에 박탈함으로써 공자가 행동의 자유를 확보하여 공자의 의도대로 공격작전을 진행시키는 것이다. 공격작전은 공격기세가 단절되지 않는 과감하고 끊임없는 전투의 연속으로 적을 몰아 선택의 여지를 박탈할 수 있도록 계속적인 압박을 가해야 한다. 이를 위해서는 적절한 작전템포의 유지가 중요하며, 이는 빠른 것만이 능사가 아니므로 적시적인 완급의 조율에 유의해야 한다.

적 후방에 위치한 부대에 대해 기동과 화력의 통합된 공격과 노출된 측방이나 간격을 이용한 공격, 예비대의 적시적인 사용과 후속제대에 의한 증원 또는 초월, 최초의 성공과 작전 간에 발생되는 호기를 이용하여 적 후방 종심 깊은 전과확대 및 추격의 과감한 실시, 적시적이고 신뢰성 있는 전투지원 및 전투근무지원의 지속적인 보장 등은 공격기세 유지를 위한 주요활동이다.

공격기세 유지에서 중요한 속도의 발휘는 상대적인 것으로, 양호한 지형에서 강력한 적의 저항을 받고 기동하는 것보다는 험준한 지형에서 최소한 저항 하에 기동하는 것이 더 빠를 수도 있다. 그러므로 모든 부대는 항상 양호한 지형에서의 최단거리 기동에만 의존해서는 안 된다. 그리고 사전에 수립된 계획에 일치시키기 위한 획일적인 공격속도의 조절이나 과도하게 신속한 전진과 우회 등은 적의 효과적인 대응을 가능하게 하거나 함정에 빠질 위험이 있음을 유의해야 한다.

3. 공격목표와 전투력 지향점

1) 목표

공격 시 제일 먼저 고려해야 할 사항은 목표의 선정이며, 목표가 선정되면 선정된 목표달성을 위해 일관된 방침이 수행되어야 한다. 공격목표는 적 부대를 결정적으로 격멸하거나 주요지형을 탈취하여 유리한 상황을 조성함으로써 임무를 조기에 달성할 수 있도록 선정되며, 예하부대들의 부수적 목표는 주된 목표달성에 기여토록 선정되어야 한다. 이때 공격부대의 능력과 상급목표와의 조화가 고려되어야 한다.

각 제대의 목표는 일반적으로 상급부대에서 부여되나 때로는 지휘관 스스로 결정할 수 있다. 목표는 공격부대 능력에 적합하게 일정한 크기를 갖게 되는데, 그 크기가 반드시 기동부대의 수용면적과 유관한 것은 아니며, 적 부대의 배치, 지형의 통제력, 점령의 필요성 등을 고려하여 결정한다. 사단급 부대의 목표는 일반적으로 적 부대의 요지, 병참선, 교통상의 중추, 기타 중요목적 및 지역 등이 결정된다.

목표를 선정, 분석함에 있어서 기본적으로 고려할 사항은 목표가 지니는 가치의 설정은 물론 공격부대 전투력 발휘의 용이성과 방자의 전투력 발휘 정도를 비교평가하게 된다. 목표상 적의 취약점은 어느 곳이며, 결정적 지점은 어디인가를 결정하는데는 적을 인식하고, 객관적·주관적인 타당성을 종합하는 혜안이 있어야 한다.

2) 전투력 지향점

전투력의 지향점은 적의 취약점이나 결정적 지점(핵심, 중추)이 된다.

취약점(脆弱點) 공격 시 공자가 노리는 방자의 취약점은 지형과 기상의 특성, 방어준비의 정도, 가용전투력 등에 따라 차이가 있으나, 일반적으로 다음과 같은 지점이 선정된다.

① 부대의 접속부 또는 간격

② 신장 배치된 진지

③ 진지의 측면 및 배후

④ 약한 축성 및 장애물 지역

⑤ 화력 발휘 및 상호 지원곤란 지역

⑥ 증원, 집중이 용이하지 않은 지역

방자의 약점을 찾아내서 분쇄하고, 이를 더욱 확산하기 위해서는 방자의 방호와 기만, 더 깊이 감추어진 의도를 간파할 수 있을 때에만 가능하다.

(1) 결정적 지점

조미니는 그의 '전술론'에서 "결정적 지점을 점령함으로써 전쟁원칙을 적절하게 적용할 수 있고 나아가 승리를 보장해 준다."라고 했으며, 결정적 지점은 진지의 특성, 고려중인 목표상에 있는 다른 지역과의 관계, 적 부대의 준비 등에 의해 결정된다고 했다.

6·25전쟁 시 낙동강 전선에서 대구방어를 위한 결정적 지점은 "유학산(839고지)이었는데, 이 고지는 선산 및 상주로부터 대구에 이르는 국도를 지배하면서 대구의 서북입구를 넘겨다보는 평범한 시골 산에 지나지 않았다. 또한 저 유명한 백마고지는 비록 철원과 용담을 감제하여 아군의 주저항선을 위협하는 위치에 있었으나 철원평야의 서부 쪽에 위치한 하나의 야산(395고지)에 지나지 않았고, 금성지역에서 혈투를 거듭한 수도고지는 500~700m의 고지 및 능선에 지나지 않았다.

그러나 그때의 모든 지휘관들은 이와 같이 쓸모없는 고지들을 결정적 지점으로 판단하고 이의 탈취확보를 위하여 수많은 희생을 감수해야 했던 것이다. 이와 같은 관점에서 볼 때 결정적 지점은 전략적인 측면과 전술적인 차원에서 각각 다를 수 있으며, 전술적 측면에서 매우 중요한 지형이 전략적으로는 아무 소용없는 무가치한 고지로 평가될 수도 있다.

예를 들어 김포에서 한강 북쪽의 능곡에 이르는 접근로를 통제하는데 행주산성(125고지)은 전술적으로 결정적인 지점이 되지만, 서울을 방어한다는 전략적인 견지에서 볼 때 행주산성은 서울 중심부로부터 멀리 서측에 위치한 하잘것없는 한 지점에 지나지 않는 것이다.

그러면 결정적 지점이란 무엇인가?

결정적 지점은 "탈취, 확보함으로써 승리의 효과를 즉각적으로 파급시킬 수 있는 지점"을 말한다.

결정적 목표를 흔히 임무수행에 가장 효과적으로 기여하는 목표라고 하는데 결정적 지점도 같은 의미로 풀이된다.

전장에서 크고 작은 고지, 도로 및 소로, 촌락과 도시를 중심으로 피아가 대치하여 상대적으로 유리한 지점이나 지역을 확보함으로써 노력의 낭비를 막고 희생을 절감하고자 하므로 결정적 지점의 판단과 확보의 경쟁에는 휴식이 없다. 저명한 이론가들과 전사의 교훈, 경험들을 통하여 집약된 전술적인 결정적 지점은 다음과 같다.

① 임무를 완결, 확산하는데 지배적인 요지(要地)

② 적을 포위, 차단할 수 있는 지점

③ 공격을 저지, 중요자원을 보호 지탱하는 지점

④ 적의 중요 방어선상의 약한 진지

유능한 지휘관은 결정적 시간과 장소에 상대적 전투력의 우위를 달성함으로써 승리를 보장한다. 결승점(決勝點)은 결정적 지점과는 다르다. 결승점은 결정적 지점+결정적 시기이다. 결승점은 집중과 직결되어야 하므로 그 선정은 극히 중요하다. 결승점이 잘못 선정될 경우 공격은 실속 없는 헛된 공격으로 끝날 수 있으니 이를 엄히 경계해야 한다.

4. 공격작전의 형태

공격작전의 형태는 작전의 목적 및 성격, 당면상황, 준비 및 계획 실시상의 여러 특징 등에 의해서 구분되며, 전술적 특징을 이해하고 적용 및 활용하는데 공격작전 형태구분의 목적이 있다.

한 부대가 적과 접촉을 이루어 적을 격멸하고 작전을 종결지을 때까지 공격작전은 통상 준비로부터 접적전진, 급속공격, 협조된 공격, 전과확대, 추격 등의 연속적인 작전형태로 전개될 수 있고, 상황에 따라서는 전개과정이 다양하게 변화될 수 있다. 즉 협조된 공격이 전과확대나 추격으로 전환될 수도 있고, 추격 후에 협조된 공격이 실시될 수도 있으며, 하나의 공격작전이 수행되는 동안 예하부대는 각각 상이한 공격작전의 형태와 기타 작전을 수행할 수 있다. 지휘관은 한 공격작전의 형태에서 다른 공격작전의 형태로 또는 다른 작전으로 전환 시 재편성으로 인하여 부대가 지체되지 않도록 사전에 융통성 있는 전투편성을 하여야 한다.

1) 접적전진

접적전진은 상황을 전개하고 적과 접촉을 계속 이루거나 단절된 적과 접촉을 유지하기 위하여 실시하는 공격작전의 형태로서, 접적전진의 범위와 성격은 적과의 접촉여부에 따라 결정되며, 적과 접촉이 단절된 상황일 때 접적전진의 주요 과업은 적과 접촉을 시도하거나 재접촉을 실시하는 것이다.

감시수단이 발달하였더라도 아직도 적과 직접 접촉하는 것이 적을 발견하고 고착시키는 중요한 수단이다. 접적전진은 그 성격상 신속한 이동, 분권화 통제, 행군종대로부터의 급속한 상황전개 등의 여러 특징을 지니며, 어떻게 접적이 이루어지든 주도권의 조기장악이 중요하다. 또한 적의 저항으로 본대가 전개하여 전투준비를 완료하거나 새로운 임무가 부여되었을 때 종료된다.

접적전진 간 운용되는 전술집단은 엄호부대, 전위, 본대, 측위 및 후위로 구분된다. 엄호부대는 본대로부터 충분한 전방에서 운용되며, 본대가 효과적으로 전개하여 전투할 수 있도록 수색을 실시하고 상황을 전개시키며 경계를 제공하고, 전위는 본대의 전진을 보장하고 적의 기습공격으로부터 본대를 방호하기 위해 본대 전방에서 경계를 제공하며, 본대가 전개하는 동안 능력범위 내에서 적을 고착견제한다. 본대는 접적전진 부대의 주 전투부대로서 적과 접촉 시 즉각적인 행동을 취할 수 있도록 융통성 있는 제병협동부대로 편성되며, 측위 및 후위는 적의 지상관측 및 기습공격으로부터 본대를 방호하며, 본대가 운용될 때까지 적의 공격을 지연시킨다.

접적전진 간 전술집단은 적과의 접촉상황의 예측과 지휘관 의도 등에 따라 융통성 있게 편성하고, 접적전진 시 적절한 방공대책을 강구해야 하며, 대규모 부대의 접적전진 시에는 육군항공과 전술항공 지원이 필수적이다.

접적전진 간에는 조우전의 발생가능성이 상존한다. 조우전은 전투를 위해서 완전한 전개를 갖추지 못한 부대가 불충분한 정보로 인하여 정지 또는 이동 중인 부대와 충돌하였을 때 일어나는 전투행위로서, 대부대가 공격, 방어 또는 지연작전을 수행할 경우에 소부대에서는 조우전이 빈번하게 발생할 수도 있다. 조우전은 적상황이 명백해지고 협조된 작전이 개시될 때 종료된다.

지휘관은 통상 본대 외에 전술집단을 효과적으로 운용하여 부대의 주력이 적과 조우함이 없이 기동할 수 있도록 하나, 일단 적과 조우되면 신속한 전투력의 집중운용 방법과 다른 수단에 의해 적을 압박하는 방법을 동시에 고려해야 한다. 이러한 조우전은 그 성격상 적에 대한 지식이 결핍되고 계획수립 및 실시를 위한 시간이 제한을 받는 특징을 갖게 되며, 따라서 적보다 빨리 주도권을 확보하는 것이 중요하다.

2) 급속공격

급속공격은 불충분한 정보 하에서 적과 접촉 즉시 최소의 준비로 가용부대를 투입하여 적을 격멸하는 공격작전의 형태로서 통상 조우전이나 성공적인 방어실시 후 유리한 기회를 포착했을 경우 이를 신속히 확대하기 위해서 실시한다.

급속공격 시에도 공격작전의 준칙은 모두 적용된다. 협조된 공격과의 차이는 적과 접촉 즉시 공격해야 하므로 계획수립과 준비의 과정에서 시간이 부족하다는 것이다. 따라서 최초 접촉 시 주도권을 장악하는 것이 중요하며, 이를 위해 공세적이고 신속과감한 행동이 필수적이다. 또한 간단한 계획이 필요하며, 부대예규를 최대로 활용해야 한다. 지휘관은 사전에 적절한 전장정보 분석으로 급속공격 상황을 예측해야 하며, 일단 공격이 개시되면 민첩성 있게 운용해야 한다.

3) 협조된 공격

협조된 공격은 통상 적의 준비된 방어진지에 대해서 면밀한 정찰, 상대적인 가용전투력의 평가, 상황에 영향을 주는 요소의 분석 등을 통하여 상세하게 계획하고, 철저한 준비와 협조 및 통제 하에 실시하는 공격작전 형태이다.

따라서 협조된 공격은 준비에 많은 시간이 소요되고 적에 관한 광범위한 첩보수집, 제병협동, 기만 및 기습, 전자전, 비정규전 및 심리전 등의 제반대책이 요구되며, 이와 같은 대책이 통합되어 시행되어야 한다. 공격이란 통상 협조된 공격을 의미하며, 따라서 공격작전의 준칙이 가장 철저하게 적용되는 작전형태이다. 준비된 적의 방어진지에 대한 공격은 가능한 적의 주력을 유인하여 결전을 시도하거나, 진지 내에 고착시켜 전투력의 발휘를 제한시키기 위해 포위 또는 우회의 가능성을 추구해야 한다.

협조된 공격 시 전술집단은 통상 주공, 조공, 예비대 그리고 적지종심 작전부대 등의 전술집단을 구성한다. 주공은 상대적으로 보다 임무에 결정적인 목표에 지향되는 전술집단을 말하며, 주공에게는 전투력 할당의 우선권이 부여되고, 적에 대하여 압도적인 전투력 우세와 공격기세를 유지할 수 있는 충분한 수단이 제공되어야 하고, 조공은 주공의 임무수행에 기여할 수 있도록 운용되는 전술집단을 말하며, 조공에게는 이러한 임무수행이 가능한 최소의 전투력을 할당한다. 그리고 예비대는 결정적인 장소와 시간에 사용할 목적으로 보유하는 전투력의 일부를 말하며, 통상부대로 구성된다. 적지종심작전 부대는 적지 종심작전 지역에서 적의 증원역량, 지휘 및 통제시설, 지원화력 등을 차단 또는 무력화시키는 등의 임무를 수행하는 전술집단을 말한다.

4) 전과확대

전과확대는 전투에서 달성된 부분적인 성공을 신속히 확대하는 공격작전 형태로서 적의 질서 있는 철수나 재편성을 방해하고 조직적인 저항능력을 박탈하기 위하여 실시한다.

이러한 전과확대는 적이 그들의 진지를 고수하기 어렵게 되었을 때 실시하나, 예외적으로 방어 시에도 역습 또는 역공격 성공 후 결정적인 기회가 조성되었을 경우 실시할 수 있다. 지휘관은 공격도중 전과확대로 전환해야 할 징후를 포착하는데 주의를 기울여야 한다. 포로의 증가, 적 방어체계의 붕괴 또는 조직적인 방어력의 상실, 적 지휘관의 포획 또는 유고 등의 상황은 전과확대에 유리한 징후들이다. 전과확대는 적이 항복하거나 도주할 수밖에 없도록 적 부대를 분쇄하는 것으로서 일부지역에서 적을 압박하는 동안 국부적인 전과확대를 실시하는 등의 다른 작전 템포를 적절히 구사해야 한다. 지휘관은 항상 전과확대를 염두에 두고 기회 포착 시 신속하게 감행해야 하며, 통상 선행작전에 후속으로 수행되므로 야간, 악천후, 아군과의 교전위험, 확장된 작전지역 등의 악조건 하에서도 전투를 수행할 수 있도록 육체적 및 정신적인 감투정신이 요구된다. 적의 사기가 저하되고 조직력이 와해되면 추격으로 전환할 수 있다. 따라서 지휘관은 추격으로의 전환을 예측하여 적이 조직적인 저항능력을 상실할 때 적용할 새로운 방책을 고려해야 한다.

전과확대의 특징은 실시의 분권 하에 있으며, 이에 따라 사전 계획수립, 준비명령 하달, 전술집단 편성, 전투근무지원 제공 등 통신설치 준비가 필요하다. 전과확대 시 운용되는 주요 전술집단은 전과확대부대, 후속지원부대, 예비대 등으로 편성된다. 전과확대부대는 전과확대를 실시하는 주력 부대를 말하며, 통상 기갑 또는 기계화 특수임무 부대로 운용하는 것이 효과적이고, 적 후방 종심 깊은 목표를 확보하고 병참선을 차단하며, 적 부대를 고립시키고 격멸하고, 적의 지휘 및 통제체계를 와해시킨다. 후속지원부대는 전과확대 부대의 속도발휘와 전투력 유지에 기여하는 부대를 말하며, 돌파구 견부의 확보 및 확장, 적 증원부대의 이동저지, 포로획득, 중요지역 및 시설물 보호, 그리고 전과확대 부대가 우회한 적 부대를 격멸하며, 병참선 확보 및 후방작전, 피난민 통제를 그 임무로 한다. 예비대는 우발사태에 대비하고 융통성, 공격기세의 유지, 경계제공을 보장할 수 있을 정도의 최소 규모로 편성한다.

5) 추격

추격은 도주하는 적 부대를 격멸하여 결정적인 승리로 전투를 완결하기 위하여 실시하는 공격작전의 형태이다.

추격은 통상 성공적인 협조된 공격이나 전과확대에 이어서 실시된다. 추격명령은 적이 조직적인 방어능력을 상실하여 전투 이탈을 시도할 때 하달된다. 추격의 목적은 적 부대를 격멸하는 것이다. 적의 능력이 파괴되어 도주하려는 징후가 나타날 때 어떠한 공격작전 형태에서도 추격으로 전환할 수 있다. 전과확대와 마찬가지로 추격도 실시의 분권화와 신속한 기동이 요구된다. 그러나 전과확대와는 달리 지휘관은 추격을 거의 예측할 수 없으므로 통상 추격임무만을 위한 예비대를 별도로 보유하지 않는다. 따라서 지휘관은 상황발생시 즉각 추격을 실시할 수 있도록 융통성 있게 전투편성을 해야 한다. 추격은 지속적으로 실시하여 적을 완전히 격멸해야 하며, 따로 추격을 실시할 수 있는 한 계속 실시해야 한다. 추격 시 공자도 병참선의 신장과 병사들의 피로, 장비의 마모 등으로 인하여 방자와 마찬가지로 쉽게 와해될 수 있다는 점에 유의해야 하며, 전과확대 시보다 더욱 대담성, 인내력 등 감투정신이 요구된다. 추격은 통상 광정면에 걸쳐 실시되기 때문에 종심 깊은 목표, 임무형 명령, 최소의 통제수단이 부여된다.

추격 시 운용되는 주요 전술집단은 직접 압박부대, 포위부대, 후속지원부대 및 예비대 등으로 편성된다. 직접 압박부대는 적의 전투이탈과 재편성을 방지하고 격멸하기 위해 도주하는 적을 압박하는 부대를 말하며, 적에 대해 계속적인 압력을 가할 수 있도록 충분한 전투력으로 편성하되, 특히 기동력 보강에 유의해야 하며, 포위부대는 적의 퇴로를 차단하여 직접 압박부대와 협격하여 적을 격멸하는 부대를 말하며, 적보다 우세한 기동력을 보유해야 한다. 공정부대, 공중강습부대 그리고 기갑 및 기계화부대 등은 포위부대로서 적합하다. 후속지원부대 및 예비대의 임무와 편성은 전과확대 시와 거의 동일하다. 다만, 최초 작전계획의 성공이 명확히 예견될 때에는 예비대를 보유하지 않을 수도 있다.

5. 기동형태

기동의 형태란 공격작전 시 적에 비하여 유리한 위치로 부대 및 그 화력을 이동시키기 위한 이동형태로서 지휘관의 의도와 적에게 접근해 가기 위한 가장 양호한 방향이 어딘가에 따라 결정된다. 공격기동 형태에는 돌파, 포위, 우회 및 정면공격이 있다.

공격에 있어서는 항상 우회 또는 포위의 가능성을 우선적으로 추구하고 또한 각 기동형태를 적절히 배합하여 적용하는 동시에 침투부대에 의한 후방공격 등을 병행하여 공격의 목적을 신속히 달성하여야 한다.

기동형태는 임무를 기초로 하여 작전지역의 특성, 적 상황, 가용한 전투력과 시간 등을 고려하여 결정하게 된다. 공격에 있어서는 포위 및 우회가 돌파보다 유리한 것은 방자가 지형의 이점(利)과 준비의 이점(利)을 이용하여 구축한 강력한 방어진지의 정면을 회피할 수 있고, 또한 적이 전장을 이탈하여 새로운 행동을 위해 재편성하는 것을 방지하며, 공자가 선택한 전장에서 적의 주력을 포착·격멸할 수 있기 때문이다. 따라서 공격 시 언제나 포위의 가능성을 추구하여야 하며, 포위가 불가능한 경우에 있어서도 돌파로부터 포위로 발전시킬 수 있도록 노력해야 한다.

1) 돌파

(1) 돌파의 본질

돌파는 적의 주력부대가 점령, 준비한 진지의 정면을 강력한 전투력으로써 격파, 분단하여 각개격파 또는 포위태세로 유도하려는 공격 기동의 한 방책이다.

돌파는 강력한 전투력의 집중 발휘가 그 본질이다. 따라서 강력한 전투력의 집중이 전제가 되며, 결정적 타격을 위한 전투력 발휘가 요망된다. 돌파성공의 중요 요건은 기습, 충분한 화력, 유리한 지형, 충분한 병력 등이며, 돌파의 난점은 결정적 성과를 얻을 수 없다는 점과 과다한 손실의 발생이다.

(2) 돌파를 실시하는 경우

돌파는 돌파 정면에 압도적으로 우세한 전투력을 보유하거나 또는 구성할 수 있어야 한다는 것이 대전제가 된다. 포위 또는 우회가 불가능하거나 또는 불리한 경우에 실시한다. 따라서 돌파는 적이 철저하게 준비한 정면에 대해서 강압적으로 밀어붙이는 전법이기 때문에 공자의 손해도 크므로 바람직한 방법은 아니다.

(3) 돌파 시 고려사항

① 돌파에 있어서 힘의 작용

돌파작용은 힘의 작용이기 때문에 그 힘은 적의 방어를 돌파하기 위하여 종심에 걸쳐서 축차적으로 작용한다. 최초 분단하기 위한 틈을 만드는 돌파구 형성은 돌파점에 대한 전투력 발휘의 우위가 긴요하며, 관통작용에 의한 저항력을 배제하는 돌파구의 확대는 목표까지의 종심돌파를 보장할 수 있는 폭의 확대가 필요하다. 계속 적의 최종진지까지 관통하는 최종목표의 탈취는 기회를 상실함이 없이 뚫고 들어가는 종심전투력의 발휘가 중요하다. 따라서 요망되는 목표까지 유지될 수 있는 압도적인 힘의 발휘와 신속성이 강조된다.

이러한 돌파에 대한 대응책으로는 첫째는 돌파정면 이외의 정면으로부터 전투력을 추출하여 저항력을 증강하거나 돌파구를 폐쇄하는 방법이 있고, 둘째로는 돌파부대를 포위하는 방법, 셋째는 저항을 단념하고 전면적으로 후퇴하여 태세를 재정돈하는 방법이 있다.

② 돌파정면 폭과 종심과의 관계

최초 돌파한 정면폭이 크면 종심도 크다. 따라서 원하는 돌파종심을 고려해서 필요한 돌파정면을 결정하지 않으면 안 된다. 일반적으로 돌파의 폭은 종심의 길이와 비례하지만, 항공력과 전차, 포병의 능력에 따라 돌파의 폭에 상관없이 돌파종심을 증대시킬 수 있다. 그리고 돌파의 종심은 적어도 조직적인 저항을 계획하고 있는 종심까지를 파쇄하는 데 충분하여야 한다.

③ 돌파점 및 방향의 선정

돌파하여야 할 장소 및 방향의 선정은 아군이 '힘'의 우위를 가능케 하고 또한 '힘'의 발휘가 용이하여야 한다는 것이 제1요건이다. 따라서 적배치의 약점, 아군의 통합된 전투력 발휘에 적합한 지형 등이 선정되어야 한다. 이러한 선정은 다음과 같은 점들이 고려될 수 있다.

- **직각 돌파는 사각 돌파보다 유리** 직각 돌파는 사각 돌파보다 기동거리의 단축, 측면 노출의 감소와 마찰의 감소를 기할 수 있으므로 유리하나, 상황이 불가피하거나 전투력의 질과 양이 우세할 때에는 사각 돌파도 할 수 있다.
- **아군 병참선의 연장선 방향으로 돌파** 아군 병참선 방향이 서북으로 향하고 있는데 돌파방향은 동북방향으로 된다면 아군 자체 내의 각종 저항과 도로 이용의 곤란성이 야기될 수 있으므로 아군 병참선 방향으로 돌파방향을 선정해야 한다.
- **凹각 돌입을 피하라** 하천을 돌파하여 공격 시 하천선이 적측으로 움푹 파인 지역은 다른 조건이 양호하여도 공격 도하지점으로 부적합한 것과 같이 돌파 시 적의 배치가 반월형으로 굽어 들어간 지점은 회피해야 한다. 이러한 지점은 적의 협격이나 화력의 집중 등 저항이 구심적으로 작용하여 곤경에 빠지게 되므로 적극 피하여야 한다.

2) 포위

(1) 포위의 본질

적의 방어배치 상 생기는 약점은 배면과 측면이다. 따라서 적을 공격할 때는 약점인 배면과 측면을 타격하는 것이 가장 효과적이다.

포위할 적을 정면에 고착 견제하면서 그 측익의 한 방향 또는 양개 방향에서, 가능하다면 공중으로부터 적 후방에 선정된 목표를 점령하여 적의 퇴로를 차단하고 전장에서 적을 포착 격멸하고자 하는 기동형태이다.

포위에는 일익포위, 양익포위, 전면포위가 있으며, 제2차 세계대전 시 빈번히 사용된 포위와 협격전은 깊고도 대규모적인 양익포위를 의미한다. 통상 포위는 일익포위를 의미하고 포위의 주안은 앞과 뒤 양면에서 협격하여 적으로 하여금 두 개의 방향에서 전투를 강요토록 하는 데 있다.

포위는 주공과 조공이 밀접한 지원거리 내에 협격을 실시함으로써 적으로 하여금 독 안에 든 쥐로 만드는데 그 장점과 매력이 있다. 원래 포위는 우회까지 포함되어 있었으나, 근래에 와서 우회기동은 종심 깊은 목표상에서 전투하고 상호 지원거리 밖에서 작전해야 될 필요성으로 해서 포위의 변형으로 이탈해 갔다.

(2) 포위의 이점

포위는 우선 적의 약점이나 측면 또는 배후를 타격할 수 있고, 다음으로는 태세 그 자체가 적에게 결정적 위협을 강요하여 공포감과 열등의식으로 적의 전투의지를 약화 또는 무력화시킬 수 있다는 데 있다. 마지막으로 적의 병참선을 차단하여 인적 · 물적 항전능력을 고갈시켜 방자의 능력을 저하시킬 수 있다는 점이다. 그 외에도 포위함으로써 주력의 대부분이 적의 강점을 피하게 되어 공격력의 손실을 최소화할 수 있다는 것이다.

(3) 포위의 취약성

포위의 취약성은 역포위당할 우려, 측후방으로부터 공격받을 위험, 포위축(包圍軸 · 원점)에 대한 적의 공격으로 집약된다. 적(방자)의 역포위(逆包圍)는 예비대나 혹은 전선에서 유출된 부대에 의해 감행된다. 이러한 상황은 조공의 역할이 원만치 못하여 적의 한 부대를 고착시키지 못했을 경우 일어날 수 있다.

두 번째 취약성은 포위간 측후방으로부터의 적의 공격은 역포위의 경우와 비슷하다. 세 번째 취약성인 포위측(원점)으로의 적 역공격은 주공과 조공을 몽땅 전방에 내보낸 상태에서 힘의 공백을 노리는 것이다. 이상과 같은 포위의 취약성은 우세한 전투력의 운용으로 대응할 수 있으나, 때로는 그에 미치지 못할 때가 있을 것이므로 포위부대는 과감한 공격으로 난관을 타개하며, 추가적인 상급 예비대의 증원 및 화력 집중을 적절히 활용함으로써 취약성의 예방 및 발생된 위험을 극복할 수 있어야 한다.

(4) 포위 성공의 조건

포위 성공의 조건은 적에게 아군의 포위에 대한 대책을 강구할 시간적 여유를 주지 않음으로써 적을 전장에서 포착 격멸할 수 있어야 한다. 이를 위하여 특히 유의할 사항은 다음과 같다.

① **기습** : 포위를 담당하는 부대행동의 비닉(야음의 이용 등) 및 기만 특히 적의

주의를 정면으로 흡수시키기 위한 기만적인 부대전개 또는 양공 등이 필요하며, 기동이 전후반야에 걸쳐서 실시될 때에는 기도비닉이 중요하다.

② **상대적 기동력(운동력)의 우월성**: 공중기동력의 활용, 장비 및 장애물 극복능력의 확보가 필요하다.

③ **현정면에 적을 구속(고착)**: 과감한 조공에 의한 공격 및 포위축의 확보를 통해 적의 주력부대를 고착시켜야 한다.

④ **우세한 전투력의 보유**: 포위작전 간 적의 반대포위 등 대응책을 타파하기 위한 힘과 속도가 필요하다.

⑤ **각 부대의 연계행동**: 특히 주공과 조공이 상호 지원거리 내에 있어야 함에 유의한다.

⑥ **적절한 최초 배치**: 특히 집결지 선정단계에서부터 고려되어야 한다. 그러나 상대적 운동력(기동성)이 극히 우월할 경우에는 최초 배치의 부적절성은 극복할 수 있다.

(5) 능력과 포위권의 관계

능력에 적합하지 않는 과도한 포위는, 설사 포위권 형성에 성공한다 하더라도 어딘가에 약점이 발생하여 피포위부대가 포위권을 풀게 되거나 또는 이탈을 허용하게 되며, 혹은 피포위부대와 포위권 외의 부대가 상호 호응하여 실시하는 협격에 의해서 포위작전이 좌절되는 경우가 있다.

포위작전에 있어서는 피아의 전투력 특히 적 후방의 기동전력의 보유상태를 정확하게 고찰하여 포위의 규모를 결정하고 신속하게 그 목적을 달성하는 것이 중요하다. 소요를 충족치 못하는 능력으로써 과도한 포위를 기도하면 한 때에는 포위권의 형성에 성공한다 하더라도 차후 포위권의 유지가 곤란하여 도리어 적으로부터 역포위를 당하여 불리한 태세에 빠지게 되므로 유의하여야 한다.

(6) 수직포위

현대전에서 포위로 적을 격멸하기 위해서는 지상포위만으로는 불충분하다. 즉 공중기동력의 활용으로 지상포위와 동시에 수직포위를 하도록 노력하는 동시에 적의 공중보급과 공중으로부터의 증원을 차단하도록 계획함이 필요하다.

3) 우회

우회는 적이 미리 준비하고 있는 방어지역을 회피하여 공격의 주력이 적의 후방으로 진출함으로써 적이 준비하지 않은 지역에서 적을 격멸하는데 주안(主眼)을 두고 실시한다.

이와 같이 우회는 적에게 진외결전(塵外決戰)을 강요하는 데 있다. 즉 적의 주된 저항지역을 피하고 측후방 깊숙이 적의 약점을 공격하여 주도권을 확보함으로써 아군이 요망하는 지역에서 적을 포착 격멸하고자 하는 것이다.

따라서 우회는 적으로 하여금 준비된 진지를 포기케 하거나 적 주력의 전환사용을 불가피하게 하는 중요지형을 목표로 선정하고 공자가 원하는 지역에서 결전을 강요할 수 있어야 한다.

우회는 적을 격멸하기 위한 사전준비적인 성격을 띠고 있어서 깊은 포위가 아닌 이동의 일부이다. 그래서 우회부대는 보통 다른 공격부대의 지원거리 외에서 행동하게 되며, 적의 각개격파를 피하고 적의 주력을 격멸하는데 충분한 전투력을 보존하여야 한다. 우회 후의 행동은 바로 전투에 투입하는 경우와 일단 집결지를 점령하고 차후의 행동을 준비하는 경우가 있다. 우회 시에는 적에게 우회당하기 또한 쉬우니 충분한 주의와 대책을 강구하여야 한다.

4) 정면공격

정면공격은 적의 정면에 대하여 동시에 지속적인 타격을 가하는 기동형태이다. 정면공격은 상대적 절대우위의 전투력을 보유했을 때 실시할 수 있으나 적의 집중화력에 취약하며, 많은 피해가 발생되므로 신중을 기해야 한다.

6. 전투력 운용

전투가 개시되면 지휘관은 항상 침착하게 심리적 평형을 유지하고 전승에 대한 확고한 신념을 견지하는 동시에 어떠한 난국에 처하여서도 명철한 판단력과 독창력으로 타개책을 창출하고 예하부대의 모든 노력을 집중하여 목표탈취에 매진하여야 한다.

공격작전 시 작전지도의 주안은 화력과 기동을 효율적으로 운용하여 가용한 전투력을 결정적인 시간과 장소에 집중 발휘함으로써 기습의 효과를 최대로 달성하고 작전의 주도권을 확보하여 지속적으로 전세를 지배하는 데 두어야 한다.

이를 위하여 지휘관은 항상 적에게 불리한 작전을 강요할 수 있도록 기동력을 발휘하고 가용한 전투력을 적절히 편성하여 요망하는 지점에서 상대적 우세를 획득하는 동시에 적의 의표를 찔러 작전의 주동적 위치를 확보 및 유지하여야 한다.

1) 사격과 기동

사격은 소총으로부터 포병과 박격포, 전술항공, 함포 및 유도탄에 이르기까지 각종 무기체계에 의하여 적을 살상 또는 파괴, 제압하는 행위이며, 기동이란 적보다 유리한 위치에 병력 및 물자 또는 화력을 이동시키는 것을 뜻한다. 사격과 기동, 화력과 기동은 본질적으로 동의어이지만 사격이라 할 때에는 협의의 화력을 뜻하게 된다.

사격과 기동은 통상 기동하는 부대 및 그 자체의 화력에 의해서 달성되나 그 외의 지원화력과의 조화에 의해 달성된다. 사격과 기동은 각각 분리해서 고려될 수 없으며, 양 요소를 밀접하게 관련지을 때 그 효과는 더 높아진다. 기동이란 화력(사격)과 협조하여 이루어지는 기동부대의 이동현상으로 통상 사격이 수반된 개념이다.

앞에서 말했듯이 사격과 기동, 화력과 기동은 엄밀한 의미에서 동일한 개념이나 각각 적용하는 부대의 규모 및 화력수단의 차이에 의해 구분될 수 있다. 즉 사격과 기동은 일개 보병부대가 기동할 때 한하여 이동하거나, 한 분대가 사격조와 기동조로 편성되어 사격조의 엄호 하에 기동조가 이동, 돌진하거나, 전차가 전차 상호간 또는 사격기지의 지원 하에 이동하는 등 비교적 소부대의 경우에는 주로 사격과 기동으로 호칭되며, 그 외 사단이나 연대 또는 대대급 부대의 경우에는 화력의 엄호 하에 집중을 기하는 기동을 실시할 때 화력과 기동으로 사용되는 것이 일반적 추세이다.

사격과 기동은 사격으로 적의 눈을 멀게 하거나 교란시키며, 적의 수단을 제압 또는 무력화하여 파괴하도록 화력집중으로 상대적 화력우위를 달성하고, 기동으로 아군의 상대적 유리점에 진출 또는 집중하여 적으로 하여금 상대적 불리점에 위치하도록 적합한 시간과 장소에 필요한 전투력을 유지하여 기습과 진지점령 및 기세달성, 심리적 충격을 달성하면서 최소의 희생으로 신속히 기동목표를 쟁취하는 데 있다.

화력은 기동에 의하여 확대되어야 하고, 기동은 화력을 더욱 효과적으로 적에게 지향할 수 있도록 시행되어야 한다. 기동과 화력 공히 그 지속성과 생존성 보장, 유기적 협동을 위하여 최대의 기동성 발휘가 요구된다.

사격과 기동은 언제나 뜻과 같이 계획대로 순조롭게 진행되는 것은 아니다. 때로는 필요로 하는 화력이 미치지 못하거나 약화, 지연되어 기동을 어렵게 할 때가 있으며, 화력은 예상하지 못한 기동의 진척이나 부진으로 해서 사격에 장애를 받을 수 있다. 바람직하지 못한 상황에서 전투부대는 오랜 시간 고립될 수 있으며, 이로 인해 각개격파의 위험에 직면할 수 있다. 기동 시의 각개격파는 병력의 분리로 발생되는 데, 이는 엄히 경계되어야 한다.

회전익 항공기의 등장으로 사격과 기동은 새로운 전술적 차원을 맞이하게 되었다. 공중엄호와 신속한 기동은 회전익 황공기의 취약성을 감안한다 하더라도 하나의 비약임에 틀림없으며, 공격용 헬기의 엄호 하에 감행될 수 있는 대대급 또는 그 이상의 부대기동은 결정적 시기와 장소에서 유효한 결정타가 될 수 있다.

이상과 같은 사격과 기동의 효과는 용맹성과 기민성, 협동만을 강조한다고 해서 되는 것은 아니며, 적절한 정보, 전투편성, 기동성, 화력의 적시성, 강인한 전투의지 및 부대훈련, 효과적인 지휘통제, 신뢰성 있는 보급 등 여러 요소가 충족되어야 비로소 기대되는 효과를 발휘할 수 있다.

2) 집중

전투력을 운용하는 시간과 공간을 판단 및 결정하는 것은 매우 어렵고도 중요하며, 이의 판단능력이 곧 전술능력인 것이다. 그리고 이 시간과 공간 중에 전투의 결승점이라고 할 수 있는 시기와 장소에 전투력을 집중하는 것이야 말로 전승획득의 제1보인 것이다.

부여된 작전지역 내에서 지형의 조건과 적의 배치 및 방어기도 등 여러 요소를 분석하여 전투력을 집중할 목표지역을 정확하게 선정하는 것은 매우 중요하며, 이러한 집중노력의 통일 여부는 전투승패와 직결된다.

책임지역 내에서 강타할 목표지역을 선정할 때 작전지역의 좌측이나 우측 또는 중앙지대 중 어느 한 곳을 선택해야 하는데, 그때 적용할 집중점 선정은 양측 말단 중 한 곳을 강타하는 것이 가장 효과적이다. 세 부분 중 2개 부분을 강타하는 것은 불리로 빠질 위험이 있으며, 세 부분 모두 강타하는 것은 가장 바람직하지 못하다. 약한 말단 중 한 곳을 강타하여 적에게 돌이킬 수 없는 충격과 마비를 강요하는 것은 집중의 필수 과제이다.

3) 구속

구속은 적의 전투력을 격멸하기 위해서 적으로 하여금 타격을 받을 수 있는 곳에 위치토록 하거나 타격받기 알맞은 위치에서 벗어날 수 없게 하는 것이다. 적 전투력 이동, 전투편성 및 재편성, 적 전투력의 방향전환 저지 또는 강제작용 등이 중요한 전술적 구속이라고 할 수 있다. 조공에 의해 적 정면에서 이루어지는 것이 구속의 중요한 역할이며, 추격 시 직접 압박부대에 의한 적 후퇴의 구속 또한 이 범주에 속한다.

대국적인 면에서 조공은 주공을 위해 구속의 역할을 다해야 하지만, 주공 또한 주공의 임무수행을 통해 조공 쪽으로 작용하려 하는 적의 능력을 구속해 줄 수 있어야 하며, 주공과 조공은 각기 기능 내에서 구속과 타격을 감행할 수도 있어야 한다. 구속과 타격은 특별한 순서가 있는 것이 아니어서 먼저 적을 구속하고 이어서 곧 타격할 수 있고, 구속과 타격 양개 작용을 동시에 병행할 수도 있다.

4) 각개격파

각개격파란 적이 시기 또는 지역적으로 종 또는 횡으로 분리되어 전투력을 집중할 수 없는 기회를 이용하여 분리된 하나하나를 차례로 격파하는 것이다. 장차전에서 예상되는 비선형 기동전, 공방간의 열띤 종심공격의 수행은 말할 것도 없고, 공격간 전선의 확대에 의한 다목표 출현은 필시 각개격파 전투의 필요성을 불가피하게 할 것이다.

각개격파는 아군에 의한 적의 분리와 과오에 의한 적 병력의 분리로부터 이루어진다. 아군에 의한 적의 분리는 돌파구를 형성, 적의 재배치 강요, 적 이동부대 차단 등으로 증원 및 집중병력으로 공격하는 것과 분리된 상태에서 합칠 수 없는 적의 취약한 시기를 이용하는 시간요소에 있다. 각개격파 작전 시 중요한 고려사항은 적절한 격파목표 선정, 공격목표로의 증원방지, 신속한 작전 등이다.

적절한 격파목표의 선정을 가장 위험하고 중요한 적 부대와 격파 용이한 적에 두어야 하며, 그 목표는 적의 요점 또는 주력이어야 한다. 목표를 격파하는 동안 다른 적이 증원된다면 공격의 성공이 의문시되기 때문에 적의 연결을 허용해서는 안 된다. 각개격파의 성공을 위해서는 신속한 결심, 신속한 전투편성, 기동력의 발휘가 중요하다.

각개격파를 시도하는 공격군은 때로는 예상하지 못한 적의 증원이나 포위에 의하여 곤경에 처할 수 있다. 이때에는 최악의 곤경에 빠질 위험이 있으며, 오히려 적에 의해 각개격파당할 위험에 직면할 수 있으므로 다른 작전보다 정보능력이 강조된다.

5) 견제

견제라는 용어는 원래 라틴어로 'Divertre'라 하는데 이것은 "떼어 놓아 다른 방면으로 향하게 한다."는 뜻이다. 현대적 감각으로 견제를 정의하면 "적 부대의 이동 및 재배치, 다른 방향 사용을 방지하기 위하여 충분한 압력을 가해 구속하는 전술적 행동"이라고 할 수 있고, 넓은 의미에서 양동과 양공이 여기에 포함된다. 견제는 주로 공자의 입장에 서서 사용하는 전술용어이고, 방어 시의 견제는 저지의 개념이 보다 부각된다.

견제공격은 목표가 있어야 하며, 견제의 요건은 견제에 투입된 공자의 전투력 이상의 적 역량을 고착시켜 다른 중요방향으로 전용하지 못하게 하거나, 적의 예비역량을 비결정적 장소와 시기에 조기 사용하도록 공자의 작전기도를 기만할 수 있을 때 100%의 목적을 달성할 수 있다.

따라서 견제는 항상 견제부대 보다 우세한 적을 아군의 주작전에 유리하게 견제하는데 두어야 하며, 만일 견제부대와 대등하거나 더 약한 적 부대를 견제하는데 그쳤다면 그것은 견제가 아니고 부차적 공격에 지나지 않는다. 결과적으로 견제를 하는데 큰 병력을 사용한다는 것은 현명치 못하며, 약소한 병력으로 큰 적 부대를 견제했을 때 그 효과는 배가된다.

견제부대는 때대로 적의 역견제(逆牽制)에 빠질 수 있는데 적의 술책에 말려들어 견제부대보다 미약한 적의 역견제에 걸렸다면 이야말로 더 말할 나위 없는 손해요, 수치임을 명심해야 한다. 견제와 구속은 비슷한 것 같지만 동의어는 아니며, 구속이 주로 직접 대적한 적 부대의 고착을 노리는 반면에 전제는 직접 대적한 적 부대를 포함하여 그 후방의 직접적인 전투요소의 고착까지 망라하여 적의 행동의 자유를 구속하는 것이다.

6) 후방차단

후방이라 하면 일정한 거리 개념 없이 배면(背面), 배후(背後), 최후방, 후방 등의 뜻을 전부 포함한다. 중대진지의 후방도 후방이요, 연대의 후방지역도 후방임에는 틀림없으나, 그 개념이 극히 모호하여 후방차단이라는 과제를 해결하기 위해서는 우선 후방의 개념부터 설정해야 될 필요를 느낀다.

후방의 개념에서 결정적 비중을 갖는 요소는 통신축선, 보급로, 퇴로의 안전이다. 부대규모를 막론하고 이 요소들의 안전과 위험여부에 따라 지휘계통의 유지 확립과 시기 및 보급을 위시한 전투력의 유지 및 증진여부가 결정된다.

제대별 규모에 따라 적측을 노리거나 아측으로 방호해야 되는 종심의 차이는 있겠지만 후방차단을 “기동에 의해 적의 후방 주요 통신축선, 병참선, 퇴로를 차단하여 적 부대를 포위격멸하는 전술적 행동”이라고 정의할 수 있다. 후방을 차단당하면 통상 퇴로와 보급지원이 차단, 두절되어 고립당하기 쉽다. 그렇다면 문제는 어느 후방을 어떻게 차단할 것인가가 초점의 대상이 되는데, 적의 동급제대 후방 또는 그 이상을 노리는 것이 좋을 것이다.

대대가 적의 중대 후방을 차단하거나 연대가 적의 대대 후방을 차단했다면 별 의미가 없다. 그러나 대대가 적의 연대 후방을 차단했거나 연대가 적의 연대 또는 사단의 후방을 차단하는데 성공했다면 한 지역의 질서는 순식간에 무너지고, 그로 말미암아 방향을 잃은 적은 분산의 길로 내닫게 될 것이다.

어떻게 차단하느냐의 문제는 사단과 연대의 경우 직접적 위협을 노리는 것이 중요하며, 차단할 때에는 둔각보다는 예각으로 하며, 적으로 하여금 도보기동이 불가능한 하천이나 호수, 바다 쪽으로 압박해야 하며, 공중기동으로 차단하는 것은 신속하고 결정적인 파급효과를 가져올 수 있다.

7. 주도권 획득방법

공격은 주도권을 장악하는데 유리한 조건을 갖추고 있다. 공자는 공격시간/장소의 선정, 공격방향의 선택, 공격대형의 편성, 공격호기의 조성을 자유자재로 구사할 수 있어서 방자에 비해 기선을 제압하기 용이하다. 따라서 공격은 주도권을 확보하는데 가장 유리한 전술행동이다. 공격 시 주도권을 획득하기 위한 방법으로는 다음과 같은 것들이 있다.

1) 신속한 기동에 의한 과감한 집중

공격은 전투시기와 전투장소를 선택할 수 있는 융통성이 부여되어 있다. 결정적인 시간과 장소에 필요한 전투력을 과감하게 집중시켜 유리한 위치를 선점할 수 있어야 한다. 칸네(Cannae) 전투에서 한니발이 방어형 작전을 전개하면서도 그가 원하는 시간과 장소로 바로(Varro)를 유인하여 일대 섬멸전을 전개할 수 있었던 것은 한니발의 주도권 확보에 대한 확고한 신념과 신속한 기동에 의한 과감한 집중을 감행할 수 있었던 덕분이다.

따라서 주도권 확보의 첫째 조건은 우세한 기동력에 의해 필요한 시기와 장소에 전투력을 집중할 수 있어야 하며, 가능한 한 적의 집중을 방해하면서 적의 취약점을 강타할 수 있어야 한다. 이럴 때 기습달성도 가능하게 된다.

2) 방자의 과오나 약점 이용

통상의 경우 공자는 적의 취약점에 기습적으로 전투력을 집중시켜 결정적인 성과를 달성할 수 있기 때문에 가용한 모든 수단과 방법을 동원하여 적의 약점을 발견할 수 있어야 하며, 적이 스스로 취약점을 노출시키도록 기회를 조성하여야 한다. 노출된 측후방 공격, 신장배치 된 적의 급소 타격, 적이 예기치 않은 시간과 장소 또는 전투수단을 동원하여 기습을 달성하는 방법 등이 이에 속한다.

3) 공격기세의 유지

공격기세란 지속적으로 공격을 수행할 수 있는 힘의 세력을 말한다. 공자는 공격개시와 함께 최종목표를 달성할 때까지 공격기세를 계속적으로 유지할 수 있어야 한다. 공격기세가 유지되지 못할 경우 전투력이 역전되어 전투 전환점에 이르면 방자에게 주도권을 양보하게 된다.

따라서 일단 공격이 개시되면 전투력을 최대한 발휘하여 계속적인 압력을 가함으로써 방자의 행동의 자유를 박탈하고 최단시간 내에 목표를 확보할 수 있도록 해야 한다. 공격기세를 유지하기 위해서는 적의 약점에 신속하게 예비대를 투입하거나 전과 확대, 적의 역습격퇴, 주공의 증원에 투입할 수 있어야 한다.

종심 깊은 후방공격으로 적의 증원 전투력 차단, 공격속도의 최대한 보장, 강력한 적의 저항에 대한 우회기동, 화력 및 전투근무지원 보장 등은 공격기세를 유지하는 방법 등이다. 결론적으로 공자가 주도권을 획득하기 위해서는 자신이 보유한 이점을 최대한 활용하되, 방자의 이점은 최대한 박탈할 수 있어야 한다.

[표 11-1] 역대 전쟁에서의 병력 및 손실 비율

구 분	병 력 비 율	손 실 비 율
마라톤	9,000 : 20,000	192 : 6,400
칸네(로마)	42,000 : 72,000	6,000 : 62,000
로이텐	50,000 : 80,000	6,150 : 26,750
마렝고	160,000 : 200,000	4,000 : 190,000
중동전	275,000 : 438,000	5,286 : 56,944

[표 11-1]에서 보듯이 역사상 수많은 전쟁에서 열세한 병력으로 다수의 적을 격파한 전사는 공격이 주도권 획득의 가장 손쉬운 방법이며, 주도권 확보를 통해 적은 피해로 다수의 적을 격파했음을 실증하고 있다.

제3절 방어

방어작전이란 가용한 모든 수단과 방법을 사용하여 적의 공격을 방해, 저지, 격퇴 또는 격멸하는 작전으로서 지휘관은 작전지역과 가용한 모든 수단이 아군에게는 유리하고 적에게는 불리하게 사용되도록 노력해야 한다.

방어작전의 초기에는 공자가 주도권을 보유하나 방자는 준비된 진지, 지형의 이점을 이용하여 적의 공격기세를 완화시키고 공자로 하여금 불리한 위치에서 방자의 방어계획에 따라 전투하도록 강요하며, 전 종심에 걸쳐서 융통성 있는 화력지원, 창의적인 전투력 운용으로 공자의 집중능력을 약화시키고 노출되는 공자의 약점과 과오를 적극적인 공세행동으로 확대함으로써 적 부대를 격멸할 수 있다.

방어작전은 공격능력의 저하로 공격을 계속할 수 없게 되었을 때 공격을 위한 유리한 기회가 조성될 때까지 일시적으로 실시한다. 그러나 때로는 공격능력이 있더라도 작전의 목적에 따라 다른 지역의 공격여건 조성을 위하여 방어할 경우와 제한된 기간 동안 특정 지역에서 유동적인 상황에서 지휘관이 적을 격멸하기 위하여 기만수단과 더불어 자발적으로 방어작전을 실시할 수도 있다.

1. 방어의 개념

1) 본질

방어란 수세적인 입장에서 적의 공격을 저지, 격퇴하는 전술행위이다. 공격이 적 부대를 격멸하기 위하여 적의 취약점에 전투력을 집중하는 적극적이고 동태적(動態的)인 작전이라면, 방어는 공격하는 적의 약점을 이용하여 저지, 격퇴함으로써 공세를 이전하는 정태적(靜態的)이고 수세적인 작전이다.

특정한 전술적 목적을 가지고 자의적으로 실시하는 방어이거나 불가피하게 방어할 수밖에 없는 상황 속에서의 방어일지라도 성곽방어와 같은 방어 일변도가 되어서는 안 되며, 효과적인 방어를 통해서 적을 약화시킴으로써 공세전환의 기회를 조성하는 것이 필요하다.

2) 방어의 특성

방어는 지형 및 준비의 이점을 활용하여 공자의 강점에 전투력을 집중하고 공자를 타격, 저지, 반격함으로써 주도권을 획득하여 공세로 이전할 수 있다. 저항력의 발휘는 방어의 중요한 특성이다. 저항하기 위해서는 방어 상의 이점 활용, 저항수단과 방법의 선택문제가 고려되어야 한다.

방어의 이점은 지형과 시간을 적절히 이용할 수 있다는 점인데, 지형은 방어가 용이하고 견고하여 공자의 전투력 발휘를 곤란케 할 뿐 아니라 방자가 선택한 곳에서 결전을 강요할 수 있다는 장점이 있다. 시간적으로는 공자가 공격하기 위해 동분서주하는 동안 방자는 그 모든 시간을 차분히 유익하게 사용하여 진지와 장애물 보강, 효과적인 사격준비, 적의 공격기도 판단 및 기동준비 등을 할 수 있다는 이점이 있다.

지형과 시간상의 이점 활용이 방자 편에 유리한 것이 확실한 이상 지형의 이점을 최대한 이용하고, 촌각을 다투어 방어준비를 철저히 함으로써 곧 있을 결전에서 출혈을 최소한으로 감소할 수 있어야 한다.

방어의 체계는 대별하여 진지체계, 화력체계, 장벽체계, 기동체계로 나눌 수 있다. 진지체계는 그 안에 경계진지와 주방어진지, 저지진지 및 종심진지로 구성되고, 화력체계는 타격 가능한 사정별(射程別), 구경별(口徑別) 화력구성과 사격지휘 통제가 포함되며, 장벽체계는 제대별 장벽의 구축 및 통제가 포함되며, 기동체계는 예비대 및 기타 가용부대의 기동 및 활동, 군수활동의 기동 등이 포함되는데, 결국 방자의 저항수단은 화력, 병력배치, 장애물, 기동 등으로 집약된다.

요컨대 저항수단의 효율적 발휘가 긴요한데, 이를 위해서는 수단의 조직 및 편성, 기능 발휘 등이 세부적으로 보장되어야 한다.

방어 상 중요 저항방법에는 첫째가 타격 및 저지이고, 둘째가 반격이다. 이 두 개의 구성요소가 적절하게 조직되고 시행되지 못할 경우 방어의 성공은 기대할 수 없으며, 이를 기본으로 저항방법이 강구되고 발전되어야 한다. 저항은 방어 초반부터 끝까지 일률적으로 적용되는 것은 아니며, 방어전투의 전 과정을 통하여 그 양상을 달리한다.

방어초반 중 저항활동의 특성은 적에 대한 관찰의 강화와 적 기도의 판단 및 모든 제대에서의 방어준비에 치중되고, 식별되는 표적에 대한 타격 등 일종의 정적(靜的)인 활동으로 시작된다.

방어전투의 중반은 아 전투전초의 전방으로부터 전투전초의 유린과 주방어지역 근방을 향한 적의 진출로 특징지어지는데, 이때에는 적의 공중공격과 공격준비 사격, 과감한 침투 등으로 경계부대는 혼미한 전투의 와중에 빠지고 주방어 진지는 한층 분방하게 된다. 이때 저항의 특성은 적극적인 저지로 돌입하면서 주로 장애물과 포사격, 일부 직사화기의 활동개시 등으로 변화된다.

방어의 후반은 적에 의한 주방어선 돌파시도 및 일부돌파로부터 전면적 저지 격퇴로 치열해지기 때문에 방자는 최후의 역량을 아낌없이 발휘하여 돌파를 저지, 역습 혹은 강습부대의 진전투입 등을 하게 되고, 이로 인해 전투는 가열되고, 만일 여의치 못하여 돌파 당했을 때에는 지연전으로 전환할 수밖에 없다.

3) 방어의 목적

방어의 궁극적이고도 주된 목적은 공세 이전을 위한 여건을 조성하는데 있다. 적 부대의 격멸과 중요지형의 확보 그리고 시간획득 및 병력의 절약 등은 부차적인 목적으로써 방어의 주목적을 달성하기 위한 수단과 방법에 불과하다. 그러므로 방어의 계획과 실시는 공세 이전을 대전제로 하지 않으면 안 된다.

방어는 통상 전력이 열세하여 공세를 취할 수 없을 경우에 실시된다. 즉 방어를 통하여 더 많은 이익을 예측할 수 있을 경우이다. 그러므로 방어작전은 유리한 지형을 선정하여 이를 철저히 보강하고 전투가 개시되면 조직적인 화력을 집중하여 적을 약화시킨 다음 역습으로 적을 격파하여 전력의 상대적 우위를 확보함으로써 공세이전이 가능하도록 하는데 그 목적이 놓여야 한다.

2. 방어 시 고려요소

1) 방어요건의 충족

클라우제비츠는 이상적 방어조건으로 견고한 요새, 전 수단을 구비한 수비, 냉철한 격멸, 충분히 훈련된 군대, 투지만만한 병사 등 5개 요소를 열거한 바 있으나,

현대전의 감각에 부합된 이상적 방어요건으로는 견고한 진지, 결정적 반격, 모든 수단의 통합 발휘, 훈련된 부대 등이 있다.

현대의 화력효과는 치명적이기 때문에 경계진지라 하여 공사가 소홀하거나 적당해서는 안 되며, 주방어진지는 시간이 허락하는 대로 방벽을 최대로 견고하게 하며, 종횡으로 상호 지원이 충분하도록 구축되어야 한다. 모든 수단의 통합발휘는 전술항공과 포병, 전차를 위시한 결전장의 배치와 화망구성, 방공, 전자전의 통합을 포함하여 전수단을 통합 조직하여 그 기능을 최고로 발휘할 수 있도록 하여야 한다.

결정적 반격은 종심강습과 역습을 의미한다. 방어 시 별도 기동부대를 편성하여 진전 종심에서 적의 허리를 강타함으로써 대단한 효과를 거둘 수 있다. 그러나 최악의 상태에 빠져 고립 분산되거나 유명무실한 유동병력이 되어버릴 가능성에 대하여도 충분히 고려하여야 한다. 이러한 강습부대의 운용은 정확한 상황판단, 지형의 이점, 강력한 보전 전투부대로 편성하고, 전술항공 및 육군항공의 강력한 엄호 하에 시행되어야 한다.

2) 취약성

방어의 단점은 방어전만으로 결정적 성과를 얻을 수 없다는 점이다. 방어의 단점은 공자보다 병력이 열세하다는 것, 넓은 정면에서 버텨야 한다는 점 등 여러 가지가 있으나, 이것은 그때에 주어진 것이지 선택권을 갖는 것은 아니기 때문에 공격에 비해 비교적 불리한 취약성만을 고찰함으로써 방어방책의 발전에 기여하고자 한다.

방어의 취약성에는 행동의 자유상실, 집중에 취약, 기동의 제한, 유휴병력, 측후방 취약 등 5개 사항이 있다.

행동의 자유를 상실당하는 것은 하나의 고통이다. 방자가 잠자거나 쉬고 싶을 때, 기상이 나빠 전투를 중지하고 싶을 때, 탄약과 식량이 풍부해질 때까지 전투를 보류하고 싶을 때도 공자는 어김없이 공격의 북소리를 높이는가 하면, 방자가 기피하는 장소에서 공격의 고삐를 늦추지 않기도 한다.

이와 같이 방자는 시간과 장소 선택의 자유를 공히 공자에게 빼앗김으로써 방자는 피로하고 넓은 정면에 병력을 배치하지 않으면 안 되는 수고를 겪어야 한다.

이러한 취약성을 극복하기 위하여 경계대책의 강화, 예상되는 접근로에 대한 병력배비, 근소한 병력으로 지탱할 지역과 화력 및 장애물의 운용 등 모든 방비를 취해야 한다.

집중에 취약하다는 것은 방벽의 지탱력에 비해 충격력이 강하다는 것을 의미한다. 강대한 충격력을 강력히 차단하여 마치 터진 둑을 한꺼번에 막아 버리듯이 빨리 수습하지 못한다면 아무리 격류를 막으려 해도 쓸데없는 노력과 자원의 낭비만 계속하게 될 것이다.

기동의 제한은 두 가지 측면에서 고려할 수 있다. 하나는 자유의 제한이고, 둘째는 관성의 제한이다. 자유의 제한은 방자가 기동할 때에는 적이 움직이고 있는 지역으로 기동해야 된다는 것이다. 설사 적의 정면으로 가지 않고 자의적으로 측방을 타격한다 해도 큰 테두리 안의 방향은 같은 것이고, 그 실시 시기 또한 적에 의해 주도될 수밖에 없는 것이다.

관성의 제한이란 운동하는 물체는 등속운동을 계속하고 정지물체는 외부작용이 없는 한 영구히 정지하려는 성질을 말하는바, 정지된 방자가 허리를 펴고 움직이려면 그만한 지체가 따르기 마련이어서 이미 움직이고 있는 공자의 속도를 따라가자면 공자보다 몇 배 이상의 노력이 필요하게 된다.

기동의 제한을 극복하기 위하여 방자의 예비대는 적보다 우수한 기동력을 발휘하여야 하며, 또한 화력의 기동력 발휘에도 각별한 관심과 대비를 다하여 화력의 집중 및 전환을 용이하도록 하여야 한다.

유휴병력의 발생은 방자의 어쩔 수 없는 운명이다. 방자는 언제나 방어병력을 전 정면에 걸쳐 균등하게 배치할 수밖에 없다. 그런데 공자가 집중의 원리를 적용하는데 비하여 방자는 공격이 예상되는 장소를 점령하고 유사시에 대비해야 되기 때문에 어쩔 수 없이 유휴병력이 있게 마련이다.

후방을 향하여 경계하도록 배치된 병력이나 요긴한 때 사용하려는 예비대 등은 모두 유휴병력이라고 할 수 있다. 따라서 유휴병력을 어떻게 활용할 수 있는가가 중요한 것이며, 방어의 승패가 달려 있거나 중요한 시기에 덜 위험한 지역에서 시기에 적절하고 과단성 있게 유휴병력을 차출하여 위험한 지역을 방호하고 또 필요한 시기에 원대 복귀하는 등의 전술적 조치를 취할 수 있는 지휘관의 명석한 전기포착과 판단, 결행이 중요하다.

권투선수가 안면과 가슴의 방호는 잘 하더라도 몸체를 강타당하면 곧 쓰러지는 것과 같다. 한 정면, 한 접근로 쪽으로 혼신의 기력을 다하고 있는 방자는 측후방이 취약하지 않을 수 없다. 측후방의 취약성 해소는 보조진지 및 측방진지의 준비와 장애물 운용, 인접부대 및 예비대에 의한 엄호 등으로 달성될 수 있다.

3) 방어진지 보강

방어전투는 보통 급편방어와 준비된 방어로 이루어지며, 급편방어는 통상 적 돌파부대에 대한 응급조치나 불리하게 전개되는 조우전 또는 지연전하에서 현재 진행 중인 전투참가 부대에 의하여 수행된다.

급편방어는 불충분한 방어준비 및 약한 화력, 빈약한 장벽체계, 졸속한 부대 간 협조, 얕은 방어종심 등으로 특징지어진다. 반면, 준비된 방어는 충분한 시간과 자원을 가지고 준비되며, 모든 방책의 발전과 면밀한 협조를 토대로 한다. 준비된 방어의 특징은 다음과 같다.

충분한 지형의 이용은 공자의 기동과 접근가능성을 염두에 둔 가운데, 종적인 것을 고려하고 방자의 진지편성 및 종심제대의 배치, 필히 확보되어야 할 지형 등을 염두에 두고 횡적인 것을 고려해야 한다. 그리고 기타 부수사항을 분석한다.

총체적인 면에서 지형을 분석, 이용할 때 주된 고려사항은 피·아 전투력의 발휘와 적을 저지하는데 적합한 병력배치 및 화력의 발휘와 장애물 운용의 효율성 등이 있다.

조직된 화력체계를 세밀하고 효과적으로 조직하기 위해서는 가용한 화력의 특성과 수량, 화력의 빈틈없는 조직과 통제, 집중의 발휘 등이 중시된다. 일반적으로 한 부대가 가용한 주도로망 한 개(혹 두 개가 될 때도 있음)를 중심으로 해서 그 좌우에 포병들을 배치함으로써 생길 수 있는 포병의 사각지역이나 사격하기 곤란한 측익에 대한 사격집중 및 분배는 주의 깊게 검토되어야 한다.

방어 시 가장 중요한 문제는 주방어선에서의 출혈을 최소로 하는 것이다. 집중된 공격력(1제대~3제대)을 한 방어선에서 막아낸다는 것은 어렵기 때문에 주방어선에 이르기 전 종심지역에서(전투 전초선 내외가 가장 적당함) 파쇄 격멸하는 것이야 말로 포병의 화력섬멸 원리와 일치한다. 이를 가리켜 '종심파쇄 사격'이라 하는데 이 종심파쇄 사격은 필요한 표적군 및 표적대로 선정되어 지휘관이 의도할 때 최후 방어사격과 같은 우선권을 갖고 사격하도록 통제되어야 한다.

견고한 축성 및 장벽운용에서 유의할 사항은 무절제한 살포식 지뢰운용은 지양되어야 하며, 특히 역습이나 예비대 기동, 강습부대 운용에 지장을 줄 장벽운용은 신중히 검토되고 계획되어야 한다.

적이 노리는 집중돌파에 대비하기 위해서는 종심방어의 준비가 필수적이다. 필요한 저지진지 및 제2, 제3 방어선은 사전에 계획되어야 한다.

클라우제비츠는 "반격이 없는 방어는 있을 수 없다."고 했으며, 조미니는 "완전한 방어태세에서 적의 공격을 받으면 항복할 수 없고, 역습을 개시하려는 결의 하에 적을 기다리는 장군은 승리한다."고 했다. 지휘관은 방어 간 모든 기회를 이용하여 적을 강습하고 타격하며, 뚫고 들어오는 적은 전력을 다하여 역습하여야 한다.

준비된 방어에서 부대 간의 면밀한 협조, 전후방 제대 간의 협조, 병과간의 협조, 상하급 제대 간의 협조야말로 소중한 것이다. 협조가 없는 방어는 한 팔이 꺾인 것과 같으며, 협조 없이는 사각지대와 공간을 줄일 수 없다.

3. 방어작전의 준칙

방어작전은 적의 공격에 대응하여 수세적 개념과 공세적 개념의 적절한 결합을 통하여 적의 약점과 과오를 확대시키고, 조기에 주도권을 장악하는데 노력을 경주해야 한다. 이와 같은 방어작전을 계획 및 실시하는데 있어서 기본적으로 고려해야 할 지침인 방어작전의 준칙은 다음과 같다.

1) 전장관찰

방어작전 시 전장관찰도 공격작전 시와 마찬가지로 모든 준칙구현의 전제조건적 성격을 갖는다. 방자는 공자의 공격 시기, 규모, 방향, 전술 등 예상되는 행동을 분석, 평가한 것과 작전지역 그리고 아군의 가용한 전투력을 기초로 방어계획을 수립하여야 하므로 적에 관하여 가능한 한 많은 것을 알고 있어야 한다. 그러나 방자의 예측은 항시 적중되지 않을 수도 있기 때문에 부단한 전장관찰을 통하여 지속적으로 첩보를 획득하고, 변화하는 상황에 민첩하게 대처해 나가야 한다.

방어작전 시 전장관찰은 기습방지를 위한 경계의 수단으로뿐만 아니라 공자의 전투력 집중에 대응 전투력을 집중하고 공자의 약점과 과오를 발견하여 그것을 최대로 이용하여 주도권을 확보하는데 큰 의의가 있다. 그러나 감시수단의 제한, 적의 기만 및 보안대책 등으로 인하여 요구되는 사항은 전부 파악하기는 곤란하므로 지휘관은 불확실한 가운데서 결심을 해야 할 경우가 많다. 이러한 불확실성에 의해 지연되거나 오도되는 경우 치명적인 결과를 초래할 수 있음을 유의해야 하며, 여하한 경우라도 가용한 수단을 통합운용하여 불확실성을 최소화시킬 수 있는 대책을 강구해야 한다.

6·25전쟁 초기에 전반적인 전장관찰의 부실 속에서도 가용수단을 이용하여 정면의 적에 대한 전장관찰 결과를 토대로 상대적인 열세를 극복하며 분전한 아군 제6사단의 춘천지구 전례는 전장관찰의 중요성과 그 승수효과를 시사해 준다.

2) 전투력 집중

공자는 자신이 선정한 장소와 시간에 전투력을 집중할 수 있는 이점이 있는 반면에, 방자는 예상되는 적의 기도를 토대로 대응하는 개념이므로 최초에는 어느 정도 균등배비에 의한 전투력의 분산운용이 불가피한 경우가 많다. 따라서 방자는 공자의 집중방향, 시기, 규모 등을 조기에 판단하여 결정적인 지점에서 모든 효과와 전투력을 집중하여 국지적인 우세를 달성해야 한다. 즉 일부지역에서는 위험을 감수하면서 전투력을 절약하고 예비대를 보유함으로써, 방자가 선정한 주노력 지점에서 압도적인 우세를 달성할 수 있다. 아울러 결정적인 지역에서의 부대집중을 위해서는 다른 지역에서의 위험이 수반되며, 이러한 위험을 최소화하기 위해서는 경계부대, 그리고 화력 등을 최대한 이용하여야 한다.

또한 방자의 전투력 집중은 통상 대응 전투력의 집중이므로 시기를 상실할 경우 큰 위협을 내포하게 될 수 있음에 유의하여 신속히 집중해야 한다. 전투력의 집중은 결정적인 정면에 협소한 전투지대를 부여하거나 추가적인 전투력 할당, 예비대의 증원, 위협이 적은 정면에서의 병력차출, 가용한 화력의 신속한 집중 등으로 이루어질 수 있다. 적지종심작전부대 및 적극적인 경계부대 등의 적극적인 공세활동은 조직적인 적의 전투력을 분산시켜 상대적으로 전투력 집중에 기여한다. 또한 전투력 집중 시에는 적의 화력이나 대량파괴 무기로부터 취약하므로 지휘관은 소산과 은폐 및 엄폐, 강력한 방공대책 등을 강구해야 한다.

3) 종심 깊은 전투력 운용

방자가 주방어지역에서의 결전만으로 적의 강력한 집중공격에 대응한다면 방어에 성공하기가 어렵다. 따라서 방자는 적지종심 작전지역에서부터 주방어지역에 이르기까지 전 방어지대 내에서 종심 깊게 전투력을 운용하여 계속적인 전투를 강요하고, 공자의 균형과 작전의 템포를 와해시킴으로써 약화된 적과 주방어지역에서 결전을 시도해야 한다. 주방어지역으로부터 후방지역까지는 저지진지의 준비 및 점령, 화력과 장벽 및 장애물의 운용, 예비대에 의한 역습 등 다양하게 전투력을 운용하여 공격의 충격력을 다중으로 흡수하고 방어의 지속성을 유지해야 한다. 또한 종심 깊은 전투력 운용으로 집중방향을 조기에 탐지하여 적의 기습효과를 감소시키고 대응전투력의 집중시간을 획득함으로써 공자의 이점을 박탈하고 주도권을 조기에 장악하여야 한다.

4) 방어수단의 통합 및 협조

방어 시에는 가용한 모든 방어수단을 통합하고 협조시킴으로써 방어력을 최대한으로 발휘할 수 있다. 이러한 방어수단의 통합 및 협조는 적의 공격을 조기에 경고하고, 적 공격의 통합성을 초기부터 지속적으로 와해시키는데 필수적이다.

지형의 자연적인 방어력은 병력, 화력 및 장벽 등의 협조된 운용으로 보강되어야 하며, 전투부대의 배치 및 기동과 화력계획은 상호 지원을 고려하여 밀접히 통합 및 협조되어야 한다.

특히 화력은 주방어부대 지원, 비점령지역의 통제, 장벽엄호, 공세행동 등의 지원을 위하여 기동과 협조되어야 한다. 방어진지는 공자로부터 각개격파를 방지하고 적의 침투를 봉쇄하며, 진지의 강도를 증대시키도록 통합하고 보강해야 한다. 이와 같은 방어수단의 통합과 협조는 화력 및 장애물, 항공지원, 화학무기, 전자전, 심리전 등 기타 모든 방어수단과 방법을 통합하여 운용함으로써 최대의 효과를 발휘할 수 있다.

5) 방자의 이점 최대이용

최초방어진지에서는 통상 우군지배 하에 또는 적대행위가 거의 없는 지역에 편성되므로 방자는 방어를 위한 중요지형을 선택하고 공자와 교전까지의 시간을 방어준비에 사용할 수 있는 이점이 있다. 즉 방자는 최소한 전투 초기단계에서 만큼은 자신이 선택하여 준비한 방어진지에서 전투를 할 수 있는 이점을 누릴 수 있다는 것이다. 또한 이러한 초기의 이점을 지속시킬 수 있다면 작전을 성공적으로 이끌 수 있는 만큼 준비된 진지로 적이 주력을 지향토록 하는 대책 등이 계획 및 실시단계에서 지속적으로 강구되어야 한다.

아울러 방어의 성공은 계획수립과 준비를 위하여 가용한 시간을 얼마나 효과적으로 사용하는가의 여부에 좌우된다. 즉 시간을 최대한 효과적으로 사용하여 자신이 선택한 지형에 종심 깊게 부대를 배치, 지형을 보강하며 전쟁연습과 예행연습 등을 실시해야 한다.

이와 같이 방어 시 지휘관은 방자의 이점을 최대한 이용하여 사전준비를 철저히 하고, 실시간에는 공자로부터 조기에 주도권을 탈취할 수 있는 기회를 끊임없이 추구하여 적의 균형을 파괴해 나가야 한다.

6) 공세행동의 최대이용

방어작전의 개념 속에는 수세적인 개념이 상대적으로 많이 포함되어 있음은 분명하나, 전투의 본질상 수세적인 행동만으로 현상유지 이상의 승리할 기회를 포착하기 어렵다. 즉 공세적인 행동이 병행되어야 한다는 것이다.

공자에게도 지휘 및 통제의 곤란, 인원 및 장비의 노출, 병참선의 신장 등의 취약점이 본질적으로 수반되게 된다. 따라서 방자는 부단한 전장관찰을 통하여 적의 약점과 과오를 발견하거나 노출되는 기회를 포착하여 기습적이고 과감한 공세행동으로 주도권을 획득하고, 적의 전투력을 약화 또는 격멸해야 한다. 이와 같이 방자는 다양한 공세행동(역습, 역공격, 파쇄공격, 기타 공세행동 등)으로 공자의 작전템포와 통합성 그리고 균형을 와해시키고, 전투력의 집중을 방해함으로써 방어작전을 성공적으로 수행해야 한다. 즉 공자가 전투력을 집중하기 전에 파쇄공격을 실시하고, 탈취한 지역을 보강하기 전에 역습을 실시하는 등의 공세행동으로 공세이전할 수 있는 기회를 계속적으로 추구해야 한다.

7) 융통성

방어작전은 공자의 행동에 대한 대응개념적 성격이 강하므로 융통성 있는 계획과 민첩한 실시가 특히 중요하다. 즉 방어작전의 초기에는 통상 공자가 주도권을 행사하게 되므로 방자는 공자의 공격에 충분하게 대응하거나 회피할 수 있도록 신축적이어야 한다는 것이다. 이러한 융통성을 확보하기 위해서는 전장정보분석에 기초를 둔 세부적인 계획수립, 종심 깊은 방어편성, 적절한 규모의 예비대 및 기동력 보유로 주노력지점의 신속한 전환능력 보유, 화력의 신속한 집중 및 전환능력 보유, 핵무기 보유, 예비 및 보조진지와 저지진지 준비, 역습계획 및 우발계획 준비, 예하지휘관에게 지휘관의 의도를 명확히 이해시키는 것 등의 활동이 이루어져야 한다.

4. 방어의 형태

방어의 형태에는 지역방어와 기동방어가 있으며, 경우에 따라서는 두 방어작전의 형태를 적절히 혼용하거나 변형해서 사용할 수도 있다. 대부대가 방어작전 시 예하부대에 부여되는 임무는 서로 상이한 작전의 형태가 될 수도 있으며, 방어의 임무를 부여받은 예하부대는 지역방어 또는 기동방어를 채택하여 방어임무를 수행할 수도 있다.

방어의 형태는 임무, 적 상황, 지형 및 기상, 가용부대 및 시간 등을 종합적으로 고려하여 적용하여야 하나, 도로망과 부대의 기동력 및 공중 우세권이 아군에게 불리한 경우는 다른 요소가 기동방어에 유리하더라도 근본적으로 기동방어의 적용은 곤란하다.

지휘관은 작전환경에 따라서 보다 공세적인 방어를 실시하기 위하여 적의 집중공격에 신속히 대응하고 지역의 확보는 물론 효과적인 전투력 운용과 융통성 발휘가 가능한 방어작전의 형태를 적용하여야 한다.

1) 지역방어

지역방어는 지형의 조건, 항공 및 기동력의 열세 등으로 방자의 기동이 제한된 경우에 적합한 방어형태로써 주로 지형과 화력에 의존하여 적을 저지 및 격퇴하는 작전이기 때문에 부대운용 상의 융통성과 적을 기습할 수 있는 기회가 크게 제한된다. 그러므로 지역방어는 양호한 지형을 선정하고 화력과 장벽을 효율적으로 통합할 수 있도록 하는 한편, 공자의 기습에 대한 취약점과 융통성의 제한을 극복할 수 있도록 계획되어야 한다.

지역방어는 기동공간이 협소하거나 지형조건이 병력기동에 불리할 때 또는 기동력이 열세하거나 공중 우세권이 적의 수중에 있을 때 채택된다. 지역방어의 성공은 지형의 철저한 이용에 의한 진지편성의 강화와 효율적인 화력의 통합에 의하여 달성될 수 있다.

융통성의 제한을 극복하기 위해서는 적절한 규모의 예비대를 적시에 예상돌파지역에 투입할 수 있도록 시간적·공간적 중앙을 확보하는 한편, 화력의 신속한 전환태세를 항상 유지해야만 한다. 공자의 기습에 대한 취약성은 철저한 전장관찰을 통해 적정을 정확히 파악하고 경계 및 경보체제를 효율적으로 운용함으로써 감소된다.

지휘관은 방어하여야 할 주요지형을 통제할 수 있도록 주방어지형에 충분한 전투력을 배치하여야 한다. 따라서 전투력 할당 시에는 통상 주방어지역 작전부대에 우선권을 둔다. 예비대는 적을 저지 또는 격멸하기 위하여 적의 돌파구를 제거하거나 위협받는 지역을 증원하기 위하여 사용한다. 방자는 적이 아군의 주방어진지에 도달하기 이전부터 적지종심작전으로 공자의 기동을 방해 및 저지하고 전투력을 분산 및 약화시켜야 임무를 성공적으로 수행할 수 있다.

지역방어 시 방자는 각종 장애물을 최대한 이용함으로써 적의 기동을 방해, 저지, 전환시킬 수 있고, 적의 야간공격이나 침투로부터 위협을 감소시키며, 돌파를 제한할 수 있다.

적의 강력한 압력에 의하여 방어지역의 일부가 돌파되면 돌파구가 더 이상 확장되지 않도록 돌파된 부대 또는 종심배치된 부대로 하여금 적의 공격을 저지함과 동시에 예비대의 결정적인 역습이나 화력을 이용하여 상실된 지역을 회복하고 돌파구 내의 적 부대를 격퇴 또는 격멸하여야 한다.

적의 공격속도를 지연시키고 전투력의 분산을 강요하며, 후속부대의 차단 또는 진출한 적 부대의 배후를 교란하거나 공세이전 시 발판을 제공할 수 있는 중요지형에는 거점을 편성하여 고수하여야 한다.

2) 기동방어

기동방어는 깊은 방어종심, 양호한 지형조건, 항공 및 기동력의 우세 등으로 방자가 넓은 기동공간에 걸쳐 그의 기동력을 자유롭게 구사할 수 있을 경우에 적합한 방어형태이다.

따라서 기동방어는 계획된 지역으로 적 주력을 유인한 후 신속한 기동타격으로 이의 격멸을 시도하는 작전으로써 부대 운용상의 융통성과 기습의 기회가 증대되는 작전형태이다. 그러므로 기동방어는 이 두 가지의 이점을 최대로 확대할 수 있도록 계획되어야 한다.

기동방어의 성공요결은 강력한 기동 예비대의 확보와 공세행동에 의한 기습의 획득에 있다. 따라서 적절한 병력을 전방 방어지역에 배치하는 한편 주전력을 예비로 확보하여야 한다.

기습의 획득은 기동예비대를 시간적 공간적 중앙에 위치시켜 신속한 투입을 보장하는 한편, 역습 시 돌파구의 첨단을 피하고 취약한 측방을 강타함으로써 가능해진다. 또한 주방어지역에 배치된 지연부대로 하여금 계획된 지역으로 적을 효과적으로 유인할 수 있도록 함과 아울러 돌파된 지역의 견부를 확고히 확보할 수 있도록 하는 것은 기동방어를 성공시키는데 있어서 긴요한 요소들이다.

기동방어 시 주방어지역에서는 적을 유인 또는 적의 공격을 방해하고 교란 및 와해시키며, 견부진지를 확보하는 데 필요한 최소한의 부대를 배치하는데, 이러한 임무를 수행하는 부대를 고착부대라 한다.

기동방어는 역습부대 능력에 크게 의존하지만 적을 유인하거나 돌파구 견부를 확보하는 고착부대의 능력도 필수적이다. 예비대는 병력과 화력을 기동성 있게 운용하여, 결정적인 시간과 장소에 집중시켜 적을 격멸하기 위하여 우세한 기동력과 공중우세권 확보 하에 과감한 역습을 실시한다. 일반적으로 고착부대는 지연작전의 준칙을 적용하나 역습부대는 공격작전의 준칙을 적용한다.

고착부대는 각개격파되지 않도록 과도히 신장되거나 노출되어서는 안 되며, 적을 화력과 기동으로 격파할 수 있는 곳으로 유인할 수 있도록 적절한 전투력을 보유하여야 한다. 인접부대가 지역방어를 실시할 경우 인접부대의 측방이 기동방어를 취하는 부대의 고착부대의 행동으로 인하여 노출되지 않도록 사전에 충분한 협조가 이루어져야 한다.

5. 전투력 운용

방어의 성공은 지형의 이점(利)을 이용하여 협조된 화력을 효과적으로 운용하고, 작전을 공세적으로 실시하여 조기에 주도권을 장악하는 한편, 적의 공세계획에 차질을 야기하여 방자의 계획에 따라오도록 강요함으로써 달성된다. 그러므로 지휘관은 방어 시 가용전력을 종심 깊이 운용하여 공자로 하여금 조기에 혼란에 빠지도록 하여 아군이 원하는 방향이나 지역으로 적의 주력을 유도할 수 있도록 작전을 지도하여야 한다.

전투 시 작전의 주도권은 적이 아군 계획에 추종할 때 획득되고 반대로 아측이 적의 선제행동에 반응만을 되풀이할 때 상실된다. 그러므로 지휘관은 방어작전 간 전기를 포착하여 각종 공세행동의 기습적인 감행으로 적의 약점을 확대하여 작전의 주도권을 장악하여야 한다.

1) 집중

전투력의 분산을 불가피하게 감수해야 하는 방자는 공자의 집중에 취약하다. 그러나 적의 돌파전술에 대비하여 결정적인 시간과 장소에 전투력을 집중하려면 때로는 경미한 측방위협도 감내할 수 있어야 한다.

방어 시 집중은 공자의 집중방향 및 시기와 그 규모를 조기에 정확하게 판단함으로써 이루어질 수 있으며, 집중의 수단은 핵무기 사용, 추가 전투력 할당, 화력집중, 예비대 증원, 위협이 적은 정면에서의 병력차출, 협소한 정면부여 등이며 부차적으로는 공격하는 적 부대의 종심을 절단하거나 차단하는 부대의 활동에 의해 적의 전투력을 분산시킴으로써 방자의 집중효과를 증대할 수 있다.

방어는 수비하는 것이 아니며, 전선은 고정되지 않는다. "소수병력으로 방어하고 다수병력으로 기동한다."는 중국군 교리는 음미해 볼 만한 충분한 가치가 있다. 넓은 방어지역에 부대를 균등하게 배치하고 1개 부대를 예비로 보유하는 방어는 적의 제파공격에 의해 격파되거나 압도되기 쉽다. 따라서 지휘관은 방어정면의 중요 접근로에 중첩된 부대와 화력의 집중을 기하고 여러 지역에 중점 배치하면서 강력한 집중을 위해 예비대를 편성하여야 한다.

2) 종심방어

종심방어란 종심으로 계속적인 방어를 하기 위하여 경계진지, 주진지, 저지진지로 편성된 상호 지원하는 진지의 조직이다. 종심방어는 적의 공격을 유인, 흡수하고 약화시키며 분쇄하기 위하여 계획된다.

종심이란 전방이나 후방부대를 다 포함하고 있는 어떤 대형이나 진지의 전방으로부터 후방에 이르는 간격을 말하므로 종심방어란 공자의 최초진지에서의 관측이나 사격효과의 대부분을 무력화하도록 의도된 것이다. 충분하고 적절한 종심편성은 적의 예봉을 점차 둔화, 분쇄하며, 화력부대의 배치나 예비대의 수용 및 기동을 위해 필수적이다.

방자는 적절한 부대전개와 축성 및 장벽사용, 살상지대운용, 저지진지 편성, 예비대의 기동 등으로 방어종심을 유지한다. 종심방어에서 중요한 사항은 공자로 하여금 헛된 위진지를 공격케 하여 노력을 소진시켜 유인격멸하는데 주안을 두어야 한다는 것이다. 얕은 종심으로 적의 집중돌파에 대응할 수는 없다. 제2, 제3의 종심진지 편성과 조직적인 준비는 방어의 성공을 보장할 것이다.

방어선은 절대적인 것이 아니기 때문에 적의 공격으로 만곡선을 이루거나 더 깊은 돌파구로 확대될 수 있다. 이때 중요한 것은 중요지역을 고수하는 거점방어와 적의 예봉을 가로막는 효과적인 저지진지이며 거점방어 부대와 저지 부대 간에 낀 적의 공격부대를 결정적으로 타격할 수 있는 예비대의 능력은 방어의 승패를 결정한다. 자기가 책임진 지역에서 어느 선의 일시적 양보는 허용될 수 있지만 책임진 종심을 피탈당해서는 안 된다.

3) 방어 시 공세행동

방어의 목적이 가용한 모든 수단과 방법을 구사하여 부여된 방어지역에서 적을 격퇴 또는 격멸하고 공세이전을 위한 여건을 조성하는데 있으므로 지형과 화력에만 의존하는 소극적인 방어전투로 적을 지연 또는 저지할 수는 있겠으나 방어의 궁극적인 목적을 달성할 수는 없다.

그러므로 방자는 전투 간 호기를 간파하여 파쇄공격, 역공격, 역습 및 기타 공세행동 등으로 방어작전을 공세적으로 실시하여 작전의 주도권을 장악하는 한편, 적의 약점을 더욱 확대하여 적 주력을 격멸하여야 한다.

이때 파쇄공격이나 역공격 같은 종심공격 시에는 육군항공기로써 기습하든가 강력한 전차 및 전투 장갑으로 기계화될 때 그 기동성이 결정적 역할을 하고, 생존성 문제도 상당히 보장될 것이다. 하지만 이러한 종심공격이 적 공격부대의 정면을 노린다는 것은 이치상 타당치 못하며, 공격제대의 후방이나 화력진지 지휘통제시설, 적 제2제대에 대한 급습 등으로 운용되어야 하나 문제는 종심공격 시의 효율성과 생존성인데 종심공격을 하는 부대에는 별도의 전담 포병부대의 지원대책을 충분히 강구하여야 하며, 부수적 지원(공군이나 육군항공)의 보장과 철수 시 엄호방책 등이 강구되어야 한다. 이밖에 방어 시 공세를 취하기 위해서는 첫째, 가장 가능성 있는 호기의 간파이다. 강력한 공자라 하더라도 허점과 오류는 생기기 마련이고 그 호기를 간파하는 통찰력은 매우 중요하다. 두 번째는 대담성이다. 어느 정도의 위험을 예측, 감내하면서 발휘하는 질풍과 같은 대담성이야말로 공세의 원동력이다. 용기가 없는 지휘관은 설사 호기를 간파했다 하더라도 망설이다가 끝내 공세를 취하지 못하고 만다. 지나치게 강직하고 전제적인 지휘관은 환영받지 못하지만 선량하고 순하기만 한 지휘관 또한 바람직하지 못하다. 지휘관은 과묵하고 우유부단한 듯하면서도 일단 호기를 간파했을 때는 단호히 감행할 수 있는 실천력이 있어야 한다.

파쇄공격은 공격을 위해 준비 중에 있는 주방어지역 전방의 적에 대하여 실시하는 일종의 제한된 공격작전이다. 적은 공격준비를 위하여 집결지 또는 공격출발진지에서 장시간 지체할 경우가 많다. 그러므로 이러한 적에 대하여 파쇄공격을 실시함으로써 적 부대의 일부를 격멸하고, 공격의 균형을 와해시키며, 적 공격의 발판이 될 지형을 일시적으로 탈취하여 적의 지상관측과 감시를 거부할 수 있다.

파쇄공격은 화력만으로 실시할 수도 있으나 고도의 기동성이 있는 기동부대로써 지형목표 또는 적 부대에 대하여 실시하는 것이 효과적이며, 역공격과 같이 속도와 기습은 성공의 관건이 된다. 파쇄공격으로 인하여 상황이 허용되는 경우나 호기가 조성되면 즉각 공세 이전이나 국지적인 전과확대를 실시할 수 있다.

역공격은 적의 주력이 지향되는 지역을 고수하면서 적의 약점을 포착, 적 주력의 측방이나 다른 지역에 대하여 실시하는 제한된 공격작전이다. 적의 협소한 주공 정면에 제파식 집중돌파를 실시하기 때문에 제대 간에 간격이 형성되고, 또한 상대적으로 조공은 광정면을 담당하게 되어 전투력의 공간지대가 발생할 경우가 많다. 그리고 적은 최초계획을 가급적 변동하지 않고 강력한 통제된 작전을 실시하기 때문에 상황변화에 따른 융통성이 적다. 이와 같은 적 전술상의 약점을 이용하여 역공격을 실시한다면 큰 성과를 획득할 수 있다. 적 주공의 제대 간격과 같은 전투력의 공간지대, 후방 또는 다른 지역에 대하여 역공격을 실시한다면 적 조공은 일부를 격멸하고, 적 부대의 균형을 와해시키며, 공격기세를 약화시키고, 적의 병참선 및 증원을 차단할 수가 있다. 이렇게 함으로써 공세이전의 기회를 획득할 수 있다. 역공격은 대부대(또는 사단)에서 고도의 기동성을 발휘하여 신속 과감하게 실시하여야 하며, 속도와 기습은 성공의 관건이 된다.

역습방어 시의 여러 가지 공세행동 중 핵심적인 것으로 이의 성공은 공자만이 얻을 수 있는 결정적인 시간과 결정적인 장소에 전투력을 집중할 수 있는 이익을 최대로 활용함으로써 성취된다.

지역방어시의 저항방법은 '확보'이기 때문에 역습의 주안은 주로 원상의 회복에 두어진다. 반면, 기동방어 시의 저항방법은 '지연'으로써 역습의 주안은 원상의 회복보다는 계획된 지역으로 적을 끌어들여 이를 격멸하는데 더욱 치중하게 된다.

어느 경우이건 역습은 실시시기와 전력의 집중방향, 그리고 공자의 전진속도나 충력보다 월등한 방자의 충력 등에 의해 그 성패가 좌우된다. 그러므로 지휘관은 철저한 전장감시를 통하여 결정적인 전기를 포착하는 한편, 기습을 달성할 수 있는 방향으로 역습부대를 투입하지 않으면 안 된다. 지휘관은 그의 부대자체 능력을 가지고 돌파구 내의 적을 격멸 또는 무력화시킬 수 있거나 적을 구축하여 상실된 지역을 회복할 수 있다고 확신할 때, 역습을 실시하여야 한다. 이러한 시기는 적의 전투력이 저하되어 공격기세가 약화되거나 너무 깊숙한 돌파로 적의 측후방이 노출된 경우이다. 지휘관은 이러한 기회를 포착하면 적이 증원되기 전 또는 적의 돌파부대가 재편성하여 진지를 강화하기 전에 역습을 실시하여야 한다. 역습 시 지휘관은 돌파구 견부가 얼마나 오랫동안 확보될 수 있는가와 역습부대의 전투력 및 증원부대의 도착시간 등을 고려하여 역습시기를 결정한다.

이때 역습의 목표는 전단 전방이나 전단 내의 적 부대 또는 지형을 선정하여야 한다. 전단 전방에서 지형목표를 설정하는 경우는 적의 전진을 지연시키고 증원을 차단하며 지휘통제 및 전투근무지원을 결정적으로 방해할 수 있는 지형이 있을 때이다.

지휘관이 역습을 실시하기로 결심했다면 역습부대의 축차적인 투입은 작전의 성공을 위태롭게 하므로 역습에 필요한 모든 전투력을 신속 과감히 집중, 운용하여야 한다.

한편, 예비대를 보유하지 못한 소부대(중 · 소대)라도 적이 방어진지로 진입 시 공격기세가 둔화되거나 아군에 유리한 결정적인 지형의 이점을 이용할 수 있을 때에는 자체능력으로 즉시적이고 공세적으로 역습을 실시한다. 부대의 전투이탈을 지원하거나 적의 계획을 변경하도록 강요하기 위해서는 소규모 국지역습이 효과적이며, 교묘하고 결단성 있게 실시한다면 적 전투력의 균형을 와해시킬 수 있다.

기타 공세행동은 살상지대 운용과 소부대에 의한 공세행동, 촌단 및 유인공격 등이 있다. 살상지대는 필요 시 전투지역 전단 / 전방 / 측방 / 후방에도 운용할 수 있다. 소부대 공세행동은 과감한 기공법(奇攻法)을 통해 적의 급소를 공격하여 적이 전력을 발휘하는 근원을 격파하도록 하여야 한다.

기공(奇攻)에는 여러 가지가 고려될 수 있으나, 적극적인 정찰대 운용, 소부대에 의한 공격, 침투부대 운용, 전차 또는 인공장애물 운용, 이와 같은 공세행동은 방어 시 지휘관의 창의력에 따라 적극적으로 운용하여야 한다.

6. 주도권 획득방법

공격 시 신속한 기습과 집중, 기동이 주도권 획득의 유일한 수단인 것처럼 방어

시에도 기습과 집중, 기동은 주도권 획득의 방법이다. 일반적으로 공격이 동적(動的)이고 적극적인데 반해 방어는 정적(靜的)이고 소극적인 전술행동이기 때문에 주도권을 획득하는 방법도 약간의 차이가 있으나, 크게 보아서 "어떻게 하면 공자의 이점을 박탈하면서 자신의 불리점을 극소화하느냐 하는 것"이 방어 시 주도권 획득의 방법이 된다.

고구려의 대수 대당 전쟁, 러시아의 대 나폴레옹전쟁, 독일의 탄넨베르그 전투는 방어에 의해 주도권을 쟁탈, 승리한 좋은 사례들이다.

1) 분산 통한 전투력 집중

방어 시에는 지형의 이점을 이용한다든가 행동의 부자유와 같은 이유 때문에 용이하게 전투력을 집중할 수 없다. 그러나 공자가 언제, 어디로, 집중할 것인가를 정확하게 판단만 할 수 있다면 대응 전투력을 적시적소에 배치하여 효과적으로 방어할 수 있다. 가능한 전 종심에 걸친 동시 전투를 강요하여 후속제대의 증원을 차단함으로써 적의 공격기세를 약화시키는 방법, 각종 기만활동에 의해 적을 유인, 분산함으로써 각개격파를 기도하는 방법, 유휴병력을 최대한 억제하여 예비대를 충분히 활용하는 방법 등은 모두 상대적인 우세를 달성하여 주도권을 획득할 수 있는 수단들이다.

2) 방어의 이점 활용

방어의 이점을 최대한 활용하는 것은 공자의 강점을 상쇄시키는 좋은 방법이다. 따라서 방자는 가용시간을 최대한 이용하여 사전준비를 철저히 한다든가, 지형의 이점을 이용하여 전투력을 절약함으로써 필요 시 필요한 장소에 충분한 전투력을 보충할 수 있게 된다.

3) 과오의 조성 이용

공자가 방자의 방책에 대해 판단을 그르치도록 유도하는 방법이다. 예컨대 지역방어보다 기동방어가 불리한 지형에 기동방어 형태를 취했을 경우 적은 당연히 지역방어를 취할 것으로 예상해서 공격하게 될 것이다. 이때 기동방어에 의해 살상

지대로 적을 유인하여 유리한 상황에서 전투를 한다면 적은 과다한 전투력의 피해로 주도권을 상실하게 될 것이다.

적의 약점이 발견되었을 때는 파쇄, 역습, 역공격과 같은 공격행동을 활용하여 적의 공격기세를 약화시키는 것도 주도권을 획득할 수 있는 좋은 방법이다.

4) 적의 약점 강타, 아 강점 유도

공자는 공격기세를 유지하는데 필수적인 약점, 즉 공자의 병참시설, 병참선, 교통중심지 등을 방자가 강타하면 균형이 깨짐으로써 전체 전투력이 흔들리게 된다. 한편, 공자로 하여금 방자의 강점을 공격하도록 유인하면 적의 전투력은 자연히 소진되어 패배하게 된다. 이것은 방어의 정태적인 성질로 공격의 동태적인 기능에 작용하여 스스로 주도권을 양보하게 만드는 방법이다. 예컨대 강력한 요새에 대해 공격하도록 유인하여 장기전화 함으로써 적의 전투력을 소모시키는 것과 같은 것이다.

5) 기습의 활용

전투력이 열세할 때 우세한 적을 격파하는데 기습처럼 효과적인 방법이 없다. 기습은 정신적 마비를 통해 유형전투력을 무력화할 수 있기 때문이다. 기습에 대해서는 이미 상술한 바 있으므로 생략하기로 한다.

제12장

군 교육훈련과 인적자원개발

군 교육훈련과 인적자원개발

군은 개인 및 부대로 하여금 국가가 군에 부여한 사명을 완수할 수 있도록 평상시부터 그 능력 향상에 목적을 두고 교육훈련을 실시하고 있다. 이를 위해 국방부는 군 교육훈련의 목적을 "적과 싸워 이길 수 있는 개인 및 부대를 육성하고, 이를 위해 각 개인은 임무수행에 필요한 능력과 자질을 배양하며, 부대는 조직체로서의 기능을 최대한 발휘할 수 있도록 인적·물적 요소를 효율적으로 통합하여 임전필승의 전투력을 완비"하는데 두고 있다.

본 장에서는 이러한 목적을 갖고 있는 군 교육훈련과 그리고 군 교육훈련의 주체인 장병, 즉 인적자원의 개발에 대해 설명하고자 한다.

제1절 군 교육훈련의 개념과 체계1)

1. 군 교육훈련의 개념

군대교육은 국방에 관한 특수 전문교육으로서, 개인 및 부대의 잠재능력을 국방임무 수행에 적합토록 계발하기 위하여 의도적, 계획적, 조직적으로 행하는 교육활동을 말한다고 볼 수 있다. 그럼에도 불구하고 군에서 교육에 관한 용어는 군교육, 군대교육, 군사교육 등이 혼재되어 사용되고 있다. 군사교육에 대해 국방부

1) 고성진·박효선·최손환(2014), 군사교육학의 이론과 실제(경기 : 북코리아), '제1장 군조직의 특징과 교육', '제14장 군 교육훈련 관리'에서 발췌하여 정리하였음.

에서는 '장병을 대상으로 전술상황에 대한 분석력과 판단력을 포함하여 지식, 기술, 업무수행 능력을 함양하는 체계적인 교수 및 숙달과정'으로 정의하고 있다. 또한 육군본부에서는 '개인이나 부대에 대하여 군사 전문기술을 가르쳐 이를 숙달시키기 위한 실천적 활동'으로 정의하고 있다. 그리고 합동참모본부에서는 군 교육을 "군사요원에게 군사지식과 기술을 부여하며, 지적능력, 덕성, 체력을 함양하기 위한 교수 및 학습활동"으로 정의하고 있으며, 광의의 군교육에는 훈련을 포함시키고 있다.

교육훈련은 교육과 훈련을 포함하는 포괄적인 개념이다. 국방교육훈련은 '국방을 위하여 장병 및 국방부 산하기관에 근무하는 자와 위탁교육자(수탁교육자를 포함)를 대상으로 하는 학교교육과 부대훈련'을 말한다. 군에서 실시하는 훈련은 일반사회에서 통용되는 훈련의 개념과 같은 포괄적인 내용을 가지면서도 강한 의미를 띠고 있다. 국방부의 경우 훈련을 개인 및 부대가 부여된 임무를 효과적으로 수행할 수 있도록 기술적 지식과 행동을 체득하는 조직적 숙달과정으로 정의하여 적용하고 있다.

합동참모본부에서는 군사훈련을 "체득한 지식과 기술을 통하여 부여된 임무를 효과적으로 수행할 수 있도록 전술, 전기 등의 기실능력을 조직적으로 숙달시키는 과정"으로 정의하고 있다. 육군의 경우 훈련을 "개인이나 부대에 대하여 군사 전문기술을 가르쳐 이를 숙달시키기 위한 실천적 활동"으로 정의하고 있다. 또한 우리 군에서는 연습을 "교육과 훈련의 결과로 주어진 지식과 기술 등을 토대로 군사이동이나 모의적인 전투작전을 통해 전투, 전투지원, 전투근무지원 절차와 교리를 적용하여 전술적인 상황을 해결해 보는 전투시행훈련"으로 정의하고 있다. [표 12-1]은 군교육과 관련된 용어를 국방부에서 정리한 것을 나타낸 것이다.

[표 12-1] 군 교육과 관련된 용어

구 분	용어정의
교 육	군사요원에게 군사지식과 기술을 부여하며, 지적 능력, 덕성, 체력을 함양하기 위한 교수 및 학습 활동을 말하며, 광의의 교육에는 훈련이 포함됨
훈 련	개인 및 부대가 부여된 임무를 효과적으로 수행할 수 있도록 기술적 지식과 행동을 체득하는 조직적 숙달과정을 말함
교육훈련	교육과 훈련을 포함하는 포괄적인 개념
국방교육훈 련	국방을 위하여, 장병 및 국방부 산하기관에 근무하는 자와 위탁교육자(수탁교육자 포함)를 대상으로 하는 학교교육과 부대훈련을 말함
군사교육	장병을 대상으로 전술상황에 대한 분석력과 판단력 등을 포함하여 지식, 기술, 업무수행 능력을 함양하는 체계적인 교수 및 숙달과정을 말함
연 습	교육과 훈련의 결과로 주어진 지식과 기술 등을 토대로 군사이동이나 모의적인 전투작전을 통해 전투, 전투지원, 전투근무지원 절차와 교리를 적용하여 전술적인 상황을 해결해 보는 전투시행 훈련을 말함

이와 같이 군에서 교육훈련은 명확히 구분함이 없이 통상 함께 묶어서 사용하고 있다. 국방부에서는 국방교육훈련을 "국방을 위하여 장병 및 국방부 산하기관에 근무하는 자와 위탁교육자 및 수탁교육자를 대상으로 하는 학교교육과 부대훈련"으로 구분하고 있다.

2. 군 교육훈련체계

군 교육훈련체계는 [그림 12-1]과 같이 학교교육과 부대 훈련으로 대별하고 있다.

[그림 12-1] 군 교육훈련체계

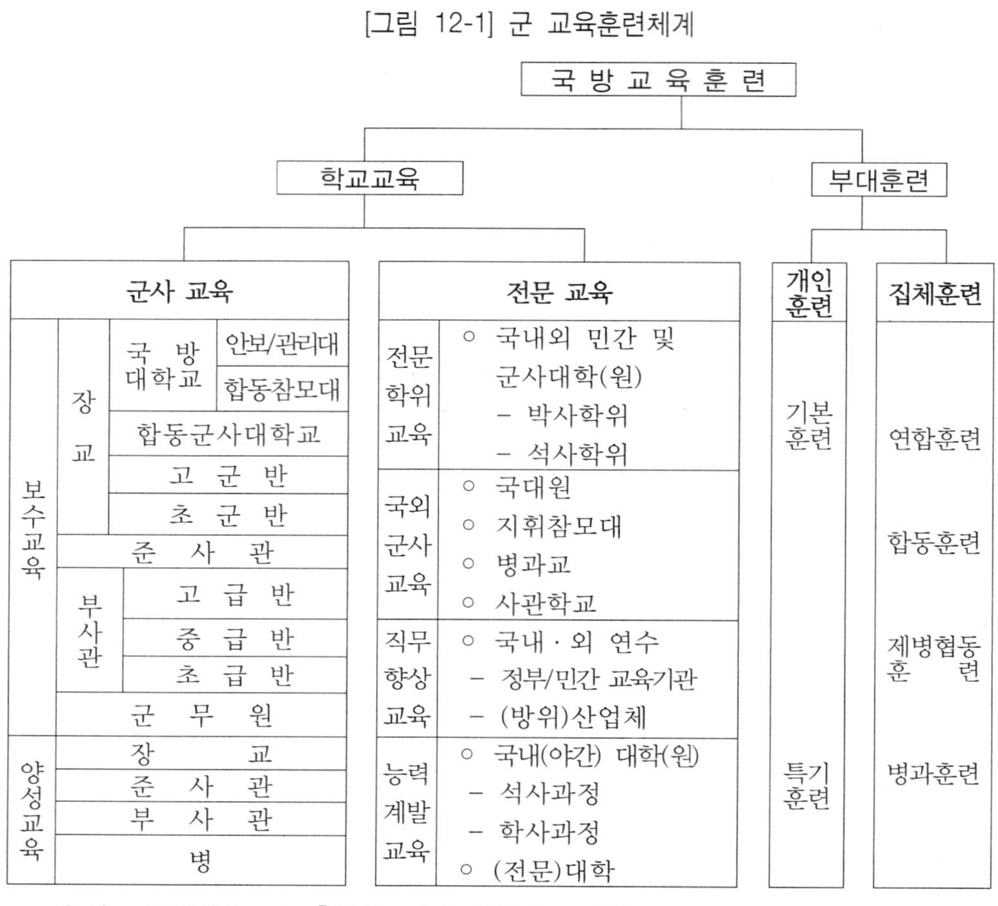

출처 : 국방부(2002), 『국방교육훈련규정』, 16쪽.

학교교육은 군사교육과 전문교육으로 구분한다. 군사교육은 양성교육과 보수교육으로, 전문교육은 전문학위교육, 국외군사교육, 직무향상교육으로 구분한다. 또한 부대훈련은 개인훈련과 집체훈련으로 구분한다. 개인훈련은 기본훈련과 특기훈련으로, 집체훈련은 병과훈련, 제병협동훈련, 합동훈련, 연합훈련으로 구분한다.

1) 학교교육

학교교육은 학교와 교육기관에 입교한 교육생이 장차 부대(서) 구성원으로서 임무수행에 필요한 기본지식과 기술을 습득하고 잠재능력을 계발할 수 있도록 실시하는 교육으로, 군사교육과 전문교육으로 구분한다.

첫째, 군사교육은 군 구성원의 군사 전문성과 일반학문 및 직무지식을 향상시키기 위해 군 내 학교에서 실시하는 교육(국방대학교 석·박사과정은 제외)으로 양성교육과 보수교육으로 구분한다. 양성교육은 민간인을 군인화하는 과정으로 징집 또는 지원에 의해 선발된 사관생도와 각종 후보생이나 병사 입대자를 대상으로 한다. 군인으로서 필요한 정신, 태도, 체력, 직무수행에 필요로 하는 기본적인 군사지식과 일반학문지식, 기술을 갖추게 하는 교육이다. 보수교육은 양성교육을 이수해 임관된 장교, 준사관, 부사관과 기본훈련과정을 마친 병사가 계급과 직책에 상응하는 임무수행능력을 배양할 수 있도록 병과, 특기와 직능의 실무 지식을 습득하게 하고, 차상급 직위의 직무수행능력을 계발하도록 하는 교육이다.

둘째, 전문교육은 특수 직위에 복무하거나 자질 향상이 필요한 장병을 위해 국내·외 대학(원), 국외군사교육기관과 기타 교육·연수기관에서 실시하는 교육이다. 전문학위교육, 국외군사교육, 직무향상교육 및 능력계발 교육으로 구분한다. 전문학위교육은 정책부서, 연구소, 학교 등 석사학위 이상의 학문적 지식을 요구하는 분야에 활용할 인재를 양성하기 위해 국내·외 민간대학(원)에서 시행한다. 국외군사교육은 선진군사지식 습득, 국가별 지역전문가 양성, 우방국과의 협력 증진을 목표로 외국의 국방대학원, 지휘참모대학, 병과학교와 사관학교 등에서 실시한다. 직무향상교육은 직무와 관련된 신지식, 기술, 교리 등을 습득하여 직무수행능력을 향상하기 위해 국외 연수와 국내 연수로 구분해 시행한다. 능력계발교육은 개인의 능력과 자질 향상을 위해 국내 야간대학(원)이나 일부 주간(전문)대학에 위탁해 시행하는 교육이다.

2) 부대훈련

부대훈련은 개인과 부대가 부여된 임무를 효과적으로 수행할 수 있도록 체득한 지식과 기술을 숙달시켜 전술과 전기를 조직적으로 실행할 수 있도록 하는 훈련으로, 개인 훈련과 집체훈련으로 대별된다. 개인 훈련은 병과나 직능에 구애됨이 없이 모든 장병에게 실시되는 기본훈련과 전문화능력을 구비하기 위하여 각급 지휘관 책임 하에 부대임무 및 특성을 고려하여 실시하는 특기훈련으로 구분된다. 집체훈련은 개인과 부대의 전기 전술을 조직적인 전투력으로 결집시키며, 통합적인 전투력을 발휘하기 위한 훈련으로 병과훈련, 제병협동훈련, 합동훈련, 연합훈련으로 구분한다.

이와 같은 교육훈련 체계는 그 동안 지속적으로 보완되고 발전해 왔다. 최근에는 군 복무 기간의 단축 등으로 병 교육훈련 체계를 강화하고, 과학화 교육훈련 체계를 발전시켜 교육훈련에 전념할 수 있는 여건을 조성하는 등 교육훈련 체계를 개선하고 있다.[2)]

제2절 군 인적자원 개발정책과 유형[3)]

1. 군 인적자원 개발정책

1) 군 인적자원 개발의 개념과 정의

인적자원개발은 '인적자원'과 '개발'의 두 단어로 구성된다. 군 인적자원개발(Military Human Resources Development)은 인적자원개발을 특정 조직에 적용해 명명하는 것처럼 군대조직에 적용한 용어다. 군대 조직에서 '인적자원'은 군인과 군무원, 기타 구성원이 지닌 지식, 기술, 역량을 기반으로 전투력을 증대시키는 매우 중요한 요소다. 더불어 '개발'은 군 조직의 특성상 '교육', '훈련'과 혼용되고 있기 때문에 명확한 개념 정의가 요구된다.

일반적으로 '교육(Education)'은 미래 직무의 수행성과를 개선하기 위한 학습 활동을 말하며, '훈련(Training)'은 현재 직무의 수행성과를 개선하기 위한 학습활동으로 정의되고 있다. 그러나 대부분의 군 에서는 '교육'과 '훈련'을 합성하여 '교육훈련'이라는 용어를 사용하고 있다. '개발'은 개인 욕구를 충족시키고, 군 조직의 전투기술 수준과 전투수행 방식을 향상하며, 국가와 사회에서 요구하는 건전한 시민으로 발전시키는 것이다.

---

2) 국방부, 『2010 국방백서』, p.146.

3) 고성진 · 박효선 · 최손환(2014), 군사교육학의 이론과 실제(경기 : 북코리아), '제1장 군조직의 특징과 교육', '제14장 군교육훈련 관리'에서 발췌하여 정리하였음.

인적자원개발의 협의의 개념은 한 조직 내에서 직무 성과의 향상과 조직과 개인의 성장 가능성을 증대시키기 위해 개인 개발, 조직 개발, 경력 개발을 통합한 의도적이며 조직적인 학습 활동을 말한다. 광의의 개념은 일방적인 조직의 교육훈련이며, 그 범위가 확대되어 국가의 기초능력, 기술력, 정보력, 도덕적 성숙 등 인간의 능력과 품성을 갖춘 인적자원의 효율적 개발과 활용을 위한 국가와 사회적 제반 노력이다.[4)]

그 동안 군 인적자원개발 관련 연구는 국방 인력개발이라는 관점에서 현안 연구 위주로 단편적으로 진행되었다. 1997년 한국국방연구원에서는『21세기 대비 군 평생교육 체계 연구』를 통해 군의 평생교육 체계를 구축함으로써 국가 인적자원개발의 필요성을 제기했으며, 1998년에는『21세기 대비 군-사회관계 발전 방안 연구』를 통해 군을 경제기술군, 국민교육군, 위민군으로 보고 국가 정책을 이행하고 수행하는 제복 입은 시민으로서 군인의 역할을 강조했다. 본격적인 인적자원개발 차원의 연구는 최병욱(2002)이 한국군의 교육훈련 체계를 단기적 전투원 육성에 주안을 둔 '훈련형' 체제로부터 인적자원 '개발형' 체제로 전환할 것을 제안한 때부터다.

군에서 인적자원개발이라는 용어가 공식적으로 사용된 것은 2003년 5월 군 인적자원개발을 위한 공동학술연구협약 체결부터였다. 짧은 기간의 공동연구를 토대로 군은 국가인적자원 개발을 모델로 군 인적자원개발 정책을 발전시켜 왔다. 당시 교육인적자원부는 인적자원을 "국가 · 사회 발전과 국민 개개인의 삶의 질 향상을 위해 갖추어야 할 기술력 · 정보력 그리고 도덕적 성숙 등 가치 있는 인간의 제 능력과 품성"이라고 규정했다.[5)]

이에 따라 군에서도 군 인적자원개발을 "군 복무자를 대상으로 교육훈련과 경력관리를 통해 국가 수준, 군 조직 수준, 개인 수준에서 활용될 수 있는 다양한 능력을 계발하는 과정"으로 조작적 정의를 했다.[6)] 따라서 군 인적자원개발은 국가 수준에서는 지식기반 확충에 기여하고, 군 조직 수준에서는 생산성과 전문성 향상에 기여하며, 개인 수준에서는 전문성 및 자기계발에 기여하는 것이다. 또한 육군에서는 군 인적자원개발을 "장병들의 군 생활 전반에 걸쳐 이루어지는 교육, 훈련,

4) 이희수(2003), '육군정책발전세미나 토론자료', 육군본부.
5) 한국교육개발원(2003), 교육과 인적자원개발: 국가 인적자원개발을 위한 교육의 과제.
6) 이만희 외(2003), 군 인적자원의 개발과 학점은행제의 연계체계 구축방안 연구, 한국교육개발원.

군사 임무 수행, 전투 준비 태세, 연구개발 등을 통해 각급 제대의 조직이 각급 부대 수준, 병과 및 기능별 수준, 장병 개인 수준에서 필요로 하는 다양한 창조적 능력을 장병 개인에게 부여하는 과정"이라고 정의했다.[7] 아울러 군 인적자원개발은 인적자원의 양성, 배분, 활용, 내용을 포함하고 있을 뿐 아니라 이를 지원하고 여건을 개선하기 위한 군 내·외적 제반활동을 포함하고 있다고 했다.

국방부에서 제시하고 있는 군 인적자원개발의 기본 개념은 다음과 같다.[8]

첫째, 무기체계의 첨단화에 따른 기술 집약형 군 건설을 위해서 이를 선도할 수 있는 전문 인력을 체계적으로 육성하는 것이다. 따라서 미래 전장 환경에 필요한 첨단 과학기술을 기능별로 세분화하고, 각 분야별 소요, 교육, 활용이 연계되도록 전문 인력의 양성 체계를 구축한다.

둘째, 군 간부들의 학습 욕구를 충족시키고 잠재역량을 개발하는 것이다. 이를 위해 군은 간부들의 능력 개발과 실무연수 등의 직무 향상 교육 기회를 확대해 개인의 교육 욕구를 최대한 충족시켜 주고, 정책 마인드 증진을 위한 연수 과정 개발 등 미래 국방 환경 변화를 주도하기 위한 교육환경을 구축해야 한다.

셋째, 군 복무 기간 중에도 중단 없는 학습을 지원한다. 군은 군내 각급 교육기관과 실무 부대에서 다양한 기술 교육을 실시하고 있으나, 이에 대한 사회적 인증체계 구축과 여건 마련이 시급한 상황이다. 따라서 군 복무 기간이 사회와 단절된 공백기가 아닌 생산적인 기간으로 전환되도록 체계를 구축해야 한다.

'군 인적자원개발 종합 계획'은 2006년부터 '제2차 국가인적자원개발기본계획(2006~2010)'에 포함되어 추진됐다. 그러나 아직도 군 인적자원개발의 범주와 정의가 명확하지 않다. 따라서 군 인적자원개발의 하위 구성 요소의 식별을 통해 새로운 개념적 모형을 설정해야 하고, 군 인적자원개발의 새로운 패러다임을 설정하여 정책 방향과 과제를 도출하는 데 활용해야 한다. 그 방향으로 하위 구성 요소와 목표, 개발 대상, 개발 방법 등을 망라해 총체적인 검토가 이루어져야 한다.

먼저 군 인적자원개발의 하위 구성 요소는 크게 네 가지로, 개발 목표, 개발 대상, 개발 체계, 개발 방법이 그것이다. 군 인적자원개발의 개발 목표는 개인 욕구, 군 조직 소요, 국가 요구, 사회 요구를 포함해야 한다. 또한 개발 대상은 장교, 생

---

7) 육군본부(2004), 21세기 선진 정예육군 육성을 위한 군 인적자원개발 추진방향.

8) 국방부(2006), 군 인적자원개발 종합 계획.

도(후보생), 부사관, 현역병, 군무원이 포함되어야 하며, 개발 체계는 군사학교, 실무부대, 공공기관, 민간학교, 민간기관으로 구분해야 한다. 마지막으로 개발 방법은 학교교육, 부대 훈련, 자기계발, 조직 개발, 순환근무를 포함시켜야 한다.

2) 군 인적자원개발의 기본방향과 과제

군 인적자원개발 목표는 전 장병의 지식과 정보 역량을 강화시켜 전투 수행 능력 향상과 군사 혁신(Revolution in Military Affairs : RMA)[9)]을 달성함으로써 국가 발전에 기여하는 것이다. 군 조직에서도 지식경영이 절대 필요하다. 수많은 전쟁사를 보면 승자는 늘 새로운 무기체계와 전략을 통해 승리를 얻었다. 즉 전쟁 승리의 핵심은 군사 혁신에 있으며 그 바탕에는 지식관리 능력이 있다.

군 인적자원개발의 기본 방향은 첫째, 장병들의 지식과 정보의 집적 능력과 미래전 수행에 긴요한 전문 소양을 향상시킨다. 지식 · 정보화 교육훈련을 통해 장병들의 전투기술 수준을 높이고 전투 수행 방식을 혁신하며, 업무 수행 체계를 발전시킴은 물론 창의적 사고능력을 계발한다. 이는 교육복지 구현으로 장병들의 삶의 질과 군인으로서 갖추어야 할 경쟁력을 강화하는 것이다.

둘째, 우수 인력을 최대한 활용함으로써 교리, 구조와 편성, 무기 · 장비 · 물자, 교육훈련, 인적자원 등 전투 발전 제 분야의 저비용 고효율화를 구축하고, 군의 전투 수행 능력을 향상시킨다. 더불어 창의적 인적자원의 활용을 통해 미래전장에서 승리할 수 있는 군사 혁신을 이룩한다.

셋째, 우수 인적자원을 양성하고 활용함으로써 군사 운영과 국방 관리의 효율화와 선진화를 도모하고, 지식기반 확충과 기술 수준을 발전시켜 국가 경쟁력 강화에 기여한다.

이를 추진하기 위해 육군은 핵심 과업을 5개 분야로 분류했다. 인적자원 획득 분야는 군이 소요로 하는 인력을 충원시키는 징집과 모집 활동에서의 인력 획득과 배치 체계의 개선이며, 인적자원의 교육과 훈련 분야는 교육훈련 발전, 교육훈련

---

9) 군사 혁신이란 새롭게 발전하고 있는 군사 기술(Emerging Technology)을 이용해 새로운 군사체계(Evolving Military System)를 계발하고, 그에 상응해 작전 운용 개념 혁신(Operational Innovation)과 조직 편성 혁신(Organizational Adaptation)을 조화 있게 추구함으로써, 전투 효과(Combat Effectiveness)가 극적으로 증폭되는 현상을 의미한다[한국국방연구원(2003), 『21세기 군사 혁신과 비전』, 한국국방연구원, 79~83쪽].

및 경력 평가 인증체계의 도입, 간부 전문 학위 교육 확대, 현역병의 자기계발 기회 확대 등이다. 인적자원의 보직과 활용 분야는 산·학·연·군 간의 인적자원 네트워크를 구성해 군 인적자원개발을 사회적 핵심 역량으로 발전시키는 것이다. 인적자원의 분리는 전직지원교육과 취업 지원 체계의 정비를 통해 전역 후 안정적인 사회생활을 보장하는 것이다. 기타 분야로 군 인적자원 개발정책을 추진하는 데 있어 법적·제도적 지원을 받기 위한 관련법과 제도의 정비가 있다.

또한 국방부에서 추진 중인 '군 인적자원개발 종합 계획'의 목표는 전 장병의 역량 강화, 군 교육훈련의 혁신적 발전 도모, 국가와 사회의 지식기반 확충이다. 이를 위한 정책 방향은 군 교육훈련의 혁신, 평생학습 기회 확대, 지식기반형 학습 인프라 구축, 군 인적자원관리 체계 개선으로 설정하고, 세부 추진 과제는 군내 교육훈련의 질적 개선 등 10개로 구분했다. 세부 추진 과제는 개인에게는 자기계발의 기회를 부여할 수 있고, 군 조직에게는 조직 역량 강화를 할 수 있는 것으로 구성되어 있다.

2. 군 인적자원 개발 유형

1) 목적에 따른 분류

군 인적자원개발은 군의 교육훈련체계와 일반사회의 교육훈련체제와의 연계를 모색하여 지식기반 사회에서 능력의 계발과 활용을 모색하는 관리체제로 지향하고 있는 추세이다. 목적에 따른 군 인적자원개발 유형을 좀 더 구체적으로 살펴보면, ① 훈련형은 개인의 잠재력 향상을 위한 교육적 역할의 수행보다는 개인의 단기적 임무수행 능력을 향상시키는데 초점을 두고 있다. 또한 훈련형은 긴급한 안보역할의 수행을 우선과제로 설정하고 전투력 향상을 적극적으로 모색하고 있다. ② 교육형은 개인의 잠재력 향상을 통하여 장기적으로 임무수행의 질을 제고하는 것을 지향하고 있다. 교육형은 군 조직의 장기발전을 지향하고 나아가 구성원으로 하여금 국가사회의 정치적·경제적·사회적 요구를 적극적으로 수용하고 있다. ③ 개발형은 조직의 성장과 구성원의 성장을 함께 고려하여 교육-훈련-직무의 연계와 반복적 순환을 통하여 구성원의 군사임무수행 능력과 일반능력을 향상시키는 것이다. 이를 위해 군은 군사교육, 군사훈련, 직업훈련, 그리고 지역사회의 자원을 체계적으로 연계시켜 나가고 있다. ④ 동원형은 군에서 필요한 인원을 동원하여 배치시키는 것으로서 군 조직의 입장에서 교육과 훈련을 위한 비용을 수반하지 않으면서 필요한 인적자원을 활용할 수 있다는 점에서 군 인력형성체계에서 외부인력 활용(out-sourcing)의 관점을 시사하고 있다. [그림 12-2]는 군 인적자원개발 체계의 분류를 나타낸 것이다.

[그림 12-2] 군 인적자원개발의 형태(최병욱, 2002 : 113쪽)

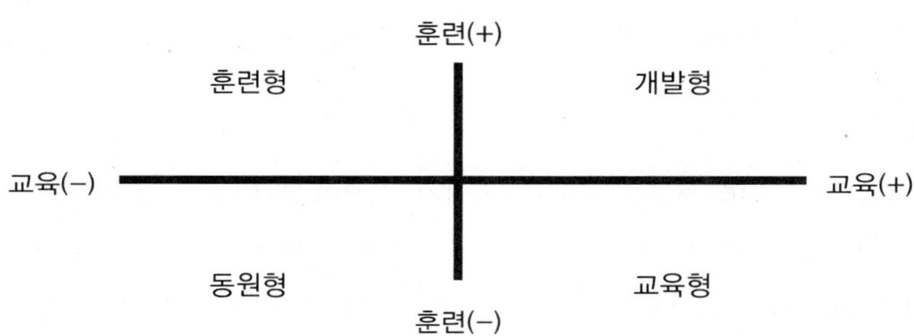

2) 내용에 따른 분류

군 교육훈련은 내용에 따라 정신교육, 학술교육, 기능교육, 전술교육, 체력단련, 그리고 내무교육 등의 여섯 가지로 구분할 수 있다. 이를 좀 더 구체적으로 살펴보면 다음과 같다. 군 인적자원개발을 내용에 따라 좀 구체적으로 살펴보면, ① 정신교육은 국가와 민족이 생존권을 수호하기 위하여 군인 및 군대가 견지해야 할 가치관을 확립하기 위한 교육으로서, 그 내용은 국군의 이념과 사명에 입각한 국가관의 확립과 임무에 헌신할 수 있는 필승의 군인정신을 포함한다. ② 학술교육은 장병의 지능을 계발하기 위한 이론 교육으로서 그 목적은 직무수행에 필요한 일반 및 군사지식을 부여하여 지혜와 판단력을 배양하고 직무수행에 필요한 기초를 제공하는 내용을 포함한다. ③ 기능교육은 각 개인으로 하여금 사격술, 총검술 등과 같은 전투기술과 무기 및 장비의 조작, 정비 그리고 기술적 · 전술적 운용요령 등에 관한 재능을 길러 이를 습관화할 수 있는 내용을 포함한다. ④ 전술훈련은 전장에서 임무를 수행하는데 필요한 전술지식과 기술을 연마하는 훈련으로서 그 형태와 내용 및 정도는 교육대상에 따라 다르게 구성한다. ⑤ 체력단련은 육체적 단련을 통하여 운동기능과 아울러 강인한 정신력을 길러 전장에서 당면하게 될 어떠한 위험과 고난도 이를 능히 극복할 수 있는 강인한 체력을 육성하는 내용을 포함한다. ⑥ 내무교육은 병영생활을 통하여 군인정신을 함양하고 군인복무규율에 익숙하게 하는 한편, 전우애 배양과 더불어 체력을 단련하여 유사시 전투임무에 즉응할 수 있는 준비를 갖출 수 있는 내용을 포함한다.

3) 장소에 따른 분류

군 교육훈련을 실시하는 장소에 따라 학교교육, 부대훈련으로 구분할 수 있다.

(1) 학교교육

학교교육은 학교 및 교육기관에서 정해진 교육목표에 따라 계획적, 단계적, 집단적으로 실시하는 개인교육으로서, 원리원칙에 위주로 교육하여 창의력 개발과 적응능력을 부여하는 교육이다. 학교교육의 목표는 장병 각 개인에게 장차 부대구성원의 일원으로서 임무수행에 필요한 기본지식과 기술을 습득하게 하고, 잠재능력을 계발하는데 있다. 학교교육 체계는 군사교육을 위한 양성교육과 보수교육, 그리고 전문지식 육성을 위한 전문교육으로 구분된다.

① 양성교육은 민간인을 군인화하는 교육으로 군에 입대하는 장병을 군대규율에 익숙하게 하고, 군인 기본자세 확립과 투철한 군인정신을 함양하고 강인한 체력 및 불굴의 투지력을 배양하며, 기초적 전기전술을 습득케 하고, 잠재능력을 계발하는 것이다. 양성교육은 신분에 따라 장교 양성교육, 부사관 양성교육, 병 양성교육으로 구분한다. 그리고 장교 양성교육은 사관생도과정, 학군(ROTC)사관 후보생과정, 학사사관 후보생과정, 특수사관 후보생과정, 그리고 간부사관 후보생과정으로 구분한다. ② 보수교육은 계급과 직책에 상응하는 임무수행 능력을 부여하는 교육으로서, 해당 병과 및 주특기에 대한 기초 및 전문지식을 습득시키고, 정신전력 지도, 지휘통솔 및 부대관리 능력을 배양하며, 교육훈련 수행 직책을 고려한 참모업무와 통합 전투력 발휘능력 부여에 중점을 둔다. 보수교육은 장교 보수교육, 부사관 보수교육으로 구분되며 장교 보수교육은 초등군사반, 고등군사반, 각 군대학, 합동참모대, 그리고 국방대학 과정으로 구분한다. 부사관 보수교육은 초급

반, 중급반, 그리고 고급반 과정으로 구분한다. ③ 전문교육은 해당분야 군사전문가 육성을 목적으로 특수직위에 근무하거나 전문지식이 필요한 자에게 국내외 군사대학, 일반대학, 연구기관, 기타 관련된 교육기관에서 일정기간 동안 필요한 군사학이나 일반학문을 이수케 하는 교육이다. 전문교육은 전문학위교육, 직무향상교육, 그리고 능력계발교육으로 구분하여 실시하고 있다.

(2) 부대훈련

부대훈련은 부대의 전투임무 수행능력 배양을 위하여 "싸우는 방법대로 훈련하고, 훈련한 대로 싸운다."는데 주안을 두고 필수 임무과업위주로 조건반사적 전투행동 숙달과 통합전투력 발휘를 위하여 실시하는 훈련이다. 부대훈련의 목표는 개인 및 집체훈련을 숙달시켜 전투에서 승리할 수 있는 부대를 육성하여 항시 고도의 전투준비를 유지하는데 있다. 부대훈련체계는 장병 개인의 특기능력 배양을 위한 개인훈련과 부대임무 수행을 위한 조직화된 부대육성을 위한 집체훈련으로 구분된다. ① 개인훈련은 장교, 부사관, 병이 부대 구성원의 일원으로서 각자의 주특기와 직책에 관계되는 특정임무와 과업수행을 위한 능력 배양에 중점을 두고 실시한다. 개인훈련은 병과, 직능, 특기에 구분 없이 공통적으로 필요한 기본 전투행위능력을 배양하기 위한 기본훈련과, 전 장병이 주특기별로 전문화된 개인임무수행능력을 구비하기 위하여 지휘관 책임 하에 실시하는 특기훈련으로 구분한다. ② 집체훈련은 부여된 고도의 전투준비태세 유지에 초점을 두고 부대임무를 효과적으로 수행하는데 필요한 조직화된 부대를 육성하기 위하여 실시한다. ③ 병과훈련은 병과 또는 기능별로 전문분야 및 기술분야를 숙달하는 훈련으로서 병과별 훈련(육군), 직별 훈련(해군), 특기별 훈련(공군)을 포함한다. ④ 제병협동훈련은 각 군의 병과 또는 기능별 전투요소를 조직화하여 통합된 전투력을 발휘하는 것을 목표로 실시하며, 제병과 훈련(육군), 제직별 훈련(해군), 작전지원체계 훈련(공군)을 포함한다. ⑤ 합동훈련은 육 · 해 · 공군의 합동작전 능력 향상을 목표로 2개 군 이상이 통합된 군사 활동을 위하여 상호협조체제에 의하거나 단일 지휘관의 지휘통제하에 실시한다. ⑥ 연합훈련은 연합전력을 극대화하여 전쟁수행능력을 향상시키는 것을 목표로 단일 임무수행을 위하여 공동행동을 취하는 2개 또는 그 이상 국가의 군대가 실시하는 훈련이다.

제13장

미래전쟁과 미래무기체계

제13장 미래전쟁과 미래무기체계

제1절 현대전쟁의 양상

제1차 세계대전(1914~1918년)은 지상전 위주의 재래식 전쟁이었다. 그 당시에는 사진이나 망원경 등을 이용하여 초보적인 수준의 전장감시를 하였다. 반면, 무선통신이 출현하여 다소 신속하게 전장을 통제하게 되었다.

제2차 세계대전(1939~1945년)은 레이더와 핵무기가 최초로 사용되고, 항공기, 로켓, 잠수함 등 신무기가 등장한 전쟁이었다. 또한 다양한 통신수단이 지휘통제의 주요한 수단으로 활용되었는데 레이더와 통신장비를 활용한 전자전과 신호, 암호, 보안장비를 활용한 정보전이 수행되었다. 뿐만 아니라 각종 무기체계가 소형화되고 다기능화 및 자동화가 가능하게 되었다.

제4차 중동전(1973년)은 부분적으로 현대전과 유사한 전쟁이 벌어지기 시작한 전쟁이었다. 예를 들어 항공기와 미사일이 핵심 전력으로 등장하여 육·해·공군 합동의 통합전투양상이 나타나기 시작하였으며, 전자전과 정보전이 승패의 결정적인 전쟁요소로 작용하게 되었다. 이러한 전쟁을 수행하기 위해 등장한 무기체계는 컴퓨터 공학, 마이크로 전자공학, 기계공학 등이 뒷받침되었다. 그 결과 무기체계는 보다 지능화되었고, 보다 자동화되었으며, 고성능·다기능·정밀화가 가속되었다.

걸프전(1990년)과 이라크전(2003~2011년)에서는 첨단 정밀무기 체계와 과학적인 전쟁수행 능력이 전쟁승패를 좌우하는 첨단과학기술전쟁으로 발전하였다. 특히 신속하고 정확한 정보가 전쟁을 주도하는 정보전과 기존의 화력 및 기동력과의 대결이 이루어졌다. 또한 적국의 통신과 전장감시 그리고 지휘통제 기능을 교란시켜 유도무기를 무력화시키는 전자전이 등장하게 되었다. 한편 지상과 해상 그리고 공중의 전투력이 통합되어 모든 전장에서 동시에 전투력이 발휘되는 동시 통합전투가 수행되게 되었다. 뿐만 아니라 군사력과 외교력 그리고 정치력, 경제력, 민간참여가 곱해져 총체적인 전쟁 수행이 이루어졌다. 당시 전쟁은 크게 3단계로 진행되었다. 최초 전자전 무기로 통신과 정보 그리고 유도무기를 무력화시킨 후 주요 지휘 통제와 군사 시설을 폭격하였다. 두 번째, 전과확대를 위한 군사 및 산업시설을 폭격하면서 부분적으로 지상전을 수행하였다. 끝으로 공군 전력의 지원 하에서 지상전이 수행되었다. 걸프전과 이라크전에서 미국은 단시간 내에 최대의 전과를 올렸으나 아직도 이라크전의 끝은 보이지 않고 있다. 물론 미국이 공식적으로 종전을 선언하였으나 2014년부터 이슬람국가(Islamic State, IS)라는 테러단체와 새로운 양상의 전쟁 중이다. 이 새로운 전쟁은 최첨단 무기로 무장한 최강의 군대와 보잘 것 없는 재래식 무기로 무장한 테러리스트들의 대결, 즉 비대칭전이라는 새로운 전쟁이 등장하였기 때문이다. 그렇다면 미래전은 어떤 모습으로 등장할 것인가? 아마도 21세기 초반에는 첨단전쟁(무인 자동화, 소프트 킬 등)과 재래전(지상전, 재래식 무기)이 혼재할 것으로 예상된다.

제2절 미래전쟁 전망

지식 · 정보화시대로 일컫는 21세기는 지역 간의 갈등과 분쟁, 종교 및 윤리적 갈등, 그리고 테러리즘과 대량살상무기의 확산 등으로 인해 다차원이면서 불확실한 안보환경에 처해있다. 인류는 이러한 안보문제를 주로 과학기술을 통해 해결해 나가고자 한다. 그 결과 신무기가 전장에 등장할 때마다 전장환경에 많은 변화를 가져왔다.

19세기 산업혁명으로 철도, 전보, 증기기관, 소총 그리고 철갑선이 등장함으로써 전쟁의 방법은 일대 혁신을 가져왔다. 제1 · 2차 세계대전 중에는 전투장비가 기계화되면서 전격전, 항공모함을 이용한 공격, 수륙양용전, 전략폭격의 개념이 나왔다. 그 후 1991년에 있었던 걸프전에서는 첨단과학기술에 의한 군사혁신(Revolution In Military Affairs, RMA)의 중요성을 인식하게 되었다. RMA란 최신 과학기술을 혁신적으로 적용하고, 이 기술에 적합한 교리, 작전개념, 조직개념 등을 갱신하여 작전의 성격을 근본적으로 바꾸어 주는 것이다. RMA는 1980년대 초 구(舊) 소련군 총참모장 Nikolai Orgarkov가 '정보기술을 활용하면 수백 마일 떨어져 있는 곳에서 작전을 수행하고 있는 기갑부대를 탐지하고 수분 이내에 대전차미사일을 이용하여 공격할 수 있다'는 개념에서 유래되었다.

미래의 전쟁영역은 장거리 정밀폭격, 정보전쟁, 주도적 기동, 그리고 우주전쟁으로 구분한다. 이들 영역 중에서 주도적 기동과 우주전쟁에 대한 분석은 아직 초기 단계이다.[1] [2]

미국은 걸프전쟁 당시 정밀폭격에 의한 종심공격으로 기동의 우위를 확보함으로써 승리할 수 있었다. 이러한 정밀공격이 가능하려면 인공위성과 정찰기 등과 같은 감시체계, 첨단 지휘체계, 그리고 정밀유도무기를 하나의 시스템으로 운용할 수 있는 복합체계(System of systems)가 필요하다. 또한 전장영역에서 우위를 확보하고 유지하려면 지속적인 상황파악 능력, 데이터 융합능력, 임무에 대한 기획능력 그리고 전투피해의 정도에 대한 측정능력이 있어야 한다. 산업시대의 전쟁에서는 병력이나 전차, 함정 또는 항공기의 이동만으로도 전쟁의 징후를 알 수 있었으나 그 징후를 파악하기가 매우 어렵다. 뿐만 아니라 대부분의 첨단무기가 컴퓨터로 작동되기 때문에 전쟁에 미치는 영향이 매우 크다. 심지어 피아식별이 어렵기 때문에 현대전에 있어서 정보의 우위를 확보하는 것이 매우 중요하다. 주도적 기동은 정밀공격, 우주전쟁, 정보전쟁에 대한 개념과 결합하여 결정적으로 중요하다고 판단되는 표적을 공격하고, 적의 심장부를 격파하여 전쟁에서 의도하는 바를 달성할 수 있도록 군사력을 적절한 위치에 배치하는 행위로 전승의 중요한 요소이다. 우주전쟁은 군사작전이 가능하도록 우주 환경을 이용하는 행위이다. 위에서 언급한 전장영역 중에서 둘 이상의 전쟁영역이 결합될 때 혁신적인 효과가 유발될 것이다.

---

1) 권영근 편저, 미래전과 군사혁신, 연경문화사, 1999.

2) David Alexander, "Tomorrow' s Soldier" , Avon Books, 1999.

[그림 13-1] 미국이 개발 중인 우주무기

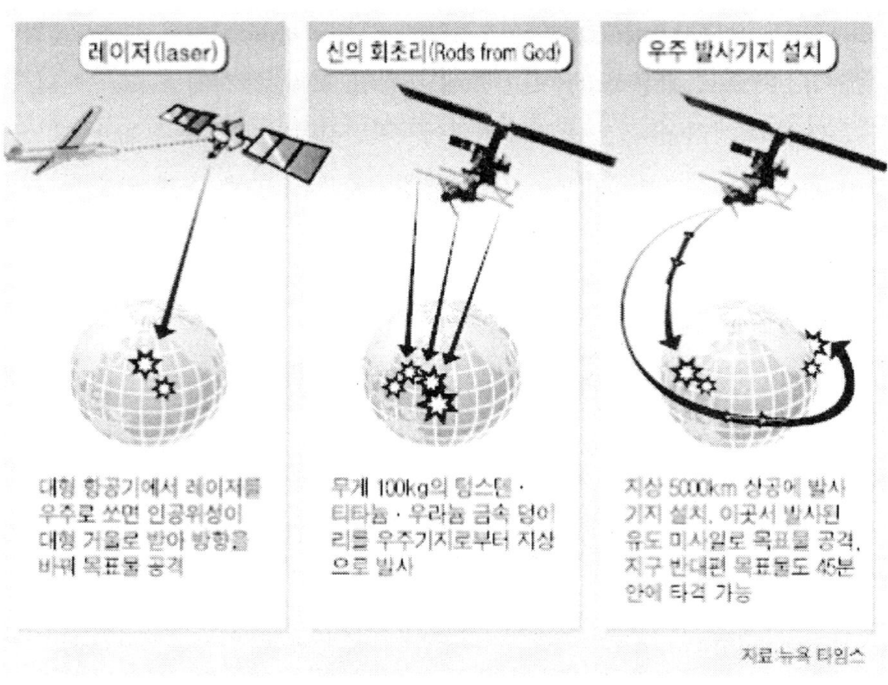

미래 전장에서는 전쟁영역을 주도적으로 확보할 수 있는 첨단 무기와 새로운 전술이 급속하게 등장하고 있다. 특히 전장의 주역이 사람에서 가공할 화력이나 감시 장비로 무장한 무인항공기와 로봇 등으로 대체될 것이다.

제3절 미래 주요 무기체계[3)]

1. 무인기

1) 발전과정

UAV(Unmanned Aerial Vehicle)는 1970년대에는 원격조종기(Remotely Piloted Vehicles)라고 하였다. 최근에는 완전 자율비행이 가능한 무인기가 등장하여 이를 UAV라 부른다. UAV는 정보 및 정찰용의 무인항공기를 말하지만 일반적으로 원격조종에 의해 운용되는 모든 비행체를 지칭한다. 즉, 사람의 직접적인 조종에 의하지 않고 간접적인 방식에 의해서 조종되며, 양력과 중력, 추력과 저항의 균형이 이루어진 정상적인 비행을 하는 항공기이다. 그 운용방법은 사전에 프로그램화된 항로를 비행하거나 원거리에 위치한 관제소로부터 유도가 가능하도록 설계되어 있다.

이러한 무인기의 발전과정을 살펴보면 다음과 같다. 먼저 1970년대 초 월남전에서 미 공군이 아음속 무인표적기를 개조한 정찰용 RPV를 사용한 것이 최초이다. 그 당시 미군은 RPV로 베트남 북부지역을 정기적으로 정찰하였다. 다음으로, 1982년에 이스라엘과 레바논과의 전쟁이다. 그 당시 이스라엘군의 전진로인 베카계곡에는 시리아군이 막강한 방공망을 구축하고 있어 심각한 위협이 되고 있었다. 이때 이스라엘 공군은 무인기를 베카계곡으로 비행시켜 시리아군이 미사일을 발사하도록 유도하였다. 그리하여 이때 작동하는 레이더 전파를 탐지하여 레이더 기지를 파악한 후 F-4 전투기로 레이더 기지들을 공격함으로써 첫날에 80% 이상의 레이더 기지를 파괴하는 전과를 올렸다. 그 후 1990년에 있었던 걸프전에서 미국의 대표적인 무인기인 파이어니어(Pioneer)가 훌륭한 전과를 올렸다. 파이어니어는 1994년에 발발한 코소보 내전에서도 맹활약을 하였다. 이때 파이어니어는 지형정찰, 기만, 표적 피해관측 등 다양한 임무를 성공적으로 수행하였다. 그러나 악천후시 작전이 제한되는 기술적인 문제도 노출되었다. 현재 이러한 문제점을 개선하

3) 이진호, 미래전쟁, 북코리아, 2011.

기 위한 연구가 미국과 이스라엘을 중심으로 활발히 진행 중에 있다.

현재 UAV는 여러 나라에서 정찰, 감시 등 다양한 용도로 운용 중이다. 이와 같이 정찰용 무인항공기가 먼저 개발된 것은 소형이면서 기술적으로 개발이 쉬우며, 전술적 가치가 높기 때문으로 판단된다. 한편 9·11테러사건으로 시작된 아프가니스탄전쟁에서는 무인전투기가 실전에 사용되는 등 본격적인 무인전투기 시대에 접어들고 있다. 참고로 각국에서 개발한 무인기의 종류와 특성은 [표 13-1]에서 보는 바와 같다.

[표 13-1] 대표적인 무인항공기의 주요 기능

구분	주요 탑재장비	주 요 기 능	비 고
정 찰 용	•전자광학 장비 •적외선 감지기 •합성구경레이더 (SAR)	영상정보 실시간 전송	•Pioneer, Outrider, Predator, DarkStar, Global Hawk(미국) •Searcher(이스라엘) •Sterkh / Schmel(러시아) •D-4(중국) ·Phoenix(영국) •Brevel(프랑스) •Mirach-26(이탈리아)
전자전용	•전자전용장비탑재	전자전	•적 지역상공 근접하여 미약한 신호포착 가능(장점)
기 만 용	•레이더 증폭경 •레이더 반사경	적 방공망 교란	•TALD(Tactical Air Launched Decoy) •MALD(Miniature Air Launched Decoy)
공 격 용	•탄두 •레이더 탐지기	적 레이더 공격(자폭형)	•Harpy(이스라엘) •DAR(독일) •Marula(프랑스) •Lark(남아공)
전 투 용	•미사일	전투용 무인기 (공대공, 공대지)	•X-45A, X-47A(미국)
특수 목적용	•생화학 탐지장비 •영상획득장비 •통신중계기 •지뢰탐지기	제한 지역 내 은폐된 영상획득, 생화학 약품탐지 및 해독, 원격지뢰탐지, 도심침투 시 통신중계기	•극소형 무인기(미국)

2) 무기항공기별 주요 특성4)

(1) 무인정찰기

무인기는 군의 요구 성능 및 임무별로 탑재체계가 변환되어 다수 장비를 동시에 탑재하여 다양한 임무를 수행하게 되었다. 오늘날 무인기는 탑재장비의 성능이 향상되어 기상 및 환경에 의한 제약을 극복하게 되었다. 특히 무인기는 종래의 공중감시 및 정찰임무뿐만 아니라 전자전과 영상정보를 실시간으로 지상에 있는 전투지휘소에 전달할 수 있는 시스템으로 발전하고 있다. 특히 대형 UAV에는 레이더를 탑재하여 J-STARS에서 수집하는 정보를 보완할 수 있는 전장감시의 역할을 할 것이다. 그러나 향후 전장정보의 질을 높이는 것은 아직도 해결해야 할 과제이다.

한편 현재 운용 중인 고도도 무인정찰기 중에서 가장 대표적인 기종이 [그림 13-2]에서 보는 바와 같이 미국의 글로벌 호크이다. 이 무인기는 우리 군에도 2018년에 도입될 예정이며, 정찰위성과 링크되어 북한지역에 대한 감시능력이 획기적으로 향상시킬 것이다. 현재 우리 군은 RC-800정찰기와 RF-16정찰기로 영상정보를 수집하고 있으나 평양, 원산 이북지역까지 감시하는 데 한계가 있다. 그러나 글로벌 호크의 도입으로 향후에는 북한전지역을 감시할 수 있게 될 것으로 전망된다. 이 무인정찰기는 기존의 유인 정찰기에 비해 24시간 운용에 훨씬 더 유리하다.

[그림 13-2] 미국의 전천후 무인정찰기 Global Hawk UAV

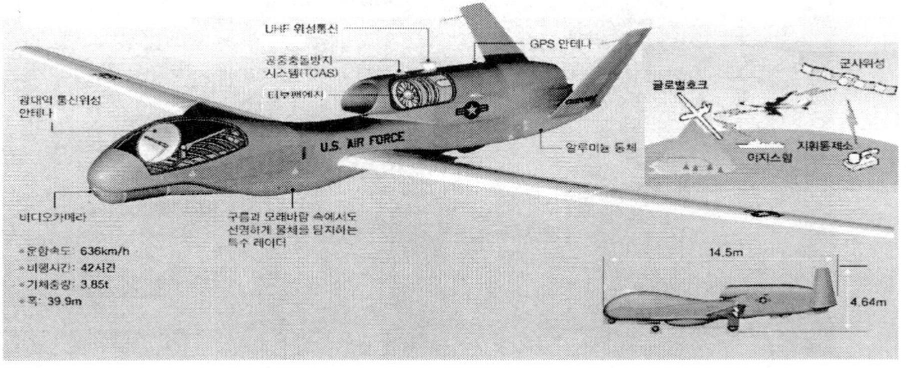

4) http://www.army.go.kr/yookun/yo-2/mg12.htm
http://www.puav.com
http://www.chinto.navy.mil/navpahb/cno/n8/uav.htm
http://www.unmannedaircraft.com

(2) 무인전투기

무인전투기(Unmaned Combat Air Vehicle, UCAV)는 주로 방호가 잘된 미사일기지나 유인전투기가 접근하기 곤란한 위험지역까지도 공격이 가능한 비행체이다. 특히 기존의 순항미사일은 재사용이 불가하나 무인전투기는 재사용이 가능하여 경제성이 훨씬 더 좋다. 특히 순항미사일은 표적의 위치를 정확히 알아야만 정밀폭격이 가능하고 이동표적은 추적하기 어렵지만, 무인전투기는 이를 극복할 수 있다. 이러한 무인전투기의 장점 때문에 미국, 러시아, 중국 등 군사강국을 중심으로 무인전투기 개발에 많은 투자가 이루어지고 있다. 특히 미국은 최후의 유인전투기로 예상되는 F-35 유인스텔스 전투기와 X-45, X-47 무인전투기를 동시에 개발 중에 있다.

현재 개발 중인 대표적인 무인전투기로는 지상기지용 X-45A와 항공모함용 X-47B가 있다. 이들 무인전투기의 주요 특성은 다음과 같다.

[그림 13-3] 미국의 무인전투기 X-45A

먼저 X-45A는 미국의 보잉사에서 1999년부터 개발하고 있다. 이 전투기는 [그림 13-3]에서 보는 바와 같이 꼬리날개가 거의 없다. 그리고 기체의 대부분이 일체형의 복합소재로 제작되었다.[5] X-45A는 동체중앙에 F124 터보팬 엔진이 탑재되어 스텔스 성능을 향상시켰으며 작전반경은 약 900km~1,800km이다. 이 전투기에는 2개의 폭탄저장 컨테이너가 있어서 1,350kg의 폭탄을 탑재할 수 있으며 표적을 찾기 위해 약 30분 정도 선회가 가능하다. 그러나 현재는 시험비행 중이기 때문에 그 중 하나의 컨테이너에는 비행시험장비가 있으며, 다른 하나에는 450kg의 GPS 유도폭탄(Joint Direct Attack Munition)을 탑재하거나 또는 소형의 폭탄도 투하할 수 있는 다목적 폭탄투하장치가 장착되어 6발의 소형폭탄(113kg)과 저가의 소형 크루즈 미사일을 장착할 수도 있다. 시제 2호기(Block 2)는 2001년에 최초로 시험비행을 하였다. 또한 X-45A는 보관과 수송을 위해서 날개가 재조립하기 쉽도록 제작되었다. X-45A를 보관하는 컨테이너의 크기는 4.6m×1.8m×6.1m로 소형이다. 이 컨테이너에는 비행계획에 대한 데이터를 다운로딩하거나 시스템을 유지하기 위한 인터페이스 포트가 있다. 향후 50~100기의 UCAV를 하나의 창고에 보관하고 중앙컴퓨터에 의해 컨테이너에 들어 있는 UCAV를 모니터할 계획이다. 록히드마틴사에서 개발한 C-5수송기는 X-45A UCAV가 있는 컨테이너 12개, C-17수송기는 6개를 수송할 수 있으며 10년 이상 저장이 가능하다. 또한 무인전투기는 유인전투기에 비해 비용이 저렴한데, 대략 가격이 3분의 1 수준이 될 것으로 전망하고 있다. 이 때문에 미래전쟁 초기에 있을 적의 레이더망을 공격함하고 화력을 마비시키는데 유인비행기에 비해 훨씬 더 유용할 것으로 예측된다.

다음으로 항공모함용 무인전투기인 X-47B가 있다. 이 무인전투기는 Notrup Gruuman사에서 개발하여 2012년 시험비행에 성공하였다. 이 무인기는 스텔스 기능이 우수하여 일반 레이더에서는 탐지가 곤란하며 레이저로 음파를 추적한 후 미사일을 발사해 전차 등 목표물들을 공격하거나 항공기와 교전이 가능하다. 현재 무장 능력이 4,500kg 수준인 X-47C를 개발 중이지만 이들 무인전투기의 공격능력은 F/A-18 E/F 유인전투기의 수준에는 당분간 도달하기 어려울 것이다.[6]

5) www.internetmodeler.com/2001/october/aviation/ucav.htm)

6) http://www.northropgrumman.com/Capabilities/X47BUCAS/Documents/UCAS-D_Data _Sheet.pdf

[표 13-2] 미국의 차세대 유·무인전투기 비교

F-35 유인 스텔스전투기	구 분	X-47B 무인 스텔스전투기
	형상	
13.7m×10.9m	기체크기	11.6m×18.9m
5,800kg	무장능력	2,000kg
1,200km	전투반경	1,900km
초음속	비행속도	아음속(마하 0.9)
2015년	실전배치	2012년 시험비행 성공
폭격 및 제공작전	비 고	개전 초기의 적 방공망 제압, 단독폭격 및 제공작전, 항공모함용

3) 무인기 등장에 따른 전장 환경의 변화

지상군에 대한 위협요소 중에서 항공기에 의한 위협은 가공할만한 위협요소이다. 특히 지상무기에 비해 상대적으로 월등한 기동성과 화력은 치명적인 전력손실을 초래할 수 있다. 반면에 저공으로 비행할 경우에는 지상군의 대공무기에 취약하기 때문에 유인항공기의 공격은 제한되고 있다. 이러한 문제점을 해결하기 위해서 무인항공기가 출현하게 되었다.

항공기의 무인화는 향상된 플랫폼의 생존력, 보다 쉬운 배치 그리고 군수지원의 감소 등을 가져올 것이다. 또한 다수의 항공기를 소수의 인원으로 운용할 수 있기 때문에 병력의 규모가 중요한 것이 아니라 무인전투장비의 규모와 질적인 수준이 전투력의 기준이 될 것이다. 무인기는 장시간 전투가 지속되더라도 기동성, 생존성, 치명성 그리고 방호성능이 그대로 유지된다. 따라서 유인기의 무인화는 전력강화의 핵심이 될 것이다.

한편 무인기는 전장을 가시화하고 다차원화되어 인간이 할 수 없는 무차별적이면서 정밀교전을 수행할 수 있다. 따라서 인간이 직접적으로 전투에 참여하는 경우는 점차 줄어들기 때문에 적군의 무기에 대한 특성을 파악하여 적절한 전투력을 투사하는 것이 중요하게 될 것이다. 또한 오늘날 기술혁신으로 다양한 첨단무기가 전장의 주역으로 등장하고 있다. 이러한 첨단무기는 전투의 진행속도를 가속화시켜 "적보다 먼저 보고, 먼저 판단하여, 먼저 타격해야 승리할 수 있다."는 개념이 매우 중요하게 되었다. 이 때문에 유인항공기의 무인화는 기술혁신과 더불어 급격히 진행될 전망이다. 이러한 무인기는 전투원을 전장에 투입하기 전에 투입시킴으로써 전투력 손실을 최소화할 수 있다. 결국 무인기는 전장 환경을 획기적으로 변화시킬 것이다. 특히 지형이 험준하고 전력이 고밀도화된 전장 환경에서는 무인기가 갖고 있는 장점을 살릴 수 있을 것으로 판단되며, 필요시에는 화생방전과 같은 특수한 임무를 수행할 수도 있을 것이다. 정보통신장비가 아무리 발전하더라도 네크워크화되지 않으면 제 성능을 활용할 수 없듯이 전장의 기능들이 C^4I체계화되어야 한다. 따라서 무인기를 활용한 각종 전장감시체계의 호환성을 반드시 검토해야 하므로 사전에 충분한 정보와 기술적인 검토가 선행된 후 무기를 선정하는 것이 중요하다.

끝으로 미래전은 적의 무기체계에 대한 기술적인 특성에 대한 정보를 수집해야만 전투를 효과적으로 수행할 수 있을 것으로 예측된다. 즉, 정보우위의 확보가 전장의 가장 중요한 요소가 될 것이다. 따라서 무인항공기에 대한 지상군의 체계적인 전술개발은 물론이고 이를 방어할 수 있는 다양한 무기체계를 개발하여 활용해야한다. 왜냐하면 전장에서 무인기의 출현은 지상군 전술의 획기적인 전환점이 될 것이기 때문이다.

2. 지향성 에너지 무기

1) 발전 추세

전자공학과 광학기술이 발전함에 따라 고출력의 전자파와 레이저 발생이 가능하게 되었다. 이러한 기술적 진전에 힘입어 기존의 기계 및 화학적 공격무기들은 모두 일회성 무기라는 단점을 보완하고 재사용이 가능하게 되었다. 이로 인해 반복적으로 사용할 수 있고 원거리까지 빛의 속도로 타격할 수 있는 무기인 지향성 에너지를 이용한 무기가 탄생되었다. 이러한 기술은 핵융합 및 우주개발 등에 활용될 수 있는 기술이기 때문에 선진국을 중심으로 활발한 연구가 진행 중이다.

지향성 무기(Directed Energy Weapons)는 Well의 『War of the Worlds』란 소설에서 가상적인 미래전장 환경으로 최초로 등장하였다. 그 후 1990년에 미국의 공상과학 영화인 '스타트랙'에 등장하면서 우리에게 친숙한 미래의 전장 환경으로 인식되기 시작되었다.

지향성 에너지 무기는 집속된 전자기적 에너지 또는 원자입자를 발생시키는 무기이다. 이 무기는 지상, 해상, 공중, 우주 어디에서든지 설치하여 운용할 수 있으며, 수km에서 수백km까지 원거리 표적을 빛의 속도로 타격이 가능한 것이 특징이다. 또한 항공기, 로켓, 유도탄 등과 같은 고속 표적을 요격할 수 있는 장점이 있다. 이 무기는 현재 장거리이면서 표적까지 빛의 속도로 전달이 가능하며, 외부의 교란으로부터 파괴를 지향하는 적극적 방어 기능, 외형적 최소 손상 및 낮은 살상, 저비용으로 여러 번 발사 가능, 어떠한 상황에서도 사용가능, 고 분해능의 광학감지로 시너지 효과 창출(영상, 감시, 원거리 탐지) 기능을 갖추기 위하여 많은 연구가 진행되고 있다.

2) 종류 및 특성

지향성 에너지는 크게 세 가지 종류가 있다.

먼저 레이저 무기로서 이것은 파장이 1mm 이하인 전자기 복사 에너지를 사용하여 표적을 파괴하거나 무력화 시킬 수 있는 무기이다. 이 무기는 주로 센서, 미사일, 인공위성, 스마트 무기 등을 요격할 것으로 예상된다.

다음으로 고출력 마이크로파 무기(High Power Microwave)가 있다. 이 무기는 1mm 이상의 파장, 즉 주파수가 300GHz 이하인 라디오 스펙트럼 범위에 있는 전자기 복사에너지로 표적을 파괴할 수 있다. 이 무기는 전자장비의 재밍(jamming) 및 손상을 입히기 위해 사용될 전망이다.

끝으로 하전 입자빔 무기(Charged Particle Beam)가 있다. 이 무기는 보통 수소, 중수소와 삼중수소의 중성 고에너지 원자 입자빔이나 하전된 고에너지 원자 또는 아원자 입자빔으로 표적을 파괴 또는 무력화시킬 수 있다. 이 무기는 지뢰를 탐지하고 제거하는데 사용하거나, 스마트 무기 등을 파괴시키는데 활용될 것이다.

한편, 지향성 무기는 고도의 지향성이 있어서 적이 미사일과 투발수단으로 화학무기탄약이나 생물무기탄약 등을 여러 개의 자탄으로 살포하기 전에 자탄 분리장치만 집중된 에너지 전달하여 순식간에 표적을 무력화시킬 수 있기 때문에 효과적인 방어수단으로 활용될 수 있을 것이다. 또한 신속하게 표적을 공격할 수 있기 때문에 다수의 위협대상들을 짧은 시간 내에 요격이 가능하다. 최근 전원공급에 관한 기술적 진보로 거의 무한한 에너지원을 공급받을 수 있기 때문에 한 번 충전되면 발사횟수는 포탄과 비교가 되지 않을 정도 여러 번 사용이 가능하다. 그리고 레이저 무기를 제외한 마이크로파나 하전 입자빔 무기는 전천후 공격이 가능한 장점이 있기 때문에 향후 전장에서 활용도가 높을 것으로 예상된다.

한편 미국을 비롯한 선진국들은 군사적 우위를 확보하기 위하여 노력하고 있다. 반면에 북한을 비롯한 후진국들은 핵무기 또는 생화학무기 등과 같은 대량살상무기를 개발하여 그들의 기술적 열세를 극복하고자 노력하고 있다. 따라서 미국 등 선진국은 전략 및 전술 미사일 방어, 순항 미사일 방어, 인공위성 요격, 대공방어, 함정방어, 지상전투 및 근접지원, 항공기 자체방어 등 정밀화된 공중공격으로부터 보다 적합한 대응수단 필요하게 되었다. 이에 가장 적합한 수단이 고 에너지 레이저 무기이다.

1) 레이저 무기(High Energy Laser Weapons)

레이저 무기는 강력한 레이저 광을 이용하여 목표 표적으로 막대한 에너지를 빛의 속도로 전송하여 표적에 수 초 정도 레이저 광이 조사되는 동안 표면에서 흡수가 일어나 표적을 손상하거나 파괴시키는 무기이다. 참고로 레이저를 약 1세기로 조사시키면 인체의 각막을 손상시킬 수 있다. 그러나 전자공학센서는 10, 항공기나 미사일 금속표면은 700, 헬기나 미사일을 요격하려면 5,000의 강력한 레이저 빔이 조사되어야 한다.

레이저 무기는 설치위치와 표적의 종류에 따라 크게 다섯 가지로 구분할 수 있다. 먼저 지상에서 운용하는 지상 레이저 무기(Ground Based Laser)가 있다. 이 시스템은 단거리 미사일이나 로켓 또는 소형 항공기 등을 점표적으로 요격하는 시스템이다. 현재 미국과 이스라엘이 공동으로 개발한 전술 고 에너지 레이저(Tactical

High Energy Laser) 무기를 개발하였다. 특히 이 무기는 트레일러로 운반이 가능하기 때문에 전술적 활용도가 매우 높은 것으로 알려져 있다.

[그림 13-4] 지상발사용 요격용 레이저 무기인 아이언빔(미국, 이스라엘 공동개발)

두 번째, 미 공군은 탄도미사일이 발사단계에서 요격이 가능한 항공기 탑재용 레이저(Airborne Laser) 무기를 개발하였다. 이 무기는 [그림 13-5]에서 보는 바와 같이, 수MW 출력을 방출하는 COIL(Chemical Oxygen Iodine)을 탑재한 보잉 747-400F 화물기에 탑재한 YAL-1이다. 이 레이저 무기는 중거리 탄도미사일 요격용으로 2002년에 개발하였으나 2011년에 비용문제로 사업이 취소되었다. 특히 대륙간탄도탄을 요격하려면 미사일 발사장소 근처로 항공기가 접근해야 요격이 가능하다. 그러나 근거리 탄도미사일을 요격할 경우에는 적 상공에서 비행하지 않아도 이 무기체계로 요격이 가능하다. 이 무기체계는 12km 상공에서 비행하다가 적의 탄도미사일 발사 징후가 포착되면 자동화된 조준시스템으로 고출력 레이저빔을 3초에서 5초동 조사시켜 미사일을 무력화 또는 파괴시킬 수 있는 것으로 알려져 있다.

[그림 13-5] 미국이 개발한 보잉 747기에 탑재된 레이저 무기 YAL-1

세 번째, 함정방어용(Ship Self-Defense) 무기가 있다. 이 무기는 원거리에서 함대함 유도탄의 센서에 손상(soft kill)능을 주고, 근거리에서 유도탄의 탄체에 손상(hard kill)을 가하기 위한 무기이다.

함정용 레이저 무기로는 2014년에 전력화한 미 해군의 30KW급 레이저포가 있다. 이 레이저 무기는 [그림 13-5]에서 보는 바와 같이 강습용 상륙함에 탑재하였다. 이 무기는 함정 내 화력지휘센터에 있는 모니터를 보면서 조이스틱으로 조준 및 발사를 할 수 있으며 사정거리는 1.6km이다. 미군은 이 무기를 무인기나 미사일 또는 고속으로 접근하는 소형 보트를 격추하기 위해 탑재하였다. 이 무기의 장점은 조준이 쉽고 빛의 속도로 표적을 파괴시킬 수 있으며 1발에 1달러밖에 들지 않는 장점이 있다. 또한 재래식 화포보다 재장전이 쉽고 탄피 발생 및 소음 문제 등이 거의 발생하지 않는다. 그러나 짙은 안개나 구름 등이 가리면 레이저빔의 특성 상 요격능력이 크게 저하된다. 美해군은 USS 폰스에 레이저포를 장착, 실전배치한 가장 큰 이유를 1번 쏘는 데 1달러밖에 들지 않는 ‘비용문제’라고 밝히고 있지만, 실은 갈수록 빨라지고 소형화되는 유도무기를 제대로 요격할 수 있는 수단이 레이저포밖에 없다는 이유가 더 크다. 이 때문에 미 해군은 2020년까지 레이저포의 출력을 150KW까지 높여 구축함과 연안전투함 등에 탑재하여 활용할 계획이다.

[그림 13-6] 미 해군 구축함에 탑재한 레이저 무기체계(LAWS)

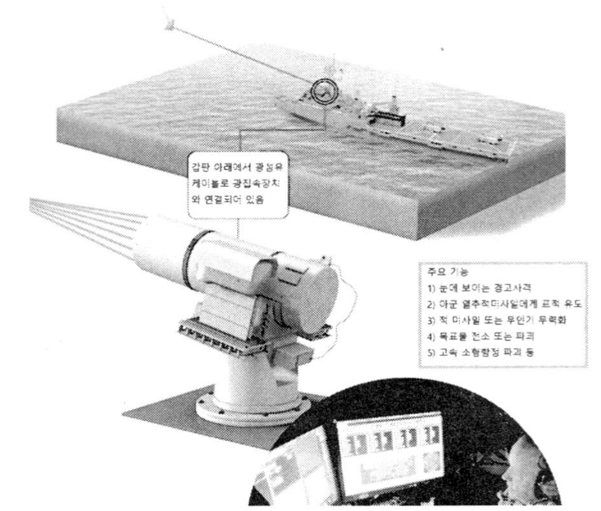

끝으로 위성 격추용(Antisatellite) 지상 레이저 무기가 있다. 이 무기체계는 주로 저고도로 비행하고 있는 정찰위성을 요격하기 위해 개발되었다. 미군은 1999년 야간에 400km의 고도에서 저고도로 궤도비행을 하고 있는 위성을 이용한 빔 제어 시험을 성공적으로 수행한 것으로 알려졌다. 향후 저고도 위성 위성을 이용하여 고도 1200km까지 요격시험을 실시할 예정이다.

[그림 13-7] 우주 기반용 레이저 무기의 상상도

3. 초고출력 마이크로웨이브 무기

이 시스템은 0.5~100GHz 대역의 초고주파를 이용하여 적의 전자장치나 전자파 운용 장비에 물리적으로 파괴시키거나 일시적인 장애를 발생시켜서 군사작전 및 장비운용을 무력화시키기 위해 개발되고 있다. 최근 고출력 마이크로파 발생장치에 관한 기술적 진전에 힘입어 새로운 형태의 전자 공격기술 분야이다.

이 무기는 적의 전자시스템을 기상조건과 관계없이 공격이 가능하다. 또한 외과 수술처럼 정교하게 손상 또는 파괴, 성능감퇴 등과 같이 선택적 공격이 가능하다. 표적과 추적의 정확도가 낮은 경우에도 요격이 가능하며, 저가의 무기체계로 정교한 표적을 공격할 수 있는 반복 사용이 가능한 경제적인 새로운 무기이다. 이 무기의 단계별 운용방법을 알아보면, 먼저 센서와 전자전 체계를 이용하여 표적을 탐지하여 피아 식별한다. 적으로 식별된 표적은 가용한 방공무기를 이용하여 원거리에서 일차적으로 요격을 실시한다. 만일 요격이 실패하였다면 초고출력 마이크로웨이브 무기의 유효사거리까지 유도한 후 2차 요격을 실시할 것이다.

4. 군사용 로봇

21세기에는 정찰, 감시, 폭격 등의 기존 유인무기체계 담당하였던 임무를 군사용 로봇으로 점차 대체되고 있는 추세이다. 특히, 기계, 전자, 정보통신공학기술과 생체공학 등 다양한 영역의 학문이 융합되면서 공상과학에서나 볼 수 있었던 로봇이 전장에 등장하고 있다. 오늘날 군사용 로봇의 개발은 미국, 중국 등 군사강국이 선도하고 있으나 과학기술의 세계적 수준이 높아짐에 따라 군사용 로봇의 활용은 점차 일반화될 가능성이 높다.

현재 실전에 활용하고 있는 군사용 로봇에는 폭발물제거로봇, 무인정찰기, 무인포탑 등이 있으며, 초소형 로봇, 무인폭격기와 무인헬기 등은 2010년대 중반부터 미군을 중심으로 일부 전장에 배치되고 있으며 2020년대부터 본격적으로 실전배치될 예정이다, 따라서 미래전쟁에서 인공위성이나 유인정찰기로는 정찰하기 어려운 적의 전쟁지휘소, 비밀군사기지를 로봇이 탐지하여 공격할 수 있을 것이다. 이미 미군은 이라크전쟁과 아프가니스탄 정쟁에서 로봇의 효용성을 검증하기 위해 실전에 투입하였다. 그러나 이들 전쟁을 로봇전쟁이라 부르지 않는다. 이들 전쟁은 전쟁에서 주요 임무를 로봇이 주도적으로 수행하지 않았기 때문이다. 그러나 머지않아 전쟁수행의 대부분을 로봇이 맡게 될 것이다. 따라서 21세기에는 생체로봇 등 새로운 로봇이 전장에 등장할 가능성이 높다.

1) 무장로봇차량(Armed Robot Vehicle)

무장로봇차량은 공격용과 정찰, 감시, 표적획득용이 있으며, 모두 동일한 플랫폼을 사용한다. 먼저, 공격용 ARV는 정찰기능과 센서, 직사화기, 특수탄약 등을 빌딩, 벙커, 터널, 도심지에 투입시킬 수 있으며, 전투피해평가와 대전차공격도 가능하다. 그리고 정찰감시표적획득용 ARV는 정찰, 감시, 표적획득을 하는데 운용될 것이다. 이 차량은 위험한 정찰과 공격 시에 전투요원의 노출을 감소시킬 수 있다.

[그림 13-8] 미 육군의 무인로봇차량 XM1219시제품

2) 다목적 범용 / 군수지원차량

FCS용 MULE(Multi-role Utility/Logistics Equipment)은 다목적 군수지원차량이다. MULE은 [그림 13-8]에서 보는 바와 같이 지뢰제거용, 수송용, 대공공격용이 있으며, 보병 분대병력을 수송하거나 적의 지뢰제거 등 다목적으로 활용할 계획이다.

[그림 13-9] 미 육군의 무인다목적 군수지원차량

한편, XM-1217 MULE은 Lockheed Martin사가 2007년에 개발한 2.5톤 로봇차량이며, 2009년 10월에 사업이 취소되었다. 이 로봇차량은 보병 18명이 3일 동안 사용할 수 있는 탄약, 식량, 물을 동시에 수송할 수 있다. 또한, 필요에 따라서 대전차 미사일이나 기관총을 탑재하여 무장로봇차량(ARV)으로 사용이 가능하다. 특히, 이 무인차량은 5ton 트럭을 견인할 수 있는 등 그 용도가 매우 다양하다. 따라서 이들 무인차량은 2020년대에는 더 성능이 향상되어 전장에서 운용될 가능성이 높다.

3) 견마형 로봇

견마형 로봇은 미국, 한국 등 여러 국가에서 개발 중이며 2020년대에서 전장에 등장할 것이다. 대표적은 개발사례로는 미국 Boston Dynamics robots사가 개발한 견마형 로봇 'Big Dog'이다. 이 로봇은 험준한 지형을 개나 말처럼 무거운 짐을 싣고서도 걷거나 뛰어다닐 수 있을 뿐만 아니라 장애물을 통과할 수 있다. 또한, 로봇을 사람이 발로 차거나 밀어도 넘어지지 않으며, 빙판길에서 미끄러져도 넘어지지 않을 정도로 사람보다 균형을 유지할 수 있다. 이 로봇은 2008년에 미 국방부 산하 DARPA에서 시험평가를 마쳤으며, 주요 특성은 다음과 같다.[7)]

---

7) http://www.india-defence.com/reports-3972

[그림 13-10] 미국에서 개발한 견마형 로봇 'BigDog"

이 로봇은 디젤엔진의 동력으로 유압액추에이터를 작동시켜 로봇이 움직이게 된다. 또한, 적과 근접한 지역에서는 배터리에 충전된 전기로 전기모터를 구동시켜 은밀하게 이동할 수도 있다. 이 로봇은 마치 개나 말처럼 4개의 다리가 있으며, 다리가 스텝씩 움직일 때 로봇의 몸체로부터 다리에 가하는 충격에너지는 회수하여 구동에너지원으로 재사용하게 된다.[8] 'Big Dog'의 몸통길이는 약 91cm, 키는 76cm, 무게는 109kg으로 작은 노새의 크기와 비슷하다. 이 로봇의 다리는 다양한 센서와 서브모터가 장착되어 있으며, 컴퓨터에 의해 운동을 제어할 수 있다. 또한, 몸체 속에는 컴퓨터, LIDAR, 자이로스코프(gyroscope), 입체영상시스템(stereo vision system), 배터리 등이 내장되어 있다.

최근에 개발된 'Big Dog'은 최고 6.5km/h의 속도로 달릴 수 있으며, 35도의 급경사지형도 올라갈 수 있다. 또한, 약 150kg의 짐을 싣고서 자갈밭이나 진흙탕 혹은 눈밭이나 개울도 건너갈 수 있다. 이 로봇은 연료를 추가로 채우지 않고도 약 49km까지 쉬지 않고 이동할 수 있다. 앞으로 미국은 사람과 동물이 갈 수 있는 곳은 어느 곳이든지 갈 수 있도록 'Big Dog'을 개발할 계획이다.[9]

8) http://www.bostondynamics.com/robot_bigdog.html
9) www.YouTube.com/BostonDynamics

부록 1

지휘통솔 기법

지휘통솔 기법

1. 지휘통솔 원칙

- 제1원칙 : 정과 신뢰를 바탕으로 부하를 지도하라.
- 제2원칙 : 솔선수범하라.
- 제3원칙 : 자신을 알고 자기발전을 도모하라.
- 제4원칙 : 미래를 예측하여 건전하고 적시적절한 결심을 하라.
- 제5원칙 : 부하의 실상을 알고 복지를 도모하라.
- 제6원칙 : 부하에게 알려주라.
- 제7원칙 : 부하능력을 계발하고 협동체로 육성하라.
- 제8원칙 : 부하에게 솔직하고 책임을 감수하라.
- 제9원칙 : 조직을 활용하고 책임에 따르는 권한을 부여하라.
- 제10원칙: 과업의 실천여부를 확인 감독하라.

2. 지휘통솔 유형

유 형	내 용
지시형	특정 과업수행에 관한 목적과 방법을 결정하여 부하들에게 구체적으로 지시하고 수행상태를 세밀하게 감독하여 잘못된 것을 즉각 교정해 가는 유형
설득형	과업수행의 목적과 방법을 구체적으로 지시하고 세밀하게 감독하는 한편, 부하들이 이해하지 못하는 점을 설명하여 명백하게 알 수 있는 기회를 부여함으로써 정신적 동기를 강화시키는 유형
참여형	특정 과업수행을 위한 의사결정 과정에 부하들을 참여시켜 부하들과 의견을 교환하여 그들의 의견을 참고는 하나 결정은 자신이 직접 하는 유형
위임형	특정 과업수행에 관한 의사결정 및 그 시행책임을 모두 부하에게 위임하는 유형

3. 인간관계

1) 향상방법

- 사람의 이름을 기억하라.
- 당신과 사귀고 있다는 것을 자랑스럽게 생각하게 하라.
- 정신적인 힘이 되도록 노력하라.
- 마음을 상하게 하지 않는 포근함이 몸에 베이게 하라.
- 당신과 만남으로서 무엇인가 얻는 바가 있도록 하라.
- 자신을 너무 자랑하지 마라.
- 축하의 말과 위로의 말을 적절히 사용하라.
- 당신을 찾아오는 사람에게는 정성을 다해 대하라.
- 일반적인 상식과 다양한 화술에 능통하라.
- 가까운 곳에서 근무할 때 관계를 돈독히 하라.
- 적어도 1년에 한 번씩은 연락이 닿도록 하라.

2) 상급자와의 관계 증진법

- 일상적인 업무에 최선을 다하여 신뢰를 축적하라.
- 정직은 최선의 관계증진법이다.
- 상관의 의도를 미리 예측하여 대비하라.
- 사적인 인간관계를 형성해 둔다.
- 상관에게 잘못 인식되어 있다면 白衣從軍하라.

3) 동료 간 인간관계

- 손해를 감수하라.
- 대화의 시간을 많이 활용하라.
- 다양한 취미를 개발하라.
- 사소한 논쟁은 금지하되 상호 발전의 동반자로 인식하라.
- 가족끼리도 가까이 지내라.
- 경쟁을 하되 정정당당하게 도와주고 도움을 받아라.

4) 부하와의 인간관계

- 부하와의 인간관계 개선의 관건은 정(情)이다.
- 부하를 신뢰하고 임무를 부여하라.
- 넓은 포용력을 견지하라.
- 부하들과 대화할 수 있는 분위기를 조성하라.
- 부하가 안정감을 느낄 수 있게 하라.
- 잘못은 솔직하게 인정하고 이해를 촉구하라.
- 부하에게 소속감을 고취하라.
- 정서적으로 안정할 수 있도록 하라.

4. 지휘통솔자의 윤리

1) 개인 생활윤리 : 6개 규범

- 신의 : 신뢰, 성실로써 상하단결, 돈독한 전우애 조성
- 성실 : 언행일치의 실천으로 직무 완수
- 정직 : 허위보고(虛僞報告)는 패전으로 직결
- 품위유지 : 품위 유지는 군인으로서의 명예
- 준법 : 법규 준수는 단결의 요체
- 청렴, 검소 : 도덕적·정신적인 생활태도

2) 직업윤리 : 6개 규범

- 충성 : 국가, 상관, 부대 등에 대한 헌신 생활화
- 명예 : 확고한 국가관, 직업관을 통한 외·내면적인 숭고한 명예 추구
- 책임 : 계급과 직책에 따른 책임의식 고양
- 희생 : 군인 본분의 사명의식과 헌신적 자세
- 복종 : 군대조직의 특성상 상명하복(上命下服)의 정신
- 공정 : 공평무사(公平無私), 불편부당(不偏不黨)한 지휘권 행사

5. 지휘통솔자의 자질

자 질	핵 심 내 용	함 양 방 법
지혜	사물의 이치를 깨닫고 지식을 바탕으로 하여 상황에 맞게 대처하는 능력	•야전교범, 규정, 예규 및 전사연구 •견문과 상식을 넓힐 것 •매사에 탐구하는 자세 •타인 경험을 자기화하도록 노력
신념	어떤 행동을 해나가는데 있어 마음에 간직한 자신감과 확신	•심신수련을 통하여 국가관, 사생관, 인생관 확립 •무엇이든지 할 수 있다는 자신감 •소신 분명하고 결과에 대한 확신
통찰력	부분을 통하여 전체를 꿰뚫어 살필 수 있는 능력	•과학적이고 논리적인 예견력 •과정과 결과에 대한 예측 •종합적이고 심층적인 분석능력
결단력	가능한 대안 중에서 최선의 대안을 과감하게 선택, 두려움과 주저함 없이 실행에 옮길 수 있는 능력	•적극적인 사고와 행동의식 견지 •예견되는 상황에 미리 대비 •신속하게 결심, 자신 있게 지시 •결심분석, 연구하는 자세 습관화
용기	정신적·신체적 위험을 무릅쓰고 자신이 결심한 바를 두려움 없이 실행할 수 있는 정신	•도전하고 추진하는 자세 견지 •심신 수련과 극기력 제고 •결심한 일은 과감히 실행하는 습관 •과오에 대한 인정과 승복하는 태도 견지
진취성	앞날을 내다보는 미래지향적인 사고와 능동적인 행동	•문제의식을 통해 미래지향적인 업무태도 유지 •상황분석을 통해 해결책을 강구 •능동적이고, 적극적인 태도 견지
인내력	고통과 피로, 긴장과 압박 등의 어려움이나 괴로움을 참고 견디는 능력	•심신단련을 규칙적으로 생활화 •목표를 단계화하여 달성토록 노력 •자신의 인내력을 시험
치밀성	체계적이고 분석적이며 착실하면서도 빈틈이 없는 기질	•계획표와 점검표를 작성 활용 •항상 문제의식을 갖고 메모하는 꼼꼼한 습관 •철저히 확인, 감독하는 습관 견지

6. 부하 실상파악

1) 실상파악 단계

- 1단계 : 부하의 과거 파악
- 2단계 : 부하 관찰
- 3단계 : 수시 면담
- 4단계 : 정보 수집
- 5단계 : 다양한 상황 하에서 적응력 관찰
- 6단계 : 해석 및 평가
- 7단계 : 통솔에 반영
- 8단계 : 모든 결과를 종합 정확하게 기억

2) 실상파악 시 태도

- 통솔하는 것은 통솔을 받는다는 것이다.
- 실상파악의 열쇠는 애정과 관심이다.
- 입장을 바꿔놓고 생각하라.

7. 동기유발

1) 동기유발 방법

- 부대 분위기 개선
- 결과에 대한 상벌적용
- 권한의 위임과 책임감 부여
- 부하와의 일체감 조성
- 행동의 목적과 결과를 인식시킴
- 협동을 전제로 한 경쟁심 유도

2) 동기유발 결과

동기유발이 정착된 경우	동기유발이 부족한 경우
• 능동적·적극적 활동 • 자주적이며 다양한 행동 • 책임감과 열의가 강한 업무수행 • 장기적인 안목에서 판단 및 처리 • 진취적, 최대의 능력발휘	• 수동적·소극적인 활동 • 한정되고 단순한 행동 • 상급자에게 의존한 업무수행 자세 • 단기적인 안목에서 판단 및 처리 • 자기소신이 없고 능력발휘 저하

3) 중견 간부

- 의사소통을 하고 의사결정에 참여
- 전략, 작전술 및 전술관 정립과 전문지식을 함양
- 합리적이고 건전한 사고의 폭과 판단의 시야 확대
- 바람직한 지휘관상을 제시
- 선의의 경쟁의식을 부여

4) 초급 간부

- 새롭고 바람직한 점을 발견하여 격려
- 기본을 철저히 가르쳐 주고 솔선수범하도록 자극
- 협조와 협력의 중요성을 인식시킴
- 높은 지식수준을 자극하여 창의력을 계발
- 행동의 결과에 대한 상벌을 엄격히 적용

5) 중 · 고령자(중 · 상사)

- 인생선배로 대우해 주고 수시로 자문요구
- 부대의 주인이라는 자긍심을 고취
- 조직의 중추적인 역할수행을 인정해주고 협조요청
- 개인적인 접촉을 유지하여 사적인 인간관계 형성
- 근무여건을 개선해 주고 수시로 대행업무를 부여
- 군의 발전에 따른 지식과 기술을 습득토록 유도
- 초급 간부와의 건전한 경쟁의식을 자극

8. 제대별 지휘통솔

1) 지휘통솔 중점

제 대	계 급	요구되는 능력
고급 제대 (사단급 이상)	장관급 장 교	• 미래예측 및 구상력 • 정확한 목표 설정 및 임무부여 능력 • 지침 하달 능력 • 결단력 및 부단한 실천력 • 합리적인 의사결정 기술
중간 제대 (대대, 연대)	영관급 장 교	• 동기부여 능력 • 합리적인 사고와 예리한 판단력 • 의사소통 능력 • 지도 및 감독 기술 • 종합 및 분석 능력
하급 제대 (중대급 이하)	위관급 장 교	• 행동하는 실천력 • 강인한 체력과 정신력 • 부하지도 능력 (면담, 상담, 실상파악 등) • 철저한 확인 및 감독

2) 제대별 기법

제 대	내 용
고급 제대 (사단급 이상)	• 확고한 신념과 적극적인 사고방식을 견지 • 임무와 지침을 명확하게 하달 • 규정 및 방침 등 제도를 통한 지휘통솔 • 합리적이고 건전하게 부대를 지휘통솔 • 조직을 활성화시키고 권한을 최대한 위임 • 원활한 의사소통 분위기를 조성
중간 제대 (대대, 연대)	• 상급 지휘관의 의도를 정확히 파악하여 실행 가능한 구체적인 계획 수립 • 각종 규정과 방침, 절차를 숙지하고 준수 • 하부 지향적인 자세로 근무 • 의사소통의 교량적 역할 수행 • 부하의 입장에서 지도 및 감독
하급 제대 (중대급 이하)	• 말보다는 행동으로 실천 • 건제를 유지한 부대활동을 생활화 • 목적의식을 가지고 시작과 끝이 분명한 부대지휘 • 부하를 인간적으로 대우 • 모든 일을 정확하게 파악하고 확인하는 자세견지

9. 지휘관과 참모와의 관계

1) 지휘관 보좌 시 참모장교 유의사항

- 상급부대, 인접부대 참모 및 예하부대 지휘관, 그리고 동료 참모들과 면밀히 협조하라.
- 부대 내에서 발생한 제반문제를 정확히 분석하고, 적절히 평가하여 건전한 조치를 건의하라.
- 지휘관의 지침이나 의도에 부합되는 명령서나 지시문을 작성하라.
- 예하 부대를 방문 시 항상 지원해 준다는 자세로 참모활동에 대한 예하부대의 신뢰감을 증진시켜라.
- 건의 또는 조치를 취하기 전에 유관 부서 및 실무자와 완전한 협조가 이루어지도록 조치하라.

2) 참모활동 시 지휘관 유의사항

- 참모장교와 진솔하고 끈끈한 인간관계를 유지하라.
- 참모간의 신뢰확보와 협조를 원활히 할 수 있는 분위기를 조성하라.
- 참모활동에 도움을 줄 수 있도록 적시적절하고 명확한 결심과 지침을 하달하라.
- 최종결심 이전에 전문적인 참모장교의 자문을 구하고 건의사항을 고려하라.
- 참모를 격려하고 인정해 줌으로써 창의적이고 자율적이며 신념을 가지고 자신 있게 업무를 추진할 수 있는 분위기를 조성해 주라.
- 성실하고 창조적인 참모노력에 대하여 인정과 포상을 하라.
- 지휘방침에 일치하는 참모활동이 이루어질 수 있도록 충분한 지원을 해주라.

10. 통솔지표

통솔지표	내 용
사기	부대원이 소속된 부대의 목표달성을 위해 자발적이고 적극적으로 참여하려는 심리상태
군기	군대의 규율과 질서로서 명령에 대한 신속한 복종과 명령 없이도 자진해서 적절한 조치를 취하게 하는 개인 및 집단의 태도
단결	부대임무 수행과정에서 공동의 목표달성을 위하여 부하들이 보여주는 자발적인 열의, 긍지 및 충성심
숙달	부대 임무를 완수할 수 있는 개인 및 부대의 기술적, 전술적 및 신체적 능력

- 통솔지표 → 통솔력의 측정, 부대평가의 기준이 되는 요소

1) 사기양양 방법

- 부대에 대한 전통과 소속감 고취
- 공평무사한 인사근무 활동
- 부대방문을 통한 지도와 격려
- 부하들의 복지 도모
- 장병 각자들의 역할에 대한 중요성 강조
- 효율적인 상훈제도 활용
- 의사소통을 통한 일체감 조성
- 패배의식 불식
- 교육훈련을 통한 부하능력 개발
- 임무수행에 대한 신념 및 사명감 고취
- 지휘관의 합리적이고 건전한 자세와 활동

2) 군기확립 방법

- 합리적이고 효과적인 지휘통솔로 자발적인 준법정신 유도
- 교육훈련을 통한 적극적, 자발적, 관습적인 준법정신 함양
- 지속적인 군기단속과 군법 및 윤리교육 강화
- 지휘통솔자의 솔선수범으로 준법정신 계도
- 범법자에 대한 강력한 조치 및 홍보

3) 단결심 함양 방법

- 원만한 인간관계 조성으로 전우애 고양
- 효율적인 집단관리로 업무에 대한 열의와 긍지심 제고
- 건제단위 교육훈련을 통한 협동정신과 소속감 고취
- 지휘관을 구심점으로 한 건전한 경쟁분위기 조성

4) 업무를 숙달시키는 방법

- 임무위주의 실행 가능한 훈련계획을 수립
- 철저하고 실전적인 교육훈련 실시
- 단계별 목표수준을 설정하고 달성을 유도
- 핵심 및 차상급 직책을 수행할 수 있는 능력 부여
- 상호교환 훈련을 실시하여 장점을 보완

11. 건전한 부대와 취약한 부대의 특징

건전한 부대	취약한 부대
• 결심 시 능력, 책임, 업무량, 첩보의 가용성, 적시성, 전문성 개발 등의 요소를 종합적으로 고려하여 합리적으로 한다. 불편, 불만을 긍정적으로 수용한다.	• 상위직에 있는 사람들이 가능한 많은 결심을 통제하려고 한다. 따라서 결심은 제한된 첩보나 자문에 의존하기 때문에 건전하지 못하며 구성원들이 결심에 대하여 불평을 한다.
• 조직 구성원의 종합적인 판단을 존중한다.	• 조직의 하위직 구성원들의 판단은 그들의 좁은 직무영역 내에서만 존중된다.
• 업무수행 및 훈련 시 뛰어난 협동의식을 갖는다. 즉 공동으로 책임을 진다.	• 지휘통솔자와 일을 혼자 처리하려고 한다. 따라서 협동정신과 책임의식이 부족하여 지휘통솔자가 의도한 대로 실시되지 않는다.
• 업무성과가 저조하면 공동의 노력으로 그 해결책을 모색한다.	• 저조한 업무성과는 감추거나 독단적으로 처리하고 책임을 전가시키려 한다.
• 조직구조나 절차 및 방침 등은 병사들의 직무수행을 도와주고 조직의 건전성이 장기간 유지될 수 있도록 수립된다. 그리고 여건의 변화에 따라 이를 보완 발전시킨다.	• 조직구조나 방침 및 절차 등은 직무수행을 제한하고 통제하는 요소가 되며, 부하들은 이러한 방침과 절차를 가능한 준수하려 들지 않으며, 따라서 단기적이고 즉흥적으로 방침이나 절차 등이 바뀐다.

건전한 부대	취약한 부대
• "실수는 좋지 않은 것이지만 실수를 않는다면 무엇을 배울 수 있을 것인가"라는 자세로 성장하고 발전을 위하여 위험을 감수하고 이에 가치를 부여하려 한다. 따라서 잘못된 제도는 폐지된다.	• 한 번 실수하면 끝장이라는 사고방식으로 위험을 극소화하려 하기 때문에 기존제도의 답습에 의존하고 현실에 안주하려 한다.
• 발전을 위한 토론이나 상담이 일상적인 일로 인식되어 있다.	• 토론이나 상담을 회피한다.
• 이견(異見)을 개진하는 것을 바람직하다고 생각하며 이를 효과적이고도 공개적으로 다룬다. 따라서 병사들은 전문성을 가지고 그들이 말해야 할 것을 말하고 타인도 이와 같이 행동하리라고 기대한다.	• 갈등은 대부분 감추어지고 부대의 방침에 의해 통제된다. 그리고 기타의 경합이나 논쟁도 음성적으로 장기간 지속되어 불만을 야기시킨다.
• 협력은 자유로운 분위기 속에서 이루어지면 쉽게 타인에게 도움을 요청하고 도움을 주는 상부상조하는 분위기가 일반화되어 있다. 개인이나 단체는 경쟁은 하지만 정당하고 조직목적 달성을 지향하는 방향으로 실시한다.	• 협조적이기보다는 경쟁적이며, 자기 책임분야에 대하여 남에게 도움을 요청하거나 남의 도움을 받아들이는 행위를 허약한 소치라고 생각한다. 따라서 도움을 준다는 것은 생각 밖의 일이며, 사람들은 서로 불신하고 "험담"이 보편적이며 지휘통솔자는 이를 묵인하는 분위기이다.
• 지휘통솔 방법을 상황변화에 맞게 융통성 있게 적용한다.	• 지휘통솔자는 권위적인 지휘통솔을 변함없이 적용한다.

건전한 부대	취약한 부대
• 병사들은 생동감이 있으며 자발적이고도 적극적으로 모든 일에 참여한다. 또한 낙관적 성향을 보이며 직무수행에 대하여 보람과 긍지를 느낀다.	• 병사들은 직무에 얽매여 있고 그 일이 지루하고 피곤하다고 행각하지만 처벌이 두려워 자제한다. 따라서 업무수행 자세가 형식적이고 소극적이며, 보람과 긍지를 느끼지 못한다.
• 위기에 봉착하면 장병들은 신속히 단결하여 이를 극복하기 위해 함께 노력한다.	• 위기에 봉착하면 장병들은 몸을 사리거나 이기적인 행동을 하고 서로를 비방하기 시작한다.
• 의욕적으로 실무를 통해 학습하려하며 교훈이나 충고는 차후계획이나 행동에 반영하려는 자세이다.	• 타인에게 배우려 하지 않고 교훈이나 충고를 받아들이려 하지 않기 때문에 시행착오를 통해서만 학습하게 된다.
•병사들은 구속받는다는 생각을 하지 않으며 상호간에 신뢰감과 공동책임의식이 매우 높다. 또한 부대를 위해 바람직하고 중요한 것을 구분할 줄 알며 이에 부응하도록 행동한다.	• 지휘통솔자는 창의적이고 진취적인 생각과 행동을 통제하며, 이에 대한 이유와 설명을 과도히 요구한다. 따라서 병사들은 매사에 수동적이고 창의성이 결여되어 있다.
• 병사들은 상호 진솔된 관계를 유지함으로써 서로를 돌보아 주며 소외감을 느끼지 않는다.	• 병사들의 관계는 위장과 인기관리에 침해되어 갈등과 공포심이 존재한다. 따라서 병사들은 소외감을 느끼며 상호간에 관심을 갖지 않는다.
• 병사들의 욕구충족을 위한 부대의 능력부족은 해결되어야 할 과제로 인식된다.	• 개인적인 욕구와 감정은 무시된다.

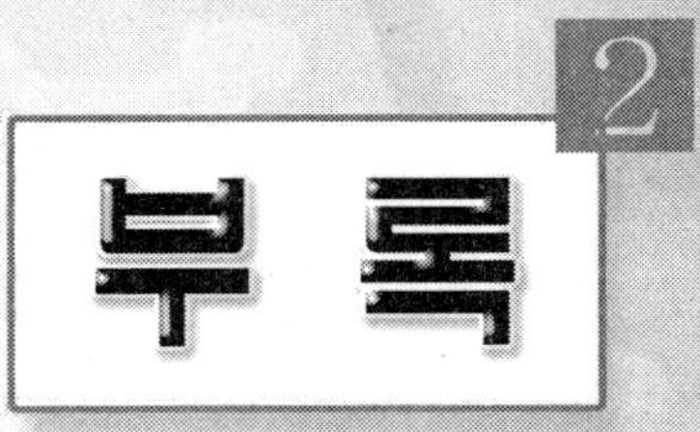

간부의 조건

부 록 2

간부의 조건

1. 감정의 균형을 유지하라

제 1 조 : 화를 내는 것은 인생의 적이라고 생각하라.
부하의 가치관을 존중하고 의욕을 고취시켜야지 화를 내서 의지를 상실시키면 안 된다.

제 2 조 : 속으로 울고 겉으로 웃어라.
마음속으로 감정을 조절하여야 한다.

제 3 조 : 즐거움을 외부로 발산하지 말라.
우둔한 자는 큰소리로 웃고 현명한 자는 혼자서 웃는다.

제 4 조 : 질투심을 표현하지 말라.
동료자의 경쟁에서는 부하의 평가도 중요하다.

제 5 조 : 의심되는 부하와 일하지 말라.
현대와 같은 경쟁시대에는 신뢰할 수 없는 자를 임용하지 않는다.

제 6 조 : 좋아하거나 싫어하는 사람을 만들지 말라.
아홉 명과 친숙하더라도 한 명의 적이 있으면 안 된다.

제 7 조 : 유쾌한 말과 웃는 낯으로 사람을 대하라.
인간과의 접촉에서는 무드 조성의 기교가 필요하다.

제 8 조 : 이기심을 노출시키지 말라.
이용당하고 있는 것이 손해라 생각하지 말라.

제 9 조 : 뒷전에서 남을 비방하지 말라.
면전에서 꾸짖더라도 없는 데서는 칭찬하라.

제10조 : 목전의 손실과 이득에 집착하지 말라.
분노 · 교만 · 사치에 빠지지 말라.

제11조 : 작은 것 때문에 큰 것을 잃지 말라.
작은데 이익을 보면 큰데 손해를 본다.

제12조 : 상대가 완전하게 못했다고 화내지 말라.
사람마다 개성과 가치관이 다르다.
사람은 장점과 단점이 있는데 단점을 좋게 보는 상관이 있는가 하면, 장점이 단점으로 보이는 사람도 있다.

제13조 : 자기주장이 관철되지 않았을 때 불만을 나타내지 말라.
불만의 표시는 마음이 유치한 증거이다.

제14조 : 칭찬을 받아도 자랑하지 말라.
행운이 돌아왔을 때 마음의 평정을 잃으면 인간관계가 악화된다.

제15조 : 무용하다고 위축된 인간이 되지 말라.
감정의 조절이 안 된다고 실망하기보다는 부단한 노력이 필요하다.

2. 직선적이고 단순한 인간이 되지 말자

제 1 조 : 사람을 선인 또는 악인으로 단정하지 말라.
아무리 좋은 사람이라도 신처럼 완전할 수는 없고 어떠한 악인이라도 일말의 양심은 있다.

제 2 조 : 단순한 합리주의자가 되지 말라.
불확정 요소가 많은 시대에 살면서 획일적 방식으로는 변화에 대응할 수 없다.

제 3 조 : 목표와 행동 간에는 생각할 시간적 여유를 두라.
직감적으로 처리하지 말고 충분히 생각하고 행동하라.

제 4 조 : 현장의 이면을 들여다보는 습성을 키우라.
사람의 말을 액면 그대로 믿는 것은 위험하다.

제 5 조 : 어떠한 경우에도 편애하지 말라.
인간은 인정해 주는 사람에게 생명을 바친다.

제 6 조 : 과잉충성은 이단자가 됨을 잊지 말라.
부정한 충성은 조직을 망친다.

제 7 조 : 조직상의 직위가 갖는 매력에 빠지지 말라.
마음속의 존경보다는 직위 때문에 존경하는 척하는 부하가 많다.

제 8 조 : 자기 본위의 사고에 몰두하지 말라.
전체를 생각하지 않고 자기의 주변만을 생각하면 오류에 빠진다.

제 9 조 : 영감적인 생각이 최선이라고 생각하지 말라.
이질적 변화와 많은 시대에서는 직감적인 사고는 금물이다.

제10조 : 답에는 시간을 두라.
명확한 회답을 유보하고 상대의 감정을 상함이 없이 해결하는 방법으로 찾으라.

3. 재치 있는 복합적 인간이 되라.

제 1 조 : 어느 것도 아닌 것도 결론이라고 마음에 새겨두라.
흑도 백도 아니라고 하는 것도 훌륭한 결론이다.

제 2 조 : 승진의 결과를 서서히 기다리는 습성을 키우라.
승진은 자기가 하는 것이 아니고 상급자와 주변에서 시켜주는 것이다.

제 3 조 : 패하더라도 이기는 수를 생각하라.
패하여 이기고 이겨도 평범한 태도의 전법이 인생전술이다.

제 4 조 : 훌륭한 보좌역을 키우라.
결정권을 갖는 위치보다 보좌역을 잘하면 사장이 된다.

제 5 조 : 어떤 일에나 홀리지 말고 뛰어들지 말라.
쫓아다니면 도망치고 돌아서면 따라 붙는다.
빼앗고 싶거든 먼저 주는 것이 정치의 요체이다.

제 6 조 : 역설적인 판단도 몸에 익혀두라.
갑작스런 상관의 태도변화는 고난에 직면한 증거이다.

제 7 조 : 50에 간부가 되어도 좋다고 생각하라.
장거리 선수처럼 자부심을 느끼면 된다.

제 8 조 : 우회적인 사고를 위해서는 예측능력을 배양하라.
예측능력은 경험 · 지식 · 정보수집 등에서 우러나온다.

제 9 조 : 목전의 이익에 마음을 두지 말라.
나무만 보고 숲을 못 보는 우를 범하면 안 된다.

제10조 : 화를 잘 내는 상관도 좋은 사람이라고 생각하라.
직선적으로 화를 내는 사람일수록 인정에 약하다.

제11조 : 승진에 조급하면 그 해가 초래된다는 것을 잊지 말라.
자신을 믿고 마음을 수양하라.

4. 간부 10계(戒)

제 1 계 : 자기 가치관을 고집하지 말라.

현대는 가치관이 다양화된 불확실한 시대로 자기의 가치관을 고집하면 간부가 될 수 없다.

제 2 계 : 공 · 사의 구분을 명확히 하라.

불평과 의혹이 많은 세상에서 불투명하면 신뢰를 못 받으나, 물이 너무 맑으면 고기가 못 산다는 격언도 잊지 말아야 한다.

제 3 계 : 일방적으로만 집착하지 말라.

다양하게 생각하고, 앞서 할 일과 그것이 장차에 미칠 영향까지 생각하라.

제 4 계 : 여성에게는 능란하게 대처하지 말라.

여자를 가까이 하면 불손하게 보이고 멀리하면 원한을 사게 된다. 부하인 여성은 감정이 불안하므로 공평하게 대하라. 상사인 여성은 자기는 말이 많으면서 말 많은 것을 싫어하므로 과묵하게 대하고 단 한 번의 실수가 전부를 평가한다고 생각하라.

부인에게는 다음과 같은 형에 따라 대응하라.

•모성형	• 자매형	• 보좌형
•복종형	• 질투형	• 흡혈형

제 5 계 : 느긋하게 행동하되 무능하게 보이지 말라.
고지식한 사람은 예의범절을 잘 따지며, 부하의 고통도 모르고 위기감에 민감하다.
느긋한 사람은 신경이 둔감하고, 변화가 없는 것 같아도 모든 일을 순리대로 해결한다.

제 6 계 : 단순한 정의파가 되지 말라.
사람은 자기 의견과 일치되면 우군으로 보고 다르면 적으로 돌린다.

제 7 계 : 생존에 급급하지 말라.
현재의 경쟁주의 시대에서는 작은 것에 만족하지 않고 보다 큰 목적에 지향될 때 최후의 승리를 쟁취한다.

제 8 계 : 동화되지 말고 이질적이 되라.
이질적인 사람을 동화시키려 함이 인간의 욕구이기 때문에 동일한 사고와 가치관을 가진 부하를 싫어하므로 개성이 없으면 안 된다.

제 9 계 : 여가에 휘말리지 말라.
자발적인 재교육과 여가를 선용한다.

제10계 : 보신술에 급급하지 말라.
방어만을 한다면 빈곤을 벗어날 수 없다.

◆ 간부 3식 = 지식, 견식, 담식

5. 간부 10비(備)

제1자격 : 깊이에서 우러나오는 교양이 필요하다.
지혜의 가치는 지식의 양에 있지 않고 새로운 상황의 특이성에 적응하여 살아가는 습성을 익히는 데 있다.

제2자격 : 후배의 창의력과 개발능력을 인정하라.
후배는 함께 일하고 있다고 생각하므로 상호 공평하게 대해 주기를 바라고 있다. 학력보다 인물이 중요시되는 사회다.

제3자격 : 모시던 상관이 곤경에 처해 있을 때 도와줘라.
전기의 양극과 같이 이기적인 자는 이기적인 자를 싫어한다.

제4자격 : 상관에게 신뢰받는 언동을 하라.
조직전체의 입장에서 말하라.
입은 무겁게 행동은 빠르게 하라.
건설적으로 반대의 의사를 개진하고 뒤에서 비평하지 말라. 자기 나름의 기량을 갖추라.
기량이란 재능, 능력, 기술, 통찰력, 결단력, 예측력, 정보의 총화이다.

제5자격 : 계획능력을 배양하라.
달성할 목표와 수단을 결정하고 시행착오가 없도록 해야 한다.

제6자격 : 결단력과 책임감을 갖추라.
선택에는 책임이 따라야 한다.
따라서 선택에는 책임과 용기와 결단이 필요하다.

제7자격 : 원숙미를 몸에 익혀라.
미숙한 사람일수록 책임감이 없고 책임을 두려워하며 부하가 따르지 않는다. 원숙미의 양성은 실제 경험과 원숙한 사람과의 접촉에서 이루어진다. 미숙이란 무책임, 불성실, 자기중심적인 사고에 있다. 이기심은 모두 미성숙에서 나온다. 즉 충동적 언동, 환락에의 탐닉, 강한 의뢰심 등이다.

제8자격 : 직장에서는 불안 해소자로서의 존재가 되라.
후배와 동료에 용기를 주는 사람이 되라.
시기와 장소에 따라 상관의 상담역이 되라.

제9자격 : 상대방에게 이용되어도 좋다.
물과 고기와 같은 교분을 키우라.

제10자격 : 불합리한데서 합리성을 찾은 안목을 키우라.
불합리성의 제거에 몰두하지 말고 시간을 두고 다루면 합리성이 나타날 수도 있다.

◆ 간부 10비(備)

결단력	계획력	안 목	언행 유의
상관신뢰	간 부 10비(備)		후배 인정
교분유지	상담역	원숙미	교 양

6. 깊이 있고 균형된 발상

제1자격 : 다양성에 알파를 가미

전문적인 지식 및 기능과 함께 일반적인 기술과 전체적인 안목에서 사물을 대하고 무엇보다 인간을 다루는 기술이 중요하다.

제2자격 : 경영자의 입장에서 보는 간부

적극성, 강인성, 집착성, 원숙성, 협조성을 갖춘 사람을 찾는다.

제3자격 : 정신적 단련이 키포인트

부하나 상관으로부터 안정된 마음을 가졌다고 인정될 때까지 부단한 노력이 요구된다.

제4자격 : 균형 있는 지, 인, 용

지가 많으면 사고력이 건조해지고 합리적이 되어 사람이 따르지 않고, 부족하면 발전이 없고 행동이 비합리적으로 된다. 인이 지나치면 부하를 부릴 수 없고, 없으면 부하가 따르지 않는다. 용이 많으면 저돌적이고, 없으면 발전을 못한다.

제5자격 : 한국적, 동양적, 서양적 행동의 균형

현대의 간부는 세 가지 유형을 균형 있게 갖추고 행동한다.

제6자격 : 유연성과 강직성의 균형

대원군이 집정하기 전에는 술주정뱅이로 위장했다.

공자가 유명해진 것은 60이 지나서 금력이 있는 자를 제자로 삼은데 있다.

제7자격 : 이상과 현실의 균형

이상과 현실의 균형을 잡아야 올라갈 수 있다.

제8자격 : 진보의 이상과 순환의 사상

인간사를 塞翁之馬로만 생각한다면 퇴영적이고 도피적이 된다. 인생은 위대해지려는 욕망과 진취적인 사상에 의하여 발전한다. 부단한 재교육이 필요하고, 새로운 방식에 의한 대응책이 요구된다.

7. 승패훈(勝敗訓)

1

승자는 실수를 했을 때 “내가 잘못했다.”고 말한다.
패자는 실수를 했을 때 “너 때문에 이렇게 되었다.”고 말한다.

승자의 입에는 솔직이 가득 차고
패자는 핑계가 가득 찼다.

승자는 ‘예’와 ‘아니오’를 확실히 말하고,
패자는 ‘예’와 ‘아니오’를 적당히 말한다.

승자는 어린아이에게도 사과할 수 있고,
패자는 노인에게도 고개를 못 숙인다.

승자는 넘어지면 일어나 앞을 보고,
패자는 넘어지면 일어나 뒤를 본다.

2

승자는 패자보다 더 열심히 일하지만 시간에 여유가 있고,
패자는 승자보다 게으르지만 늘 “바쁘다, 바쁘다.”고 말한다.

승자의 하루는 25시간이고,
패자는 23시간밖에 안 된다.

승자는 열심히 놀고 열심히 쉰다.
패자는 허겁지겁 이렇고 빈둥빈둥 놀고 흐지부지 쉰다.

승자는 시간을 관리하며 살고,
패자는 시간을 끌며 산다.

승자는 시간을 붙잡고 달린다.
패자는 시간에 쫓겨서 달린다.

3

승자는 지는 것도 두려워하지 않는다.
패자는 이기는 것도 은근히 염려한다.

승자는 과정을 위하여 살고,
패자는 결과를 위하여 산다.

승자는 순간마다 성취의 만족을 경험하고,
패자는 영원히 성취의 만족을 경험하지 못한다.

승자는 구름 위에 태양을 보고
패자는 구름 속에 비를 본다.

승자는 넘어지면 일어나는 쾌감을 알고,
패자는 넘어지면 재수를 한탄한다.

4

승자는 문제 속에 뛰어드나
패자는 문제의 변두리에만 맴돈다.

승자는 눈을 밟아 길을 만든다.
패자는 눈이 녹기를 기다린다.

승자는 무대 위로 올라가며,
패자는 관객석으로 내려간다.

승자는 실패를 거울로 삼으며,
패자는 성공을 휴지로 삼는다.

승자는 바람을 돛을 위한 에너지로 삼고
패자는 바람을 보면 돛을 거둔다.

승자는 파도를 타고,
패자는 파도에 삼켜진다.

승자는 돈을 다스리고
패자는 돈에 의해 다스려진다.

승자의 주머니 속에는 꿈이 있고
패자의 주머니 속에는 욕심이 있다.

5

승자가 즐겨 쓰는 말은 "다시 한 번 해 보자."이고
패자가 즐겨 쓰는 말은 "해 봐야 별 수 없다."이다.

승자가 차라리 용감한 죄인이 되고,
패자가 차라리 비겁한 요행을 믿는다.

승자는 새벽을 깨우고,
패자는 새벽을 기다린다.

승자는 일곱 번 쓰러져도 여덟 번 일어서고,
패자는 쓰러진 일곱 번을 낱낱이 후회한다.

승자는 달려가며 계산하고,
패자는 출발도 하기 전에 계산부터 한다.

6

승자는 다른 길이 있을 것이라고 생각하나.
패자는 길은 하나뿐이라고 생각한다.

승자는 더 나은 길이 있을 것이라고 생각하나.
패자는 갈수록 태산일 것이라고 생각한다.

승자의 방에는 여유가 있어서 자기 자신을 여러 모양으로 변화시켜 본다.
패자는 자기 하나가 꼭 들어갈 만한 상자 속에서 스스로를 가두어 놓고 산다.

7

승자는 등수(等數)나 상(賞)과는 관계없이 달린다.
그러나 패자의 눈은 줄곧 상만을 바라본다.

승자의 의미는 모든 달리는 코스에, 즉 평탄한 신작로와 험준한 고갯길 전체에 깔려 있다.
그러나 패자의 의미는 오직 결승점에만 있다.

따라서 승자는 꼴찌를 해도 의미를 찾으나.
패자는 1등을 차지했을 때만 의미를 느낀다.

승자는 달리는 도중 이미 행복하다.
그러나 패자의 행복은 경주가 끝나봐야 결정된다.

8

승자는 자기보다 우월한 자를 보면 존경하고 그 사람으로부터 배울 점을 찾는다.
패자는 자기보다 우월한 자를 만나면 질투하고 그 사람의 갑옷에 구멍 난 곳이 없는지를 찾으려 한다.

승자는 자기보다 못한 자를 만나도 친구가 될 수 있으나,
패자는 자기보다 못한 자를 만나면 즉시 보스가 되려고 한다.

승자는 강한 자에게 강하고, 약한 자에게는 약하나,
패자는 강한 자에게는 약하고, 약한 자에게는 강하다.

9

승자는 몸을 바치고
패자는 혀를 받친다.

승자는 행동으로 말을 증명하고
패자는 말로 행위를 변명한다.

승자는 책임지는 태도로 살며,
패자는 약속을 남발한다.

승자는 벌 받을 각오로 결단하며 살다가 영광을 받고,
패자는 영광을 위하여 꾀를 부리다가 벌을 받는다.

승자는 인간을 섬기다가 감투를 쓰며,
패자는 감투를 섬기다가 바가지를 쓴다.

10

성공한 사람과 실패하는 사람의 차이

성공자는 감이 먹고 싶으면 나무에 올라가서 따 먹으나,
실패자는 감이 먹고 싶으면 감나무 밑에서 감이 떨어지기를 바란다.

성공자는 요행을 바라지 않고 스스로 노력하나.
실패자는 요행을 바라고 노력하지 않는다.

성공자는 아무리 어려움이 닥쳐도 포기하지 않으나,
실패자는 조금만 어려움이 닥쳐도 쉽게 포기한다.

성공자는 '하면 된다', '할 수 있다'는 적극적인 사고방식을 가지고 일을 하나,
실패자는 미리 '못 한다', '할 수 없다'는 소극적인 사고방식을 가지고 있다.

성공자는 목표가 뚜렷하나,
실패자는 목표가 불분명하든지 없다.

성공자는 실패를 두려워하지 않으나.
실패자는 실패를 두려워하고 좌절한다.

성공자는 물이 반 컵 남았을 때, '물이 반 컵이나 남았구나' 하고 긍정적으로 평가하나,
실패자는 '물이 반 컵밖에 안 남았구나' 하고 부정적으로 평가한다.

성공자는 도전을 두려워하지 않으나,
실패자는 도전을 두려워한다.

성공자는 남에게 의지하거나 도움을 받으려고 하지 아니하나,
실패자는 남에게 의지하고 도움을 받으려고 노력한다.

성공자는 '되는 이유'를 강조하나,
실패자는 '안 되는 이유'를 강조한다.

성공자는 '무엇을 할 수 있는가' 하고 생각하지만,
실패자는 '무엇을 할 수 없는가' 하고 생각한다.

성공자는 장점을 강조하지만,
실패자는 단점을 강조한다.

성공자는 몸소 행동하는 것을 좋아하지만,
실패자는 행동해야만 좋은가 안해야 좋은가 하고 계산하기를 좋아한다.

8. 간부의 7大 기본 구비 능력

1) 목표지향적

1. 간부의 능력 중 첫째는 '목표지향적'이어야 한다.
2. 간부는 심부름꾼이어서는 안 된다. 자기의 담당부문에 관한 한 자기만큼 정통한 사람은 없다는 자각이 중요하며, 스스로 문제를 만들어내어 '언제까지', '어떤 상태로' 하겠다고 스스로 결심하고, 그 실현을 위하여 싸워 나가야 한다.
3. 문제는 잡는 것이 아니라 '만들어 내는 것'이다. 이상이 낮은 간부는 곧 그 현재에 만족하여 문제가 보이지 않는다.
4. 간부가 해결해야 할 문제에는 '당면 문제'와 '장래 문제'가 있고, 또 '인간 문제'와 '업적 문제'가 있다. 일반적으로 인간문제가 우선되는 과제이며, 당면문제이다.
5. 간부는 자기 업무뿐만 아니라 부대 전체의 환경과 조건을 자주적으로 파악하고, 그 속에서 자기가 해야 할 역할을 결정할 능력이 있어야 한다.
6. 간부는 자기에게 '무리'가 되는 목표를 자발적으로 짊어져야 한다. 이것은 업적을 올리기 위해서라기보다, 스스로 자신의 능력을 키우고, 자신을 가질 수 있는 범위를 넓히는데 가장 효과적인 방법이기 때문이다.
7. 간부는 미경험 문제에 직면했을 때 이를 회피하지 말고 정면으로 대결하여 어떻게 해서든지 그것을 달성하고, 그럼으로써 자신을 얻고 또다시 새로운 문제에 덤벼드는 '성장 순환 노선'에 있어야 한다.
8. 목표에는 '기한'과 기필코 달성하겠다는 '각오'가 있어야 하며, 상관에게 끌려다니는 피동적 성향이어서는 안 된다.
9. '목표의 수준'은 자신의 지혜를 발휘하지 않으면 안 될 정도의 '무게'가 실려야 하며, 자기와 부하, 혹은 부대가 가지고 있는 능력을 신중히 고려하여 판단에 넣는 것이어야 한다.
10. '목표'란 일단 그것을 달성하면, 곧 다음 목표를 설정하여 새로운 추구를 개시해야 한다. 간부는 자신을 항상 과정 속에 둠으로서만 삶의 보람을 찾을 수 있다.

2) 방법 발전력

1. 방법 발전력의 근본은 우선 '안 된다' '무리다' 등의 말을 삼가는 일이다.
2. '안 된다'고 생각하는 것은 당신의 생략 어법의 마술에 걸려 있기 때문이다. '지금까지의 방법'으로는 안 되는 것이라면, 지금까지의 방법을 버리고 '지금까지와는 다른 방법'을 찾으라.
3. '지금 당장에는' 안 되는 경우라면, 지금 당장 할 수 있는 범위를(그것이 아무리 작을지라도) 우선 착수하고 나머지는 끈기 있게 조금씩 쌓아 올려 나아가라.
4. '나 혼자서는' 안 되는 경우라면, 누구의 힘을 빌리면 되는가를 생각하라.
5. 좋은 방법의 힌트는 당신의 일상생활 속에 있다. 눈을 크게 뜨고 얼핏 보기에는 관련이 없는 현상의 본질을 캐고 들어가 거기서 연쇄반응을 일으키는 능력을 길러라.
6. 간부란 '다른 사람의 지혜를 써먹는 사람'이다. 최초의 힌트는 당신의 것이 아니라도 좋다. 누구의 지혜든 염려 말고 빌려 써라.
7. 지혜가 당신에게 모여 들게 하라. 그러려면 '당신이 적극적으로 다른 사람들의 지혜를 모을 것, 타인의 이야기를 성의껏 들을 것, 빌린 지혜에 대해서는 반드시 사후 보고를 할 것'의 세 가지 조건이 필요하다.
8. 지혜란 머리에서 술술 풀려나오는 것이 아니다. 애쓰고 고생한 끝에 생겨나오게 마련이다. 머릿속에 들러붙어 수시로 떠오르는 숙제가 없는 사람은 훌륭한 간부가 아니다.
9. 방법을 발견하는 능력을 기르려면 애쓰고 또 애를 써라. 애쓰지 않는 간부는 가장 곤란한 간부다.
10. 애쓰는 간부가 되려면 어떻게 해야 하면 되는가? 스스로 힘에 겨운 짐(목표)를 지면된다. '목표지향력'이 약하면 필연적으로 '방법 발견력'의 결함이 생긴다.

3) 조직능력

1. 간부로서 필요한 셋째 능력은 조직능력이다. 이것이 인선의 능력과 부하가 그 자리에서 힘껏 일할 수 있는 환경을 만들어 주는 능력의 두 가지로 나눌 수 있다.
2. 경험주의의 인선은 보편적이고 간부가 안심할 수 있는 반면, 혁신적인 일에는 부적당하고 전문적인 일에만 유능해서 자칫하면 역효과가 발생될 우려가 있다.
3. 교육 중심의 인선은 바람직하며, 인선에는 언제나 배려가 필요하다. 그러나 타이밍이나 간부 자신의 부담을 계산에 넣을 필요가 있다.
4. 성격 중심의 인선은 비교적 일의 성공을 기대할 수 있는 방법이다. 그러나 적임자를 얻을 수 있는 것은 아니고 본인의 성격에 지나치게 일을 맞추려고 하면 본인의 인간적인 혁신을 기대하기 어렵다.
5. 본인의 희망을 중심으로 하는 인선은 가장 좋은 방법이다. 조직이란 다양한 잠재능력을 가진 여러 사람의 힘을 최대한으로 완전 연소시키는 것이다.
6. 인선에서 중요한 것은 어디까지나 임무 자체의 성공과 이것을 계기로 한 부하의 능력개발의 두 가지 목적을 해야 하는데 있다. 반면에 위험을 충분히 체크하고 다각적으로 생각하며 치밀하게 결정하여야 한다.
7. 부하에게 일을 맡기는 것은 좋지만, 부하가 지원을 필요로 할 때 지원을 해주지 않는다면 신뢰감을 일시에 잃고 만다.
8. 이와 반대로 지나치게 걱정하여 과잉 지원을 하여 부하를 '가두어 놓아도' 안 된다. 이 경우에도 신뢰감을 잃을 뿐만 아니라. 부하의 능력 향상을 방해하는 결과가 된다.
9. 부하에게 일을 맡길 때에는 '그에게 이 일을 시키면 어떤 일이 일어날까'를 정확히 파악할 수 있어야 한다. 이에 따라 자기가 무엇을 도와줄 것인가를 치밀하게 결정해야 한다.
10. 부하가 할 수 일은 있는 부하에게 맡기고, 부하가 할 수 없는 일은 간부 자신이 해야 한다. 하기 어려운 일, 모두가 싫어하는 일이야 말로 간부가 맡아서 해야 할 일이다.

4) 전달(의사소통)능력

1. 간부에게 필요한 넷째 능력은 '전달능력'이다. 이것을 크게 나누면, 주위에 대한 '영향력'과 '의사소통 능력'이다.
2. 자기가 필요하다고 믿는 것에 대하여 상관을 움직이려면 ① 끈기, ②철저한 검토, ③ 판단의 범위를 상사 이상으로 확대할 것, ④ 자기의 시야로만 생각하지 말고 항상 한 단계 높은 차원에서 객관적으로 판단할 것 등이 중요하다.
3. 동료들의 협력을 확보하는데 가장 중요한 것은 되도록 조기에 연락을 하여 미리 의견을 물어 보고 상의할 일이다. 가만히 앉아 있다가 '아닌 밤중에 홍두깨' 식으로는 협조를 얻지 못한다.
4. 부하에 대한 리더십은 상관이나 동료들에 대한 영향력 여하에 따라 좌우된다. 항상 상대방의 입장에서 생각하는 태도, 주변사람들이 일하기 쉽게 해주는 태도가 중요하다.
5. 평상시의 모든 연락은 그때그때 전달해야 할 상대방이 척척 떠올라 '즉시', '부지런히' 모든 상대에게 전달해 놓는 생활습관이 중요하다. 미적지근하게 갖고 있으면 반드시 타이밍이 어긋나거나 잊어버려 트러블을 일으키게 된다.
6. 커뮤니케이션의 근본은 'FACE TO FACE'에 있다. 서류나 복사에 의한 전달은 마지막 최후의 수단으로 생각해야 한다.
7. 간부에 있어 필요한 내용을 간단명료한 말로 짧은 시간에 상대방에게 이해시키는 능력이 있어야 한다.
8. 성급하게 행동하거나 초조한 빛이 표정에 나타나면 필연적으로 보고의 지연이나 누락이 생긴다. 바쁜 것처럼 보이는 태도는 간부에게는 금물이다.
9. 인사문제나 금전, 진행 중의 미결사항 등에 대하여는 특히 표현이나 전달의 방법에 주의하여 상대방이 어떻게 받아들일 것인가를 충분히 생각해서 전해야 한다.

5) 연소(동기유발)능력

1. 간부에게 필요한 다섯째 능력은 부하의 의욕을 고취시키는 연소능력이다.
2. 부하들에게 원래 하려는 의욕이 있다. 간부에게 우선 필요한 것은, 부하들이 이 의욕에 찬물을 끼얹는 자신의 나쁜 버릇을 고칠 일이다.
3. 부하는 일하는 도구가 아니다. 일만 잘하면 된다는 생각을 가지고 있는 한, 부하들은 절대로 연소되지 않는다.
4. 부하들의 일을 재점검하며, 전원이 달성감을 맛볼 수 있는 단위로 재편성하는 것이 중요하다.
5. 부하들의 일상 업무들 중에서 하기 어려운 원인과 요소를 주의하여 항상 일하기 쉽도록 선수를 써 줄 필요가 있다.
6. '결재형'이나 'REMOTE-CONTROL TYPE'의 간부가 되어서는 안 된다. 스스로 부하들 속으로 뛰어 들어가 파트너로서 일하려는 마음가짐과 행동이 필요하다.
7. 부하들이 자발적으로 의욕에 부풀게 하려면, 전원이 공동으로 지향할 목표가 있어야 한다. 목표는 충분한 시간을 갖고 토론하여 전원이 '할 수 있다. 해야 한다'고 생각하는 정도가 좋다.
8. 불타오르지 않는 사람에게는 각각 그 '원인'이 있다. 개인적으로 접촉을 자주 하여 그의 입장에서 이해하고, 그 요인을 성의껏 제거해 주는 것이 간부의 책임이다.
9. 간부는 누구나 그 부하보다도 열심히 일하고 태풍의 핵이 되어 부하 전원을 그 태풍 속으로 휘몰아 넣을 만한 기개가 있어야 한다.
10. 인간적으로 신뢰받지 못하는 간부는 부하들을 완전 연소시키지 못한다. 지위의 안일에 빠지지 않도록 항상 경계해야 한다.

6) 부하육성 능력

1 간부에게 필요한 여섯째 능력은 '부하육성 능력'이다.
2. 우선 부하를 기죽이지 말아야 한다. 일 잘하는 부하를 자신의 편의만을 위하여 못 박아 놓아 바보로 만드는 것은 대표적인 무능력한 간부이다.
3. 신병에 대한 기본적인 훈련은 화내지 않고 끈기 있게, 그것이 반사적으로 나올 수 있을 때까지 계속해야 한다.

4. 부하들의 머리를 쓰지 않고 그 손발만을 이용하는 간부, 또는 부하들의 생각을 자기가 막아버리는 '전리충형'간부 이들은 다 같이 부하들의 성장을 막는 위험한 타입이다.
5. 지나치게 가르쳐 주는 과잉보호형 간부도 있다. 중견 사원에 대하여는 목표만 제시해 주고, 방법은 자신의 머리로 생각하게 하는 것이 좋은 방법이다.
6. 자기 지위가 올라갔는데도 전의 감각을 버리지 못하여 부하와 경합하는 결과가 되어서는 안 된다.
7. 부하육성을 잘하느냐 못하느냐는 날마다 부하와 접촉하는 기회를 얼마만큼 교육적으로 활용하느냐에 달려 있다.
   업무처리와 부하육성을 50 : 50으로 생각해야 한다.
8. 부하 한 사람 한 사람에 대해 개별적으로 극복시켜야 할 과제 그리고 차후에 극복해야 할 일들에 대해 확실한 프로그램을 가지고 있어야 한다.
9. 다른 사람을 지나치게 이상화하여 화를 내는 것도 언어도단이다. 자기를 포함한 부대원이 불완전한 인간이란 점을 명심하고, 부하를 끈기 있게 육성해 나가야 한다.
10. 부하가 매너리즘에 빠졌다고 생각되거든, 곧 다른 업무로 바꿔주는 것이 좋다.

7) 자기 계발능력

1. 자기 혁신을 위해서 필요한 사항은 끊임없이 미경험의 문제와 대결하고, 이것을 극복하여 자신을 얻는 성장의 순환노선을 탈 것.
2. 자신감에 의한 도약성의 감퇴와 시야 협소화의 위험을 방지하기 위해 자기의 시스템을 설정할 것.
3. 자기의 약점을 최소화할 것.
4. 자기를 키울 수 있는 것은 오직 자신뿐임을 믿어야 한다.

간부가 꼭 읽어야 될 필독서

3 간부가 꼭 읽어야 될 필독서

필독도서 선정

분 야	도 서 명	
군사이론 (9)	•전술학개론 •전쟁론(클라우제비츠) •전략론(앙드레 보프르) •현대 육군의 개혁(리델하트) •테러론	•참모학개론 •군사이론 연구(교육사) •군사학개론(미 육군 군사실) •전쟁과 반전쟁(앨빈 토플러)
용병술 및 전투이론 (8)	•손자병법 •기동전(심프킨) •잃어버린 승리(만쉬타인) •기동전이란 무엇인가?	•전쟁의 이론과 해석(두푸이) •기계화전(풀러) •미래전(제프리 바넷) •미래전 어떻게 싸울 것인가?
전략사상 (8)	•한국전쟁사 •현대전략 사상가 •전략론(리델하트) •통수강령	•손자병법 •소련군 군사사상 •기동전의 이론과 실제 •현대전의 이론과 실제
무기체계 (3)	•무기체계와 전쟁 •한국 고대 무기 발달사(허선도)	•세계의 병기
직업윤리 (7)	•민·군 관계론 •군대와 국가(헌팅턴) •초급지휘론 •직업군인론	•북한학 •군대윤리 •전문직업군
전사 및 기타 (11)	•체포술 •롬멜 보병전술 •롬멜 전사록 •전투 지휘의 원칙(이한홍) •군주론(마키아벨리) •롬멜	•중동전쟁(김희상) •월남은 왜 패망하였는가? •충무공 이순신(조성도) •일본군부 몰락사 •인성교육

전략론(戰略論)

■ 지은이

- 앙드레 보프르
  - 프랑스 장군, 전략가 – 제2차 세계대전 참전(제1군 작전참모)
  - 제2기계화보병사단장, 1956년 수에즈분쟁 시 프랑스 군단장
  - 1960년 NATO상임위원회 프랑스 대표, 1963년 전략론 저술

※ 역자 : 이기원, 이종학(국방대 교수)

■ 목 차

- 서 문(리델하트)
- 서 론
- 제1장 : 개설(전략의 분석, 구분, 원칙, 응용, 결론)
- 제2장 : 전통적 군사전략(군사전략의 발전적 성격, 전투에 있어서의 전략, 지상작전 전략, 작전과 전략태세, 전략적 대응작전)
- 제3장 : 핵전략(핵무기의 중요성과 독자성, 핵전략의 제 형태, 핵시대에 있어서의 전략의 발전, 핵전략에 관한 결론)
- 제4장 : 간접전략(용어의 의미, 간접전략의 개념, 간접전략에 대한 대응책, 간접전략에 대한 결론)
- 제5장 : 전략에 관한 총결론

전략론(戰略論)

■ 지은이

•B. H. 리델하트
 - 1895.10.31~1970.1.29. 1924년 대위로 전역, 군사전문기자로 활동
 - 롬멜 전사록, 전략론 등 총 34권 집필

※ 역자 : 주은식(육사 36기 임관, 현 육군대령)

■ 목 차

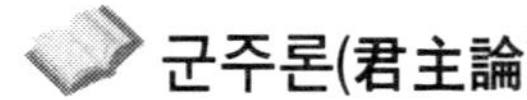

군주론(君主論)

■ 지은이

- 마키아벨리(Niccolo Macchiavell)
  - 1469.5.3. 출생(이탈리아 중부의 도시국가인 피렌체)
    ※ 아버지가 변호사였으나 재산이 별로 없어 학교 교육을 제대로 받지 못함. 라틴어 독학
  - 1498 : 피렌체의 제2서기국의 관료가 됨 (외교·국방을 담당하는 책임자의 비서관)
  - 1500 : 외교사절로 프랑스 파견
  - 1505 : 민병대 창설
  - 1509 : 피렌체의 지배받던 피사가 반란 일으키자 직접 민병대 지휘 반란 제압
  - 1512 : 율리우스 2세 교황 피렌체 점령, 공화국 폐지(마키아벨리 모든 지위 상실)
  - 1513 : 시골집에서 14년 동안 집필(군주론, 로마사평론, 전쟁의 기술 등)
    ※ 강력하고 위대한 새로운 '군주'의 출현 갈망 (이탈리아 분열, 외국군대의 침입 위험)
  - 1517.6.21. 사망(피렌체에서 병사)

※ 옮긴이 : 이동진(서울대 법학과 졸업, 하버드대 국제문제연구소 연구원, 나이지리아 대사 역임)

■ 목 차

•제1장 국가권력론	•제3장 국가경영론
•제2장 정치지도자론	•제4장 국가보위론

전쟁론(戰爭論)

■ 지은이

•클라우제비츠(Carl von Clausewitz) – 1780~1831 프로이센의 장군 / 전쟁이론가 – 1792년 입대 후 7번의 전투에 참가 – 아우구스트 황태자 전속부관, 전술학 교관, 군단 참모장, 베를린 전쟁학교 교장

※ 옮긴이 : 류제승(육사 35기 임관, 주요저서 : 전략과 전술(역), 국제정치의 전쟁전략(역))

■ 목 차

•알리는 글 •제1편 : 전쟁의 본질 (전쟁이란 무엇인가, 전쟁의 목적과 수단, 군사적 천재, 전쟁에서의 위험·육체적 노력·정보·마찰/결론) •제2편 : 전쟁이론 (전쟁술의 분류, 전쟁이론, 전쟁술 또는 전쟁학, 방법과, 관례, 비판, 사례) •제3편 : 전 략 (전략, 전략의 요소, 정신적 요인, 기습, 책략, 전략적 예비 등) •제4편 : 전 투 (전투 일반론, 전투의 지속성, 전투의 승패 결정, 야간전투 등)	•제5편 : 전투력 (야전군/전구/전역, 상대적 전투력, 병과간의 관계, 군의 전투편성 등) •제6편 : 방 어 (공격과 방어, 전술에서의 공격과 방어의 상호작용, 전략적 방어의 성격 등) •제7편 : 공 격 (공격/방어와 연관된 공격, 전략적 공격의 본질·목표, 공격의 한계정점 등) •제8편 : 전쟁계획 (서론, 절대적 전쟁과 현실적 전쟁, 전쟁의 내적 연관성 등)

현대 육군의 개혁

■ 지은이

•B. H. 리델하트 – 1895.10.31.~1970.1.29. 군사사상가, 1924년 대위로 전역 – 롬멜 전사록, 전략론 등 총 34권 집필

※ 역자 : 황규만(육사 10기 임관, 예비역 준장), 한경구

■ 목 차

전투지휘의 원칙

■ 지은이

- 이한홍
  - 육군사관학교 및 독일육사 졸업
  - Bonn대 및 서강대 독어학 박사
  - 육군사관학교 독어 교수

■ 목 차

- 제22장 상륙작전: 수세에서 공세로(연합군의 인천상륙작전: 1950.9.15.
- 제23장 공중기동성은 기습의 효과적인 수단(월남 콰트리 전투의 미제1기병사단 작전: 1968년)
- 제24장 사고와 행동의 일치(이스라엘 제162전차사단의 역공격: 1973.10.8.)
- 제25장 전투지원을 위한 도전(포크랜드전쟁 시 영국 317 특수임무부대의 전투지원: 1982년)
- 제26장 사기가 우세한 병력을 제압한다(포클랜드전쟁의 영국 지상군작전: 1982년)
- 제27장 협동 및 연합작전(사막의 폭풍작전의 지상전: 1991년 초)
- 제28장 공중기동성은 종심작전의 주무기(사막의 폭풍작전의 미제18공정 군단 작전: 1991년 초)
- 제29장 기만이란 비밀유지, 은폐 그리고 허위정보의 유포이다(걸프전에서 기만작전: 1991년 초)
- 제30장 평화유지 임무는 공동 작전의 시험대(캄보디아 평화유지군 작전의 문제점: 1992/93년)

전쟁의 이론과 해석

■ 지은이

•트레버 두퓨이(Trevor N. Dupuy)
- 미 육군 예비역 대령
- 1962년 역사평가연구소(HERO) 창설
- 계량적 전투 분석의 권위자
- 주요저서: 군사사 대백과사전, 무기체계와 전쟁, 수치, 예측 및 전쟁, 전쟁의 천재

※ 역자: 주은식(육사 36기 임관 현 육군대령)

■ 목 차

기계화전(機械化戰)

■ 지은이

- 존 프레더릭 찰스 풀러
  - 말베른 칼라지 졸업 및 샌드허스트 육사 졸업
  - 보어전쟁 / 제1차 세계대전 참전
  - 왕립 전차군단 창설(1918)
  - 주요저서 : 전쟁의 변혁, 미래전에 관하여, 야전교범 2·3강의록, 장군의 지휘통솔 결정적 전투들, 기계화전, 무장과 역사, 서구세계의 결전들, 전쟁의 수행 등 45권의 책과 논문

※ 옮긴이 : 최완규(육사 44기 임관, 고려대학교 국제관계 전공)

■ 목 차

기동전(機動戰)이란 무엇인가?

■ 지은이

• 박기련(朴其蓮)
- 육사 졸업(1974), 국방대학원 군사전략 석사(1987)
- 전차대대장(1990)
- 기계화 여단장(1997)
- 육대 지휘학처 교관(1998)

■ 목 차

機動戰 理論과 實際

■ 지은이

• 후케(Richard D, Hooker. JR)
  - 보병소령, 미 육군지휘참모대학, 백악관 안전보장회의 연구원
  - 웨스트포인트 정치학 교수, 버지니아대 국제관계 박사
  - 공정부대 요원으로 그레나다와 소말리아 작전 참가
• 이 책은 발간당시 미 육군 지휘참모대학 학생이었던 후커 소령(보병)이 『기동전에 대한 이론과 실제』라는 주제에 대해 토론하기 위해 작성된 젊은 군인학자와 군사전문가들의 논문을 종합한 책이다.
• 이 책에 기고한 사람은 16명으로 이 중 7명은 전투병과 소령이며, 이 외에 대령급 장교, 육군대학원 안보연구소 소장, 군사잡지 발행인 등으로 구성되어 있다.

■ 목 차

롬멜 전사록

■ 지은이

•B. H. 리델하트
- 태생 : 1985년, 영국 런던
- 경력 : 대위 전역(1895.10.31.~1970.1.29.), 런던 타임스 군사 통신원, 육군장관 개인 고문, 군사관계 담당 책임관
- 주요저서 : 전략론, 제1, 2차 세계전사 등 총 34권 집필

※ 역자 : 황규만(육사 10기 임관, 6·25 참전, 육대 명예교수, 롬멜 보병전술, 현대 육군의 개혁)

■ 목 차

통수강령(統帥綱領)

■ 지은이

• 대교무부

※ 역자 : 강창구(육군대학, 병학사 대표, 주요저서 : 한국전밀사, 명장명언)

■ 목 차

일본 군부 몰락사

■ 지은이

- 노몬항 집필(무라이, 군사사 전공)
- 임팔 집필(도베, 정치와교사 전공)
- 미드웨이 집필(가마다, 조직론 전공)
- 레이테 집필(데라모, 조직론 전공)
- 구아들카낼 집필(노나카, 조직론 전공)
- 오키나와 집필(스기노, 전사 전공)

※ 옮긴이 : 김갑수(서울대 법대 수학, 주요저서 : 고문의 세계, 한마디의 말)

■ 목 차

忠武公 李舜臣

■ 지은이

- 조성도
  - 경북대학교 사범대학 사학과 졸업 / 동 대학원 국사연구
  - 해군사관학교 한국사 및 전사담당 교수
  - 국방대학원, 육군대학, 중앙공무원교육원 초빙교수
  - 해군사관학교 교수 겸 박물관장 역임(현, 작고)

※ 저서 : 충무공 독본, 임진장초(역서), 난중일기(편역), 해방사의 관점에서 본 한국의 역사

■ 목 차

중동전쟁(中東戰爭)

■ 지은이

- 김희상
  - 학력 : 육사 24기 임관, 서울대 외교학과, 미 육군대학원 / Shippenburg 대학원(석사), 성균관대(정치학 박사)
  - 경력 : 육사 전사학 교수, 수도기계화보병 사단장, 수도군단장, 국방대 총장, 청와대 국방보좌관, 비상기획위원회 위원장

■ 목 차

戰爭과 反戰爭

■ 지은이

•앨빈 토플러
- 뉴욕대학 졸업
- 과학·문학·법학 부문의 5개 명예박사 학위 취득
- 5년간 공장노동자로 일함
- 「Fortune」지 부편집장

※ 문화소비자(Culture Consumers), 에코스패즘 리포트(Eco-Spasm Report), 제3물결(The Third Wave), 예견과 전재(Previews & Premises), 적응기업(The Adaptive Corporation), 권력이동(Powershift), 미래 쇼크(Future Shock)

■ 목 차

미래전(未來戰)

■ 지은이

• 제프리 바넷
- 학력 : Holy Cross 종합대학 역사학 석사, 공군 지휘 참모대학 졸업
- 경력 : 미 공군 예비역 대령, 미공군본부 / 태평양 공군사령부 참모
※ 1991년 걸프전 전역 기획 팀원

■ 목 차

 미래전(未來戰) 어떻게 싸울 것인가?

■ 지은이

- 케네스 알라드(Kenneth Allard)
  - 미 육군 사관학교 졸업 / 미 육군사관학교 교수
  - 하버드 대학 법학 박사
  - 미 National War College 학장

■ 목 차

- 제1장 : 전쟁을 바라보는 시각과 지휘통제
- 제2장 : 각 군의 독자성과 뿌리
- 제3장 : 육군 및 해군의 패러다임
- 제4장 : 항공력 패러다임 : 지휘통합(Unity of Command)
- 제5장 : 근대지휘통제 체계의 형성기
- 제6장 : 전술지휘통제
- 제7장 : 합동작전을 위한 체계
- 제8장 : 지휘통제에 영향을 미치는 요소들
- 제9장 : 1991년도의 걸프전과 정보전

참고문헌

고성진 · 박효선 · 최손환, 『군사교육학의 이론과 실제』, 북코리아, 2014.

국방부, 『군사학 발전 토의』, 서울, 2003.

국방부, 『국방교육훈련규정」, 서울, 2002.

국방부, 『군 인적자원개발 종합계획』, 2010.

국방부, 『국방백서』, 2010.

국방부, 『국방백서』, 2012.

박효선, 『한국군의 인적자원개발』, 학이시습, 2014.

김덕영, 『학군에서의 군사학 체계 정립』, 2003.

류재갑, 『군사학의 학문체계』, 화랑대연구소, 1999.

노병천, 『도해 세계전사』, 도서출판 한원, 1989.

김희상, 『생동하는 군을 위하여』, 전광, 1995.

육군교육사령부, 『군사이론연구, 용병술체계중식』, 1997.

육군대학, 『군사전략 보충교재』, 2003.

육군본부, 『군사용어사전』, 1999.

육군본부, 『교육참고 100-1 작전술』, 2000.

육군본부, 『야전교범 0-6 지휘관 및 참모업무』, 2012.

육군본부, 『야전교범 8-0 동원 및 예비군업무』, 2013.

육군본부, 『육군비전 2025』, 2003.

육군본부, 『위국헌신의 길』, 2004.

육군본부, 『한국 간사사상』, 1998.

이민수, 『성공한 군 지휘관의 리더십 비교분석』, 2004.

이만희 외, 『군 인적자원의 개발과 학점은행제의 연계체제 구축방안 연구』, 한국교육개발원, 2003.

이희수, 『육군정책발전세미나 토론자료』, 2003.

임윤갑, 『이라크 전재의 전략적, 작전적, 전술적 수준 분석』, 2003.

임종득, 『전쟁사 교육 발전방안』, 군사평론 제348호, 2000.

정춘일, 『21세기 새로운 군사 패러다임』. 2000.

조승욱, 『군대 윤리』, 도서출판 봉명, 1996.

최병욱, 「군교육훈련체제의 모형에 관한 탐색적 연구」, 서울대학교 박사 논문, 2002.

육군사관학교, 『한국 전쟁사』, 2003

화랑대연구소, 『군사학 학문체계와 교육체계 연구』, 군사연구 총서 제33, 2000.

육군본부, 『한국군제사』, 군사연구실, 1988.

육군본부, 『참모제도사』, 육군교육사령부, 1981.

조석준, 『조직학개론』, 전영사, 1996.

한용원, 『현대군대』, 학림출판사, 1995.

조석준, 『조직론』, 법문사, 1997.

장위국, 『군제 기본원리』, 정학역, 1984.

국방부, 『국방백서』, 국방부, 2000~2004.

백락서, 이상희, 『전쟁과 정치』, 한원, 1989.

백충천, 『국가방위론』, 전영사, 1987.

국방대학원, 『군제』, 국방대학원, 1981.

국방대학원, 『방위학개론』, 국방대학원, 1992.

국방대학원, 『안보관계 용어집』, 국방대학원, 2001.

이동희, 『현대군사제도론』, 일조각, 1995.

합동참모본부, 『합동 · 연합작전 군사용어집』, 서울, 2010.

색 인

저자소개

■ 김 용 현

계명대학교 경찰학박사

육군사관학교 순환교수

현, 영남이공대학교 부사관 경찰 계열 교수, 기숙형대학 학장

저서: 군사학개론, 도서출판 진영사 등 저서 다수

논문: 북한의 테러 양상과 전망 및 대응방안 등 다수

■ 이 진 호

경북대학교 기계공학박사

육군3사관학교 기계공학 교수, 학술정보원장 등

현, 육군3사관학교 이공학처장

저서: 미래전쟁, 무기체계 등 다수

논문: 기계공학 및 무기체계 등 다수

■ 고 성 진

건국대 졸업(93)

영남대학교 교육학박사

육군3사관학교, 육군종합행정학교 교관, 국방정신전력원 교학과장

현, 육군 중령

저서: 군사교육학의 이론과 실제, 북코리아, 2014. 등 다수

논문: 남북한 군의 정신교육실태 비교 등 다수